UTB 8364

Eine Arbeitsgemeinschaft der Verlage

Böhlau Verlag Köln · Weimar · Wien
Verlag Barbara Budrich Opladen · Farmington Hills
facultas.wuv Wien
Wilhelm Fink München
A. Francke Verlag Tübingen und Basel
Haupt Verlag Bern · Stuttgart · Wien
Julius Klinkhardt Verlagsbuchhandlung Bad Heilbrunn
Lucius & Lucius Verlagsgesellschaft Stuttgart
Mohr Siebeck Tübingen
C. F. Müller Verlag Heidelberg
Orell Füssli Verlag Zürich
Verlag Recht und Wirtschaft Frankfurt am Main
Ernst Reinhardt Verlag München · Basel
Ferdinand Schöningh Paderborn · München · Wien · Zürich
Eugen Ulmer Verlag Stuttgart
UVK Verlagsgesellschaft Konstanz
Vandenhoeck & Ruprecht Göttingen
vdf Hochschulverlag AG an der ETH Zürich

Reihenherausgeber:
Christian Jaschinski

Georg Siedenbiedel

Internationales Management

Einflussgrößen · Erfolgskriterien · Konzepte

... leicht verständlich

mit 120 Abbildungen und Übersichten

Lucius & Lucius · Stuttgart

Anschrift des Verfassers
Professor Dr. Georg Siedenbiedel
FH Aachen
Eupener Straße 70
52066 Aachen

Bibliografische Information der Deutschen Nationalbibliothek

Die Deutsche Nationalbibliothek verzeichnet diese Publikation in der Deutschen Nationalbib-
liografie; detaillierte bibliografische Daten sind im Internet über http://dnb.d-nb.de abrufbar

ISBN 978-3-8282-0400-3 (Lucius & Lucius)

© Lucius & Lucius Verlagsgesellschaft mbH · Stuttgart · 2008
Gerokstraße 51 · D-70184 Stuttgart · www.luciusverlag.com

Satz: Sibylle Egger, Stuttgart

Druck und Einband: Triltsch, Ochsenfurt-Hohestadt

Printed in Germany

UTB-Bestellnummer: ISBN 978-3-8252-8364-3

Vorwort des Herausgebers

Liebe Leserin, lieber Leser,

Wirtschaftswissenschaft ist spannend, komplex und vom betrieblichen Umfeld bis hin zu globalen Wechselwirkungen relevant. Es ist daher wichtig, sich in Studium, Weiterbildung oder für die tägliche Arbeit in wirtschaftswissenschaftliche Themenbereiche einzuarbeiten, die Kenntnisse darüber zu vertiefen oder aufzufrischen. Mit dem vorliegenden Band halten Sie ein effizientes Tool in den Händen, das Sie dabei unterstützen will.

In den Büchern der Reihe „... leicht verständlich" haben wir für Sie wichtige Themen modern und attraktiv so aufbereitet, dass Ihnen das Lesen, Lernen und Merken möglichst leicht fällt: viele Übersichten und Grafiken, zahlreiche prägnante Beispiele und reichlich Aufgaben und Fallstudien mit nachvollziehbaren Lösungen. Mit Hilfe des Glossars und dem ausführlichen Stichwortverzeichnis am Ende des Buches haben Sie schnellen Zugriff auf alle themenrelevanten Fachbegriffe.

Über Feedback – Anregungen, Verbesserungshinweise, Lob oder Tadel – freue ich mich unter jaschinski@luciusverlag.com.

Christian Jaschinski
Herausgeber

Vorwort

Dieses Lehrbuch soll den abgesicherten Stand der betriebswirtschaftlichen Lehre und Forschung auf dem Gebiet der Unternehmensführung mit Fokussierung auf internationale einzelwirtschaftliche Aktivitäten in kompakter Form darstellen. Zielgruppen sind Studierende an Fachhochschulen und Universitäten ebenso wie Führungskräfte in der betrieblichen Praxis. Dem Autor geht es darum, die zentralen Parameter von Management in grenzüberschreitend operierenden Unternehmen zu identifizieren, zu analysieren und anwendungsbezogen zu evaluieren. Damit sollen einerseits theoretische Grundlagen bereitgestellt und Zusammenhänge verdeutlicht werden. Andererseits stehen Anforderungen an die Praxis der Führung internationaler Unternehmen sowie Kriterien, Methoden und Konzepte zur Bewältigung solcher Anforderungen im Mittelpunkt der Betrachtung.

Auf diesem Hintergrund wird zunächst das Internationale Management als betriebswirtschaftliche Teildisziplin charakterisiert und gegenüber anderen Teildisziplinen der Betriebswirtschaftslehre abgegrenzt. Verschiedene Ebenen der Betrachtung von Unternehmensführung werden dargestellt. Es erfolgt die Differenzierung von personeller Dimension und struktureller Dimension betrieblicher Führung. Darüber hinaus wird die grundlegende Bedeutung des Zielbezugs von Management-Prozessen herausgearbeitet. Dabei spielen die spezifischen Merkmale internationaler Unternehmensführung eine ausschlaggebende Rolle. Ein weiterer zentraler Aspekt des Lehrbuches bezieht sich auf die Erklärung außenwirtschaftlicher Beziehungen. Im Fokus der Betrachtung steht die Motivation der einzelwirtschaftlichen Träger grenzüberschreitender ökonomischer Transaktionen. Methodisch geschieht dies zum einen durch Aufarbeiten relevanter Theorien, zum anderen durch Auswerten vorliegender empirischer Befunde.

Als wesentlicher Parameter der einzelwirtschaftlichen Orientierung und Steuerung wird die Internationalisierungsstrategie ausgewiesen. Alternative Geschäftssysteme bilden grundlegende strategische Optionen, die in abgestimmten Teilstrategien sinnvoll planerisch zu konkretisieren sind. Ausführliche Erörterung finden die Markteintritts- und Leistungsstrategie, die Zielmarktstrategie, die Ansiedlungsstrategie, die Eigentums- und Kooperationsstrategie sowie die Auslandsportfolio-Strategie. Das Wachstum des Unternehmens im Auslandsgeschäft sowie Prozesse organisationalen Lernens sind weitere grundlegende Elemente strategischer Planung im Kontext grenzüberschreitender Unternehmensaktivitäten. Die erarbeitete organisationale Wissensbasis eröffnet Chancen und impliziert Restriktionen im Hinblick auf das strategische Potential der Unternehmung an den internationalen Zielmärkten. Daraus resultieren ausgeprägte Anforderungen an das Management. Sowohl zentrale Bestimmungsfaktoren dieser Management-Anforderungen als auch daraus herzuleitende globale Anforderungsniveaus werden in prägnanter Weise behandelt.

Zu den eindeutig herausragenden Erfolgsfaktoren im Internationalen Management zählt die Fähigkeit zur interkulturellen Zusammenarbeit. Im vorliegenden Lehrbuch erfährt dieser Teilbereich erhebliche Aufmerksamkeit: Die Culture-free-Thesis und die Culture-bound-Thesis der Führung internationaler Unternehmen werden aufgegriffen und erörtert. Dazu wird ein ausführlicher Bezugsrahmen im Hinblick auf die Operationalisierung nationaler Kulturen für Kalküle betrieblicher Führung entwickelt. Der Zusammenhang zwischen nationalen Kulturen, Unternehmenskultur und Management ist Gegenstand analytischer Betrachtung. Das umfasst unter anderem die Auseinandersetzung mit modernen und praxeologisch geprägten betriebswirtschaftlichen Kategorien, wie dem Modell der Corporate Identity und dem so genannten 7S-Modell der Unternehmensberatung McKinsey. Die personelle Dimension betrieblicher Führung wird schließlich anhand der Elemente Führungsstil, interkulturelle Kompetenz, Verantwortung sowie Personalentwicklung kulturbezogen untersucht und erörtert.

Nach den Erkenntnissen der Managementforschung ist die Organisation grenzüberschreitender Unternehmensaktivitäten in hohem Maße abhängig von der Internationalisierungsstrategie (Structure follows strategy!). In Abhängigkeit von den spezifischen Einflussgrößen auf das Internationale Management erhalten die organisationalen Variablen Koordination und Konfiguration herausgehobene Bedeutung. Die Basiskonzepte matrizentrischer, polyzentrischer, geozentrischer oder regiozentrischer Koordinationspolitik bieten alternative betriebliche Lösungswege. Auf dem Gebiet der Konfiguration reicht das Spektrum der erörterten Konzepte von den primären Strukturen, wie Exportabteilung oder International Division, über globale Strukturen (weltweite Orientierung des konfigurativen Ansatzes) bis hin zu den so genannten fortgeschrittenen Strukturen als organisationale Varianten zur Lösung sehr komplexer betrieblicher Lenkungsprobleme. Mit der Intention der Darstellung hoch moderner ganzheitlicher Organisationskonzepte im Rahmen internationaler Unternehmensführung werden Holdingstrukturen und internationale Netzwerke behandelt. Im Mittelpunkt der Analyse von Holdingstrukturen stehen die Anwendungsformen der Finanzholding, der Management-Holding sowie der operativen Holding. Darüber hinaus erfolgt die Erörterung des grenzüberschreitenden Einsatzes mehrstufiger Holdingstrukturen mit dem Konstrukt der Meta-Holding. Der grenzüberschreitende Charakter struktureller Unternehmensführung kommt in origineller Weise im Modell internationaler Netzwerkorganisation zum Ausdruck. Das gilt zunächst für die Transnationale Organisation als Grundkonzeption intraorganisationaler Netzwerkentwicklung. Außerdem wird der Idealtyp des interorganisationalen Netzwerkes umfassend behandelt. Dazu gehören insbesondere das Strategische Netzwerk, das Regionale Netzwerk, das Projektnetzwerk sowie die Virtuelle Unternehmung. Die Problematik der Evaluierung der internationalen Geschäftätigkeit wird kontrastierend anhand des Shareholder Value-Konzeptes einerseits sowie nach den Kriterien des Stakeholder-Ansatzes andererseits behandelt.

Herzlicher Dank des Autors gilt seiner studentischen Mitarbeiterin Susan Kremer. Sie hat sich nachhaltig um das Gestalten der Abbildungen, die gesamte Manuskripterstellung und das Vermitteln kritischen Feedbacks verdient gemacht. Diese qualifizierte und engagierte Mitarbeit war von höchstem Wert.

Rückmeldungen und Anregungen der Leser sind jederzeit sehr willkommen (siedenbiedel@fh-aachen.de).

Aachen, im Januar 2008   Georg Siedenbiedel

Inhaltsverzeichnis

Abbildungsverzeichnis

Tabellenverzeichnis

Abkürzungsverzeichnis

AktG	Aktiengesetz
ASEAN	Association of Southeast Asian Nations
BSE	Bovine Spongiforme Encephalopathy
CI	Corporate Identity
CVS	Chinese Value Survey
DIHT	Deutscher Industrie- und Handelstag
HWWA	Hamburgisches Welt-Wirtschafts-Archiv
IDV	Individualismusindex
IHK	Industrie- und Handelskammer
ILO	Index der langfristigen Orientierung
IuK	Informations- und Kommunikationstechnologie
KMU	Kleine und mittlere Unternehmen
M&A	Mergers and Acquisitions
MAS	Maskulinitätsindex
MbO	Management by Objectives
MDI	Machtdistanzindex
MG	Muttergesellschaft
NAFTA	North American Free Trade Agreement
OE	Organisationsentwicklung
PE	Personalentwicklung
ROI	Return on Investment
SGE	Strategische Geschäftseinheit
S-O-R	Stimulus-Organismus-Reaktion
SWOT	Strenghts Weaknesses Opportunities Threats
TG	Tochtergesellschaft
TQM	Total Quality Management
UVI	Unsicherheitsvermeidungsindex

1 Internationales Management als betriebswirtschaftliche Teildisziplin

Überblick

Wissenschaftliche Disziplin Betriebswirtschaftslehre (BWL)

Führung im Unternehmen (Teilgebiet BWL) → Betriebliche Operationen → Individuum

- Personelle Dimension
- Strukturelle Dimension

Ziele/Führungserfolg → Ökonomisch → Sozial → Ökologisch

- Komplementarität
- Konfliktarität
- Indifferenz

Spezifika Internationales Management → Differenzierung → Quantitativ / Qualitativ

- Grenzüberschreitende Interaktionsbeziehungen

Die betriebswirtschaftliche Kategorie vom *Internationalen Management* bezeichnet ein besonders anspruchsvolles Segment einzelwirtschaftlicher Theorie und Praxis. Damit wird ein Bündel betrieblicher Anforderungen ausgewiesen, welches mit dem makroökonomisch konstatierbaren Phänomen der Globalisierung korreliert. Diese Globalisierung findet Ausdruck

- in der supranationalen Ausdehnung von Märkten und
- in der Schaffung ordnungspolitischer Rahmenbedingungen für Unternehmensstrategien
  - zur Aufnahme grenzüberschreitender Aktivitäten sowie
  - zur erfolgreichen Teilnahme am Wettbewerb auch außerhalb des angestammten Heimatmarktes (vgl. Dunning 1989, S. 415).

Die so verstandene Globalisierung schlägt sich nieder

- in der weltweiten Bildung von Marktblöcken oder
- in der Regionalisierung von Märkten.

  Beispiel einer solchen Marktkonstruktion ist der Europäische Binnenmarkt.

Die internationalen Transaktionen innerhalb dieses regionalen Marktverbandes werden erheblich erleichtert. Das animiert auf mikroökonomischer Ebene betriebliche Aktivitäten über nationale Grenzen hinweg. Derartige betriebliche Operationen als einzelwirtschaftliches Pendant zur Globalisierung seien hier in Anlehnung an die vorherrschende Terminologie als Internationalisierung bezeichnet. Das Internationale Management zielt in diesem Kontext auf die rationale Bewältigung grenzüberschreitender einzelwirtschaftlicher Aktivitäten im Sinne von Unternehmensführung ab. Somit ist das Internationale Management zunächst als ein Teilgebiet oder auch eine besondere Ausprägung der Unternehmensführung identifiziert. Im Folgenden werden daher die grundlegenden Merkmale von Unternehmensführung herausgearbeitet, um dann darauf basierend ein betriebswirtschaftlich begründetes, fundiertes sowie wissenschaftlich operationales Verständnis des *Internationalen Management* herzuleiten.

1.1 Führung im Unternehmen

In der betriebswirtschaftlichen Diskussion und in der einschlägigen Fachliteratur sind verschiedene begriffliche Kategorien zu registrieren, welche sich auf die Funktion Führung beziehen, z.B.

- Management,
- Unternehmensführung,
- Leitung,
- Menschenführung,
- Mitarbeiterführung bzw.
- Personalführung.

Mit diesen Bezeichnungen werden Inhalte beschrieben, die nach Ansicht des Verfassers dem Gegenstandsbereich betrieblicher Führung zu subsumieren sind. Dies geschieht deshalb, weil – unabhängig von sachlichen Differenzen sowie Unterschieden hinsichtlich der inhaltlichen Schwerpunkte und Akzentuierungen – für alle zitierten Kategorien ein identischer Aspekt konstitutiv erscheint:

Die Beeinflussung menschlichen Verhaltens.

Gegenstand von Führung sind immer Menschen bzw. in betriebswirtschaftlicher Sicht Verhaltensweisen von Menschen im betrieblichen Kontext. Daraus folgt, dass Führung oder Management zumindest in letzter Konsequenz nicht ausschließlich auf einer sachlich-technologischen Ebene stattfinden kann. Die Bezüge und das Resultat von Führung haben vielmehr sozialen Charakter. Es geht darum, Personen hinsichtlich ihres Handelns oder Verhaltens zu beeinflussen. Die Art dieser Beeinflussung wird durch die angestrebten Soll-Zustände (Ziele) determiniert. Demnach ist Führung darauf gerichtet, Menschen in der Weise zu beeinflussen, dass sie funktionale Beiträge zur Realisierung relevanter Ziele leisten.

Das skizzierte Grundverständnis von Führung kommt in der nachstehenden, relativ allgemein angelegten Definition dieser Kategorie zum Ausdruck (vgl. z.B. Heinen 1992, S. 38):

> **Führung**
> ➜ zielorientierte soziale Einflussnahme

Mit einer derartigen Charakterisierung wird der Gegenstandsbereich betrieblicher Führung zwar noch längst nicht hinreichend beschrieben, es wird aber geklärt, und darauf kommt es an dieser Stelle an, welches die grundlegenden Komponenten der Führung sind: Die soziale Komponente und der Zielbezug.

1.1.1 Merkmale des Führungsphänomens

In Abhängigkeit von der wissenschaftlichen Grundorientierung (Ansatz) verschiedener Forschungsrichtungen, Schulen oder Autoren werden unterschiedliche Merkmale von Führung herausgearbeitet oder besonders betont. Zur Verdeutlichung dieser Einschätzung seien im Folgenden Aussagen des traditionellen faktoranalytischen Ansatzes der Betriebswirtschaftslehre sowie das so genannte S-O-R Modell jeweils unter dem Gesichtspunkt der Führung betrachtet.

1.1.1.1 Führung in der Sicht traditioneller Betriebswirtschaftslehre

Im Zentrum des von Gutenberg begründeten faktoranalytischen Ansatzes der Betriebswirtschaftslehre steht das System der produktiven Faktoren (vgl. Gutenberg 1975). Der Betrieb wird als Ort interpretiert, in dem zum Zwecke der Leistungserstellung die Kombination der Produktionsfaktoren erfolgt.

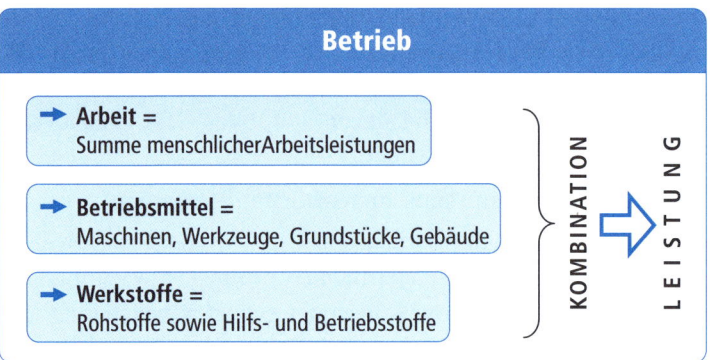

Abb. 1.1: Interpretation des Betriebes

Die Notwendigkeit der Führungsfunktion resultiert aus der Tatsache, dass dieser Kombinationsprozess der Initiierung und Lenkung bedarf. Offensichtlich ist eine Teilmenge der menschlichen Arbeitsleistungen gerade auf diese übergreifende und übergeordnete Funktion gerichtet. Nach Gutenberg wird deshalb der Produktionsfaktor Arbeit in zwei prinzipielle Arten menschlicher Leistungen differenziert. Es handelt sich dabei um ausführende Arbeit und dispositive Arbeit. Diese beiden grundsätzlichen Qualitäten menschlicher Erwerbsarbeit seien nachstehend kurz erläutert.

- Ausführende oder objektbezogene Arbeit

  Im Hinblick auf die Bestimmung der ausführenden Arbeit ist der direkte Bezug zum Leistungsobjekt maßgebend. Das arbeitet Gutenberg sehr klar heraus:

  „Unter objektbezogenen Arbeitsleistungen werden alle diejenigen Tätigkeiten verstanden, die unmittelbar mit der Leistungserstellung, der Leistungsverwertung und mit finanziellen Aufgaben in Zusammenhang stehen, ohne dispositiv-anordnender Natur zu sein. So stellt die Arbeit an einer Drehbank oder einem Webstuhl oder an einem SM-Ofen sowie die Arbeit der Buchhalter, Konstrukteure, Chemiker, auch die Durchführung von Verhandlungen zum Zwecke der Aufnahme einer Anleihe objektbezogene Arbeit dar" (Gutenberg 1975, S. 3).

- Dispositive Arbeit

  Der Terminus dispositive Arbeit beschreibt die betrieblichen Führungsaufgaben. Gutenberg charakterisiert diese Art menschlicher Arbeit folgendermaßen:

  „Dispositive Arbeitsleistungen liegen vor, wenn es sich um Arbeiten handelt, die mit der Leitung und Lenkung der betrieblichen Vorgänge in Zusammenhang stehen" (Gutenberg 1975, S. 3).

Die Dualisierung der Arbeitsleistungen prägt die Gestalt des modellhaften Systems betrieblicher Produktionsfaktoren. Das wird in Abbildung 1.2 dargestellt.

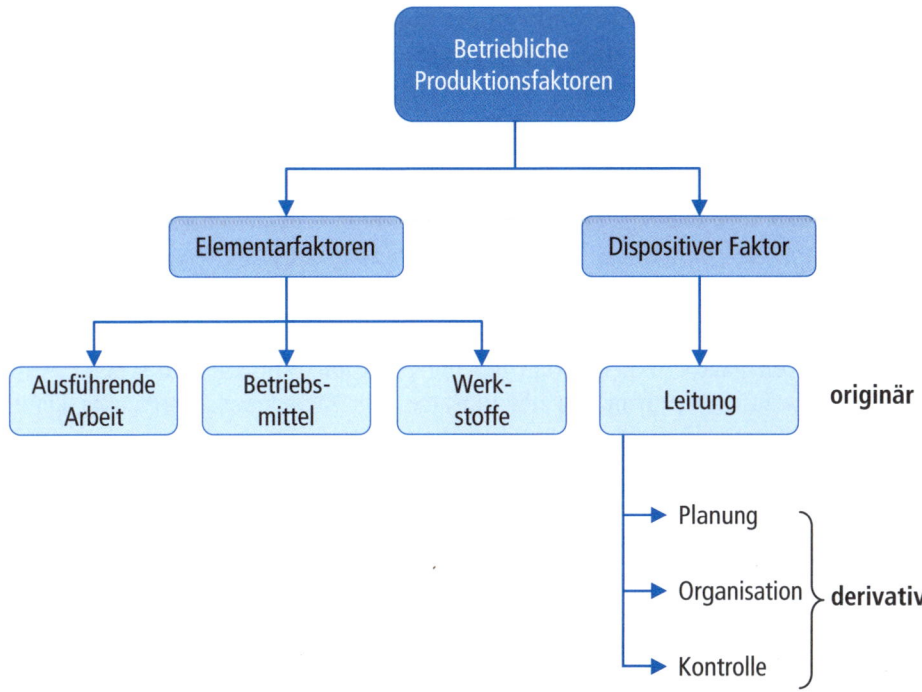

Abb. 1.2: System der betrieblichen Produktionsfaktoren (Quelle: Nach Wöhe 2000, S. 103)

Unmittelbar verbunden mit der Leistungserstellung (Produktionsobjekt) sind die Elementarfaktoren ausführende Arbeit, Betriebsmittel und Werkstoffe.

Beispiel: Der Elementarfaktor Ausführende Arbeit umfasst die unmittelbar objektbezogene Arbeit im Zuge der Leistungserstellung. In einem Unternehmen, das sich mit der Herstellung von Autoreifen befasst, gehört zu dieser ausführenden Arbeit die Tätigkeit des Reifenwicklers. Diese Tätigkeit besteht im Zusammensetzen des Reifenrohlings. Dabei werden unter anderem Kautschuk, Textilmaterial, Metallteile und Schmiersubstanzen dazu verwendet, ein Halbzeug zu erstellen, das im nächsten Fertigungsschritt für die Vulkanisation in der Reifenpresse zum Gummireifen bereitsteht.

Zum Faktor Betriebsmittel gehören langlebige Wirtschaftsgüter, wie etwa Maschinen, Transportfahrzeuge, Gebäude und die Betriebs- und Geschäftsausstattung. Charakteristisch für Betriebmittel ist es, dass sie nicht in einem einzelnen Produktionsprozess aufgehen. Die Betriebsmittel werden genutzt oder gebraucht, aber nicht ver- oder bearbeitet. Sie stehen für weitere (regelmäßig langjährig) Produktionsprozesse zur Verfügung. Im Zuge der Reifenproduktion ist die Reifenpresse ein solches Betriebsmittel.

Ganz anderes stellt sich die Funktion der Werkstoffe dar. Sie gehen im singulären Produktionsprozess auf, werden also für die Herstellung des Fertigproduktes verbraucht. Die Werkstoffe umfassen die Rohstoffe, die Hilfsstoffe und die Betriebsstoffe. Im Falle der Herstellung von Reifen stellt der Kautschuk einen wesentlichen Rohstoff dar. Er geht in das Produkt ein und prägt maßgeblich dessen Eigenschaften (etwa die Elastizität des fertigen Reifens). Ein Hilfsstoff wäre das beim Wickeln das Rohlings eingesetzte Schmiermittel, während der zum Betrieb der Reifenpresse erforderliche Strom die Verwendung eines Betriebsstoffes bedeutet. Im Gegensatz zu den Rohstoffen werden Hilfs- und Betriebsstoffe im Produktionsprozess zwar ebenfalls verbraucht, gehen aber nicht in das Produkt ein.

Dem dispositiven Faktor obliegt hingegen die Funktion rationaler Entscheidungsfindung im Sinne effektiver Lenkung des Einsatzes der Elementarfaktoren. Die Leitung oder Betriebsführung wird als die originäre Komponente des dispositiven Faktors betrachtet. In marktwirtschaftlichen Ordnungen resultiert die Legitimation zur Wahrnehmung der Betriebsführung aus dem Privateigentum an den Produktionsmitteln. Danach ist Leitung grundsätzlich (originär) mit Eigentumsrechten verknüpft. Dies bedeutet, dass Führung per se durch die an der Spitze des Unternehmens stehenden Eigentümer oder die durch sie eingesetzten Top-Manager (Vorstände, Geschäftsführer) ausgeübt wird. Zum Zwecke der Bewältigung dispositiver Aufgaben ist jedoch die Ableitung weiterer Führungsfunktionen erforderlich. Die Leitung als originäre Komponente des dispositiven Faktors wird deshalb um die derivativen Komponenten Planung, Organisation und Kontrolle erweitert. Solche derivativen Aufgaben können von der Unternehmensleitung in einem von ihr festzulegenden Ausmaß sowie nach klaren Vorgaben an Führungskräfte nachgelagerter Hierarchieebenen delegiert werden.

Nach Einschätzung des Verfassers erscheinen hinsichtlich der Führungsdoktrinen des faktoranalytischen Ansatzes die nachstehenden Aspekte charakteristisch:

- Betriebliche Führung, d.h. die zielorientierte Beeinflussung anderer, geht primär von der Unternehmensspitze aus.
- Im Unternehmen gibt es relativ wenig Führende. Als Träger von Leitungsfunktionen werden die Mitglieder der Geschäftsleitung und (eingeschränkt) die leitenden Mitarbeiter in den Aufgabenbereichen Planung, Organisation und Kontrolle betrachtet.
- Die meisten Beschäftigten – uneingeschränkt alle diejenigen, welche ausschließlich ausführende Arbeit verrichten – werden geführt und sind mithin im Zusammenhang von Managementprozessen Geführte.

Hinsichtlich des Verhaltens der in Führungsprozesse involvierten Personen wird grundsätzlich die Prämisse des Homo oeconomicus unterlegt.

> **Homo oeconomicus-Prämisse**
> ➜ Akteure verhalten sich als völlig rational gesteuerte Wesen

Allerdings gilt in diesem Zusammenhang eine Ausnahme für die originäre Komponente des dispositiven Faktors: Die Leitungsfunktion wurzelt in einer „irrationalen Schicht"

(Gutenberg 1975, S. 8). Gemeint ist damit offenbar die viel zitierte *unternehmerische Intuition*:

> *„Dennoch finden sich in jeder Anordnung, in jeder Entscheidung, die die Geschäftsleitung trifft, Momente, die aus der Individualität derjenigen stammen, die zu entscheiden haben. Das Geheimnis richtiger Entscheidungen ist mit betriebswirtschaftlichen Methoden allein nicht aufzuhellen. Die Tatsache, dass von zwei Personen mit gleicher Erfahrung, gleichen Kenntnissen und gleichen Informationen die eine die richtige, die andere die falsche Entscheidung trifft, beruht offenbar auf der Gabe, den Argumenten, die für oder gegen eine Entscheidung sprechen, das richtige Gewicht zu geben. Dieser Tatbestand ist gemeint, wenn oben gesagt wurde, dass die Leistung der Geschäfts- und Betriebsführung in einer betriebswirtschaftlich nicht zugänglichen, irrationalen Schicht wurzelt."* (Gutenberg 1975, S. 131).

Für die Wahrnehmung der derivativen Komponenten des dispositiven Faktors, d. h. die Führungsfunktionen Planung, Organisation und Kontrolle, gilt jedoch die Annahme strikter Rationalität. Gleiches wird in Bezug auf die Verhaltensweisen der Menschen als Träger ausführender Arbeit angenommen.

1.1.1.2 Verhaltenswissenschaftliche Aspekte

Psychologische Feldtheorie

Einen im Vergleich zur faktoranalytischen Theorie deutlich differenten Zugang zu Managementprozessen vermittelt die von Kurt Lewin entwickelte psychologische Feldtheorie (vgl. Lewin 1963, S. 271ff.). Diese Theorie ist als Analogieschluss zur allgemeinen Feldtheorie von Albert Einstein deutbar. Der Ansatz Einsteins richtet sich auf naturwissenschaftliche (physikalische) Phänomene. Es geht darum, die *objektiven* Eigenschaften und Verhaltensweisen von Elementen (Feldgrößen) in einem integrativen Kontext (Feld) zu erklären. Als Felder in diesem naturwissenschaftlichen Sinne werden insbesondere das elektromagnetische Feld sowie das Gravitationsfeld betrachtet. Das Forschungsinteresse gilt der Veränderung von Eigenschaften und Verhalten der Elemente sowie der Wechselbeziehungen zwischen diesen Größen bei Koordinatentransformationen.

Eben dieser Interaktionsbezug wird von Lewin auf die Erklärung menschlichen Verhaltens übertragen. Danach bilden die betrachtete Person sowie ihre Umwelt ein

Psychologisches Feld.

Innerhalb des psychologischen Feldes finden verhaltenswirksame Interaktionen zwischen der Person und ihrer Umwelt statt. Im Gegensatz zur physikalischen Analyse basieren die Interaktionen zwischen den Elementen in psychologischer Perspektive nicht auf objektiven Größen, sondern auf *subjektiven* Faktoren.

> **Die psychologische Feldtheorie**
>
> übernimmt als Analogie aus der allgemeinen Feldtheorie den integrativen Interaktionsgedanken und den damit korrespondierenden Formalismus (Feldgleichungen), substituiert jedoch in materieller Hinsicht naturwissenschaftliche (objektive) durch sozio-psychologische (subjektive) Größen und Zusammenhänge.

Der allgemeine Formalismus in der Lewinschen Feldtheorie hat die Gestalt einer (heuristischen) Verhaltensgleichung.

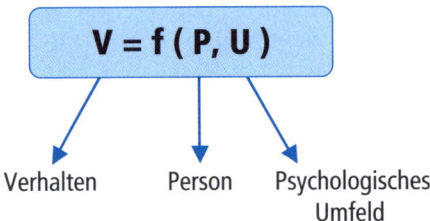

Abb. 1.3: Verhaltensgleichung in der psychologischen Feldtheorie

Diese Formel soll die Entstehungsbedingungen menschlichen Verhaltens in allgemeiner Weise beschreiben.

- Die handelnde Person ist charakterisiert durch Eigenschaften, Bedürfnisstruktur und Emotionen.

- Dagegen resultiert die psychologische Umwelt aus der subjektiven Wahrnehmung und Verarbeitung situativer Einflussgrößen durch die Person.

Wesentlich erscheint die Annahme, dass Person und Umwelt keineswegs unabhängig voneinander sind, sondern ausgeprägte interdependente Beziehungen zwischen diesen beiden Größen des psychologischen Feldes bestehen. Eine allgemeingültige Gewichtung verhaltenswirksamer Personen- und Umweltanteile ist daher nicht möglich. Vielmehr gilt:

> *„Das Ausmaß, in dem ein bestimmtes Verhalten von den Eigenschaften der Person oder der Umwelt abhängt, ist jeweils recht verschieden. Prinzipiell aber hängt jedes psychologische Geschehen sowohl vom Zustand der Person wie dem der Umwelt ab"* *(Lewin 1969, S. 34).*

S-O-R Paradigma

Das populäre S-O-R Paradigma der behavioristischen Psychologie vermittelt in Bezug auf die Analyse menschlichen Verhaltens ähnliche Erkenntnisse wie die Lewinsche Theorie (vgl. Luthans 1985).

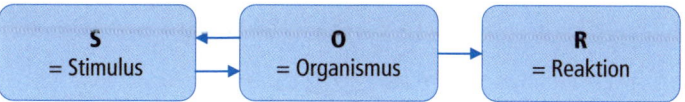

Abb. 1.4: Wirkungszusammenhang im S-O-R-Paradigma

- Reize/Impulse (S) wirken von außen (Umwelt)
- auf den menschlichen Organismus (O) ein und
- veranlassen diesen zu Aktivitäten (R).

Zwischen den Variablen Stimulus und Organismus besteht jedoch eine interaktive Beziehung, sie beeinflussen sich wechselseitig. Die Funktionsgleichung lautet folgerichtig:

$$R = f (S,O)$$

Im Hinblick auf die Art der Reaktion sind die interindividuell different ausgeprägten Merkmale des menschlichen Organismus von grundlegender Bedeutung. Dies betrifft insbesondere:

- Physiologische Merkmale
  z.B. Erbanlagen, Nervensystem, Sinnesorgane.
- Psychologische Merkmale
  z.B. Wahrnehmung, Lernen, Motivation, Persönlichkeit.

Die Multikausalität (beobachtbarer) Reaktionen resultiert aus der Tatsache der Existenz des Menschen als komplexes soziales Wesen.

Abb. 1.5: Herleitung des betrieblichen Führungsprozesses

Betrieblicher Führungsprozess

Aus den skizzierten Inhalten der psychologischen Feldtheorie und damit zusammenhängend des S-O-R Modells sei das in Abbildung 1.4 dargestellte Grundschema des betrieblichen Führungsprozesses hergeleitet.

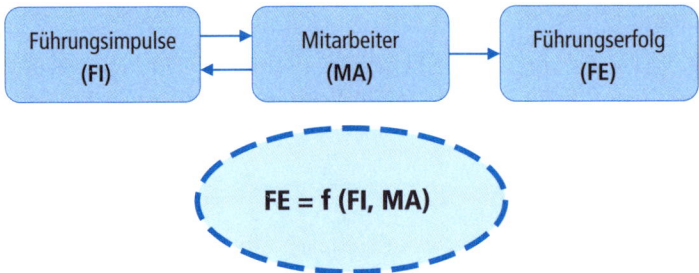

Abb. 1.6: Grundschema des betrieblichen Führungsprozesses

- Die Größe Führungsimpulse steht für den gesamten Mix betrieblicher Maßnahmen zur Verhaltenssteuerung. Adressat ist der Mitarbeiter (soziale Einflussnahme).

- Wie der Mitarbeiter auf die Führungsimpulse reagiert, ist zum einen abhängig von seinen Eigenschaften und seiner Persönlichkeit, zum anderen aber auch von seiner subjektiven Wahrnehmung und Verarbeitung seiner Situation, insbesondere seines betrieblichen Umfeldes.

- Der Führungserfolg kennzeichnet das Ausmaß, in welchem es gelingt, die im Führungsprozess angestrebten Soll-Zustände zu realisieren. Direkte Determinante des Führungserfolges ist das Mitarbeiterverhalten. Positiver Führungserfolg ohne konstruktives Mitarbeiterverhalten ist unmöglich – gleichgültig, ob der Zielbezug auf den Jahresumsatz eines Gebietsverkäufers, die Produktinnovation eines Marketingmanagers, die Qualität der Konstruktionsentwürfe eines Ingenieurs oder den Fortschritt in der grenzüberschreitenden Markterschließung eines Exportleiters gerichtet ist.

Den dargestellten Sachverhalt beschreibt treffend die nachstehende praxeologische Definition von Führung:

> **Führen heißt:**
> **Mitarbeiter erfolgreich machen!**

Danach ist der Leistungserfolg des einzelnen Mitarbeiters notwendiger Beitrag zur Zielerreichung des Unternehmens. Die Führung soll in dieser Perspektive dem Individuum Anleitungen, Potentiale sowie Unterstützung auf dem Wege zur Problembewältigung (= Erfolg) vermitteln und bereitstellen. Das gilt im Hinblick auf die Beschäftigten eines Unternehmens prinzipiell analog zu den Mitgliedern eines Teams im Leistungssport. In beiden Fällen signalisiert der Erfolg der Geführten die Wirksamkeit lenkender Impulse.

Abb. 1.7: Erfolgreiche Mitarbeiter signalisieren Führungserfolg (Quelle: O.V. 2007)

Schließlich bedarf die in Abbildung 1.6 durch den Doppelpfeil ausgedrückte Annahme der Interaktion zwischen den Größen Führungsimpulse und Mitarbeiter der Begründung. Eine solche wechselseitige Beeinflussung ist anzunehmen, weil

- Maßnahmen der betrieblichen Führung (zumindest auf längere Dauer) Auswirkungen auf die Persönlichkeit des Mitarbeiters haben,

- die Art der Führungsimpulse auch provoziert wird durch Persönlichkeitsmerkmale und Verhaltensweisen des Mitarbeiters,

- Führungsimpulse vom Mitarbeiter nur durch den *Filter* subjektiver Wahrnehmung empfangen werden können.

Zusammenfassend sei festgestellt, dass die dargelegten verhaltenswissenschaftlich fundierten Theorieelemente gerade dort schwerpunktmäßig ansetzen, wo die faktoranalytische betriebswirtschaftliche Theorie modellhaft abstrahiert: An der Subjektivität und Individualität menschlichen Verhaltens. In verhaltenswissenschaftlicher Perspektive vollzieht sich Führung als interaktiver Prozess, in dessen Mittelpunkt Menschen stehen, und zwar als komplexe, emotionale und soziale Wesen, als Träger der Arbeit, als Führende und als Geführte.

Faktoranalytische Betriebswirtschaftslehre

> **Die faktoranalytische BWL**
>
> hingegen sieht in Führung den dispositiven Faktor, dessen Funktion darauf abzielt, optimale Kombinationen der Elementarfaktoren ausführende Arbeit, Betriebsmittel und Werkstoffe zu initiieren.

Dabei wird zwar darauf hingewiesen, dass die originäre Komponente des dispositiven Faktors unter anderem in einer irrationalen Schicht wurzelt, eine analytische Klärung solcher irrationalen Einflüsse erfolgt allerdings nicht. Irrationalität erhält damit die

Qualität mehr oder weniger brauchbarer unternehmerischer Intuition. Soweit Führung im faktoranalytischen Ansatz Berücksichtigung findet, geschieht dies unter der Prämisse des Homo oeconomicus (Mensch als ausschließlich rational gesteuertes Wesen):

- Auf Seiten der Führenden als derivative Komponenten des dispositiven Faktors in Form rationaler Planung, Organisation und Kontrolle,

- auf Seiten der Geführten durch rationale Umsetzung erhaltener Vorgaben.

Der auf breiter Ebene zu verzeichnende interdisziplinäre Charakter der Führungsforschung und Managementlehre (vgl. z.B. Macharzina/Wolf 2005, S. 47 ff., Steinmann/ Schreyögg 2005, S. 31 ff., Staehle 1999) mag an dieser Stelle als Indikator dafür benannt sein, dass traditionell faktoranalytische Betriebswirtschaftslehre nur sehr begrenzte Beiträge zur Deskription und Exploration von Führungsprozessen sowie zur Herleitung von Gestaltungsempfehlungen bezüglich der Unternehmensführung zu leisten vermag. Das gilt insbesondere für den anspruchsvollen Sonderfall der Führung grenzüberschreitend agierender Unternehmen, welcher im Zentrum der vorliegenden Monografie stehen soll. Der Versuch des Entwurfs eines dem Gegenstandsbereich betrieblicher Führung adäquaten theoretischen Bezugsrahmens mit hinreichendem Erklärungs- und Informationsgehalt im Hinblick auf die grundlegenden Kategorien des internationalen Managements soll daher im Folgenden unternommen werden.

1.1.2 Dimensionen betrieblicher Führung

In analytischer Hinsicht erscheint zunächst die Differenzierung der grundlegenden Komponenten, welche das Führungsphänomen prägen, zweckmäßig. Die Unterteilung betrieblicher Führung

- in eine personelle Dimension und

- in eine strukturelle Dimension

ermöglicht die sinnvolle Ordnung des Instrumentariums und erscheint deshalb sowohl im Hinblick auf das Beschreiben und Erklären als auch in Bezug auf das Erarbeiten von Gestaltungsempfehlungen im Managementbereich gleichermaßen nützlich. Das damit intendierte duale Vorgehen in analytischer Hinsicht ist in Abbildung 1.8 visualisiert.

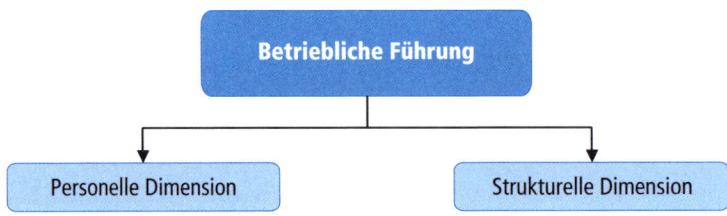

Abb. 1.8: Dimensionale Differenzierung des Führungsphänomens

Prinzipiell dient eine solche dimensionale Differenzierung des Führungsphänomens dem analytischen Erkenntnisfortschritt in einem umfassenden Sinne. Darüber hinausgehende, in spezifischer Weise für Management international operierender Einzelwirtschaften maßgebliche Aspekte innerhalb der grundlegenden Führungsdimensionen werden in den anschließenden Kapiteln herausgearbeitet. Die Besonderheiten der personellen Management-Dimension im Kontext internationaler Unternehmensführung finden vor allem im 5. Kapitel (Kulturüberschreitende Kooperation) vertiefende Behandlung. Dagegen ist das 6. Kapitel dieses Buches (Organisationale Gestaltung grenzüberschreitend operierender Unternehmen) auf die Erörterung zentraler struktureller Parameter und damit korrespondierender Problemlösungen für grenzüberschreitende einzelwirtschaftliche Aktivitäten gerichtet.

1.1.2.1 Personelle Dimension

Die personelle Dimension betrieblicher Führung umfasst die Verhaltensweisen der Akteure im Führungsprozess. Personelle Variablen beschreiben die Wechselbeziehungen zwischen den Mitgliedern des sozio-technischen Systems *Betrieb* (Interaktionen) sowie die für den Verlauf solcher Interaktionen kausalen Handlungsdispositionen und Eigenschaften der Führenden und der Geführten.

Globale Kategorien

Im Zuge des Bestrebens, personelle Führung in relativ globaler Weise zu kategorisieren, werden primär die Größen *Führungsverhalten* und *Führungsstil* erörtert (vgl. z.B. Steimann/Schreyögg 2005, S. 643 ff.; Blohm/Meier 2002, S. 221 ff., Wunderer 1993, S. 184 ff.; Steinle 1992, S. 966 ff.; Schreyögg 1977, S. 22 ff.). Diese beiden Kategorien bilden gleichsam die prägenden Variablen im Rahmen der personellen Dimension betrieblicher Führung.

Abb. 1.9: Prägende Variablen personeller Führung

Im Folgenden werden die aufgezeigten Variablen personeller Führung der analytischen Betrachtung unterzogen. Grundsätzlich manifestiert sich Führungsverhalten in der Absicht sozialer Beeinflussung. Von Führungsverhalten einer Person A relativ zu einer Person B kann folglich prinzipiell dann die Rede sein, wenn A bestrebt ist, auf das Verhalten von B einzuwirken (Einflussversuch). In Bezug auf das Führungsverhalten innerhalb eines sozialen Systems (insbesondere im Unternehmen) erscheinen jedoch aus Gründen der Zweckmäßigkeit sowie Realitätsgerechtigkeit weitere Merkmale relevant im Hinblick auf die Konkretisierung dieser Variablen. Nach dem Verständnis des Verfassers sind – in Anlehnung an Steimann/Schreyögg (2005, S. 684 ff.) sowie Irle (1980, S. 521 ff.) – die nachstehend benannten Merkmale konstitutiv hinsichtlich der personellen Variablen Führungsverhalten.

**Konstitutive Merkmale der Variablen Führungsverhalten,
dargestellt am Führungsverhalten Person A gegenüber Person B**

- A verfolgt die Absicht, das Verhalten von B zu beeinflussen (intendierte soziale Einflussnahme).

- Die Einflusschancen sind asymmetrisch zugunsten von A verteilt (z. B. formale Sanktionspotentiale des A gegenüber B; Informationsvorteile; Verfügungsrechte über den Einsatz von Ressourcen).

- Der Einflussversuch wird zum Zwecke der Realisierung von Zielen des sozialen Systems unternommen (z. B. Gewinnwirtschaftung, Überleben im Wettbewerb, organisationaler Wandel, Erschließen von Auslandsmärkten).

- Es besteht eine unmittelbare (direkte) soziale Beziehung zwischen A und B. Dies bedeutet, dass Einflussversuche über zwischengeschaltete Medien nach der hier verfolgten Begriffsinterpretation nicht der Kategorie Führungsverhalten zugeordnet werden. Führungsverhalten vollzieht sich mithin gleichsam in einem face to face Kontakt zwischen A und B (persönliche Interaktion).

Danach kennzeichnet die Kategorie Führungsverhalten alle Einflussversuche innerhalb asymmetrisch angelegten und direkten personellen Beziehungen mit der Intention, die Aktivitäten des Einflussadressaten konform zu den Zielen des jeweiligen sozialen Systems auszurichten.

Führungsverhalten

→ alle Einflussversuche innerhalb asymmetrisch angelegten und direkten
personellen Beziehungen mit der Intention, die Aktivitäten des Einflussadressaten
konform zu den Zielen des sozialen Systems auszurichten

Diese zweckmäßige, realistische und wohlbegründete Definition von Führungsverhalten hat zwei bemerkenswerte Implikationen:

- **Es wird ein sehr breites Spektrum realer Handlungen erfasst.** Führungsverhalten nach dem hier dargelegten Verständnis entspricht der philosophischen Bedeutung menschlichen Handelns als zweckgerichtetes Tun (vgl. Kambartel 1975, S. 107ff.). Daher werden im Folgenden die Begriffe Führungsverhalten und (Führungs-)Handeln synonym gebraucht. Der Terminus Führungsverhalten beschreibt damit ein relativ unspezifisches Phänomen.

- **Der Grad des Erfolgs der Einflussversuche bleibt unberücksichtigt.** Auch erfolglose Einflussversuche stellen Führungsverhalten dar.

Somit erscheint die Kategorie Führungsverhalten im Hinblick auf die Evaluierung realer Managementprozesse sowie das Erarbeiten von Gestaltungsempfehlungen recht unscharf. Offensichtlich besteht insofern Präzisierungsbedarf. Dem entspricht die Größe Führungsstil, welche den globalen Gegenstandsbereich von Verhaltensweisen in Führungsprozessen zu differenzieren hilft.

Führungsstile sind spezifische bei Einfluss nehmenden Personen beobachtbare Muster oder Kombinationen von Verhaltenselementen. Über die Spezifika des Führungsstils informiert die von Schreyögg hergeleitete Definition, wonach der Führungsstil eine *„... relativ stabile, generelle und interindividuell vergleichbare Konfiguration von Führungsakten ...“* darstellt (Schreyögg 1977, S. 27).

Führungsstil

→ relativ stabile, generelle und interindividuell vergleichbare Konfiguration von Führungsakten

---

In dieser Perspektive werden abgrenzbare Elemente des Führungsverhaltens als Führungsakte bezeichnet. Kombinationen solcher Verhaltenselemente konstituieren dann einen Führungsstil, wenn das Verhaltensmuster

- kaum der Änderung im Zeitablauf unterliegt (relativ stabil),

- in verschiedenen Situationen gleichartig konstatiert werden kann (generell),

- in ähnlicher Weise bei einer signifikanten Mehrzahl von Personen beobachtbar ist (interindividuell vergleichbar).

Die Segmentierung von Führungsverhalten in derart verstandene (alternative) Führungsstile erschließt den deskriptiven, analytischen und gestalterischen Zugang zur personellen Dimension der Unternehmensführung. Unterschiedliche, konkurrierende Stilvarianten können dadurch auf ihre Erfolgswirksamkeit und auf ihre Erfolgsbedingungen in Bezug auf die als relevant erachteten Zielgrößen untersucht werden. Eine traditionelle und in der betrieblichen Praxis nach wie vor außerordentlich populäre bipolare Differenzierung von Führungsstil-Varianten stellt gerade den autoritären Führungsstil und den kooperativen Führungsstil als Endpunkte eines Kontinuums einander gegenüber. Die inzwischen fast *klassische* Interpretation dieses Zusammenhanges nach Tannenbaum und Schmidt zeigt Abbildung 1.10.

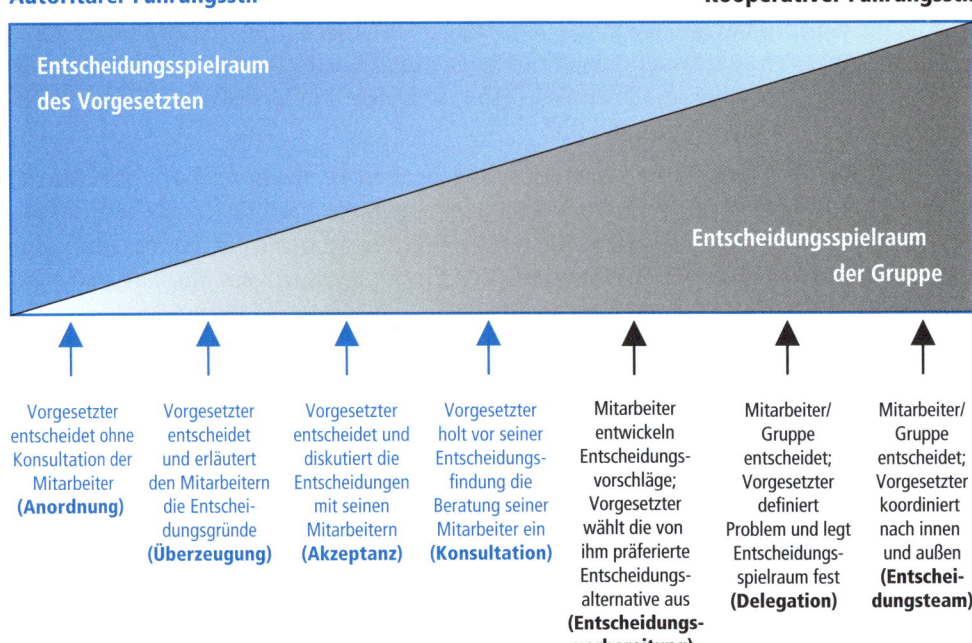

Abb. 1.10: Idealtypische Beschreibung alternativer Führungsstile
(Quelle: Nach Tannenbaum/Schmidt 1958, S. 96)

Das dargestellte Führungsstil-Kontinuum basiert auf lediglich einer Variablen der Führung, und zwar auf dem Entscheidungsspielraum *oder* der Partizipation. In Abhängigkeit von der konstatierbaren Ausprägung dieser Variablen werden insgesamt sieben Stilvarianten hergeleitet. Der Extremtyp des autoritären Führungsstils ist gerade durch die uneingeschränkte Alleinentscheidung des Vorgesetzten, ohne jegliche vorherige Konsultation der ihm unterstellten Mitarbeiter gekennzeichnet (Anordnung). Auf der anderen Seite resultiert der Extremtyp des kooperativen Führungsstils aus nahezu totaler Partizipation der Geführten. Die Gruppe der Mitarbeiter entscheidet eigenständig, dem Vorgesetzten obliegt eher koordinative und repräsentative Funktion (Entscheidungsteam). Diese Variante des Führungsstils wird beispielsweise reflektiert im modernen Modell der teilautonomen Arbeitsgruppen.

Instrumente personeller Führung

Im Hinblick auf die konkrete Ausgestaltung und Wahrnehmung der personellen Dimension von Management stehen dem Unternehmen sowie den Führungskräften vielfältige Mittel oder Instrumente zur Verfügung.

- Herausgehobene Bedeutung hat in diesem Zusammenhang die Zielsetzung. Der Vorgesetzte ist aufgefordert, dafür Sorge zu tragen, dass die ihm unterstellten Mitarbeiter sinnvoll hergeleitete, klar definierte und operationale Arbeitsziele verfolgen.

Dieses stellt die Bedingung für die Messung der relevanten Leistungsbeiträge der einzelnen Organisationsmitglieder dar. Solche Individualziele können vorgegeben oder gemeinsam von Vorgesetzten und Mitarbeitern hergeleitet, verhandelt und vereinbart werden.

- Damit hängt direkt die Anwendung eines weiteren Instrumentes personeller Führung zusammen. Es handelt sich um das Instrument Information/Kommunikation. Dieses Instrument dient dem Dialog in der personellen Führungsbeziehung. In Mitarbeiterbesprechungen treffen sich die Führungskraft und mehrere ihr unterstellte Mitarbeiter zum Zwecke gegenseitiger Information und aufgabenbezogener Diskussion. Besonderen Stellenwert im Rahmen von Mitarbeiterbesprechungen hat die Erörterung außergewöhnlicher, erfolgskritischer und noch nicht routinisiert bearbeitbarer Fälle und Ereignisse. Das Instrument des Mitarbeitergesprächs ist hingegen auf die bilaterale Kommunikation des Vorgesetzten mit nur einem seiner Mitarbeiter gerichtet. Dabei geht es um die Erörterung vertraulicher und ganz persönlicher Belange.

- Die Anerkennung im Sinne positiver Rückkopplung des Vorgesetzten aufgrund herausragender Leistungen oder überdurchschnittlichen Einsatzes des Mitarbeiters sollte im Mitarbeitergespräch erfolgen. Das gilt ebenfalls für Kritik in der Weise, dass die Führungskraft unzureichende Leistungen oder Fehlverhalten des Mitarbeiters diesem transparent macht, mit der betroffenen Person erörtert und Maßnahmen zur Problembehebung einleitet. Derartige Kritik soll weniger sanktionierend wahrgenommen werden, sondern die Basis zur Beseitigung individueller Fehler und Schwächen darstellen.

- Zu diesem Zweck werden in vielen Unternehmen formalisierte Mitarbeiterbeurteilungen eingesetzt. Anhand solcher Rahmenvorgaben ist der Vorgesetzte aufgefordert, die Leistungen (Vergangenheitsbezug im Sinne erbrachter Leistungen), das Verhalten und das Entwicklungspotential der Mitarbeiter turnusmäßig zu bewerten. Der Kommunikation dieser Bewertungen gegenüber dem einzelnen Mitarbeiter dient das Mitarbeitergespräch.

- Notwendigerweise verknüpft mit dem Setzen individueller Arbeitsziele ist der Einsatz des Instrumentes der Kontrolle. Führungskräfte sollten diese Kontrolle auf der individuellen Ebene unbedingt ausüben. Ohne Kontrolle ist jede Zielsetzung sinnlos (unverbindliche Absichtserklärung) und ohne definierte Ziele ist jegliche Form der Kontrolle unmöglich, da die notwendige Soll-Größe fehlt. Das kommt beispielsweise in der folgenden Aussage zum Ausdruck:

> *„Wer nicht weiß, wohin er will, darf sich nicht wundern, wenn er ganz woanders ankommt!" (Mager 1983, S. 1)*

In Bezug auf die Wahrnehmung der Kontrollfunktion bieten sich verschiedene Optionen.

- So kann der Vorgesetzte eine fortlaufende Verhaltenskontrolle (z.B. hinsichtlich der Pünktlichkeit des Mitarbeiters) vornehmen oder sich auf Ergebniskontrollen beschränken (Arbeitsoutput des Mitarbeiters).

- Eine andere Differenzierung besteht zwischen Fremdkontrolle und Selbstkontrolle. Bestimmte Bereiche (etwa Zwischenergebnisse) kann der Vorgesetzte aus dem eigenen Kontrollkonzept herausnehmen und dem Mitarbeiter zur autonomen Handhabung überlassen. Wichtig ist es in diesem Fall, dass dem Mitarbeiter die erforderlichen Informationen zur sinnvollen Selbstkontrolle zeitnah zugänglich sind. Das bedingt den relativ offenen Umgang mit den betrieblichen Informationen, insbesondere seitens der Führungskräfte.

• Zu den Instrumenten personeller Führung zählt außerdem die Förderung der Mitarbeiter. Der Vorgesetzte soll gleichsam im Stile eines Trainers oder Coachs die unterstellten Mitarbeiter durch anspruchsvolle arbeitsbezogene Kooperation fordern und fördern. Dazu zählen die Diagnose des individuellen Trainingsbedarfs und darauf basierend die Initiierung angepasster Maßnahmen sowohl des Training on-the-job als auch des Training off-the-job für die unterstellten Mitarbeiter. Besonders sinnvoll erscheint es, wenn diese fördernden Aktivitäten der Führungskraft in ein System individueller Karriereplanung einmünden. Das kann dazu führen, dass der einzelne Mitarbeiter aus dem Verantwortungsbereich des Vorgesetzten aufsteigt und in der Hierarchie mit dem früherer Vorgesetzten gleichzieht, d.h. dessen Kollege wird, oder den ehemaligen Vorgesetzen sogar überholt. Nicht selten bereitet diese Möglichkeit den Führungskräften in Betrieben Schwierigkeiten in Bezug auf die engagierte Förderung der eigenen Mitarbeiter. Die Vorgesetzten versuchen dann nach Kräften, besonders leistungsstarke Mitarbeiter im eigenen Bereich zu halten, auch wenn im gesamtbetrieblichen Interesse ein sukzessiver Aufstieg dieser Personen und das Wechseln in andere Unternehmensbereiche sinnvoll wären. Solche Verhaltensweisen von Führungskräften, die den Karriereverlauf hoch leistungsfähiger Mitarbeiter blockieren, sind im Hinblick auf die Erfüllung grundlegender Bedürfnisse des sozio-technischen Systems Unternehmung nachhaltig dysfunktional. Maßnahmen des Führungskräftetrainings sollten die Teilnehmer daher dazu befähigen, die so genannten Highpotentials losgelöst von Ressortegoismen und persönlichen Eitelkeiten konsequent zu fördern.

• Mit umgekehrten Vorzeichen gilt das ebenfalls für den Umgang mit leistungsschwachen Mitarbeitern. In der betrieblichen Praxis ist gelegentlich das Phänomen des Weglobens konstatierbar. Der Vorgesetzte beurteilt den leistungsschwachen Mitarbeiter sehr positiv und empfiehlt ihn für anforderungshöhere Aufgaben an anderer Stelle im Unternehmen, obwohl es der Führungskraft tatsächlich darum geht, die Stelle des kritisch bewerteten Mitarbeiters anderweitig zu besetzen. Auch dieses Führungsverhalten erscheint für das Gesamtsystem in hohem Maße dysfunktional und zeugt von mangelndem Verantwortungsbewusstsein und unzulänglicher Management-Kompetenz des Vorgesetzten. Von einer qualifizierten Führungskraft ist auch im Falle leistungsschwacher Mitarbeiter die konsequente Wahrnehmung der

Förderfunktion zu erwarten. Es geht dann darum, die Gründe für die Minderleistung zu klären und Maßnahmen zur Verbesserung der Situation herbeizuführen. Das können insbesondere Trainingsmaßnahmen mit dem Ziel des Abbaus fachlicher Schwächen des Mitarbeiters relativ zu den Arbeitanforderungen sein. Darüber hinaus sind soziale Stimuli im Hinblick auf die Änderung problematischer Verhaltensweisen (beispielsweise bei Arbeit im Team) Möglichkeiten der Förderung von Mitarbeitern, welche die Erwartungen der Führungskraft oder der Kollegen nicht erfüllen.

- Das alle anderen Instrumente personeller Führung übergreifende Instrument ist die Motivation. In praxeologischer Sicht wird Führen häufig mit Motivieren gleichgesetzt. Das findet Ausdruck in der Maxime:

Führen heißt Motivieren!

Es steht außer Zweifel, dass die Stimulation der Leistungsbereitschaft der Mitarbeiter zu den überragenden personellen Führungsaufgaben zählt. Über die instrumentelle Anwendung von Motivation durch den Vorgesetzten im individuellen Führungsprozess existieren in Theorie und Praxis allerdings unterschiedliche Standpunkte. Weit verbreitet ist die Auffassung, wonach Entgeltanreize die Leistungsbereitschaft der Mitarbeiter aktivieren. Zahlreiche Provisionssysteme, etwa im Bereich der Vertriebsaußendienste von Unternehmen, aber auch Systeme des Akkordlohns oder der Zahlung von Leistungsprämien belegen die in Unternehmen verbreitete Prämisse, dass ein höherer Entgeltanreiz verstärkte Motivation der Mitarbeiter determiniert. Auf dieser Annahme basierend, sollte der Vorgesetzte das Führungsinstrument der Motivation so einsetzen, dass den zu führenden Mitarbeitern aufforderungsstarke, transparente und als gerecht empfundene Lohnoptionen bereitgestellt und adäquat vermittelt werden. Diese instrumentelle Deutung von Motivation wird allerdings durch die Ergebnisse der Studien des Managementforschers Herzberg nicht bestätigt. Das geht aus den in Abbildung 1.11 dargestellten zusammengefassten Befunden hervor.

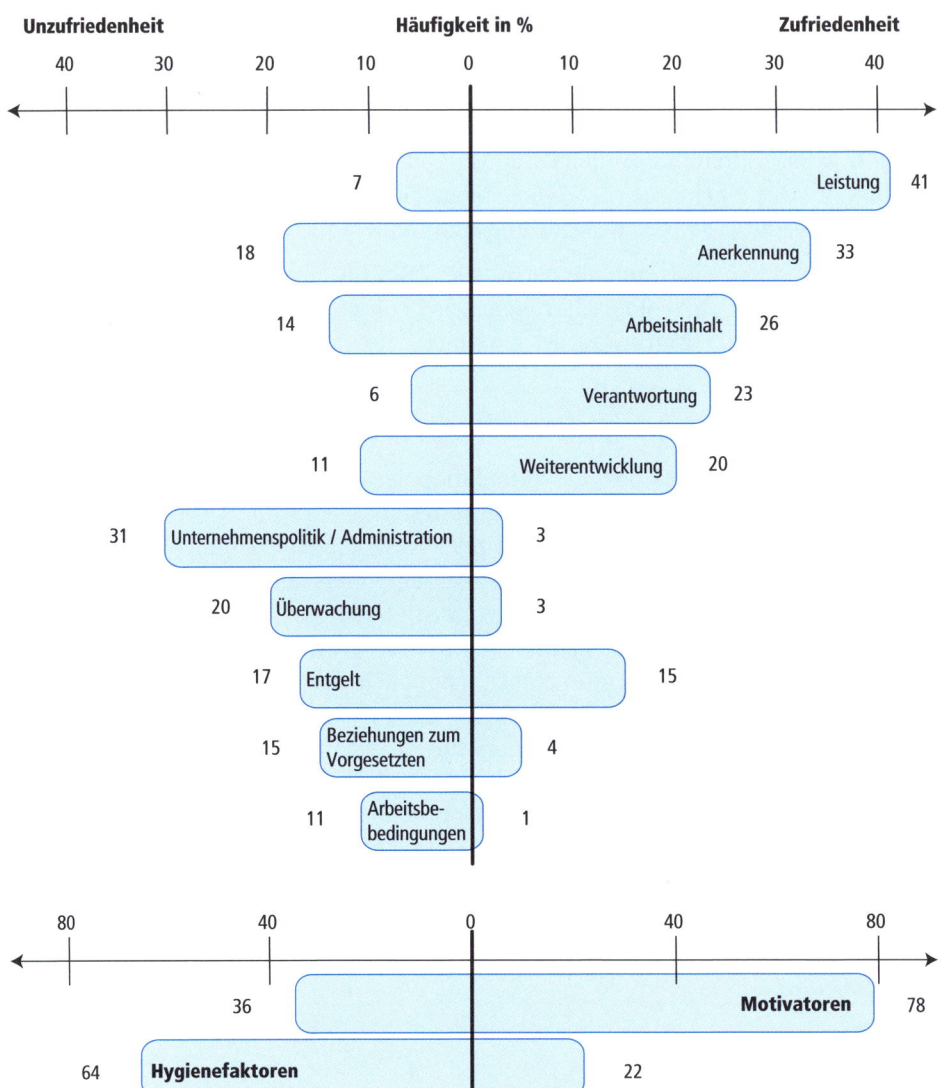

Abb. 1.11: Einflussgrößen der Motivation nach Maßgabe der Zweifaktorentheorie
(Quelle: Nach Herzberg/Mausner/Snyderman 1959, S. 72 ff.)

Die von Herzberg erhobenen Befunde identifizieren zwei prinzipiell differente Gruppen von Einflussfaktoren auf die Arbeitszufriedenheit und die Motivation von Organisationsmitgliedern:

– Zum einen sind das die so genannten Hygienefaktoren. Diese Faktoren bewirken bei subjektiv nicht angemessener Berücksichtigung Unzufriedenheit und damit Demotivation des betrachteten Mitarbeiters. Es kommt folglich darauf an, die Hygienefaktoren hinreichend zu erfüllen, um die benannten negativen Effekte zu vermeiden. Damit ist aber noch nicht die positive Leistungsbereitschaft des Mitarbeiters aktiviert. Das ist nur durch sinnvolle Gestaltung der anderen Gruppe von Einflussgrößen möglich.

– Es handelt sich dabei um die so genannten Motivatoren. Über diese Größen und ihre aus Sicht der Mitarbeiter angemessene Erfüllung in der individuellen Arbeitssituation sind Arbeitszufriedenheit und Motivation realisierbar. In Bezug auf die hier diskutierte personelle Führung lässt sich daraus herleiten, dass die Führungskraft motivierende Impulse insbesondere über die Anerkennung der Leistungen des Mitarbeiters und über dessen konsequente Förderung (Motivator: Weiterentwicklung) auslösen kann.

Das Entgelt gehört zur Gruppe der Hygienefaktoren. Daher sind nach Herzberg die Entgeltanreize nicht zur nachhaltigen und dauerhaften Motivation der Mitarbeiter geeignet. Allerdings ist es entscheidend, dass der Mitarbeiter sein Entgelt als angemessen empfindet. Sofern das nicht gewährleistet wird, resultieren Unzufriedenheit und Demotivation.

Die Auffassung weitgehend fehlender Funktionalität von Entgeltanreizen in Bezug auf die Motivation von Organisationsmitgliedern vertritt ebenfalls Sprenger. Er geht davon aus, dass Motivation aus der Persönlichkeit des Mitarbeiters entspringt. Prinzipiell sind Organisationsmitglieder danach bei Eintritt in eine Unternehmung (intrinsisch) motiviert. Häufig trifft diese positive Leistungsbereitschaft aber auf restriktive Arbeitsbedingungen im Unternehmen. Die neu eingetretenen Mitarbeiter werden dadurch in ihrer Entfaltung gehindert, erleben Frustration. Das führt nach und nach zum Abfall der Leistungsbereitschaft der Individuen. Sie werden quasi sukzessive demotiviert (vgl. Sprenger 2004). In der betrieblichen Praxis findet sich dafür (vor allem im Fertigungsbereich) die Rede, wonach Mitarbeiter (analog zu technischen Aggregaten) *sauer gefahren* werden. Auf diesem Hintergrund besteht die Erfolg versprechende Anwendung des Führungsinstrumentes Motivation durch den Vorgesetzten gerade darin, so weit wie irgend möglich demotivierende betriebliche Einflüsse auf die Mitarbeiter zu neutralisieren. Das erfordert unter anderem den intensiven Dialog zwischen Führungskraft und Mitarbeitern, aber auch die Interpretation der Vorgesetztenrolle im Sinne eines Coachs der Mitarbeiter. Außerdem obliegt es den Führungskräften, im Unternehmen permanent für das Eliminieren restriktiver, demotivierender Arbeitsbedingungen einzutreten. Besonders anspruchsvoll wird der Einsatz des Führungsinstrumentes der Motivation im Kontext differenter kultureller Einflüsse. Ausgehend von der Prämisse kulturgeprägter Erwartungen der Akteure in Führungsprozessen ergibt sich in internationalen Unternehmen die Notwendigkeit national angepasster Motivationsmaßnahmen der Führungskraft.

Eine Übersicht des für den Einsatz im Bereich personeller Führung prinzipiell bereitstehenden Mix von Instrumenten vermittelt Abbildung 1.12.

Abb. 1.12: Instrumenten-Mix im Rahmen der personellen Führungsdimension

Die vorgestellten Instrumente stehen den Führungskräften im Unternehmen im Hinblick auf die zielorientierte soziale Einflussnahme zur Verfügung. Dabei ist für die Art des Einsatzes der Instrumente im Einzelfall die Prädisposition (zum Beispiel Eigenschaften, Sozialisation, berufliche Erfahrungen) der jeweiligen führenden Person ausschlagend. In Abhängigkeit von der individuellen Prädisposition setzen verschiedene Führungskräfte die verfügbaren Instrumente personeller Führung in differenter Weise ein.

1.1.2.2 Strukturelle Dimension

Die strukturelle Dimension der Unternehmensführung signalisiert im Unterschied zur oben erörterten personellen Dimension das Bestreben um personenunabhängige Gestaltung. Danach erfolgt die Gestaltung *ad rem*, das bedeutet nach streng sachorientierten Kriterien. Es sollen rationale Regeln und Verfahrensweisen entwickelt und implementiert werden, die den sinnvollen Ablauf des Unternehmensgeschehens unabhängig von den besonderen Merkmalen, Neigungen und Eigenschaften einzelner Stelleninhaber gewährleisten. Die strukturelle Dimension umfasst die Summe der organisatorischen Regelungen im Unternehmen. In dieser Sicht repräsentiert Organisation

- den formalen, technokratischen, prinzipiell unpersönlichen Teilbereich von Unternehmensführung,

- der zielorientiertes wirtschaftliches Handeln sicherstellen soll.

Organisationale Regeln binden individuelles Verhalten und geben somit Rahmenbedingungen für die Wahrnehmung personeller Führung vor. Je intensiver die strukturelle Dimension verbindlich ausgeformt und festgelegt ist, um so geringer werden ceteris paribus die Freiheitsgrade auf der personellen Führungsdimension sein. Ein Erfolg versprechendes Konzept der Unternehmensführung bedarf der sorgfältigen Abstimmung zwischen der personellen Management-Dimension auf der einen und der strukturellen Management-Dimension auf der anderen Seite. Erst die sorgfältige und unternehmensspezifisch fundierte Verknüpfung grundlegender personeller und struktureller Lenkungsparameter begründet ein tragfähiges Management-Konzept für die betrachtete Unternehmung. Das erfordert grundlegende normative Entscheidungen. Die Unternehmensleitung ist aufgerufen, sich zu bestimmten prägenden Werten (Unternehmenskultur) zu bekennen und diese im Führungskonzept instrumentell umzusetzen.

Im Mittelpunkt struktureller Gestaltung stehen die Art und der Umfang der Arbeitsteilung im Unternehmen sowie die Qualität und das Ausmaß von Richtlinien und Vorgaben zur Durchführung der zentralen betrieblichen Leistungs-, Informations- und Managementprozesse. Für die Durchführung der Organisationsplanung sowie im Hinblick auf das Realisieren und die Evaluation konkreter Gestaltungsmaßnahmen bedarf die strukturelle Dimension der Führung der weiteren Differenzierung. Es kommt in diesem Zusammenhang darauf an, besonders erfolgsrelevante Variablen der Organisationsstruktur abzugrenzen. Nach den bisherigen Erkenntnissen auf dem Gebiet der betriebswirtschaftlichen Teildisziplin Organisationslehre sind die im Folgenden skizzierten Variablen der formalen Organisationsstruktur von herausgehobener Bedeutung (vgl. Siedenbiedel 2001, S. 83 ff.):

- **Arbeitsteilung**

  richtet sich auf die zur einzelwirtschaftlichen Zielrealisation notwendigen Aktivitäten und deren Verteilung auf die Organisationsmitglieder.

- **Koordination**

  bezieht sich gerade auf die Abstimmung arbeitsteiliger Prozesse sowie das Ausrichten der Aktivitäten der Systemmitglieder auf die Systemziele, weil aus jeder Arbeitsteilung Koordinationsbedarf entsteht.

- **Leitungsbeziehungen**

  bilden die äußere Form des betrieblichen Stellengefüges ab. Sie beschreiben das strukturelle Lenkungssystem der Unternehmung. Im Rahmen dieser Variablen der formalen Organisationsstruktur sind die Entscheidungen der Systemleitung über Art und Umfang der Verknüpfungen zwischen den verschiedenen Organisationseinheiten in horizontaler und vertikaler

Hinsicht angelegt. Dadurch wird unter anderem die Hierarchie geprägt. Der Grad an *Steilheit oder Flachheit* (Lean Management) der Hierarchie ist Resultat der Entscheidungen über die Leitungsbeziehungen.

- Delegation

  ist die Zuordnung von Kompetenzen oder Entscheidungsbefugnissen auf die verschiedenen Ebenen und Stellen im Unternehmen. Prinzipiell können Kompetenzen eher zentralisiert (weitgehender Verbleib in der Unternehmensspitze) oder eher dezentralisiert (Empowerment hierarchisch nachgeordneter Organisationseinheiten) werden.

- Standardisierung

  Die Strukturdimension der Standardisierung findet Ausdruck im Festlegen einheitlicher Vorgaben zur betrieblichen Aufgabenwahrnehmung. Solche Standards beziehen sich auf Prozesse und auf Ergebnisse. Besondere Bedeutung erhält die Standardisierung beispielsweise im Qualitätsmanagement.

Die strukturelle Führung des Unternehmen umfasst gerade die Ausgestaltung und die Anwendung der Variablen der formalen Organisationsstruktur. Im Hinblick auf Entscheidungen über die konkrete Gestaltung der Strukturvariablen bedarf es der angemessenen Berücksichtigung der für das jeweilige Unternehmen relevanten Kontexteinflüsse. Nach den Erkenntnissen der situativen Organisationstheorie ist die Kompatibilität zwischen den Kontextvariablen und den Variablen der formalen Organisationsstruktur die grundlegende Erfolgsbedingung struktureller Führung (vgl. Kieser/Walgenbach 2003, Pugh/Payne 1977, Hickson/McMillan 1981).

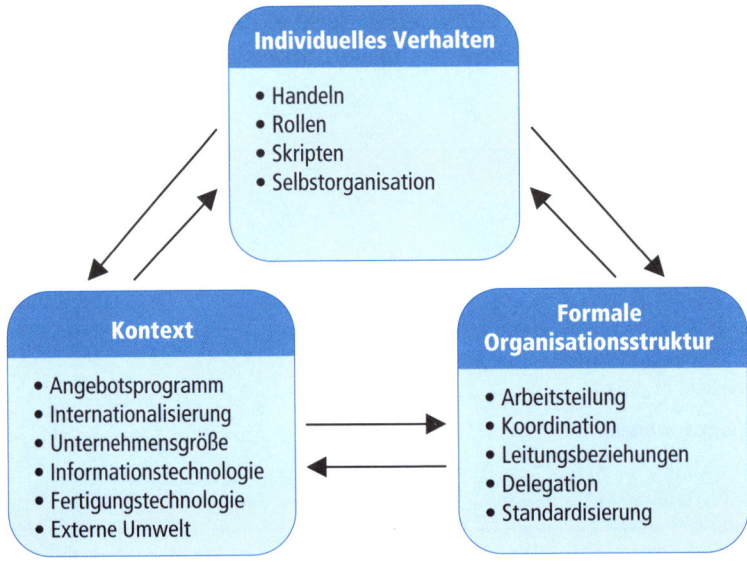

Abb. 1.13: Das Entscheidungsfeld struktureller Führung

Wie aus Abbildung 1.13 hervorgeht, bestehen interdependente Beziehungen zwischen den dargestellten Variablengruppen. Danach gehen von den Variablen der Organisationsstruktur auch verändernde Impulse in die Richtung des Kontextes aus.

Beispiel: Die realisierten Muster der Leitungsbeziehungen (etwa Einliniensystem oder Matrixorganisation) können die Internationalisierung des Unternehmens eher fördern oder eher hemmen. In einer anderen Fallgestaltung wird die Struktur ganz bestimmte Auslandsaktivitäten unterstützen. Eine implementierte Exportabteilung dient dem Zweck der Intensivierung des grenzüberschreitenden Absatzes von Gütern und wird daher alternative Optionen der Internationalisierung (wie Contract Manufacturing) tendenziell vernachlässigen.

Grundsätzlich ist jedoch nach den vorliegenden Erkenntnissen davon auszugehen, dass stärkere Einflüsse aus dem Kontext auf die organisationale Struktur wirken. Die Struktur ist dann an die jeweilige Ausprägung des Kontextes anzupassen.

Beispiel: Die Unternehmensleitung entwickelt und implementiert eine Strategie internationaler Marktbearbeitung. Im nächsten Schritt soll die Struktur auf die Umsetzung dieser Strategie hin ausgerichtet werden (structure follows strategy).

Genau wie die personelle Führung hat auch die Struktur die Funktion der konstruktiven und zielorientierten Beeinflussung individuellen Verhaltens. Umgekehrt gehen jedoch vom individuellen Verhalten Struktur prägende Wirkungen aus. Für den Unternehmenserfolg sind darüber hinaus die regelmäßige Überprüfung getroffener Strukturentscheidungen sowie die Vornahme erforderlicher Modifikationen im Interesse der adäquaten Anpassung der Struktur an Entwicklungen im organisationalen Kontext von enormer Relevanz.

1.1.3 Überlegungen zum Zielsystem

Nach dem oben entwickelten Verständnis findet Führung ihren Ausdruck in der zielorientierten sozialen Einflussnahme. Die Kategorie Betriebliche Führung bezeichnet folglich derartige Beeinflussungen auf der Ebene des Unternehmens. Zur Beurteilung der Rationalität des Einsatzes der personellen sowie der strukturellen Führungsinstrumente wird die Klärung des Zielbezugs erforderlich, denn es geht um die zielorientierte Beeinflussung von Aufgabenträgern im sozio-technischen System Unternehmung. Das eingesetzte Führungsmittel oder Bündel von Führungsmitteln kann immer nur rational relativ zu einem definierten Ziel oder einem anzusteuernden Zielsystem des Unternehmens sein, da die soziale Einflussnahme gerade auf das Erreichen dieser Soll-Größe ausgerichtet ist oder sein sollte. Der Führungserfolg schlägt sich im Ausmaß der Zielerreichung nieder.

In dieser Sicht ist die betriebliche Führung die unabhängige Variable oder der *Aktionsparameter* und der Führungserfolg in Form der Realisation der angestrebten Ziele die abhängige Variable oder der Erwartungsparameter.

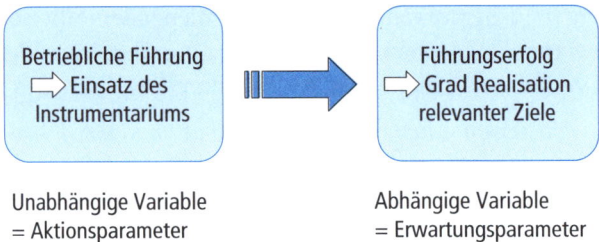

Unabhängige Variable   Abhängige Variable
= Aktionsparameter   = Erwartungsparameter

Abb. 1.14: Zielabhängige Rationalität betrieblicher Führung

Die Entscheidung über das Zielsystem des Unternehmens konkretisiert den anzustrebenden Führungserfolg und setzt damit den Orientierungsrahmen für den Einsatz der Führungsinstrumente. Solche Zielentscheidungen

- sind zum einen unternehmensindividuell,

- zum anderen existieren jedoch generell gültige Kriterien der Zielbestimmung.

Außerdem steht in marktwirtschaftlichen Ordnungen das Gewinnziel für erwerbswirtschaftliche Organisationen nicht zur Disposition, sondern markiert einen unverzichtbaren Bezug der Unternehmensführung. Die Gewinnerwirtschaftung gehört zu den herausragenden ökonomischen Zielkategorien des Unternehmens. Allerdings bleibt das relevante betriebliche Zielsystem keinesfalls denknotwendig auf ökonomische Ziele beschränkt.

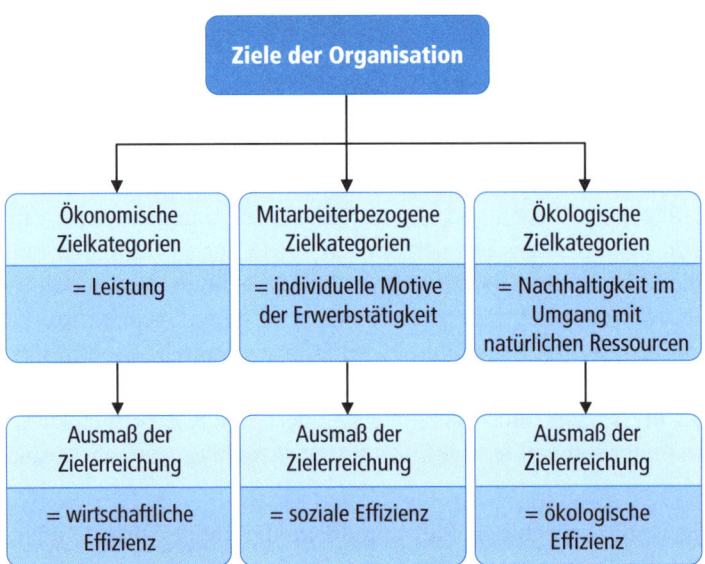

Abb. 1.15: Elemente der Formalstruktur betrieblicher Zielsysteme

Im vorstehenden Modell werden drei differente Arten oder Kategorien von Zielen des Unternehmens abgegrenzt:

- Neben den ökonomischen Zielen sind in der betrachteten (fiktiven) Organisation auch

- mitarbeiterbezogene Soll-Größen und

- ökologische Kategorien handlungs- und führungsrelevant.

Das sei nachstehend zunächst in grundsätzlicher Form erläutert. Überlegungen und Befunde zu den spezifischen Antriebskräften und Zielorientierungen grenzüberschreitender Unternehmensaktivitäten sind Gegenstand ausführlicher Untersuchung im anschließenden 2. Kapitel dieses Buches (Determinanten der Internationalisierung einzelwirtschaftlicher Aktivitäten).

1.1.3.1 Ökonomische Zielkategorien

Die ökonomischen Ziele beziehen sich auf das Bereitstellen von Leistungen, d.h., diese Ziele sind unmittelbar auf die betriebliche Wertschöpfung gerichtet. Es geht darum, definierte Leistungen hervorzubringen und damit Werte im wirtschaftlichen Sinne zu schaffen. Das Verfolgen der ökonomischen Ziele ist für erwerbswirtschaftliche Organisationen konstitutiv und betrifft sowohl die nationalen als auch die internationalen Unternehmensaktivitäten. Unterschiede zwischen verschiedenen Unternehmen in Bezug auf die ökonomischen Ziele sind jedoch hinsichtlich der Relevanz und der Betonung von einzelnen Varianten solcher Ziele empirisch konstatierbar. Gleiches gilt hinsichtlich des angestrebten Ausmaßes der Zielerreichung. Das Ausmaß der Realisation der verfolgten ökonomischen Zielkategorien determiniert die ökonomische Effizienz des Unternehmens. Ein bedeutsamer Führungsaspekt betrifft die Deduktion und die Operationalisierung der angesteuerten Soll-Größen. Von der Unternehmensebene bis hin zur Ebene der einzelnen Stellen bedarf es der klaren Abgrenzung maßgeblicher Orientierungen, damit das Instrumentarium der Führung konsequent darauf ausgerichtet werden kann.

Abb. 1.16: Exemplarische Darstellung ökonomischer Zielgrößen

Diese Beispiele für wesentliche wirtschaftliche Zielkategorien auf der Ebene der gesamten Unternehmung seien im Folgenden erörtert:

- Gewinnerwirtschaftung

 Wie oben bereits dargelegt, ergibt sich aus dem marktwirtschaftlichen Kontext die zwingende Notwendigkeit der einzelwirtschaftlichen Gewinnerzielung. Daraus leitet sich der herausragende Stellenwert des Gewinnziels her. Die im Rahmen der Betriebswirtschaftslehre diskutierte Doktrin von der Gewinnmaximierung erscheint empirisch wenig nachvollziehbar. Zum einen lässt sich der maximale Gewinn in der komplexen Situation betrieblicher Zielbildungsprozesse regelmäßig gar nicht bestimmen, zum anderen sind das Ausmaß der angestrebten Zielereichung sowie die Bestimmung der relativen Bedeutung des Gewinnziels (Gewichtung) innerhalb des gesamten Zielsystems des Unternehmens Gegenstand dispositiver Entscheidungen des Managements und somit variabel. Anders ausgedrückt: Die betriebliche Praxis zeigt ganz eindeutig, dass die Bedeutung der Gewinnerwirtschaftung in verschiedenen Unternehmen uneinheitlich gewichtet wird. So kann beispielsweise im Zuge des Eintritts in einen ausländischen Markt das Gewinnziel seitens der Unternehmensleitung zunächst für einige Perioden zurückgestellt werden, um die zügige Marktdurchdringung zu priorisieren und um Lernprozesse zu initiieren.

- Wachstum des Unternehmens

 Das Wachstumsziel wird in der Unternehmensplanung grundsätzlich quantitativ interpretiert. Dieser Sichtweise oder diesem Verständnis von Wachstum soll auch hier gefolgt werden. Es geht um die Ausweitung des Geschäftsvolumens der Unternehmung:

- Das favorisierte Maß für Unternehmensgröße ist der Jahresumsatz der Einzelwirtschaft. Davon ausgehend wächst die Unternehmung, wenn sie ihren Jahresumsatz (inflationsbereinigt) ausweitet.

- Aufgrund der Besonderheiten im Bankensektor wird dort die Bilanzsumme als Größenmaß präferiert,

- in der Versicherungsbranche spielt die Summe der Beitragseinnahmen eine hervorgehobene Rolle in der Wachstums- und Größendebatte.

In jedem Fall bedarf es grundlegender Entscheidungen der Unternehmensleitung über den einzuschlagenden Wachstumspfad sowie über die korrespondierende Form der Operationalisierung des Wachstumsziels.

- Steigerung der Produktivität

Die Kenngröße Produktivität misst die mengenmäßige Ergiebigkeit betrieblicher Wertschöpfungsprozesse.

$$\text{Produktivität} = \frac{\text{Outputmenge}}{\text{Inputmenge}}$$

In der Größe Produktivität findet die sachbezogen interpretierte Rationalität betrieblichen Handels in besonderem Maße ihren Niederschlag. Die herangezogenen Mengengrößen setzen den Fokus auf reale, güterwirtschaftliche Kategorien. Der in der klassischen Nationalökonomie theoretisch begründete Geldschleier monetär bewerteter Erfolgsindikatoren wird im Falle der Produktivität gleichsam beiseite gezogen, so dass die realen Einsatzmengen der produktiv genutzten Ressourcen und die als Ergebnis des Wertschöpfungsprozesses bereitgestellten realen Leistungen unmittelbar die anzusteuernde Zielkategorie charakterisieren. Im Hinblick auf die Wettbewerbsposition des Unternehmens markiert die realisierte betriebliche Produktivität einen ganz zentralen Erfolgsfaktor. Daher ist es von herausgehobener Bedeutung, die soziale Einflussnahme im Unternehmen (= Führungsakte) stringent am Ziel der ständigen Steigerung der Produktivität zu orientieren. Eine gewisse Problematik der fundierten Anwendung der Zielkategorie *Produktivität* in Einzelwirtschaften resultiert aus der Nicht-Addierbarkeit der Inputfaktoren:

- Aus einer bestimmten Anzahl aufgewandter Arbeitsstunden (Produktionsfaktor Arbeit),

- einer Anzahl benötigter Maschinenstunden (Produktionsfaktor Betriebsmittel) sowie

- aus einem in Kilogramm gemessenen Rohstoffeinsatz

lässt sich ein mengenmäßiger Gesamtfaktoreinsatz nicht aufaddieren. Das bedeutet ebenfalls, dass eine Gesamtproduktivität des einzelwirtschaftlichen Produktionsprozesses faktisch nicht sinnvoll ermittelbar ist. Als Folge davon werden Teilprodukti-vitäten gemessen. Solche Teilproduktivitäten resultieren aus der Relation Output zu Input jeweils einer in der Mengendimension homogenen Faktorgruppe.

Beispiel Teilproduktivitäten

Betrachtet sei die Produktion von PKW-Reifen. Es geht um die Herstellung von Reifen der Größe 195/65/R15. In der untersuchten Periode sei ein mengenmäßiger Output dieser Reifen von 520 Stück realisiert worden. Dafür wurden insbesondere (andere Inputfaktoren werden hier vernachlässigt) 42 Arbeitsstunden, 112 Betriebsstunden der entsprechenden Reifenpresse und 94 Kilogramm Naturkautschuk eingesetzt. Die Berechnung der Produktivi-tätskenngrößen erbringt folgende Ergebnisse:

$$\text{Arbeitsproduktivität} = \frac{520 \text{ (Output Reifen 195/65/R15 in Stück)}}{42 \text{ (Anzahl erbrachter Arbeitsstunden)}} = 12{,}38$$

Die Arbeitsproduktivität beträgt 12,38, d.h., in der betrachteten Produktionsperiode wur-den im Durchschnitt 12,38 PKW-Reifen der Größe 195/65/R15 je Arbeitsstunde hergestellt.

$$\text{Technische Produktivität} = \frac{520 \text{ (Output Reifen 195/65/R15 in Stück)}}{112 \text{ (Anzahl Betriebsstunden Reifenpresse)}} = 4{,}64$$

Die technische Produktivität beträgt 4,64, d.h., in der betrachteten Produktionsperiode wurden im Durchschnitt 4,64 PKW-Reifen je aufgewandter Betriebsmittelstunde herge-stellt.

$$\text{Produktivität des Materialeinsatzes} = \frac{520 \text{ (Output Reifen 195/65/R15 in Stück)}}{94 \text{ (verbrauchte Menge Naturkautschuk in kg)}} = 5{,}53$$

Die Produktivität des Materialeinsatzes beträgt 5,53, d.h., in der betrachteten Produktions-periode wurden im Durchschnitt 5,53 PKW-Reifen je eingesetztem Kilogramm Naturkaut-schuk hergestellt.

Im Hinblick auf den komplexen Bestimmungszusammenhang der Produktivität sei exemplarisch die empirisch außerordentliche bedeutsame Arbeitsproduktivität näher betrachtet. Gerade im Kontext von Entscheidungen des Managements über Maßnahmen der grenzüberschreitenden Verlagerung produktiver Prozesse markiert die Ausprägung der Größe Arbeitsproduktivität an den prinzipiell diskutablen inter-nationalen Standorten eine wichtige informatorische Grundlage. Die vielschichtigen Bestimmungsgründe der Arbeitsproduktivität veranschaulicht Abbildung 1.17.

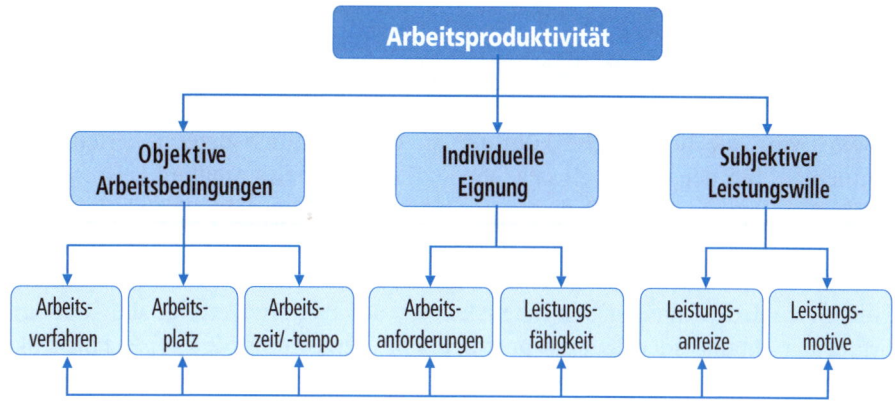

Abb. 1.17: Determinanten der Ergiebigkeit menschlicher Arbeit (Quelle: Schierenbeck 1993, S. 186)

– Es wird aufgezeigt, dass die Arbeitsproduktivität maßgeblich aus den objektiven Arbeitsbedingungen des Individuums resultiert. Im Sinne von Management ist damit die oben erörterte strukturelle Dimension der Führung angesprochen.

– Ein weiterer zentraler Aspekt der Entstehung von Arbeitsproduktivität betrifft die Eignung der im Produktionsprozess eingesetzten Mitarbeiter relativ zu den Anforderungen des sachbezogen ausgestalteten Arbeitssystems. Das erfordert sinnvolle Entscheidungen und Maßnahmen im Hinblick auf die Personalselektion, den Personaleinsatz sowie die Förderung der Mitarbeiter im Form von Training und Qualifizierung. Diese Aktivitäten sind der personellen Managementdimension zu subsumieren.

– Die dritte Gruppe von Determinanten basiert auf der Motivation der Mitarbeiter als Träger menschlicher Arbeit. Es geht folglich um den effektvollen Einsatz des personellen Führungsinstrumentes der Motivation.

Im Unterschied zu den Gegebenheiten beim Faktor Betriebsmittel sind zur Aktivierung des Faktors Arbeit Leistungsanreize erforderlich, die den Motiven der Mitarbeitern entsprechen und diese zum Einbringen der benötigten Beiträge für die erfolgreiche und produktive Realisation des Produktionsprozesses stimulieren. Aus dem umfangreichen Zusammenhang des Entstehens der Teilproduktivität menschlicher Arbeitsleistungen wird erkennbar, welche komplexen Führungsaufgaben sich aus dem Verfolgen des Ziels der Produktivitätssteigerung im Betrieb ergeben.

• Verbesserung der Wirtschaftlichkeit

Neben der oben erörterten mengenmäßigen Ergiebigkeit produktiver Prozesse sind natürlich wertmäßig ausgeprägte Zielkategorien ebenfalls von besonderer Relevanz in Bezug auf den Einsatz des betrieblichen Führungsinstrumentariums. Zu diesen wertmäßig definierten Zielen zählt des Bestreben um Verbesserung der Wirtschaftlichkeit im Unternehmen. Im Unterschied zur Produktivität bezeichnet die Größe Wirtschaftlichkeit das wertmäßig gemessene Verhältnis von Output zu Input in Wertschöpfungsprozessen.

$$\text{Wirtschaftlichkeit} = \frac{\text{Leistungen}}{\text{Kosten}} \quad \text{oder} \quad \frac{\text{Ertrag}}{\text{Aufwand}}$$

Damit wird die betriebliche Führung an den marktlich determinierten Preiskomponenten für den Faktoreinsatz sowie für die bereitgestellten Leistungen orientiert. Im Gegensatz zur Zielkategorie Produktivität entfällt hinsichtlich der Größe Wirtschaftlichkeit das Dilemma der Nicht-Addierbarkeit heterogener Inputfaktoren. Durch die multiplikative Verknüpfung der Inputfaktormengen mit den korrespondierenden Geldeinheiten der Bereitstellung der Faktoren erfolgt die Homogenisierung der Inputs, so dass eine ganzheitliche Berechnung der Wirtschaftlichkeit im Sinne der vollständigen Berücksichtigung aller Kosten relativ zur erzeugten Leistung möglich ist. Es geht in dieser Perspektive darum, die Potentiale des Unternehmens konsequent auf die Verbesserung der Leistungs-/Kostenrelation betrieblicher Aktivitäten auszurichten. Auf diesem Hintergrund kann es aus Gründen der Steigerung der Wirtschaftlichkeit für das Unternehmen rational sein, die Produktion an einen ausländischen Standort zu verlagern, obwohl sich dort nur eine geringere Produktivität als im Inland erzielen lässt. Dies gilt, sofern die vergleichsweise geringe mengenmäßige Ergiebigkeit (= Produktivität) im Gastland durch niedrigere Faktorkosten (insbesondere geringere Lohnkosten) am dortigen Markt in Bezug auf das bewertete Ergebnis des Produktionsprozesses nach Maßgabe der Ziels der Verbesserung von Wirtschaftlichkeit überkompensiert werden kann.

- Überleben im Wettbewerb

Das Ziel, im marktlichen Umfeld zu überleben, betrifft quasi den Selbsterhaltungstrieb des sozio-technischen Systems Unternehmung. Vor allem technologische Entwicklungen, Änderungen in den Präferenzen der Konsumenten, konjunkturelle Schwankungen, neue Wettbewerbsstrategien der Konkurrenten, ökologische Anforderungen, politische Restriktionen oder Wertewandel auf Seiten der Organisationsmitglieder sind starke Kontexteinflüsse auf das Unternehmensgeschehen. Solche Einflüsse können die Existenz des Unternehmens gefährden, wenn das Management nicht die geforderte Anpassungsfähigkeit des sozio-technischen Systems zu gewährleisten vermag. In diesem Zusammenhang geht es darum, die relevanten Turbulenzen im betrieblichen Umfeld rechtzeitig zu erkennen, um Handlungsbedarf im Unternehmen abschätzen und sinnvolle Reaktionen initiieren zu können.

- Fortschritt realisieren

Das ökonomische Ziel der Realisierung von Fortschritt ist ambitionierter als das Ziel des reinen Überlebens der Unternehmung. Im Falle des Fortschritts steht die Erreichung eines höheren Niveaus kollektiver Intelligenz des sozio-technischen Systems zur Debatte. Das erfordert die Initiierung von Prozessen organisationalen Lernens. Betriebliche Führung ist in dieser Sicht an kollektiven Lernzielen im Sinne von Organisationsentwicklung zu orientieren.

Beispiele:

- Verbesserung von Eigenschaften der bereitgestellten Produkte,

- Steigerung der Sicherheit grundlegender Geschäftsprozesse,

- Erhöhung der Kundenzufriedenheit,

- Aufbau von Know-how an ausländischen Märkten.

In allen Fällen ist der Zielanspruch darauf bezogen, das Unternehmen leistungsfähiger zu machen, seine Aktivitäten in höherem Maße als bisher zweckrational zu gestalten.

- Positive Imagebildung

  Das Imageziel ist auf die Wahrnehmung der Corporate Identity der Einzelwirtschaft an den Märkten gerichtet. Dies gilt sowohl für die Absatzmärkte als auch für die Beschaffungsmärkte und die Arbeitsmärkte. Die betrieblichen Führungsaktivitäten sollen in dieser Perspektive auf das Schaffen eines von den Interessengruppen positiv bewerteten Erscheinungsbildes des Unternehmens in der Öffentlichkeit abzielen. Daraus resultiert die Zuschreibung konstruktiver Eigenschaften durch die Bezugsgruppen des Unternehmens und damit ein positives Unternehmensimage. Ein solches Image erleichtert die Interaktionen des Unternehmens mit seiner Umwelt, insbesondere in kritischen Situationen.

  Beispiel: Eine notwendige Rückrufaktion ist für einen renommierten und mit einem positiven Image belegten Automobilhersteller ceteris paribus weitaus unproblematischer zu handhaben als für einen Produzenten, dem ohnehin bereits ein ausgeprägtes Fehlerimage anhaftet.

  Der konstruktive Imageaufbau erfordert insbesondere langfristig angelegte Investitionen in die kontinuierliche, sensible und authentische betriebliche Kommunikationspolitik.

Im Interesse der Fokussierung der Steuerungsfunktion betrieblicher Ziele bedarf es der Zieldeduktion. Es kommt darauf an, die naturgemäß recht allgemein ausgelegten Zielorientierungen von der Unternehmensebene über die Bestimmung von Bereichs- und Abteilungszielen auf die Ebene der konkreten Aufgabendurchführung herunter zu brechen, d.h., es gilt konkretisierte Soll-Größen hinsichtlich der Ausrichtung der Aktivitäten einzelner Stelleninhaber herzuleiten. Solche Aufgaben- oder Stellenziele beziehen sich folglich auf die (erwartete) *individuelle Leistung* der Organisationsmitglieder. Mit den Stellenzielen werden die angestrebten Beiträge einzelner Stelleninhaber zur Realisierung der ökonomischen Unternehmensziele operationalisiert.

**Beispiele für die Herleitung und Formulierung ökonomischer
Ziele auf der Ebene der Aufgabe oder der Stelle:**

- **Stelle** *Verkäufer*

  Für die Stelle *Verkäufer PKW* in einem Autohaus kann das Stellenziel lauten: In Periode n soll durch den Stelleninhaber ein Jahresumsatz von XYZ Euro realisiert werden (das entspricht 7,5 % Steigerung gegenüber dem individuellen Vorjahresumsatz).

- **Stelle** *Kassierer*

  Das aufgabenbezogen herzuleitende Ziel kann in diesem Fall durch die Fixierung der Anzahl zu leistender Kasseposten je Tag, je Woche oder je Monat bestimmt werden. Die individuelle Leistung des Stelleninhabers wird am Grad der Erreichung dieser Zielgröße gemessen.

- **Stelle** *Produktmanager*

  Dem Produktmanager kann als Orientierungsgröße eine Sollvorgabe im Hinblick auf die Markteinführung eines neuen Produktes gegeben werden. Danach soll ein definiertes Produkt bis zu einem definierten Zeitpunkt an einem definierten Markt eingeführt sein, etwa die Zahnpasta Edelweißplus, am Markt UK bis zum 31.10. des folgenden Geschäftsjahres.

- **Stelle** *Leiter Profi-Center*

  Ein aufgabenbezogenes Ziel für den Leiter eines Profi-Centers kann sich auf die Senkung der Gemeinkosten der zu verantwortenden Sparte beziehen. Die Soll-Größe könnte beispielsweise auf 10 % Reduktion der Gemeinkosten in den beiden nächsten Geschäftsjahren lauten.

Mit Blick auf die Steuerungsfunktion der Ziele kommt es entscheidend darauf an, aus den übergeordneten Zielsetzungen der gesamten Unternehmen sinnvolle und operationale Orientierungen in Bezug auf die einzelnen Aufgaben und Stellen herzuleiten.

Im gezeigten deduktiven Prozess der Zielbestimmung gemäß Abbildung 1.18 ist insbesondere das Middle-Management gefordert. Ihm obliegt die Transmission der Soll-Größen von der Unternehmensebene auf die Aufgaben- und Stellenebene. Dieser Prozess wird hinsichtlich der personellen Dimension der Führung noch anspruchsvoller, wenn anstatt der Top-down-Vorgaben von Zielen Verhandlungen und Vereinbarungen mit den jeweiligen Aufgabenträgern über angemessene und realistischen Ziele zu führen bzw. zu treffen sind (Management by Objectives).

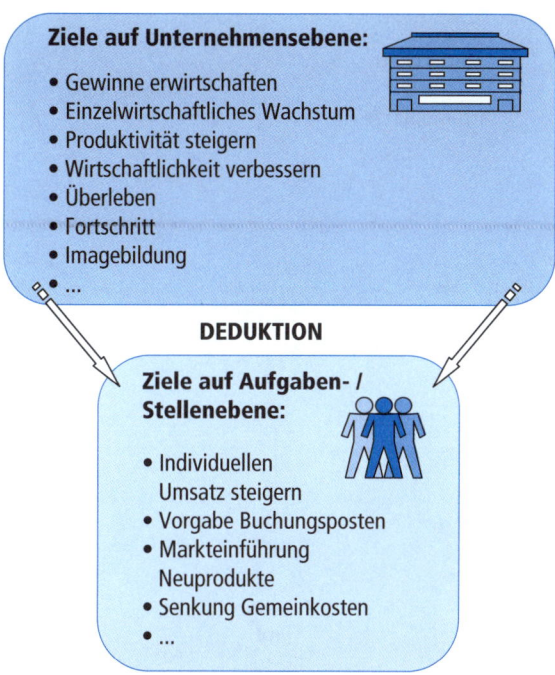

Abb. 1.18: Deduktion wesentlicher ökonomischer Zielkategorien

1.1.3.2 Mitarbeiterbezogene Zielkategorien

Ein Synonym für die mitarbeiterbezogenen Ziele ist der Terminus *soziale Ziele* der Organisation. Gemeint sind damit die individuellen Motive der Erwerbstätigkeit und der Organisationszugehörigkeit.

> **Mitarbeiterbezogene Ziele**
> ➜ individuelle Motive der Erwerbstätigkeit und Organisationszugehörigkeit

Diese Motive beeinflussen und prägen das Verhalten der Mitarbeiter im Unternehmen ganz grundlegend. Allein deshalb erscheint es begründet, diese sozialen Ziele in das betriebliche Zielsystem angemessen zu integrieren. Das Ausmaß der Realisierung der mitarbeiterbezogenen Ziele determiniert die soziale Effizienz der Unternehmung. Welche sozialen Kategorien im betrieblichen Zielsystem Berücksichtigung finden, wird stark von der Unternehmenskultur beeinflusst. Daher variieren die relevanten mitarbeiterbezogenen Soll-Größen nach Art und Gewichtung über verschiedene Unternehmen. Grundsätzlich ergibt sich für das Management der dispositive Entscheidungstatbestand, die spezifische Bedeutung der nachstehend erörterten individuellen Mitarbeitermotive im offiziell autorisierten betrieblichen Zielsystem zu bestimmen.

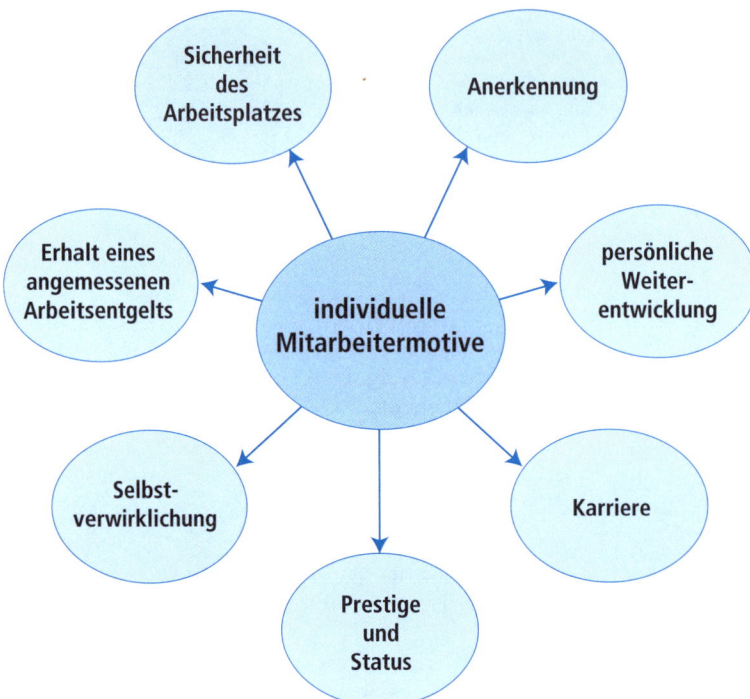

Abb. 1.19: Individuelle Mitarbeitermotive

- **Erhalt eines angemessenen Arbeitsentgelts**

  Ein ganz fundamentales individuelles Motiv der Erwerbstätigkeit resultiert aus der Existenzsicherung der Mitarbeiter. Das Arbeitseinkommen dient der Finanzierung des Lebensunterhalts. Damit wird sowohl die Erfüllung

  – von Grundbedürfnissen (Nahrung, Wohnung) als auch

  – von Luxusbedürfnissen (Fernreisen, Mitgliedschaft im Golfclub)

  angesprochen.

  Aus Sicht des Mitarbeiters soll seine Arbeitstätigkeit angemessen entlohnt werden. Das betrifft

  – zum einen die absolute Höhe des Erwerbseinkommens,

  – zum anderen die relative Höhe des Einkommens im Vergleich zu den Entgelten der Bezugspersonen des Mitarbeiters.

  Die Schwierigkeit hinsichtlich der Realisierung des sozialen Ziels angemessener Arbeitsvergütung besteht in der Operationalisierung eben dieser Angemessenheit. Folglich kommt es maßgeblich darauf an, im Unternehmen Entgeltsysteme zu etablieren, die von den Organisationsmitgliedern als *fair und gerecht wahrgenommen* und verstanden werden. Dazu gehört unter anderem die adäquate Berücksichtigung von Differenzen hinsichtlich der Entgeltniveaus und der Entgeltstrukturen in verschiedenen Ländern des Operationsgebietes der grenzüberschreitend aktiven Unternehmung.

- Sicherheit des Arbeitsplatzes

Die Gewährleistung von Arbeitsplatzsicherheit hängt ebenfalls mit der Existenzsicherung der Mitarbeiter zusammen. Außerdem ist das Zugehörigkeitsbedürfnis der Individuen tangiert. Das Vertrauen in die Stabilität und die Zuverlässigkeit der bestehenden Arbeitsverhältnisse mit dem Unternehmen stellt daher einen herausragenden Faktor der Arbeitszufriedenheit der Organisationsmitglieder dar. Von der Unternehmensleitung ist deshalb Position zu beziehen, inwieweit die Arbeitsplatzsicherheit im Managementkalkül berücksichtigt wird. Das gewinnt insbesondere in Zeiten der Unterbeschäftigung progressiv an Bedeutung. Es gilt zu entscheiden, ob die Unternehmung den Personalbestand dem gesunkenen Auftragseingang kurzfristig anpasst und Mitarbeiter freisetzt oder ob der Betrieb im Interesse der Sicherheit der Arbeitsplätze mit (temporärer) personeller Überkapazität weitergefahren wird.

In diesem Kontext ist ebenfalls die Frage der Befristung von Arbeitsverhältnissen (im Rahmen der rechtlichen Möglichkeiten) zu entscheiden. Die personalwirtschaftliche Strategie der Segmentierung in Stammbelegschaft und Randbelegschaft ist eine Option des Umgangs mit dem Motiv der Arbeitsplatzsicherheit.

- Danach erhält die Stammbelegschaft vergleichsweise stabile Beschäftigungsverhältnisse, die auch in auftrags- und konjunkturschwächeren Phasen aufrecht erhalten werden sollen,

- während die Randbelegschaft das Segment beschäftigungspolitischer Flexibilität besetzt. In Abhängigkeit von der Auftragslage wird unternehmensseitig im Bereich der Randbelegschaft rekrutiert oder freigesetzt.

Alternativ zur direkten Beschäftigung der Randbelegschaft durch die betrachtete Unternehmung kann die entsprechende Personalkapazität auch durch die Zusammenarbeit mit Dienstleistungsunternehmen auf dem Gebiet der Arbeitnehmerüberlassung bereitgestellt werden.

Ein anderer Gestaltungsaspekt betrifft die Allokation von Arbeitsplätzen im internationalen Operationsraum des Unternehmens. Dabei spielt aus der Sicht der Mitarbeiter die Frage der grenzüberschreitenden Verlagerung von Arbeitsplätzen eine herausragende Rolle. In Bezug auf das soziale Ziel der Sicherheit der Arbeitsplätze resultieren aus den skizzierten beschäftigungspolitischen Alternativen ganz unterschiedliche Konsequenzen.

- Anerkennung

Die Bestätigung herausragender Leistungen oder besonderer Anstrengungen des Mitarbeiters bezieht sich auf ein ganz wesentliches Motiv der Individuen. Derartige Feedbacks können prinzipiell unmittelbar auf der alltäglichen Arbeitsebene durch den Vorgesetzten oder in besonderen Fällen durch die Unternehmung insgesamt als kollektives Gebilde (hier etwa repräsentiert durch den Vorstand oder den Personalmanager) ausgesprochen werden. Die Organisationsmitglieder erhalten durch solche Anerkennung die notwendige subjektive Orientierung hinsichtlich ihrer Aktivitäten im Unternehmen. Durch die explizite Anerkennung werden konstruktive und erfolgreiche Verhaltensweisen der Mitarbeiter verstärkt.

Darüber hinaus bedeutet die Anerkennung faktisch ein nicht-monetäres unternehmensseitiges Äquivalent für die Leistungen des Mitarbeiters. Bemerkenswert erscheinen in diesem Zusammenhang die Ergebnisse der Studien von Herzberg. Danach ist die Anerkennung als nicht-monetäres Äquivalent für außergewöhnliche Leistungen hinsichtlich der Motivation der Organisationsmitglieder von signifikant höherer Bedeutung als das Arbeitsentgelt (vgl. Herzberg et al. 1959). Folglich ist das Unternehmen und damit seine Leitungseinheit gefordert, sich mit dem Anerkennungsmotiv seiner Mitglieder fundiert auseinander zu setzen sowie hinsichtlich der Frage der Aufnahme dieses Motivs in das betriebliche Zielsystem sinnvolle Entscheidungen herbeizuführen.

- Persönliche Weiterentwicklung

Das Mitarbeitermotiv der persönlichen Weiterentwicklung bezieht sich auf Lernoptionen im Zusammenhang mit Erwerbsarbeit. Der Anspruch an die Arbeitsrolle geht dann über die Gewährung materieller und nichtmaterieller Äquivalente für die individuelle Leistungserbringung hinaus. Die Mitarbeiter streben danach, in qualitativer Hinsicht gefordert und gefördert zu werden. Das richtet sich zum einen auf die Arbeitsinhalte, welche nach den Erkenntnissen aus den Studien von Herzberg et al. ähnlich wie die Anerkennung zu den so genannten Motivatoren gehören (vgl. Herzberg et al. 1959, S. 81). Die Arbeitsinhalte sollen das Training-on-the-job bestimmen, d.h., den Stelleninhaber zum eigenständigen Erarbeiten neuer Kenntnisse und Fertigkeiten im Zuge der Bewältigung der fortlaufenden Aufgaben animieren.

> *Beispiel:* Die Option von Auslandseinsätzen der Mitarbeiter in international operierenden Unternehmen.

Zum anderen findet die persönliche Weiterentwicklung der Organisationsmitglieder ihren Bezug in betrieblichen Programmen des Training-off-the-job. Es geht dabei insbesondere um Maßnahmen der Qualifizierung, die außerhalb der Tagesarbeit des Mitarbeiters durchgeführt werden. Das betrifft prinzipiell die Bereitstellung von unternehmensinternen Bildungsangeboten, aber auch von Trainingsmodulen externer Institutionen. Im Sinne umfassender sozialer Effizienz im Unternehmen sollte das Training-off-the-job sachlich mit den Arbeitsaufgaben des jeweiligen Mitarbeiters verknüpft sein.

> *Beispiel:* Für den Fall des Auslandseinsatzes erhält der Mitarbeiter ein vorbereitendes unternehmensexternes Sprach- und Kulturtraining.

Der stellenbezogen ermittelte Trainingsbedarf des Individuums ist wesentliche Voraussetzung für das Gewährleisten brauchbarer Transferleistungen von der jobexternen Qualifizierung in die alltägliche Arbeitssituation des Mitarbeiters und deren konstruktive Ausgestaltung.

- Karriere

Die Kategorie Karriere beschreibt in der Sicht des Individuums dessen Wechsel im Stellengefüge des Unternehmens. Im allgemeinen Sprachgebrauch ist der Terminus Karriere dabei *positiv* aufgeladen. Er bezeichnet in dieser Perspektive die Fallgestaltung des innerbetrieblichen Aufstiegs eines Organisationsmitglieds. Die neu zu übernehmende Position des Mitarbeiters ist in diesem Falle in der Unternehmenshierarchie höher angesiedelt als die bisherige Stelle der betrachteten Person. In einer weiter gefassten Perspektive des betrieblichen Personalmanagements drückt die Kategorie Karriere allerdings außerdem die Neuallokation des Mitarbeiters auf gleicher Hierarchieebene aus. Das erscheint begründet, da der hierarchieneutrale innerbetriebliche Stellenwechsel des Individuums sein arbeitsbezogenes Potential verbessert.

Gerade im Kontext der Implementierung von Lean Management in den Unternehmen erfährt die Option des innerbetrieblichen Aufstiegs deutliche Begrenzungen, so dass die Neuallokation von Personen und Stellen auf gleicher Hierarchieebene erheblich an Bedeutung gewinnt. Die individuelle Karriereplanung bildet in Verbindung mit spezifischen Trainingsmaßnahmen und Trainingsprogrammen (siehe Zielkategorie Persönliche Weiterentwicklung) die Basis für die effiziente Wahrnehmung der Personalentwicklung als Managementfunktion. Für die Karrieregestaltung der Mitarbeiter bietet die Möglichkeit der Übernahme von Aufgaben an ausländischen Märkten spezifische Potentiale der Zuordnung herausfordernder und origineller Funktionsbereiche und Entwicklungspfade. Das macht international agierende Unternehmen am Arbeitsmarkt für karriereorientierte Fach- und Führungskräfte zu attraktiven Arbeitgebern.

- Prestige und Status

Die Berufsrolle verschafft dem Individuum Prestige und Status im gesellschaftlichen Umfeld. Je positiver das Image der Unternehmung in der Öffentlichkeit ausgeprägt ist, um so prestigeträchtiger ist ceteris paribus die Zugehörigkeit zu diesem Unternehmen für den einzelnen Mitarbeiter. Unternehmerische Maßnahmen zur Imagebildung tragen insoweit spürbar zur Schaffung von Prestige der Organisationsmitglieder bei.

> *Beispiele: Sportsponsoring, Publikationen in Zeitungen und Zeitschriften, positive Präsenz in telekommunikativen Medien oder Messeauftritte*

Unter diesem Aspekt kann es sinnvoll sein, wenn das Unternehmen ein lokales Sportereignis unterstützt, obwohl davon nennenswerte Auswirkungen auf den Absatz oder den Bekanntheitsgrad nicht zu erwarten sind.

Das individuelle Motiv von Prestige und Status findet darüber hinaus innerbetrieblich vielfältige Anknüpfungspunkte:

- So verleiht etwa die hierarchische Einordnung der eigenen Stelle in das Unternehmen dem einzelnen Mitarbeiter intern und extern einen kommunizierbaren Status (zum Beispiel *Abteilungsleiter*).

–   Ähnliches gilt im Hinblick auf Privilegien des einzelnen Organisationsmitgliedes bei der Bewirtschaftung der eigenen Arbeitszeit (beispielsweise die Abkopplung der persönlichen Arbeitszeit von der allgemeinen betrieblichen Arbeitszeit oder

–   die Vereinbarung von Vertrauensarbeitszeit) oder bei der Vertretung des Unternehmens nach außen (etwa auf der Grundlage von Handlungsvollmacht oder Prokura).

Als weitere ergiebige Aktionsparameter des Managements im Kontext von Prestige und Status der Organisationsmitglieder seien exemplarisch die Arbeitsplatzgestaltung sowie die Überlassung von Dienstfahrzeugen benannt.

•   Selbstverwirklichung

Die Kategorie Selbstverwirklichung kennzeichnet ein äußerst komplexes und sehr anspruchsvolles Phänomen individueller Arbeitsmotivation. Nach der von Maslow entwickelten und von der Managementlehre vielfältig adaptierten so genannten Bedürfnishierarchie wird dem menschlichen Bedürfnis der Selbstverwirklichung herausragende Bedeutung zugeordnet (vgl. Maslow 1970).

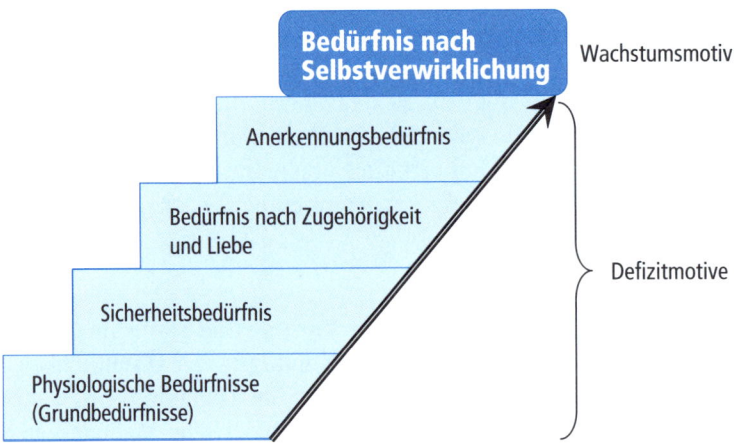

Abb. 1.20: Hierarchische Struktur menschlicher Bedürfnisschichten
            (Quelle: Nach Maslow 1970, S. 35 ff.)

In der hierarchischen Anordnung rangiert die Selbstverwirklichung auf der höchsten Stufe menschlicher Bedürfnisse. Im Gegensatz zu den anderen Bedürfnisschichten, die Defizitmotive umfassen, markiert das Bedürfnis nach Selbstverwirklichung ein Wachstumsmotiv. Nach Maslow bedeutet dies, dass die Defizitmotive der Möglichkeit nach vollkommen befriedigt werden können und dann ihren Antriebscharakter für das Individuum verlieren. Die unteren vier Schichten der in Abbildung 1.20 dargestellten Bedürfnisse sind nur solange Verhaltens steuernd, wie die Person ein Defizit in der Erfüllung wahrnimmt. Ist das Defizit ausgeräumt, entfaltet die nächst höhere Bedürfnisschicht motivierende Funktion.

Dagegen verliert das Bedürfnis nach Selbstverwirklichung, sofern es im Anschluss an die Zufriedenstellung der Defizitmotive erst einmal aktiviert ist, nie seinen Aufforderungscharakter für das Individuum. Das Selbstverwirklichungsbedürfnis hat die Qualität eines Wachstumsmotivs, d. h., die Person entwickelt sich mit fortschreitender Erfüllung dieses Motivs weiter auf immer höhere Niveaus individueller Entfaltung. Danach signalisiert schon allein die Wirksamkeit des Bedürfnisses nach Selbstverwirklichung im Zusammenhang von Erwerbsarbeit die ausgeprägte Relevanz mitarbeiterbezogener Ziele in der betrachteten Unternehmung.

- Es geht für das Organisationsmitglied um Sinnerfüllung in der Arbeitsrolle. Damit sind die Arbeitsinhalte des Einzelnen angesprochen. Durch die Bearbeitung bedeutsamer, *sinn*voller und herausfordernder Aufgaben im Unternehmen erlebt der Mitarbeiter persönliche Sinnstiftung und Entfaltung. Die Persönlichkeit wächst gleichsam mit den betrieblichen Aufgaben und an diesen Aufgaben.

- Ein anderer Aspekt der Selbstverwirklichung des Mitarbeiters im Unternehmen bezieht sich auf die Kommunikation. Durch seine systematische Einbindung in die betrieblichen Kommunikationsaktivitäten erhält das Individuum wichtige Impulse und Rückkopplungen im Hinblick auf den Verlauf des persönlichen Entwicklungspfades. Das gilt auch für die informelle Kommunikation im Unternehmen. Von Seiten des Managements sollten daher im Sinne der Förderung des Selbstverwirklichungsbedürfnisses der Mitarbeiter tragfähige Rahmenbedingungen für die Unterstützung bedürfnisadäquater informeller Kommunikation unter den Organisationsmitgliedern bereitgestellt werden. Dazu gehören ansprechende Pausenräume ebenso wie moderne Informations- und Kommunikationstechnologien sowie funktional gestaltete Konferenz- und Besprechungszonen im unmittelbaren Arbeitsumfeld.

Maßgebliche Bedingung der aktiven Verankerung des sozialen Ziels der Selbstverwirklichung im betrieblichen Zielsystem ist das Bereitstellen von Leistungs- und Entfaltungsoptionen für die einzelnen Organisationsmitglieder. Die Qualifikation und die Motivation des Individuums können erst dann in Selbstverwirklichung einmünden, wenn der Person der Freiraum sowie die Mittel zum Erbringen außergewöhnlicher Leistungsbeiträge im Wertschöpfungsprozess zugeordnet werden. Die internationale Arbeitsrolle impliziert für das Individuum weit reichende Chancen zur persönlichen Entfaltung auf der Ebene ganz neuer kultureller Erfahrungen und Lernprozesse. Darauf wird weiter unten (Kapitel 5: Kulturübergreifende Kooperation) umfassend eingegangen.

1.1.3.3 Ökologische Zielkategorien

Das ausgeprägte und steigende gesellschaftliche Bewusstsein für die Belange der natürlichen Umwelt kann, ähnlich wie die mitarbeiterbezogenen Ziele, Eingang in das Zielsystem des Unternehmens finden. Die Unternehmung bindet sich in diesem Fall daran, im Zuge der eigenen wirtschaftlichen Aktivitäten möglichst schonend mit den natürlichen Ressourcen umzugehen. Dafür findet die Doktrin der Nachhaltigkeit Anwendung. Gemeint ist damit das Vermeiden des Raubbaus an der Natur. Es sollen immer nur solche natürlichen Ressourcen in produktiven Prozessen Verwendung finden, die in vollem Umfang und in angemessener Zeit erneuerbar sind, und es gilt, für gerade diese Erneuerung Sorge zu tragen. Das Ausmaß der Realisierung ökologischer Zielkategorien des Unternehmens determiniert dessen ökologische Effizienz.

Einige Besonderheiten der Integration ökologischer Ziele in das Zielsystem des Unternehmens seien im Folgenden exemplarisch anhand von Zielorientierungen der mittelständischen Unternehmensgruppe Gundlach (Standort Hannover) aus der Baubranche demonstriert.

Beispiel: Auszug aus dem veröffentlichten Katalog von Unternehmenszielen der Firmengruppe Gundlach, Hannover

Präambel zu den Unternehmenszielen der Firmengruppe Gundlach

Gundlach unterstützt die Zielsetzungen einer nachhaltigen Entwicklung, wie sie in der Rio-Konferenz von 1992 formuliert worden sind. Danach ist eine Entwicklung nachhaltig, wenn sie sich an Bedürfnissen der Gegenwart orientiert, ohne die Einschränkung von Bedürfnissen künftiger Generationen zu riskieren. Gundlach will diese Zielsetzung im Rahmen der Möglichkeiten eines mittelständischen Bauunternehmens, Bauträgers und Wohnungsunternehmens umsetzen. In seinen Unternehmenszielen verpflichtet sich Gundlach zu einer auf Dauer soliden und verantwortungsvollen Unternehmenspolitik. Gundlach wird seine MitarbeiterInnen, aber auch seine KundInnen und PartnerInnen in die Umsetzung des Leitbildes einbinden und sie in angemessener Weise über die Entwicklung seiner Bemühungen um Nachhaltigkeit informieren.

...

X

X

Gundlach: Sensibel im Umgang mit der Natur

Gundlach berücksichtigt bei der Projektentwicklung, Planung und Bauabwicklung verstärkt auch ökologische Ziele. Durch ökologisch verantwortungsvolle Planung und Bautätigkeit sollen gesunde Arbeits- und Wohnumfelder geschaffen werden. Gundlach will hierdurch einen Beitrag zum zukunftsfähigen Wirtschaften in unserer Gesellschaft leisten.

(Quelle: O. V. 2006)

Mit der Verankerung ökologischer Soll-Größen im System der Unternehmensziele trifft die Geschäftsleitung eine weit reichende Grundsatzentscheidung. Die operativen Aktivitäten im Unternehmen werden an die Aufforderung zur Nachhaltigkeit gebunden. In einem Bauunternehmen wird dies insbesondere Auswirkungen haben im Hinblick auf die eingesetzten Materialien, die energiewirtschaftliche Ausgestaltung der Bauobjekte sowie deren Integration in die natürlichen Lebensräume. Aus den dargestellten ökologischen Zielen der Gundlach-Gruppe ist außerdem erkennbar, dass diese Kategorien nicht nur unternehmensintern steuernde Funktion entfalten, sondern ebenfalls die Positionierung des Unternehmens am Absatzmarkt prägen. Es werden Kundensegmente angesprochen, für die Umweltaspekte herausgehobene Bedeutung in Bezug auf zu treffende Bauentscheidungen aufweisen. In der betrieblichen Praxis finden sich zahlreiche weitere Beispiele für die fokussierte Kommunikation ökologischer Unternehmensziele im Marketingbereich.

1.1.3.4 Zielbeziehungen

Mit den Entscheidungen über die relevanten Ziele der Einzelwirtschaft wird der Maßstab für die Beurteilung der Rationalität des Mitteleinsatzes festgelegt. Neben dem systemimmanenten (marktwirtschaftliche Ordnung) Gewinnziel stehen prinzipiell ganz verschiedenartige weitere ökonomische, aber auch soziale und ökologische Zielorientierungen der Einzelwirtschaft zur Debatte. Im Einzelfall geht es darum, die für das betrachtete Unternehmen als relevant erachteten Ziele festzulegen und in sachlich sowie logisch sinnvoller Weise zu einem Zielsystem zu verknüpfen. Beim Erarbeiten eines tragfähigen betrieblichen Zielsystems sind die Beziehungen zwischen den zu verfolgenden Zielen von besonderer Bedeutung. Idealtypisch lassen sich die Zielbeziehungen

- der Komplementarität,
- der Konfliktarität und
- der Indifferenz

voneinander abgrenzen. Diese Beziehungstypen sollen im Folgenden erläutert werden. Dabei wird jeweils der Zusammenhang zwischen einer ökonomischen und einer sozialen Zielkategorie betrachtet. Im Hinblick auf die Zielerreichung stellen sich damit die Frage nach der ökonomischen Effizienz und die Frage nach der sozialen Effizienz.

Komplementarität

> Die Beziehung der Komplementarität zwischen zwei Zielen liegt vor, wenn eine wechselseitige Unterstützung hinsichtlich der Zielrealisierung stattfindet. Ein höherer Erfüllungsgrad des einen Ziels geht zwangsläufig einher mit verbesserter Erreichung des anderen Ziels.

Im Falle von Zielkomplementarität korreliert das gesteigerte Ausmaß der Erreichung ökonomischer Ziele (ökonomische Effizienz) mit einem höheren Ausmaß der Erreichung mitarbeiterbezogener Ziele (soziale Effizienz). Zwischen den betrachteten Zielen bestehen Harmonie und Unterstützung (siehe Abbildung 1.21). Das definiert eine per se Erfolg versprechende Konstellation.

Beispiel: Zusammenhang zwischen der ökonomischen Zielkategorie Fortschritt auf der einen und der mitarbeiterbezogenen Zielkategorie Persönliche Weiterentwicklung auf der anderen Seite.

Die persönliche Weiterentwicklung der Organisationsmitglieder ist Bedingung für den Fortschritt auf der Ebene der Unternehmung und umgekehrt entfaltet der Fortschritt des Unternehmens quasi einen Sog, innerhalb dessen die persönliche Weiterentwicklung der Mitarbeiter stattfinden kann und animiert wird.

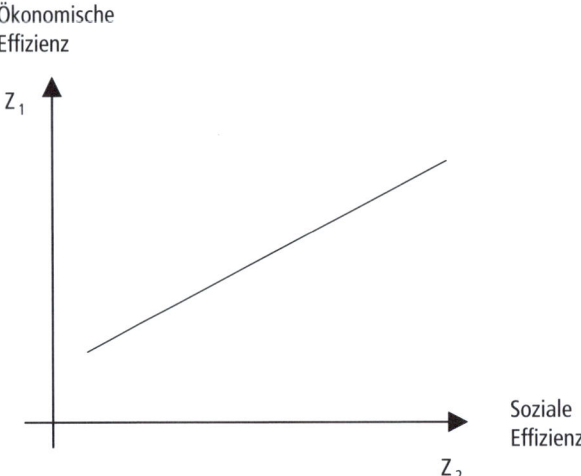

Abb. 1.21: Komplementäre Zielbeziehung

Beispiel: Hingewiesen sei etwa auf die Aufnahme grenzüberschreitender Geschäftsbeziehungen des Unternehmens. Das bedeutet für das sozio-technische System einen Fortschritt in Gestalt der Erschließung neuer Märkte. Für die Mitarbeiter erwachsen aus der Internationalisierung zusätzliche Anforderungen, die auf persönliche Weiterentwicklung abzielen (Erlernen von Fremdsprachen, Erwerb kultureller Erfahrungen).

Die Kunst der Herleitung tragfähiger betrieblicher Zielsysteme basiert ganz wesentlich auf der Fähigkeit der Verantwortlichen, möglichst viele komplementäre Zielbeziehungen zu knüpfen.

Konfliktarität

Die Zielbeziehung der Konfliktarität impliziert eine prinzipiell problematische Konstellation. Es besteht Konkurrenz zwischen den betrachteten Soll-Größen. Ein höherer Erreichungsgrad des einen Ziels erfordert unabdingbar die Reduktion der Erfüllung des anderen Ziels.

Die Entscheidungsträger stehen vor einer Entweder-oder-Situation. Entweder wird ein höheres Ausmaß der Realisierung von Ziel 1 bei gleichzeitigem Rückgang des Erfüllungsgrades von Ziel 2 angestrebt oder das Ziel 2 wird zu Lasten von Ziel 1 stärker gewichtet. Im Sinne der Herleitung eines stringenten Zielsystems der Einzelwirtschaft bedarf es der Entscheidung über Zielprioritäten.

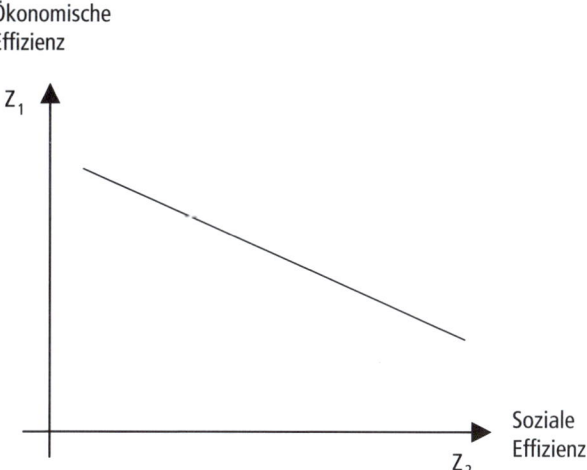

Abb. 1.22: Konfliktäre Zielbeziehung

Beispiel: Die konfliktäre Zielbeziehung wird in der betrieblichen Praxis anhand der Personalkosten immer wieder sehr deutlich. Das ökonomische Ziel der Begrenzung oder der Reduzierung der Kosten für die eingesetzte Arbeit kollidiert mit dem mitarbeiterbezogenen Ziel der Steigerung des Arbeitsentgelts.

Dieser Konflikt tritt fast regelmäßig auf der Ebene der Tarifparteien ein. Es bedarf dort eines Verhandlungsprozesses über die Gewichtung der gegenläufigen Ziele. Darüber hinaus ist innerbetrieblich ein Regulativ erforderlich, welches die beiden genannten konfligierenden Ziele aufeinander abstimmt. Die tarifvertraglichen Regelungen bieten den Unternehmen einen entgeltpolitischen Rahmen. Darüber hinaus ergibt sich oft die Notwendigkeit betriebsspezifischer Ergänzungsregelungen, beispielsweise im Hinblick auf die angemessene Vergütung individueller Leistungsgrade. Bei solchen Überlegungen sind die besonderen Bedingungen des für das Unternehmen maßgeblichen Arbeitsmarktes zu berücksichtigen.

Im Falle grenzüberschreitend agierender Unternehmen spielen im Entscheidungskalkül des Managements die Differenzen in den Arbeitskosten an verschiedenen nationalen Märkten eine wichtige Rolle. Ceteris paribus wächst bei starken Personalkosten-Differenzen im internationalen Aktionsgebiet des Unternehmens der ökonomische Druck zur Senkung der Arbeitskosten. Das führt fast notwendigerweise tendenziell zur geringeren Priorisierung der mitarbeiterbezogenen Entgeltziele. Allerdings sollten die betrieblichen Entscheidungsträger die Bedeutung der sozialen Effizienz in entgeltpolitischen Angelegenheiten sorgfältigen beachten, da nach den vorliegenden Erkenntnissen das Entgelt in hohem Maße die Arbeitszufriedenheit der Mitarbeiter tangiert. Daraus resultieren erhebliche Anforderungen an die Gestaltung internationaler Entgeltstrukturen im Unternehmen.

Indifferenz

> Als indifferent gelten Zielbeziehungen, bei denen ein gesteigerter Realisierungsgrad von Ziel 1 keinerlei Auswirkungen auf das Ausmaß der Erreichung von Ziel 2 hervorruft. Gleiches gilt umgekehrt in Bezug auf die Steigerung der Erfüllung von Ziel 2. Die betrachteten Zielkategorien sind voneinander unabhängig.

Die Kurve K_1 in Abbildung 1.23 zeigt eine Fallgestaltung der Indifferenz, bei der die erhöhte Realisierung des Zieles$_1$ (mehr ökonomische Effizienz) mit konstantem Ausmaß der Erreichung des Zieles$_2$ (soziale Effizienz) möglich ist.

Beispiel: Das ökonomische Ziel des Wachstums (Steigerung des Jahresumsatzes) kann ohne Einfluss auf das soziale Ziel der zusammenhängenden Gewährung des Jahresurlaubs der Mitarbeiter verstärkt angestrebt werden.

In der Kurve K_2 kommt eine Fallgestaltung zum Ausdruck, deren Charakteristik in der Option gesteigerter sozialer Effizienz ohne Konsequenzen auf die korrespondierende ökonomische Effizienz besteht.

Beispiel: Das mitarbeiterbezogene Ziel der vergrößerten Zeitsouveränität der Organisationsmitglieder (Freiheitsgrade in der Bewirtschaftung individueller Arbeitszeiten) kann mit einem gleich bleibenden Ausmaß der Realisierung des ökonomischen Zieles der Erwirtschaftung eines zufrieden stellenden Periodengewinns einhergehen.

Indifferente Zielbeziehungen bieten insoweit gute Durchsetzungschancen, als dieser Beziehungstyp bei Forcierung der einen Zielkategorie keinen Verzicht in der Erfüllung der korrespondierenden Soll-Größe erfordert. Das macht indifferente Ziele vergleichsweise unproblematisch. Sofern sich ein betrachtetes Ziel zu wichtigen anderen Soll-Größen des unternehmerischen Zielsystems indifferent verhält, ist der Anspruch seiner gesteigerten Realisierung gut integrierbar. Eine andere Option bieten indifferente Ziele im Hinblick auf die Kompensation verringerter Zielerfüllung als Folge von Zielkonflikten.

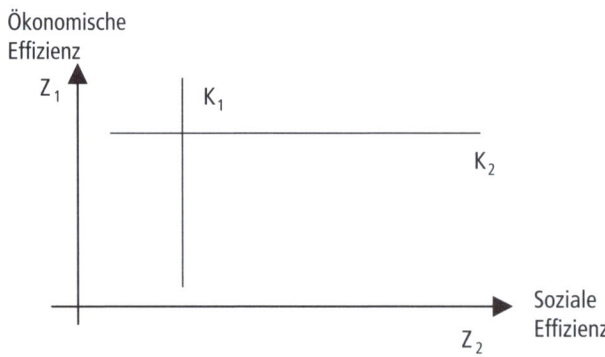

Abb. 1.23: Indifferente Zielbeziehungen

Beispiel: Das Ziel der Einkommenssteigerung auf Seiten der Mitarbeiter in einer Periode *t* kann aufgrund der angestrebten Reduktion der Personalkosten nicht erreicht werden. Dafür wird aber ein erhöhter Realisierungsgrad sozialer Ziele in Gestaltung der Einführung eines Konzeptes variabler individueller Arbeitszeiten angestrebt (kostenneutral).

1.2 Fokussierung auf internationale Unternehmensführung

1.2.1 Konstitutive Merkmale

Der geradezu selbstverständliche Gebrauch des Schlagworts Internationales Management im betriebswirtschaftlichen Kontext korreliert nach Einschätzung des Verfassers häufig mit einer gewissen inhaltlichen Diffusion im wirtschaftlichen Alltagsdialog. Die Frage nach den konstitutiven sachlichen Elementen von Internationalem Management erscheint bei weitem nicht so klar und eindeutig beantwortet, wie es der souveräne Begriffsgebrauch suggerieren könnte. Deshalb soll an dieser Stelle zunächst der Versuch einer (allgemeinen) inhaltlichen Bestimmung des Gegenstandsbereichs der betriebswirtschaftlichen Teildisziplin des Internationalen Managements unternommen werden.

In Anlehnung an Dülfer sei hier das Internationale Management als eine spezifische Sonderform der Unternehmensführung charakterisiert. Es gelten folglich zunächst die oben umfänglich erörterten allgemeinen Merkmale der Führung im Unternehmen (siehe Kapitel 1.1). Darüber hinaus sind *drei zusätzliche Merkmale* für das Internationale Management konstitutiv. Es handelt sich danach beim Internationalen Management um Unternehmensführung unter folgenden Bedingungen:

- Das Operationsgebiet der Unternehmung reicht über die Grenze des eigenen Staatsgebietes (Stammland) hinaus.
- Der Einsatz und die Koordination personeller sowie sachlicher Ressourcen erfolgen grenzüberschreitend.
- Die zielbezogene Kommunikation mit ausländischen Interaktionspartnern resultiert als zwingendes Erfordernis (vgl. Dülfer 2001, S. 5).

Auf dem Hintergrund dieser Charakterisierung erfolgt die Herleitung der nachstehenden, bewusst weit gefassten Definition:

> **Internationales Management**
>
> → spezifischer Einsatz betrieblicher Führungsinstrumente in Bezug auf die rationale Steuerung grenzüberschreitender Interaktionsbeziehungen der Unternehmung

Danach umfasst die Internationalität von Unternehmensführung ein sehr heterogenes Spektrum betriebswirtschaftlicher Aktivitäten. Wie das Kontinuum in Abbildung 1.24 verdeutlichen soll, reicht die Bandbreite prinzipiell vom exportierenden kleinen oder mittleren Unternehmen (KMU) bis hin zum multinationalen Konzern (Global Player).

Abb. 1.24: Begriffsextension Internationales Management

1.2.2 Graduelle Differenzierung von Internationalität

Zum Zwecke der aussagefähigen, gestaltungsbezogenen Differenzierung des Gegenstandsbereiches der betriebswirtschaftlichen Teildisziplin Internationales Management
erscheint die Bestimmung des Grades der Internationalität der grenzüberschreitend
operierenden Unternehmungen erforderlich. Dafür ist die Anwendung von Kriterien
notwendig, welche das Ausmaß der Internationalisierung der Unternehmensaktivitäten
erfassen und abbilden. Eine Auswahl solcher Bestimmungskriterien wird im Folgenden
exemplarisch skizziert (vgl. Borrmann 1970, S. 19 f.).

Quantitative Kriterien

- Als Beispiel eines quantitativen Kriteriums zur Messung des Internationalisierungsgrades der Unternehmung sei die Anzahl der Länder, in denen Niederlassungen
  bestehen, benannt. Dieses Merkmal zielt auf die Konkretisierung des internationalen Aktionsradius der betrachteten Unternehmung und dessen Differenzierung
  relativ zu anderen Unternehmen (Benchmarking) ab. Ceteris paribus ist der internationale Aktionsradius gerade in jener Unternehmung ausgeprägter, die in mehr
  Ländern Niederlassungen unterhält.

- Dagegen misst das Kriterium der Anzahl der ausländischen Niederlassungen die
  Intensität des Auslandsgeschäfts der untersuchten Unternehmung. Dieses Maß kann
  allgemein für die Gesamtheit der Auslandsmärkte Anwendung finden oder jeweils
  in Bezug auf einen bestimmten Auslandsmarkt oder eine Gruppe von Auslandsmärkten (beispielsweise alle osteuropäischen Märkte) ausgelegt sein. In jedem Fall
  reflektiert die Anzahl der Auslandsniederlassungen die Intensität des Auslandsgeschäfts. Das Auslandsgeschäft ist umso intensiver, je mehr ausländische Niederlassungen das Unternehmen im Untersuchungsfeld betreibt.

- Der Anteil der ausländischen Buchwerte am Gesamtbuchwert des Unternehmens
  gilt als Indikator für die Verteilung der sachlichen Ressourcen. Ein vergleichsweise
  hoher ausländischer Wertanteil signalisiert stärkere internationale Aktivitäten. Hin-

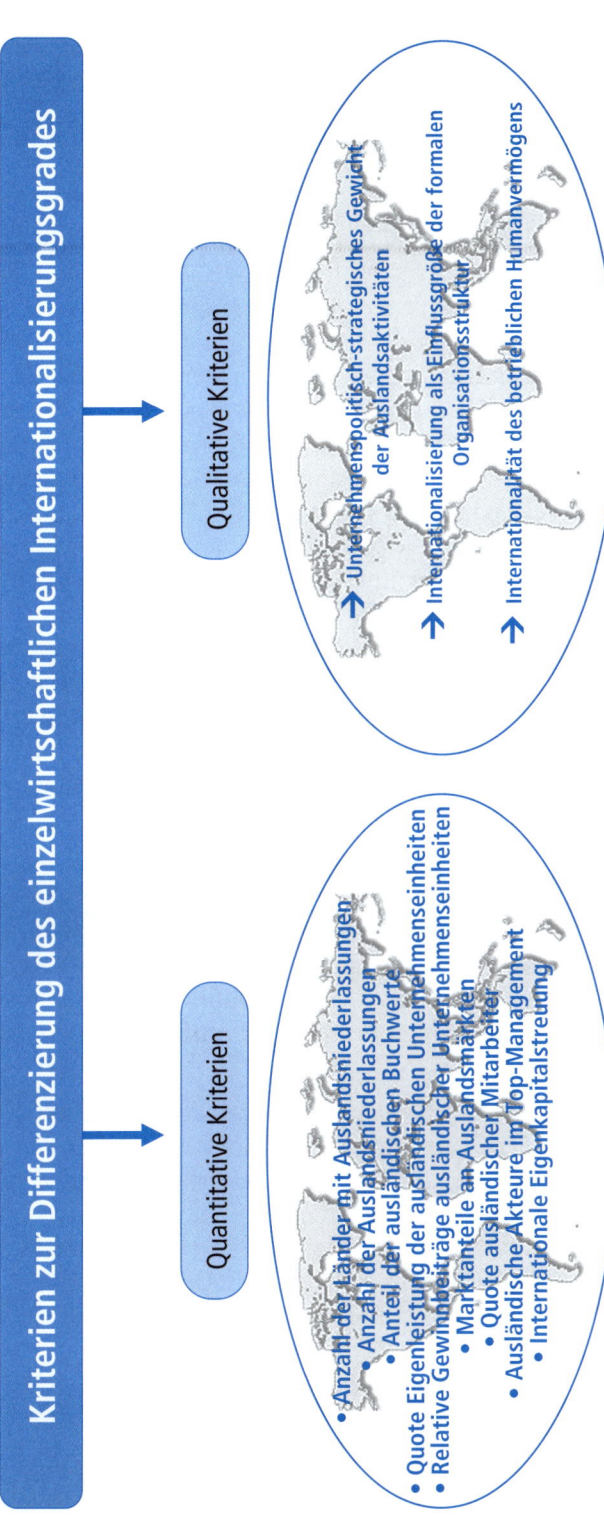

Kriterien zur Differenzierung des einzelwirtschaftlichen Internationalisierungsgrades

Quantitative Kriterien

- Anzahl der Länder mit Auslandsniederlassungen
- Anzahl der Auslandsniederlassungen
- Anteil der ausländischen Buchwerte
- Quote Eigenleistung der ausländischen Unternehmenseinheiten
- Relative Gewinnbeiträge ausländischer Unternehmenseinheiten
- Marktanteile an Auslandsmärkten
- Quote ausländischer Mitarbeiter
- Ausländische Akteure im Top-Management
- Internationale Eigenkapitalstreuung

Qualitative Kriterien

→ Unternehmenspolitisch-strategisches Gewicht der Auslandsaktivitäten

→ Internationalisierung als Einflussgröße der formalen Organisationsstruktur

→ Internationalität des betrieblichen Humanvermögens

Abb. 1.25: Zusammenfassung wesentlicher Kriterien zur Differenzierung des einzelwirtschaftlichen Internationalisierungsgrades

gewiesen sei in diesem Zusammenhang allerdings auf die Problematik der einheitlichen und materiell korrekten betriebswirtschaftlichen Bewertung der vorhandenen
Sachressourcen.

- Mit dem Anteil der Eigenleistung der ausländischen Niederlassungen am Gesamtumsatz wird ein Maß für den Leistungsbeitrag der grenzüberschreitenden Aktivitäten bereitgestellt. Ein steigender Anteil der ausländischen Eigenleistungen bedeutet
  einen höheren Internationalisierungsgrad des Unternehmens.

- Auf den Unternehmenserfolg im engeren Sinne zielt das Kriterium des Anteils der
  Gewinne ausländischer Unternehmenseinheiten am Gesamtgewinn ab. Letztlich
  muss gerade auch das internationale Geschäft daran gemessen werden, welche Gewinne das Unternehmen mit seinen Auslandsaktivitäten erwirtschaftet und wie diese
  Gewinne in Relation zum Inlandserfolg ausfallen. In der betrieblichen Praxis ist die
  Fallgestaltung nicht selten, dass trotz steigender Auslandsumsätze der Gewinnanteil
  aus dem Auslandsgeschäft unbefriedigend ausfällt oder sogar eine Alimentierung der
  Auslandsaktivitäten durch Inlandsüberschüsse erfolgt. In Phasen der Erschließung
  ausländischer Märkte kann dies unvermeidbar und auch sinnvoll sein. Allerdings
  kommt es für das Unternehmen darauf an, den Break-even-point in einem angemessenen Zeitintervall zu erreichen und mittelfristig zufrieden stellende Gewinne zu
  realisieren, die auch den besonderen Risikofaktor internationaler Geschäftstätigkeiten
  abgelten. *Dabei gilt:* Je höher der Gewinnanteil der ausländischen Unternehmenseinheiten ausfällt, umso stärker ist das Unternehmen (wiederum ceteris paribus) internationalisiert. In dieser Perspektive erfolgt abstrahierend die rein erfolgsorientierte
  Differenzierung des einzelwirtschaftlichen Internationalisierungsgrades.

- Das Abbilden der eigenen Marktanteile im Ausland dient der Darstellung der relativen Stärke des Unternehmens an den verschiedenen relevanten Auslandsmärkten.
  Besonders wichtig erscheint auf diesem Hintergrund der Abstand zum Marktanteil
  des Marktführers. Die Auslandsmarktanteile stellen ganz wesentliche Einflussgrößen
  der Wettbewerbsstrategie des Unternehmens dar. Der Marktauftritt der Unternehmung gewinnt mit steigenden Anteilen auf den bearbeiteten Auslandsmärkten an
  internationalem Profil.

- Einen vollkommen anderen Zugang zur Differenzierung einzelwirtschaftlicher In-
  ternationalisierungsgrade bietet die Personalstruktur. Dazu wird der Anteil ausländischer Mitarbeiter an der Gesamtbelegschaft des Unternehmens gemessen. Diese
  Kenngröße verdeutlicht die Ausprägung des internationalen Faktors im betrieblichen Humanvermögen. In Bezug auf den Personaleinsatz sowie die mittelfristige
  Personalentwicklung erscheint es darüber hinaus sinnvoll, den Anteil beschäftigter
  ausländischer Mitarbeiter im Ausland einerseits und den Anteil beschäftigter ausländischer Mitarbeiter im Inland andererseits analytisch zu betrachten. Die personalwirtschaftliche Internationalität des Unternehmens steigt mit höheren Anteilen
  ausländischer Mitarbeiter.

- Das Kriterium des Anteils ausländischer Akteure im Top-Management des unternehmerischen Entscheidungszentrums bildet einen Indikator für den Einfluss su-

pranationaler Kontexte im Rahmen der personellen Dimension der Unternehmensführung. Die von Etzioni identifizierte „community of assumptions" (Etzioni 1975, S. 203) wird durch differente kulturelle Hintergründe und ganz unterschiedliche Sozialisationsverläufe der Topmanager aufgebrochen und um länderübergreifende Elemente erweitert. Das erhöht die Empfänglichkeit (marktbezogene Sensibilität) und die strategische Handlungsfähigkeit des Unternehmens im Auslandsgeschäft. Empirisch lässt sich zeigen, dass in großen deutschen Unternehmen die Präsenz ausländischer Manager in den Geschäftsleitungen seit den 1980er Jahren kontinuierlich zugenommen hat (vgl. beispielsweise O. V. 2005, S. 21).

- Einen finanzwirtschaftlich ausgerichteten Indikator zum Internationalisierungsgrad stellt das Kriterium Ausmaß der internationalen Eigenkapitalstreuung bereit. Betrachtet wird der relative Eigenkapitalbedarf der ausländischen Unternehmenseinheiten. Damit sind vielgestaltige betriebswirtschaftliche Entscheidungstatbestände angesprochen. Hingewiesen sei etwa auf Aspekte der Renditeoptimierung, der Verlustgefahren (Enteignung) sowie der Valutarisiken. Die so genannte fremdfinanzierte Eigenkapitalbeschaffung kann auf diesem Hintergrund eine erwägenswerte Alternative bieten. In diesem Fall kann die nationale Spitzeneinheit des Gesamtunternehmens beispielsweise am lokalen Kreditmarkt der Auslandseinheit die notwendigen Mittel aufnehmen und diese Mittel der Auslandstochter zur Verfügung stellen (vgl. Eilenberger 1992, S. 866). Unabhängig von derartigen Detailkalkülen und komplexen Entscheidungsumfeldern lässt sich im Hinblick auf das Abbilden des Internationalisierungsgrades der betrachteten Unternehmung (vereinfachend) konstatieren: Die ausgeprägtere grenzüberschreitende Eigenkapitalstreuung signalisiert stärkere Internationalisierung des Unternehmens.

Qualitative Kriterien

Die Herleitung des Internationalisierungsgrades anhand von Kennzahlen stößt schnell an Grenzen. Insbesondere zur Abbildung bereichsübergreifender Merkmale grenzüberschreitender Unternehmensaktivitäten bedarf es der Anwendung mehr hermeneutisch angelegter, nicht unmittelbar zahlenmäßig formulierbarer Kriterien.

- Als in diesem Sinne herausragendes qualitatives Kriterium der Internationalisierung sei das Maß der Ausrichtung der Unternehmenspolitik auf die internationale Geschäftstätigkeit benannt. Damit ist die strategische Handlungsebene im Unternehmen angesprochen. Es gilt, den Stellenwert des Auslandsgeschäftes im Rahmen der grundlegenden Positionierung und der strategischen Planung des Unternehmens zu ermitteln. In Abhängigkeit von der strategischen Bedeutung der grenzüberschreitenden Aktivitäten lässt sich die untersuchte Unternehmung als mehr oder weniger internationalisiert klassifizieren.

- Einen anderen aufschlussreichen Zugang zum einzelwirtschaftlichen Internationalisierungsgrad vermittelt die formale Organisationsstruktur. Das damit korrespondierende qualitative Kriterium erfasst das Ausmaß der Anpassung der organisationalen Strukturen an die spezifischen Bedingungen internationaler Geschäftstätigkeit.

Dazu gehört die möglichst präzise Analyse von Art und Ausmaß der unternehmensbezogenen Realisation der Situationsvariablen Internationalisierung und ihrer
Konsequenzen im Hinblick auf die Entscheidungen über die Unternehmensstruktur (vgl. Siedenbiedel 2001, S. 74 ff.). Die weiter entwickelte Internationalisierung
des Unternehmens wird durch die diagnostizierbare Fortgeschrittenheit (vgl. Perlitz
1995, S. 612) seiner formalen Organisationsstruktur in Bezug auf die erfolgreiche
Durchführung grenzüberschreitender Operationen reflektiert und signalisiert.

- Das Kriterium der Orientierung der Qualifikationsentwicklung der Mitarbeiter sowie der Gestaltung der betrieblichen Personalstruktur an den Anforderungen des
  Auslandsgeschäftes zielt auf die personelle Dimension betrieblicher Führung. Die
  Anwendung dieses Kriteriums führt zur Darstellung der relativen Bedeutung des
  Aufbaus *interkultureller Kompetenz* als Ziel der betrieblichen Personalpolitik sowie
  als Modul von Programmen der Personalentwicklung. Darüber hinaus interessiert
  der im Unternehmen vorhandene Bestand an internationalem Know-how. Der damit
  bezeichnete Teil des betrieblichen Humanvermögens bedarf der differenzierten Abbildung (Fähigkeiten und Fertigkeiten der Organisationsmitglieder mit besonderer
  Relevanz für das Auslandsgeschäft). In dieser Perspektive weist eine Unternehmung
  mit mehr internationalem Humanvermögen einen höheren Internationalisierungsgrad auf.

1.3 Zusammenfassung

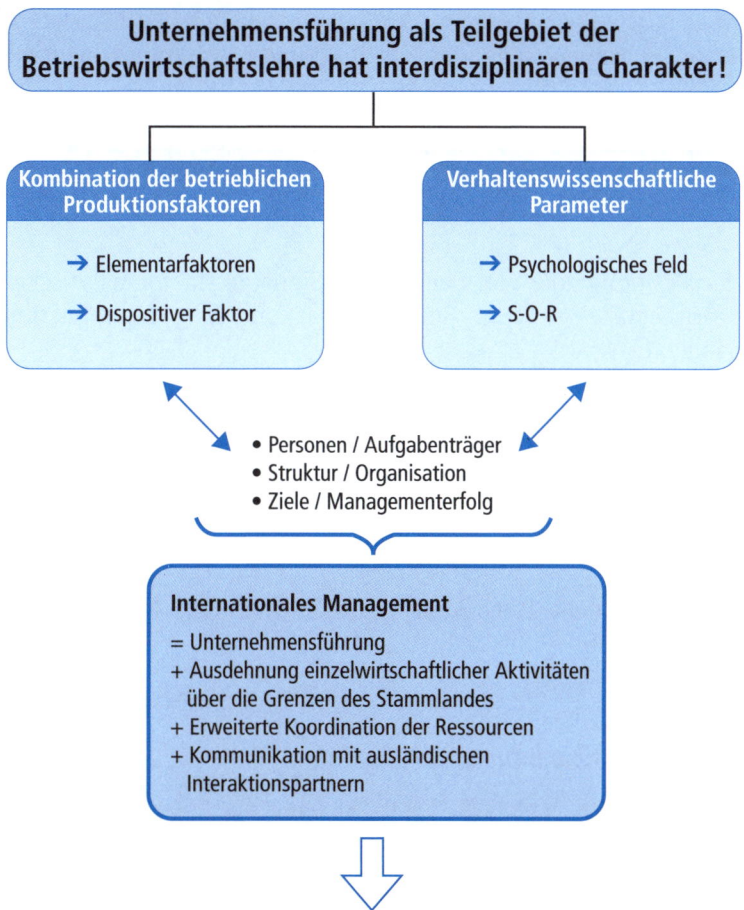

Unternehmensführung als Teilgebiet der Betriebswirtschaftslehre hat interdisziplinären Charakter!

Kombination der betrieblichen Produktionsfaktoren

→ Elementarfaktoren

→ Dispositiver Faktor

Verhaltenswissenschaftliche Parameter

→ Psychologisches Feld

→ S-O-R

• Personen / Aufgabenträger
• Struktur / Organisation
• Ziele / Managementerfolg

Internationales Management

= Unternehmensführung
+ Ausdehnung einzelwirtschaftlicher Aktivitäten
  über die Grenzen des Stammlandes
+ Erweiterte Koordination der Ressourcen
+ Kommunikation mit ausländischen
  Interaktionspartnern

Differenzierung der Anforderungen als Funktion des Internationalisierungsgrades

1.4 Kontrollaufgaben

Aufgabe 1:
Erläutern Sie den Zusammenhang von Globalisierung und Internationalisierung.

Aufgabe 2:
Charakterisieren Sie die betriebswirtschaftliche Kategorie Führung.

Aufgabe 3:
Zeigen Sie die Positionierung von Führung im Sinne des faktoranalytischen Ansatzes der Betriebswirtschaftslehre. Setzen Sie sich kritisch mit dieser Interpretation von Führung auseinander.

Aufgabe 4:
Diskutieren Sie den betrieblichen Führungsprozess aus verhaltenswissenschaftlich orientierter Perspektive.

Aufgabe 5:
Grenzen Sie die personelle Dimension und die strukturelle Dimension betrieblicher Führung voneinander ab.

Aufgabe 6:
Erörtern Sie die Kategorie Führungsstil.

Aufgabe 7:
Benennen und erläutern Sie wesentliche Instrumente personeller Führung.

Aufgabe 8:
Diskutieren Sie Grundaspekte der Anwendung des personellen Führungsinstrumentes Motivation im Kontext interkultureller Einflüsse.

Aufgabe 9:
Beschreiben Sie wesentliche Variablen der formalen Organisationsstruktur.

Aufgabe 10:
Zeigen Sie die Bedeutung des betrieblichen Zielsystems im Führungsprozess.

Aufgabe 11:
Stellen Sie den Zusammenhang zwischen dem einzelwirtschaftlichem Wachstumsziel und der Internationalisierung her.

Aufgabe 12:
Stellen Sie den Zusammenhang zwischen der sozialen Zielkategorie Arbeitsplatz-sicherheit und der Internationalisierung her.

Aufgabe 13:
Erörtern Sie die Zielbeziehungen der Komplementarität, der Konfliktarität sowie der Indifferenz.

Aufgabe 14:
Leiten Sie eine brauchbare Definition für die betriebswirtschaftliche Kategorie Internationales Management her. Erläutern Sie diese Begriffsbestimmung.

Aufgabe 15.
Zeigen Sie prinzipielle Optionen zur Abgrenzung differenter Internationalisierungs-grade von Einzelwirtschaften. Welche Bedeutung hat eine solche Differenzierung?

Aufgabe 16:
Was kommt im Kriterium Anzahl ausländischer Niederlassungen zum Ausdruck?

Aufgabe 17:
Welche Bedeutung haben die Orientierung der Qualifikationsentwicklung der Mitarbeiter sowie die Gestaltung der betrieblichen Personalstruktur an den Anforderungen des Auslandsgeschäfts im Hinblick auf den einzelwirtschaftlichen Internationalisierungsgrad?

1.5 Fallstudie: Der Hahn im Korbe

Rosemarie Lehmann ist seit fünf Monaten Leiterin der Gruppe Debitorenbuchhaltung in der Seiler KG, einer mittelständischen Industrieunternehmung mit 750 Beschäftigten. Vorher war Frau Lehmann Buchhalterin in einer großen Versicherungsgesellschaft. Der Eintritt in die Seiler KG und die damit einher gehende erstmalige Übernahme von Führungsverantwortung bedeuteten für die 32-jährige Ehefrau und Mutter von zwei Kindern (zwei und vier Jahre alt) eine erhebliche Herausforderung. Dank ihres enga-gierten Arbeitsstils, ihres exzellenten Fachwissens und ihres freundlichen, kooperativen Verhaltens fand Rosemarie Lehmann jedoch schnell positive Resonanz innerhalb des neuen Wirkungsfeldes. Ihr Vorgesetzter Helmuth Wolf (52 Jahre), Leiter Rechnungs-wesen, lässt gern verlauten, dass er den frischen Wind sehr schätze, den Frau Leh-mann in den Debitorenbereich gebracht habe. Mit ihren drei MitarbeiterInnen (Gisela Schuhknecht, 48 Jahre; Helena Mast, 29 Jahre und Goran Soskic, 34 Jahre) pflegt die neue Gruppenleitern gute persönliche Beziehungen und eine partnerschaftliche Zusam-menarbeit. Rosemarie Lehmann hat den Arbeitsplatz-Wechsel inzwischen vollkommen bewältigt. Sie ist mit ihrer neuen Arbeitssituation rund herum zufrieden.

In letzter Zeit verspürt Lehman jedoch gewisse Dissonanzen. Es geht um den stets gut gelaunten und charmanten Goran Soskic. Er gehört der Seiler KG seit drei Jahren an und gilt als fachlich kompetenter Mitarbeiter. Soskic ist kroatischer Herkunft und Nationalität, lebt allerdings schon seit seiner frühen Jugend in Deutschland. Die deutsche Sprache beherrscht er akzentfrei und sicher. Rosemarie Lehmann hat, zunächst mehr ungewollt, nun schon wiederholt registriert, dass Goran Soskic morgens erst nach dem vorgegebenen Arbeitsbeginn (7.30 Uhr) im Büro eintrifft. Einmal um 7.38 Uhr, einmal um 7.45 und einmal sogar erst gegen 8 Uhr. Das war Lehmann unangenehm. Sie ließ daraufhin in einer Mitarbeiterbesprechung mit ihren drei SachbearbeiterInnen am Rande einige Bemerkungen über die Bedeutung von Korrektheit und Pünktlichkeit für die Arbeitsqualität sowie den Arbeitserfolg fallen. Lehmann hatte gehofft, das werde Soskic zu konformem Verhalten in Sachen Arbeitsbeginn veranlassen. Der verspätet sich aber unverändert weiterhin in unregelmäßiger Folge und mit schwankenden Soll-zeit-Abweichungen beim morgendlichen Start in den Arbeitstag. Stets ist er bei seinem Eintreffen im Büro bestens gelaunt und zuvorkommend. Das verärgert Lehmann mehr und mehr. Sie hat darüber noch mit niemandem gesprochen, aber sie weiß, dass es so nicht weiter gehen darf!

Bearbeitungshinweise:

1. Beurteilen Sie die geschilderte Situation nach formellen Kriterien (Aufgaben, Rechte, Pflichten etc.).

2. Beurteilen Sie die geschilderte Situation nach informellen Kriterien (Sympathie, Antipathie, Gewohnheiten, Rollen etc.).

3. Wie würden Sie sich an Stelle von Rosemarie Lehmann künftig verhalten? Begründen Sie Ihren Standpunkt.

4. Begeben Sie sich in die Rolle des Abteilungsleiters Helmuth Wolf. Frau Lehmann schildert Ihnen die Problematik mit Goran Soskic. Wie reagieren Sie darauf?

1.6 Literatur

1.6.1 Quellen

Blohm, H.; Meier, H.: Interkulturelles Management: Interkulturelle Kommunikation, internationales Personalmanagement, Diversity-Ansätze im Unternehmen, Herne, Berlin 2002

Borrmann, W. A.: Typus und Struktur internationaler Unternehmungen, in: Borrmann, W. A.
  (Hrsg.): Managementprobleme internationaler Unternehmungen, Schriften zur vergleichenden Managementlehre, Wiesbaden 1970, S. 19–49

Dülfer, E.: Internationales Management in unterschiedlichen Kulturbereichen, 6.Auflage,
  München, Wien 2001

Dunning, J.: A study of international business, in: Journal of International Business Studies,
  Vol. XX, No. 3/1989, S. 411 – 436

Eilenberger, G.: Finanzierungsentscheidungen bei internationaler Unternehmenstätigkeit, in:
  Kumar, B. N.; Haussman, H. (Hrsg.): Handbuch der Internationalen Unternehmenstätigkeit: Erfolgs- und Risikofaktoren, Märkte, Export-, Kooperations- und Niederlassungsma-
  nagement, München 1992, S. 855–871

Etzioni, A.: Die aktive Gesellschaft, Opladen 1975

Gutenberg, E.: Grundlagen der Betriebswirtschaftslehre, Band 1: Die Produktion, 21. Auflage,
  Berlin, Heidelberg, New York 1975

Heinen, E: Führung als Gegenstand der Betriebswirtschaftslehre, in: derselbe.: Betriebswirtschaftliche Führungslehre: Grundlage – Strategien – Modelle, ein entscheidungsorientierter Ansatz, 2. Auflage, Wiesbaden 1992, S. 17–49

Herzberg, F.; Mausner, B.; Snyderman, B.: The Motivation to Work, 2. Auflage, New York
  1959

Hickson, D. J.; McMillan, C. J. (Hrsg.): Organization and Nation. The Aston Programme IV,
  Westmead-Farnborough 1981

Irle, M.: Führungsverhalten in organisierten Gruppen, in: Meyer, A; Herwig, B. (Hrsg.): Handbuch der Psychologie, Band 9, 2. Auflage, Göttingen 1980, S. 512–564

Kambartel, F.: Bemerkungen zum normativen Fundament der Ökonomie, in: Mittelstraß, J.
  (Hrsg.): Methodologische Probleme einer normativ-kritischen Gesellschaftstheorie, Frank-
  furt/Main 1975, S. 107 – 145

Lewin, K.: Feldtheorie in den Sozialwissenschaften. Ausgewählte theoretische Schriften, Bern,
  Stuttgart 1963

Lewin, K.: Grundzüge der topologischen Psychologie, Bern, Stuttgart 1969

Luthans, F.: Organizational Behavior, 4. Auflage, New York 1985

Macharzina, K.; Wolf, J.: Unternehmensführung. Das internationale Managementwissen,
  Konzepte – Methoden – Praxis, 5. Auflage, Wiesbaden 2005

Mager, R. F.: Lernziele und Unterricht, Weinheim 1983

Maslow, A. H.: Motivation and Personality, 2. Auflage, New York, Evanston, London 1970

O. V.: Allianz-Vorstand wird internationaler, in Frankfurter Allgemeine Zeitung vom
  13. 09. 2005, S. 21

O. V.: Unternehmensziele Firmengruppe Gundlach, www.gundlach-bau.de, 09.11.2006

Perlitz, M.: Internationales Management, 2. Auflage, Stuttgart, Jena 1995

Pugh, D. S.; Payne, R. L. (Hrsg.): Organisational Behavior in its Context. The Aston Programme III, Westmead-Farnborough 1977

Schierenbeck, H.: Grundzüge der Betriebswirtschaftslehre, 11. Auflage, München, Wien 1993

Schreyögg, G.: Führung, Führungsverhalten, Führungsstil – Versuch einer Begriffsklärung, in:
  Nieder, P. (Hrsg.): Führungsverhalten im Unternehmen, München 1977, S. 22–33

Siedenbiedel, G.: Organisationslehre, Stuttgart, Berlin, Köln 2001

Sprenger, R. K.: Mythos Motivation. Wege aus der Sackgasse, 17. Auflage, Frankfurt/Main 2004

Staehle, W.: Management: Eine verhaltenswissenschaftliche Perspektive, 8. Auflage, München 1999

Steinle, C.: Führungsstil, in: Gaugler, E.; Weber, W. (Hrsg.): Handwörterbuch des Personalwesens, 2. Auflage, Stuttgart 1992, S. 966–980

Steinmann, H.; Schreyögg, G.: Management. Grundlagen der Unternehmensführung, Konzepte – Funktionen – Fallstudien, 6. Auflage, Wiesbaden 2005

Tannenbaum, R.; Schmidt, W. H.: How to choose a ledership pattern, in: Harvard Business Review 2/1958, S. 95 – 101

Wöhe, G.: Einführung in die Allgemeine Betriebswirtschaftslehre, 20. Auflage, München 2000

Wunderer, R.: Führung und Zusammenarbeit. Beiträge zu einer Führungslehre, Stuttgart 1993

1.6.2 Hinweise zur Vertiefung

Zum Prozess der Globalisierung:

Mahnkopf, B.: Politik (in) der Globalisierung, in: dieselbe (Hrsg.): Management der Globalisierung. Akteure, Strukturen, Perspektiven, Berlin 2003, S. 13–52

Zum Phänomen der Internationalisierung:

Kutschker, M.: Internationalisierung der Unternehmensentwicklung, in: Macharzina, K.; Oesterle, M.-J. (Hrsg.): Handbuch Internationales Management, Grundlagen – Instrumente – Perspektiven, 2. Auflage, Wiesbaden 2002, S. 45–67

Zu Führungsverhalten, Führungsstil, Führungsprozess:

Steinmann, H.; Schreyögg, G.: Management. Grundlagen der Unternehmensführung, Konzepte – Funktionen – Fallstudien, 6. Auflage, Wiesbaden 2005, S. 643–702

Zur strukturellen Dimension betrieblicher Führung:

Dillerup, R.; Stoi, R.: Unternehmensführung, München 2006, S. 421–536
Siedenbiedel, G.: Organisationslehre, Stuttgart, Berlin, Köln 2001, S. 83–149

Zum Zielsystem des Unternehmens:

Macharzina, K.; Wolf, J.: Unternehmensführung. Das internationale Managementwissen, Konzepte – Methoden – Praxis, 5. Auflage, Wiesbaden 2005, S. 205–231

Zu den spezifischen Elementen des internationalen Managements:

Dülfer, E.: Internationales Management in unterschiedlichen Kulturbereichen, 6.Auflage, München, Wien 2001, S. 1–18
Kutschker, M.; Schmid, S.: Internationales Management, 5. Auflage, München, Wien 2006, S. 231–259

2 Determinanten der Internationalisierung einzelwirtschaftlicher Aktivitäten

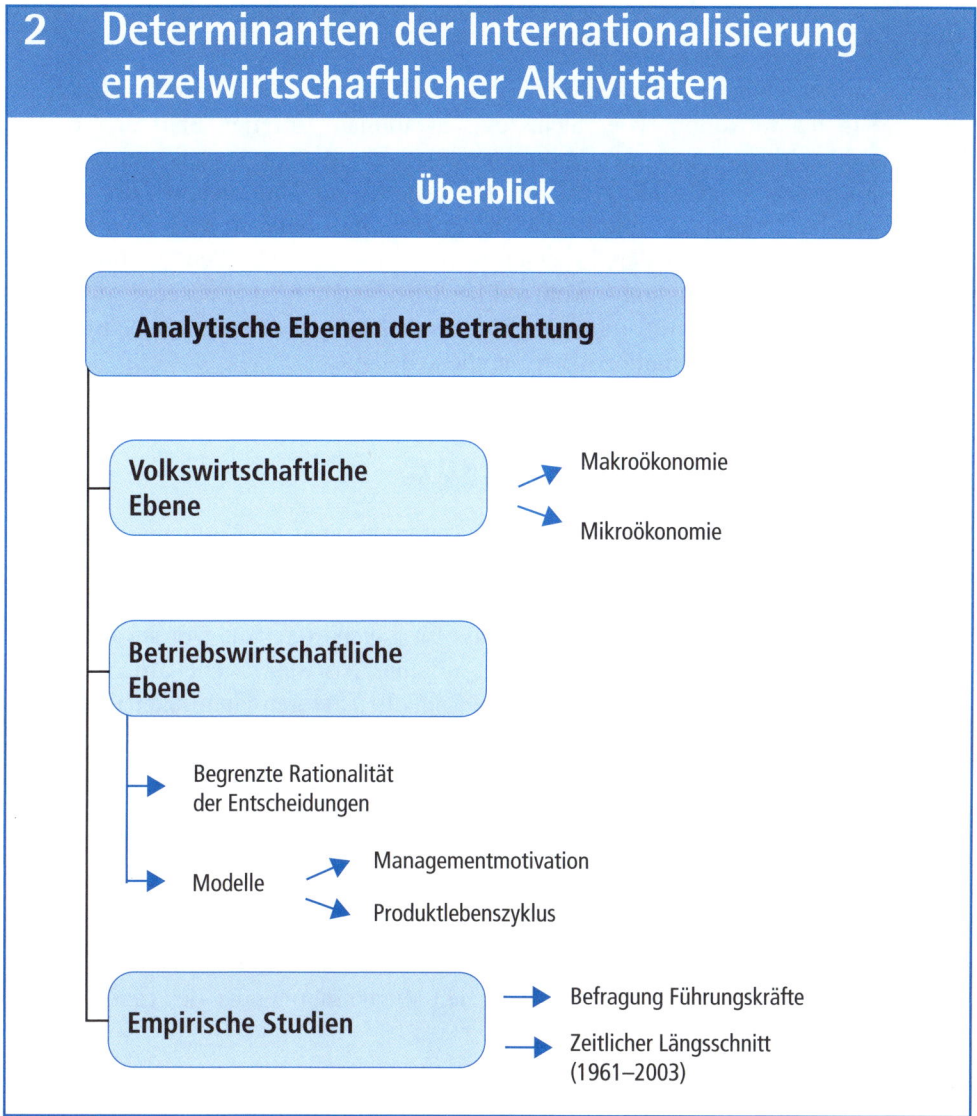

Überblick

Analytische Ebenen der Betrachtung

Volkswirtschaftliche Ebene
- Makroökonomie
- Mikroökonomie

Betriebswirtschaftliche Ebene
- Begrenzte Rationalität der Entscheidungen
- Modelle
  - Managementmotivation
  - Produktlebenszyklus

Empirische Studien
- Befragung Führungskräfte
- Zeitlicher Längsschnitt (1961–2003)

In diesem Kapitel erfolgt die Erörterung von Beweggründen für grenzüberschreitendes wirtschaftliches Handeln. Dabei steht der einzelwirtschaftliche Bezug im Vordergrund. Es geht folglich um die Frage, was Unternehmen veranlasst, geschäftliche Beziehungen an ausländischen Märkten aufzunehmen. Damit verbunden ist der Versuch einer Erklärung der konstatierbaren Faszinationswirkung der Internationalisierung unternehmerischer Tätigkeit (vgl. Carl 1989, S. 1). Wie zu zeigen sein wird, sind die Determinanten des Auslandsgeschäfts ausgesprochen vielfältig. Informative Beiträge dazu enthalten theoretische Ansätze ganz verschiedenartiger Genese. Auch empirische Befunde und realtypische Positionen vermitteln wichtige Informationen zu den Internationalisierungsmotiven. Besonders interessant erscheint der Aspekt der wirtschaftlichen

Rationalität betrieblicher Entscheidungen über Maßnahmen zur Internationalisierung. Während in makroökonomischer Sicht logisch-rationale Kriterien Betonung finden, folgt aus den Erkenntnissen der Verhaltenswissenschaftlichen Entscheidungstheorie, dass auch Entscheidungen über Auslandsengagements von Unternehmen der Limitierung begrenzter Rationalität unterliegen. Dieser Zusammenhang ist nach Einschätzung des Verfassers deshalb besonders beachtenswert, weil in der öffentlich geführten wirtschaftlichen Standortdiskussion sowohl auf betriebswirtschaftlicher als auch auf volkswirtschaftlicher Ebene häufig von unabdingbaren ökonomischen Sachzwängen zur einzelwirtschaftlichen Internationalisierung die Rede ist.

2.1 Makroökonomische Perspektive

Einen traditionellen Ansatz zur Analyse der Determinanten des Außenhandels bildet die Theorie der komparativen Kosten von Ricardo (Ricardo 1871; vgl. auch Haberler 1933 sowie Samuelson 1975, S. 385 ff.). Danach resultieren internationale Wirtschaftsbeziehungen grundsätzlich daraus, dass für gleichartige Güter in verschiedenen Ländern unterschiedliche Produktionskosten anfallen. Als wesentliche Gründe solcher länderspezifischen Kostendifferenzen werden folgende Faktoren identifiziert:

- Produktivitätsunterschiede in den verschiedenen Ländern. Das bedeutet, ein definierter Produktionsprozess erreicht in Abhängigkeit von den Gegebenheiten in den jeweiligen nationalen Umfeldern potentiell signifikant voneinander abweichende mengenmäßige Ergiebigkeiten.

- Differenzen in der mengenmäßigen oder in der qualitativen Ausstattung der Länder mit Produktionsfaktoren. Daraus resultieren insbesondere Divergenzen in den Lohnsätzen, d.h. in den Kosten des Produktionsfaktors Arbeit. Dieser Sachverhalt findet unmittelbar Niederschlag in den Wertkomponenten der Inputfaktoren produktiver Prozesse.

In Anbetracht der skizzierten Gegebenheiten ist ökonomisch eine weltweite internationale Spezialisierung für die wirtschaftenden Akteure vorteilhaft. Die jeweiligen Länder sollten sich gerade auf die Erzeugung derjenigen Güter konzentrieren, welche dort relativ kostengünstig hergestellt werden können. Im stark abstrahierenden Zwei-Güter-Modell lässt sich dies anhand der Opportunitätskosten verdeutlichen. Dazu sei zunächst die Kategorie der Opportunitätskosten konkretisiert. Als Opportunitätskosten werden entgangene Erträge oder Nutzeneinheiten bei potentieller alternativer Verwendung von Ressourcen bezeichnet.

Opportunitätskosten

➜ Entgangene Erträge oder Nutzeneinheiten bei
potentieller alternativer Verwendung von Ressourcen.

Danach werden im Zwei-Güter-Modell die Opportunitätskosten einer Einheit des Gutes X_1 durch die Anzahl der Einheiten des Gutes X_2 bestimmt, auf deren Herstellung zugunsten der Produktion der zusätzlichen Einheit des Gutes X_1 verzichtet werden muss.

Beispiel: In einem betrachteten Land erfordert die Herstellung einer zusätzlichen Einheit des Gutes X_1 in Anbetracht knapper Ressourcen die Reduktion der Produktion des Gutes X_2 um 3 Einheiten. Das bedeutet, die Opportunitätskosten für die Herstellung einer weiteren Einheit des Gutes X_1 betragen gerade 3 Einheiten des Gutes X_2. Für das Land gilt folglich: $X_1 = 3 X_2$.

Als komparative Kostenunterschiede werden gerade Differenzen hinsichtlich der Opportunitätskosten für ein betrachtetes Gut in verschiedenen Ländern bezeichnet. Abbildung 2.1 zeigt exemplarisch in vereinfachter Form die Anwendung des Theorems der komparativen Kosten auf Entscheidungen über die internationale Allokation und die grenzüberschreitende Arbeitsteilung.

Opportunitätskosten		Rationale Allokation
Land 1	**Land 2**	
Gut X_1 kostet 2 Einheiten von Gut X_2	Gut X_1 kostet 3 Einheiten von Gut X_2	$2X_2 < 3X_2$ → Herstellung von Gut X_1 in Land 1
Gut X_2 kostet 0,5 Einheiten von Gut X_1	Gut X_2 kostet 0,33 Einheiten von Gut X_1	$0,5X_1 > 0,33X_1$ → Herstellung von Gut X_2 in Land 2

Abb. 2.1: Komparative Kosten und Rationalität internationaler Arbeitsteilung
    (Quelle: Nach Lang 1993, S. 2087)

Als Kriterium der Allokation gilt die Minimierung der Opportunitätskosten. Die Herstellung des jeweiligen Gutes soll in dem Land erfolgen, wo die vergleichsweise geringsten Opportunitätskosten anfallen. Aus dem Beispiel gemäß Abbildung 2.1 ist eine internationale Arbeitsteilung demnach dann rational, wenn in Land I das Gut X_1 und in Land II das Gut X_2 produziert wird. Eine solche Allokation ermöglicht die Maximierung der Gesamtausbringung. Zur Illustration des Sachverhaltes im Einzelnen mögen die nachstehend beschriebenen Fallgestaltungen beitragen.

Fall 1: Allokation nach geringsten Opportunitätskosten

Herstellung von Gut X_1 in Land 1

- Zusätzliche Einheit X_1 kostet 2 Einheiten X_2.
- Produktionsausfall X_2 in Land 1 wird durch Herstellung des Gutes X_2 in Land 2 kompensiert; in Land 2 kosten 2 Einheiten X_2 gerade 0,66 Einheiten X_1.

- Konsequenzen für Gesamt-Output:

  (1) Produktionsniveau X_1

  > + 1 Einheit in Land 1
  > − 0,66 Einheiten in Land 2
  > _____
  > = (+) 0,34 Einheiten X_1 Output-Effekt

  (2) Produktionsniveau X_2

  > − 2 Einheiten in Land 1
  > + 2 Einheiten in Land 2
  > _____
  > = (+/−) 0 Output-Effekt (konstantes Produktionsniveau).

Per saldo resultiert eine Vergrößerung der Gesamtleistung (Σ Output X_1 und X_2) aufgrund rationaler internationaler Arbeitsteilung nach dem Kriterium minimaler Opportunitätskosten.

Fall 2: Vernachlässigung der Opportunitätskosten

Herstellung von Gut X_2 in Land 2

- Zusätzliche Einheit X_2 kostet 0,5 Einheiten X_1.
- Produktionsausfall X_1 in Land 1 wird durch Herstellung des Gutes X_1 in Land 2 kompensiert; in Land 2 kosten 0,5 Einheiten X_1 gerade 1,5 Einheiten X_2.

- Konsequenzen für Gesamt-Output:

  (1) Produktionsniveau X_1

  > − 0,5 Einheiten in Land 1
  > + 0,5 Einheiten in Land 2
  > _____
  > = (+/−) 0 Output-Effekt (konstantes Produktionsniveau).

  (2) Produktionsniveau X_2

  > + 1 Einheit in Land 1
  > − 1,5 Einheiten in Land 2
  > _____
  > = (−) 0,5 Einheiten X_2 Output-Effekt

Per saldo resultiert eine Verringerung der Gesamtleistung (Σ Output X_1 und X_2) aufgrund suboptimaler internationaler Arbeitsteilung.

Nach der Theorie komparativer Kosten sind Außenhandel und Internationalisierung folglich im Hinblick auf die Verbesserung der weltweiten Versorgungslage notwendig. Dazu gilt es, die wirtschaftlichen Stärken der verschiedenen Länder (Kostenvorteile) gezielt und konsequent zu nutzen. Im Interesse der eigenen Überlebensfähigkeit sind die Unternehmen danach zur grenzüberschreitenden Orientierung ihrer Aktivitäten in Anbetracht der makroökonomischen Zusammenhänge gezwungen. Der Strukturwandel – etwa in der Textilindustrie oder in der Stahlindustrie – mag als empirischer Beleg für diese These dienen.

2.2 Mikroökonomische Theorie

Auf mikroökonomischer Aggregationsebene sind in der wirtschaftswissenschaftlichen Theorie ebenfalls informative Ansätze zur Analyse und zur Erklärung des internationalen Güteraustausches zu finden. Die Aussagen der oben erläuterten Theorie der komparativen Kosten sind auf einem sehr abstrakten gesamtwirtschaftlichem Informationsniveau angesiedelt. Mikroökonomische Theorien sollen dagegen auf deduktivem Wege konkrete Handlungsmuster von Einzelwirtschaften herausarbeiten. In dieser Sicht geht es um die Klärung grundsätzlicher Wirkungszusammenhänge im Kontext einzelwirtschaftlicher Maßnahmen der Internationalisierung. Einige ausgewählte Beispiele mikroökonomischer Theoriebildung werden im Folgenden dargestellt.

2.2.1 Monopolistische Theorie der Direktinvestitionen

Die Autoren Hymer (1976) und Kindleberger (1973) untersuchen eine spezielle Form grenzüberschreitender Unternehmensaktivitäten, nämlich die Vornahme von Direktinvestitionen im Ausland. Dabei wird angenommen, dass an einem betrachteten Markt für ein ausländisches Unternehmen zunächst markante Nachteile gegenüber den inländischen Wettbewerbern bestehen. Solche Nachteile resultieren etwa aus der für das ausländische Unternehmen fremden Umwelt und dessen geringerem Bekanntheitsgrad relativ zu den etablierten Inlandsunternehmen. Ceteris paribus sind die Erfolgsaussichten am betrachteten Markt für ein investives Engagement der ausländischen Unternehmung in Anbetracht der Fremdheitsschwelle problematisch. Unter der Prämisse rationalen Ressourceneinsatzes wird unter derartigen Bedingungen die betrachtete Unternehmung folglich nicht in der Form von Direktinvestitionen institutionell internationalisieren.

Völlig anders stellt sich die Situation allerdings dar, wenn das ausländische Unternehmen über besondere Stärken verfügt, welche die inländischen Konkurrenten nicht aufweisen. Solche Stärken – beispielsweise überragendes technologisches Know-how des Betriebes in hoch erfolgsrelevanten Bereichen oder das Bestehen fundierter Kontrakte mit multinational agierenden kommerziellen Großkunden (Stammlieferantenstatus) – begründen unternehmensspezifische Wettbewerbsvorteile (Erfolgspotentiale) im Vergleich zu den inländischen Konkurrenten. Auf dieser Basis kann sich das ausländische Unternehmen am Markt different zu den einheimischen Betrieben positionieren und sich – idealtypisch betrachtet – eine quasi-monopolistische Stellung verschaffen. Direktinvestitionen erscheinen in dieser Sicht dann ökonomisch sinnvoll, wenn die originären ausländertypischen Nachteile durch signifikante unternehmensspezifische Stärken überkompensiert werden können. Bei Vorliegen dieser grundlegenden Bedingung schaffen die nachstehenden Faktoren Anreize für das Unternehmen zur Vornahme von Direktinvestitionen:

- Kostenreduktion durch Integration außenwirtschaftlicher Aktivitäten. Das kann erreicht werden durch Realisierung von *economies of scale* oder die Nutzung von Erfahrungskurven-Effekten.

- **Grenzüberschreitende Streuung des Investitionsrisikos.** Dazu gehört die konsequente Internationalisierung des Investitionsportfolios.

- **Überwinden von Markteintrittsbarrieren** in Form Export behindernder Handelshemmnisse des Gastlandes. Dies geschieht im Wege der unmittelbaren Ansiedlung von Unternehmenseinheiten innerhalb der Grenzen des Gastlandes.

2.2.2 Oligopoltheoretische Betrachtung

Aus einer von Knickerbocker (1973) durchgeführten Untersuchung des Wettbewerbsverhaltens US-amerikanischer Unternehmen geht hervor, dass in oligopolistischen Märkten (= wenige Anbieter/viele Nachfrager) die Tendenz gegenseitiger Imitation der Wettbewerber zu verzeichnen ist. Eine spezifische Form dieser Verhaltensimitation bezieht sich auf das Kopieren der Internationalisierungsstrategie anderer Wettbewerber im relevanten oligopolistischen Markt. Sobald einer der Oligopolisten seine Aktivitäten in den internationalen Bereich ausdehnt, folgen ihm die übrigen. Dabei ist vor allem das Vorgehen des Marktführers prägend. Dieses Phänomen wird als follow-the-leader-behavior charakterisiert.

Graham (1978) betrachtet die zur Debatte stehende Thematik aus der Sicht eines bestehenden Inlandsoligopols, in welches eine ausländisch kontrollierte Unternehmung durch Direktinvestitionen einzutreten versucht. Nach der Annahme von Graham werden die ursprünglichen Inlandsoligopolisten mit Verteidigungsstrategien reagieren. Sachlich können solche Defensivstrategien beispielsweise gerichtet sein auf:

- Senkung der Absatzpreise

    Die Abwehr des ausländischen Wettbewerbers soll durch niedrigere Verkaufpreise erreicht werden. Diese Strategie impliziert erhebliche Risiken des ruinösen Verlaufs.

- Produktdifferenzierung

    In diesem Fall erfolgt der Verteidigungsversuch gegenüber der ausländischen Unternehmung mittels Reduktion der Vergleichbarkeit der eigenen Leistungen mit denen des neuen Konkurrenten. In der Regel bedeutet dies signifikante zusätzliche Kostenbelastungen aufgrund der Durchführung von Maßnahmen zur Produktdifferenzierung.

- Unternehmenszusammenschlüsse

    Die Inlandsoligopolisten versuchen, ihre Position gegenüber dem ausländischen Direktinvestor durch Wachstumsstrategien im Wege von Unternehmensakquisitionen oder Fusionen zu verbessern. Angestrebt wird die Stärkung der eigenen Wettbewerbsgrundlage durch das Realisieren von Größen- und Synergieeffekten.

- Aufnahme geschäftlicher Aktivitäten am Heimatmarkt des ausländischen Direktinvestors

    Handlungsleitend in den strategischen Programmen der attackierten Inlandsunternehmen ist in diesem Fall die Maxime, wonach der marktliche *Gegenangriff* in langfristiger Perspektive die wirksamste Maßnahme zur Verteidigung der eigenen Position darstellt.

Mit der letztgenannten Verteidigungsstrategie wird gerade die Internationalisierung der Geschäftstätigkeit der betrachteten inländischen Oligopolunternehmen stimuliert.

Andere mikroökonomische Theorieansätze betrachten Aspekte der optimalen Verwertung eigener Technologie, des Technologieaustausches sowie der sinnvollen Allokation geschaffener Überschusstechnologie als entscheidende Determinanten von unternehmerischen Aktivitäten im internationalen Raum (siehe z.B. die Arbeiten von Blair 1976, Mason/Miller/Weigel 1975, Behrman 1962).

2.3 Entscheidungstheoretische Erklärung

2.3.1 Kernaussagen der Verhaltenswissenschaftlichen Entscheidungstheorie

Ergänzend sowie auch kontrastierend zu den Inhalten der vorgängig behandelten makro- und mikroökonomischen Ansätze erscheint die Anwendung der so genannten Verhaltenswissenschaftlichen Entscheidungstheorie (vgl. Berger/Bernhard-Mehlich 1995, S. 123 ff.) in Bezug auf die Untersuchung betrieblicher Internationalisierungsprozesse aufschlussreich. Von Simon – dem wohl bedeutendsten Vertreter und einem der maßgeblichen Begründer der Verhaltenswissenschaftlichen Entscheidungstheorie – wird das Konzept der *begrenzten Rationalität* betrieblicher Entscheidungen postuliert (vgl. Simon 1976, S. 80ff.). Danach handelt es sich bei der Vorstellung objektiver Rationalität von Entscheidungen im Unternehmen nach Maßgabe der *Homo oeconomicus Prämisse* individuellen Verhaltens um eine theoretische Fiktion. In der wirtschaftlichen Realität können Entscheidungen – selbst dann, wenn die handelnden Individuen (Entscheidungsträger) bestmögliche (rationale) Entscheidungen anstreben – lediglich ein Niveau begrenzter Rationalität erreichen. Kausal dafür sind insbesondere die folgenden Bedingungen:

- Unvollständiges Wissen der Entscheidungsträger (kognitive Restriktionen).
- Begrenzte individuelle Kapazitäten der Informationsverarbeitung und der Informationsaufnahme (Informationsüberflutung).
- Komplexität der betrieblichen Entscheidungssituationen (kaum überschaubare Anzahl relevanter Elemente).
- Unsicherheit hinsichtlich künftiger Entwicklungen (Prognoserisiko).

Abbildung 2.2 vermittelt eine schematisierte Darstellung des Begründungszusammenhanges für die Annahme begrenzter Rationalität betrieblicher Entscheidungen.

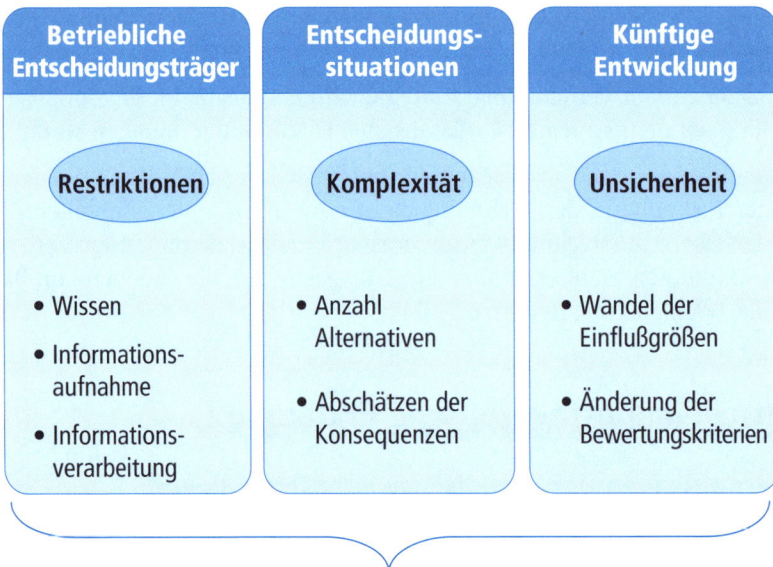

Begrenzte Rationalität betrieblicher Entscheidungen

Abb. 2.2: Rationalität von Entscheidungen im Unternehmen (Quelle: Nach Simon 1976, S. 81f.)

Auf diesem Hintergrund können auch Entscheidungen pro oder contra Internationalisierung den Charakter unvollständiger Rationalität aufweisen. Dies führt zwangsläufig zu einer kritischen Relativierung der empirisch konstatierbaren Begründung von Auslandsengagements oder Verlagerungen von Betriebsstätten ins Ausland mit dem Argument ökonomischer Sachzwänge. Zu hinterfragen ist im Einzelfall etwa,

- ob die unternehmerische Entscheidung über Maßnahmen der Internationalisierung tatsächlich hinreichende sachliche Fundierung aufweist oder

- eher die nicht hinreichend reflektierte Adaption einer Managementmode darstellt.

Letzteres könnte zum Beispiel als Wirkung des Mechanismus der „Unsicherheitsabsorption" [March/Simon 1958, S. 164]) resultieren. Das Absorbieren von Unsicherheit hat nach March/Simon die Funktion des Schaffens vereinfachter und damit für die betrieblichen Entscheidungsträger subjektiv lösbarer Entscheidungssituationen. Diese Unsicherheitsabsorption manifestiert sich im Herleiten und im Kommunizieren eindeutiger Schlussfolgerungen aus mehrdeutigen Informationen (vgl. March/Simon 1958, S. 164 f.).

Beispiel: Aus vergleichsweise hohen Arbeitskosten am inländischen Standort wird die zwingende Notwendigkeit der Forcierung von Internationalisierungsmaßnahmen hergeleitet.

In Anbetracht der Restriktionen individuellen Entscheidungsverhaltens ergibt sich außerdem das Erfordernis der Reduktion von Komplexität (vgl. Simon 1979, S. 501).

Beispiele:

- *Einsatz standardisierter Verfahren,*

- *Verwendung von Modellen, welche im Wege der Abstraktion komplexe Ent-scheidungssituationen auf die als wesentlich erachteten Elemente reduzieren, also die Entscheidungstatbestände in vereinfachter Form abbilden und damit überschaubar machen.*

Maßnahmen der Internationalisierung erhöhen den Grad der Komplexität der rele-vanten Umwelt des Unternehmens. Es gilt deshalb, in der Unternehmensführung und in den operativen Einheiten brauchbare Instrumente zur Reduktion dieser Komplexität einzusetzen.

Die in der Verhaltenswissenschaftlichen Entscheidungstheorie aufgezeigte Rationali-tätsproblematik wird nach Einschätzung des Verfassers in markanter Weise anhand der im Folgenden betrachteten Determinanten – spezifische Managermotive sowie Anwen-dung des Konzeptes vom Produktlebenszyklus – deutlich.

2.3.2 Managermotive als Determinanten der Internationalisierung

Das Verhalten der betrieblichen Entscheidungsträger wird grundsätzlich neben der Ausrichtung an den kollektiv-ökonomischen Unternehmensbelangen auch an den subjektiv-individuellen Zielen der handelnden Personen orientiert sein. In dieser Sicht resultieren maßgebliche Impulse zur Internationalisierung der Unternehmenstätigkeit aus ganz subjektiven Bedürfnissen der angestellten Top-Manager (vgl. Stopford/Wells 1972).

- Derartige individuelle Bedürfnisse oder Motive beziehen sich unter anderem auf **Prestige und Status der handelnden Personen.** Das Flair der Wahrnehmung von Managementfunktionen auf internationaler Ebene verschafft dem Stelleninhaber nachhaltige berufliche und gesellschaftliche Anerkennung.

- Aus der vieldiskutierten Trennung von Eigentum und Verfügungsgewalt (Principal-agent-problem) in Kapitalgesellschaften können ebenfalls Anstöße für grenzüber-schreitende Aktivitäten der Unternehmung erwachsen, etwa wenn die beauftrag-ten Manager bestrebt sind, ihre **Autonomie gegenüber den Kapitaleignern durch Internationalisierung der betrieblichen Aktivitäten zu vergrößern.** Der Ausbau dieser Autonomie korreliert mit verbesserten Chancen zur Realisierung individueller Einkommens- und Sicherheitsziele der Führungskräfte. Dabei spielt insbesondere der Umstand eine Rolle, dass Direktinvestitionen im Ausland von den Eigentümern normalerweise weitaus schwieriger wirksam und dauerhaft zu kontrollieren sind, als der Einsatz von Sachressourcen im Inland.

- Die **Strukturelle Theorie des Imperialismus** von Galtung (1972) betont den Herr-schaftsaspekt. Danach ist das Macht- und Expansionsstreben der maßgeblichen betrieblichen Entscheidungsträger die treibende Kraft für die Aufnahme grenzüber-schreitender Aktivitäten von Unternehmen.

2.3.3 Das Konzept des Produktlebenszyklus

Zunächst sei das innerhalb der Marketingtheorie entwickelte Konzept des Lebenszyklus von Produkten vorgestellt. Das Konzept wird in der Fachliteratur in verschiedenen Varianten präsentiert (vgl. Höft 1992). Diese Varianten unterscheiden sich voneinander in der Abgrenzung sowie der Charakterisierung der einzelnen Phasen des Werdegangs von Produkten. Abbildung 2.3 zeigt die bei Kotler/Bliemel erörterte Variante. Andere Versionen mit breiterer Phaseneinteilung finden sich beispielsweise bei Nieschlag/Dichtl/ Hörschgen (1991, S. 170 ff.), Meffert (1991, S. 399 ff.) und Kowalski (1980, S. 63). Für den hier zu betrachtenden Zusammenhang erscheinen solche Differenzen jedoch allenfalls von marginaler Bedeutung. Daher wird im Weiteren ausschließlich auf die Darstellungsform gemäß Abbildung 2.3 Bezug genommen.

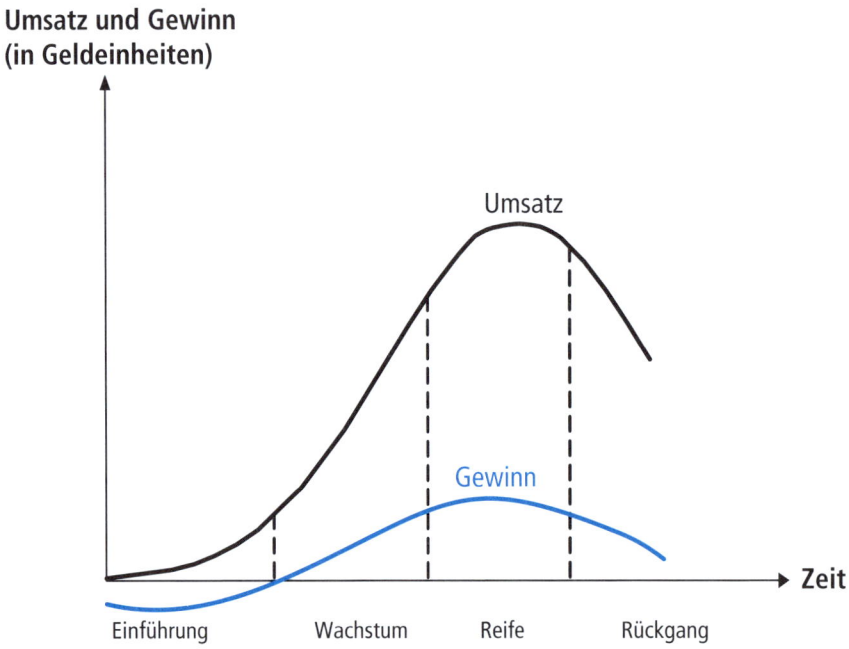

Abb. 2.3: Konzept des Produktlebenszyklus (Quelle: Kotler/Bliemel 2001, S. 574)

Das Konzept bildet einen idealtypischen Lebensweg von Produkten, beginnend mit der Markteinführung bis hin zur Degeneration und der Herausnahme der Produkte aus dem Markt (Rückgang) in den Dimensionen Umsatz und Gewinn ab. Entsprechende Kurvenverläufe wurden näherungsweise insbesondere bei Markenartikeln beobachtet. Allerdings handelt es sich bei derartigen Erscheinungen keinesfalls um zwingende Gesetzmäßigkeiten. Vielmehr variiert der tatsächliche individuelle Werdegang einzelner Produkte nachweisbar erheblich. Außerdem kann durch den gezielten Einsatz von Instrumenten des betrieblichen Marketing-Mix der Produktlebenszyklus modifiziert werden. Trotz dieser methodischen Einwände bietet das Produktlebenszyklus-Konzept eine informative und operationale Grundlage für die Planung und Gestaltung der strategischen Geschäftsfelder (Produkt-Markt-Kombinationen) des Unternehmens. Der Modellcharakter dieses Konzepts trägt zur notwendigen Reduktion von Komplexität in Planungs- und Entscheidungsprozessen bei (vgl. Macharzina/Wolf 2005, S. 351 f.).

Im Rahmen der Maßnahmenplanung eines international ausgerichteten Marketing erhält das Lebenszyklus-Konzept eine spezifische Qualität (vgl. Meffert/Bolz 1998, S. 166 ff.; Vernon 1966, S. 190 ff.). Die Produktpolitik der internationalen Unternehmung sollte demnach den jeweiligen Entwicklungsstand ausländischer Märkte und Volkswirtschaften berücksichtigen. In Abhängigkeit vom Entwicklungsniveau der Auslandsmärkte kann die zeitliche Staffelung der Neuprodukteinführung auf internationaler Ebene sinnvoll sein. Grundsätzlich wird danach die Produkteinführung in einem

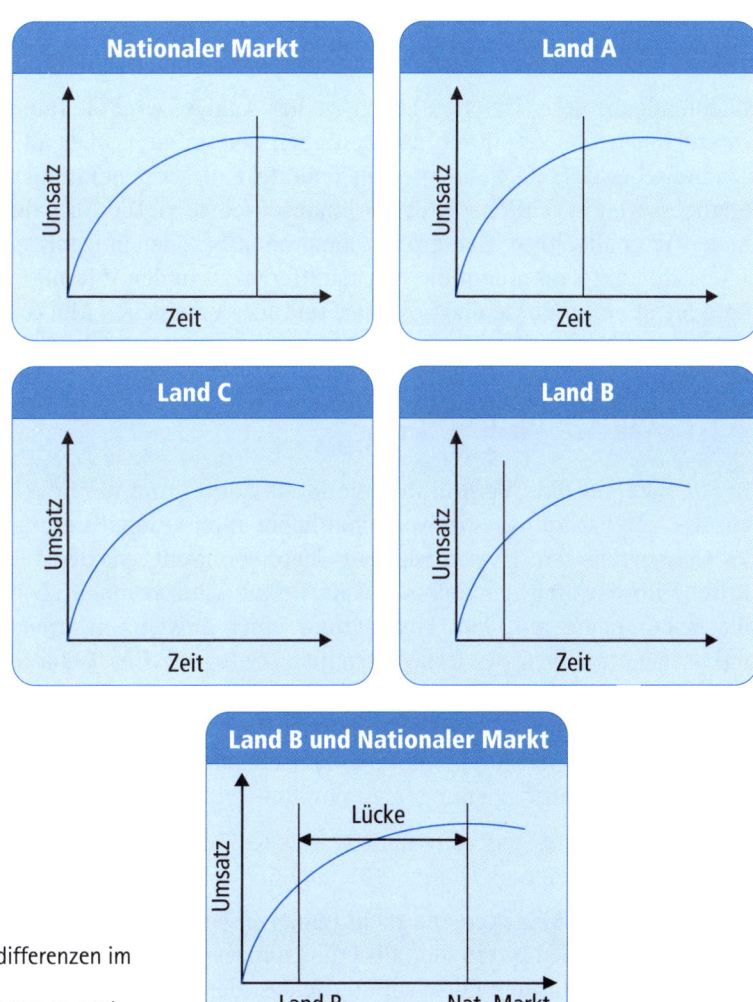

Abb. 2.4:
Internationale Phasendifferenzen im
Produktlebenszyklus
(Quelle: Meffert/Bolz 1998, S. 167)

neuen ausländischen Markt zu dem Zeitpunkt Erfolg versprechen, zu dem dieser Markt jenes Entwicklungsstadium erreicht hat, welches bei Ersteinführung im Ursprungsmarkt zu verzeichnen war (vgl. Meissner 1988, S. 111 f.).

- Im obigen Beispiel befindet sich das betrachtete Produkt am nationalen Markt (Ursprungsmarkt) bereits in der Degenerationsphase. Ohne neue lebensverlängernden Marketing-Impulse ist folglich damit zu rechnen, dass dieses Produkt-Angebot in absehbarer Zeit wegen stark sinkender Nachfrage sowie ungünstiger Entwicklung des Deckungsbeitrags eingestellt wird.

- In Land A hat dasselbe Produkt infolge späterer Einführung zum identischen Zeitpunkt jedoch erst die Wachstumsphase erreicht. Das strategische Erfolgspotential ist folglich dort noch längst nicht ausgeschöpft.

- Dies gilt verstärkt für Land B, wo sich das Produkt gerade in der Einführungsphase befindet.

- In Land C hingegen ist das Produkt noch gar nicht eingeführt und somit unbekannt.

Nach Maßgabe der skizzierten Lebenszyklus-Analyse wird die Internationalisierung der Unternehmenstätigkeit durch das Bestreben determiniert, über alle relevanten in- und ausländischen Märkte betrachtet im Endeffekt die Degenerationsphase des Produktes möglichst weit in zeitlicher Hinsicht hinauszuschieben. Die Aufnahme grenzüberschreitender Geschäftstätigkeit vergrößert die produktbezogenen Erfolgspotentiale, indem die Unternehmung konsequent die Phasendifferenzen in den internationalen Lebenszyklen der relevanten Produkte diagnostiziert und für den eigenen Marktauftritt nutzt.

2.4   Empirische Befunde

Im Hinblick auf die Überprüfung, die Modifikation und die Erweiterung theoretischer Ansätze zur Erklärung einzelwirtschaftlicher Internationalisierung sowie im Interesse des Generierens von Hypothesen zur Theorienbildung erscheint die konsequente empirische Erforschung der treibenden Kräfte auf Unternehmensebene unabdingbar. Das gilt insbesondere auf dem Hintergrund einer anwendungsorientiert interpretierten, praktisch-normativen Betriebswirtschaftslehre (vgl. Raffée 1974, S. 64 ff.). Im Rahmen solcher empirischen Studien geht es regelmäßig darum, durch Befragung primär von Entscheidungsträgern aus dem Top-Managements die Einstellung in den Unternehmen zum Auslandsgeschäft und damit die faktischen Motive oder Ziele der Aufnahme internationaler Geschäftsbeziehungen zu ermitteln.

Methodisch kann gegen die Resultate solcher Befragungen unter anderem Folgendes eingewandt werden (vgl. Dülfer 1995, S. 92):

- Die befragten Manager sind nicht immer in der Lage, die wirklichen Determinanten des betrieblichen Internationalisierungsprozesses genau abzugrenzen. In Anbetracht der Komplexität des Entscheidungsfeldes, der Multikausalität realisierter Maßnahmen sowie der zeitlichen Diffusion des Prozesses fehlt selbst den Führungskräften

in der Unternehmensleitung die klare analytische Perspektive auf die den grenzüberschreitenden Unternehmensaktivitäten zugrunde liegenden Zielbezüge, insbesondere in den Fällen, da diese Ziele relativ weit in der Vergangenheit (Unterneh-
menshistorie) ihren Ursprung haben.

- Mit Blick auf unternehmenspolitische Intentionen ist die Authentizität der Antworten im Einzelfall kritisch zu hinterfragen. Die Angabe tatsächlicher Internationalisierungsmotive könnte seitens der befragten betrieblichen Entscheidungsträger,
  etwa in Bezug auf den Wettbewerb oder die Öffentlichkeitswirkung, als nicht oppor-
  tun erachtet werden, so dass unproblematische oder imagefördernde Ziele für die
  Durchführung des eigenen Auslandsgeschäftes realitätsfern stark in den erhobenen
  Antworten Ausdruck finden.

Trotz der vorgenannten – notwendigen – Relativierung in methodischer Hinsicht vermitteln die Befragungsergebnisse zweifellos wertvolle Informationen für die theoretische
Auseinandersetzung mit dem Phänomen des Internationalen Management. Deshalb
seien im Folgenden einige markante empirische Befunde erörtert.

2.4.1 Ausgewählte Studien im zeitlichen Längsschnitt

Die empirisch konstatierbaren unternehmerischen Ziele von Internationalisierungsak-
tivitäten sind ausgesprochen vielfältig. Dies resultiert im Wesentlichen aus Differenzen
in den situativen Kontexten grenzüberschreitend agierender Unternehmen. Ganz offensichtlich zeigt sich im zeitlichen Längsschnitt empirisch angelegter Forschung jedoch
eine Dominanz absatzmarktbezogener Zielkategorien. Hingewiesen sei in diesem Zusammenhang insbesondere auf die Ergebnisse der einschlägigen Studien von Robinson
(1961) und Behrman (1962) sowie der HWWA-Studie (Alwin 1969) und der Untersuchung der IHK Koblenz (1974). Die Zeitreihe empirischer Befunde wird fortgesetzt durch
die viel beachteten, in Abbildung 2.5 dargestellten Untersuchungsergebnisse aus der
Studie des Deutschen Industrie- und Handelstages (DIHT) aus dem Jahre 1981.

Rang	Motiv
1	Ausdehnung der Auslandsaktivität auf neue Märkte
2	Sicherung / Ausbau eines bisherigen Marktes
3	Sicherung / Kontrolle des Vertriebs im Gastland
4	Politische Stabilität des Gastlandes
5	Exportbasis für Produkte der Muttergesellschaft
6	Überwindung von Handels- und Exporthemmnissen
7	Erwartung hoher Investitionsrendite
8	Zulieferer für Gastlandunternehmen
9	Niedrige Lohnkosten
10	Sicherung der Versorgung im Gastland

Abb. 2.5: Rangskala von Motiven für Auslandsinvestitionen deutscher Unternehmen – DIHT-Studie
(Quelle: DIHT 1981)

Im Ranking der zehn wichtigsten Motive für die Vornahme von Direktinvestitionen besetzen absatzorientierte Ziele die ersten drei Positionen. Wie die vorstehende Abbildung verdeutlicht, folgt das Ziel der Reduktion von Lohnkosten erst auf Rang neun. Die zehn Jahre nach der DIHT-Studie publizierte Untersuchung von Köhler im Segment produzentenorientierter Dienstleistungen (1991) bestätigt tendenziell die DIHT-Befunde. Auch von Köhler wird der Primat von Absatzzielen nachgewiesen.

Rang	Internationalisierungsmotiv	arithm. Mittel*
1	Erschließung neuer Märkte	1,79
2	Internationalisierung bestehender Kunden	1,96
3	Internationalisierung von Wettbewerbern	2,25
4	Verbesserung des Images gegenüber Kunden	2,63
5	Internationale Spezialisierung	2,76
6	Ausnutzung von Größeneffekten	2,79
7	Zugang zu ausländischem Know-how	3,00
8	Gesellschaftliche / politische Veränderungen	3,08
9	Internationale Risikostreuung	3,10
10	Auslastung hochqualifizierten Personals	3,11
11	Gesättigte Heimatmärkte	3,29
12	Höhere Gewinne als im Inland	3,37
13	Deregulierung von Wirtschaftszweigen	3,40

*1 = sehr wichtig; 5 = völlig unwichtig

Abb. 2.6: Bedeutung von Internationalisierungsmotiven für produzentenorientierte Dienstleistungen (Quelle: Köhler 1991, S. 80)

Das bedeutendste Internationalisierungsmotiv – die Erschließung neuer Märkte – ist identisch mit dem Ergebnis der DIHT-Studie aus 1981. Außerdem spielt die Reaktion auf die Internationalisierung von Kundenunternehmen (2. Rang in der Bedeutungsskala) eine erhebliche Rolle. Diesem Phänomen der client followers (Cateora 1993, S. 420) dürfte auch in anderen Branchen – etwa der Automobilzulieferindustrie – erhebliche Bedeutung zukommen.

Aufschlussreich im Hinblick auf die Klärung dominierender Internationalisierungsmotive erscheinen ebenfalls die für das Jahr 1995 ermittelten statistischen Werte der Deutschen Bundesbank über den Umfang und die Verteilung von Direktinvestitionen deutscher Unternehmen im Ausland (Abbildung 2.7).

Ganz eindeutig findet der weitaus größte Teil der deutschen Direktinvestitionen nicht in Niedriglohnländern, sondern in anderen entwickelten Industrienationen statt. Das bedeutet, dass – analog zu den Befunden der DIHT-Studie und der Untersuchung von Köhler – die Erschließung neuer Märkte und damit zusammenhängend die marktnahe Leistungserstellung vorrangig handlungsleitend in Bezug auf grenzüberschreitende Investitionsentscheidungen sind. Relativ dazu spielen die Lohnkosten offensichtlich eine

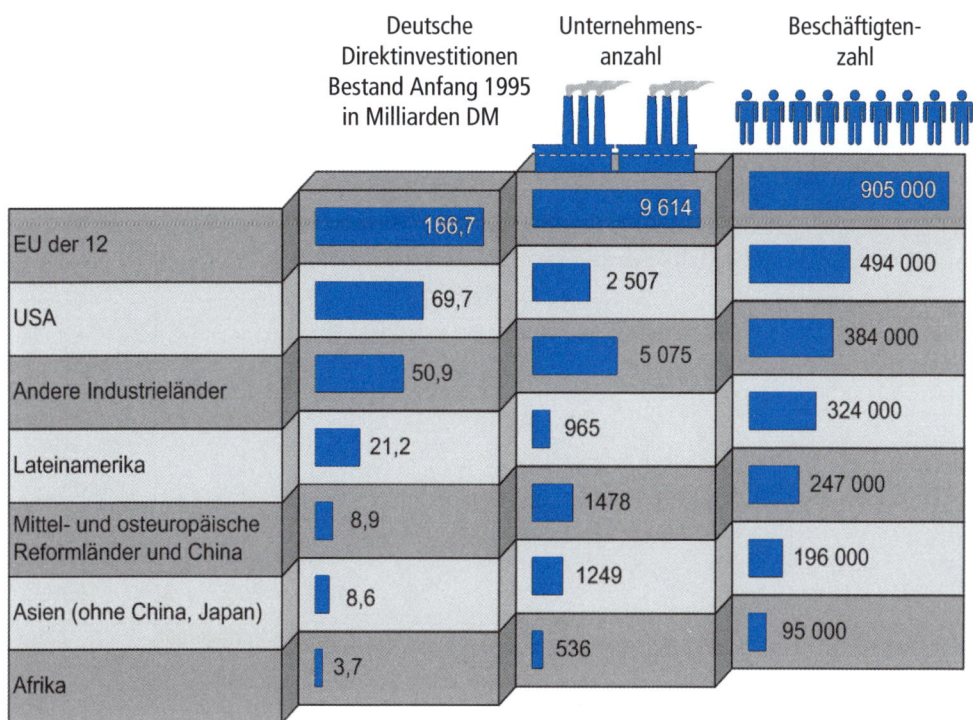

Abb. 2.7: Direktinvestitionen deutscher Unternehmen im Ausland (Quelle: Nach O. V.: 1996, S. 16)

untergeordnete Rolle. Im Kontext der empirischen Befunde gemäß Abbildung 2.7 ist es für den Arbeitsmarkt am Standort Deutschland allerdings problematisch, dass ausländische Unternehmen in weitaus geringerem Volumen in Deutschland investieren, als deutsche Investitionen ins Ausland fließen. Dill führt diesen Effekt unter anderem auf das objektiv weithin unbegründete *Gejammer* über die Nachteile des Wirtschaftsstandortes Deutschland zurück, sieht also die Erklärung der geringen Investitionsneigung der Ausländer zum großen Teil im psychologischen Bereich begründet (vgl. Dill 1996, S. VI).

Der Einfluss der Unternehmensgröße zeigt sich in den Befunden der empirischen Untersuchung im Bereich Metall- und Elektroindustrie (vgl. Verband der Bayerischen Metall- und Elektroindustrie 1995). Danach verfolgen größere Unternehmen (mehr als 1000 Mitarbeiter) mit ihren Auslandsinvestitionen primär absatzbezogene Ziele (Schaffung neuer Märkte, Sicherung bestehender Märkte) und erst nachrangig Ziele der Kostensenkung. Für kleinere Unternehmen (weniger als 200 Mitarbeiter) hat nach dieser Studie allerdings das Ziel der Realisierung von Kostenvorteilen Vorrang.

Die im Verlaufe der 1990er Jahre offenbar steigende empirische Bedeutung von Zielen der Kostenreduktion durch grenzüberschreitende Unternehmensaktivitäten kommt ebenfalls in den Resultaten der Studie von Kinkel/Wengel (1998) zum Ausdruck. Untersucht werden Motive für grenzüberschreitende Verlagerungen der Produktion in Unternehmen des Investitionsgüter produzierenden Gewerbes. Wesentliche Befunde der Studie zeigt Abbildung 2.8.

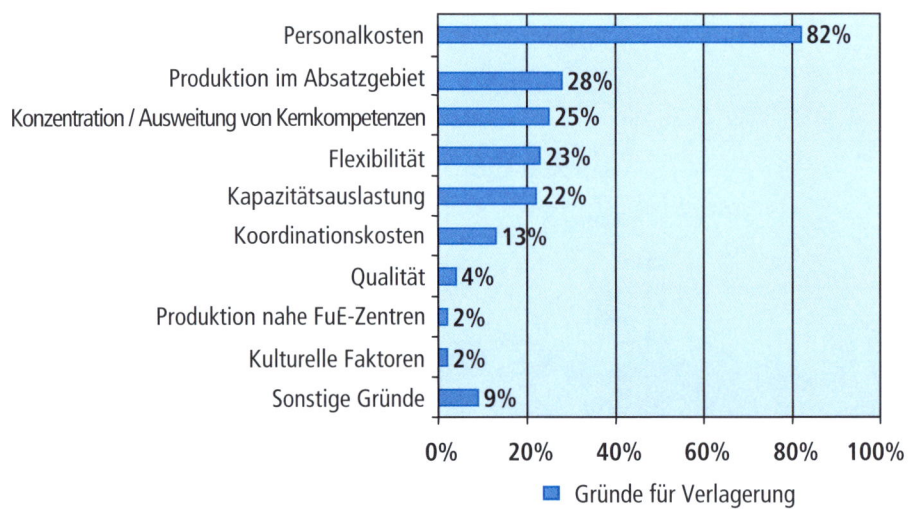

Abb. 2.8: Motive grenzüberschreitender Verlagerungen der Produktion/Investitionsgüterindustrie
       (Quelle: Kinkel/Wengel 1998, S. 5)

Herausragende Bedeutung hat das Ziel der Senkung der Personalkosten im Wege der Verlagerung von Produktionsbereichen an ausländische Standorte. Das unterstreicht die Nennung dieses Motivs in 82 % der befragten Unternehmen. An zweiter Stelle folgt jedoch bereits der absatzorientierte Zielbezug: Die unmittelbare Produktion im Absatzgebiet ist für 28 % der untersuchten Unternehmen ein wichtiges Ziel. In ihrer Analyse zeigen die Autoren jedoch, dass jene Unternehmen besonders erfolgreich agieren, welche die Präsenz im Absatzgebiet als Zielfunktion der dortigen Ansiedlung von Fertigungskapazitäten favorisieren. Im Falle dominanter Verfolgung des Personalkosten-Ziels sind dysfunktionale Konsequenzen im Hinblick auf die betriebliche Flexibilität sowie die Innovationskraft des Unternehmens konstatierbar, was in vielen Fällen Rückverlagerungen der Fertigung an den Binnenmarkt erforderlich macht (vgl. Kinkel/Wengel 1998, S. 9 ff.).

Auf die Auslandsaktivitäten kleiner und mittlerer Unternehmen (KMU) ist die empirische Untersuchung von Maaß/Wallau gerichtet (2003). Die herausragende absatzpolitische Relevanz der grenzüberschreitenden Operationen wird klar nachgewiesen: „Die überwiegende Zahl der auslandsaktiven mittelständischen Unternehmen des untersuchten Samples, nämlich rund zwei Drittel (65,7 %), setzt ausschließlich auf eine der Strategien zur Auslandsmarktbearbeitung" (Maaß/Wallau 2003, S. 41 f.). In Bezug auf die Teilnahme kleiner und mittlerer Unternehmen an grenzüberschreitenden Kooperationen steht das Ziel der Erschließung neuer Absatzmärkte ganz eindeutig an erster Stelle (Nennung in 78,2% der befragten Unternehmen). Die Übereinstimmung dieses Befundes mit den Resultaten der DIHT-Studie aus 1981 sowie den Ergebnissen der Untersuchung von Köhler aus 1991 erscheint bemerkenswert.

Offensichtlich gilt für den Aspekt der Dominanz absatzwirtschaftlicher Zielsetzungen im Zuge einzelwirtschaftlicher Internationalisierung erhebliche Stabilität, sowohl im zeitlichen Längsschnitt als auch für verschiedene Branchen sowie differente Unternehmensgrößen. Allerdings geht aus der Mittelstandsstudie von Maaß/Wallau auch hervor, dass gegenüber früheren empirischen Werten die Arbeitskostenvorteile als Zielbezug von Maßnahmen der Internationalisierung an Bedeutung gewonnen haben. Immerhin nennen 41,9% der befragten Unternehmen die Arbeitskostenreduktion als wichtiges Ziel für grenzüberschreitende Kooperationen. Weitere Standortbedingungen im Ausland, wie geringere staatliche Reglementierung (21,8%) und weniger Steuerbelastung (8,9%), sind zwar ebenfalls von empirischer Relevanz, besitzen jedoch nachgeordneten Stellenwert. Das Ziel der Marktsicherung durch Teilnahme an internationalen Kooperationen hat hingegen wiederum relativ hohes Gewicht (49,2% Nennungen). In diesem Falle geht es den KMU insbesondere darum, den durch Exportaktivitäten bereits realisierten Marktanteil am betrachteten Auslandsmarkt zu stabilisieren sowie die bestehenden Kundenkontakte zu sichern und zu erweitern (vgl. Maaß/Wallau 2003, S. 57 f.).

In ihrer Analyse arbeiten die Autoren heraus, dass die von den mittelständischen Unternehmen angestrebten Ziele in ihrer konstatierbaren Gesamtheit zueinander keineswegs überschneidungsfrei sind. Vielmehr sind die einzelnen identifizierten Zielkategorien im Sinne von Zielsystemen meist miteinander verbunden und bedingen einander (vgl. Maaß/Wallau 2003, S. 58 ff.).

2.4.2 Primat des Absatzes

Insgesamt weisen die oben erörterten empirischen Befunde sehr deutlich die herausragende Relevanz absatzwirtschaftlicher Zielorientierungen im Rahmen grenzüberschreitender Unternehmensaktivitäten aus. In den weitaus meisten Unternehmen erhalten Absatzziele eindeutig Vorrang gegenüber anderen öffentlich häufig diskutierten Zielbezügen, wie zum Beispiel der Realisierung von Personalkostenvorteilen im Ausland, der Reduktion der Steuerbelastung oder der Nutzung weniger restriktiver ökologischer Auflagen im Gastland (vgl. Hünerberg 1994, Müller/Kornmeier 2002). Die generelle Marketing-Doktrin vom Primat des Absatzes oder der Absatzpolitik (vgl. Meffert 1991, S. 23) ist offensichtlich im Falle internationaler Operationen von Einzelwirtschaften in besonders pointierter Form handlungsleitend.

Betriebliche Absatzziele können auf bereits bearbeitete oder auf potentielle Ländermarktsegmente gerichtet sein. Grundsätzlich lässt sich das absatzpolitische Zielsystem wie folgt differenziert beschreiben (vgl. Hünerberg 1994, S. 93 f.):

- Ziele der Marktdurchdringung

  Das betrachtete Unternehmen strebt die Verbesserung der eigenen Marktposition in unternehmensseitig bereits bearbeiteten Auslandsmärkten an. Kennzeichnend für diese Zielkategorie ist die Intention der Intensivierung des Absatzes eingeführter eigener Produkte an Ländermärkten, an denen sich das grenzüberschreitend agierende Unternehmen schon etabliert hat (vorhandene Produkte/bestehende Märkte).

- Ziele der Marktentwicklung

Der Terminus Marktentwicklung beschreibt jenen Zielbezug, der auf die Erschließung neuer Märkte gerichtet ist. An den in geografischer Hinsicht für die betrachtete Unternehmung neuen internationalen Märkten sollen bereits vorhandene Produkte aus dem betrieblichen Leistungsprogramms bereitgestellt werden. Die erfolgreiche Positionierung des Produktes am neuen Auslandsmarkt verspricht interessante Wachstumsimpulse sowie die Verbesserung des Return on Investment (ROI), da Kosten der Produktentwicklung nicht oder nur in relativ geringem Maße – beispielsweise aufgrund von Adaptionen des Produktes in Bezug auf spezifische Anforderungen des ausländischen Marktes – zusätzlich anfallen (vorhandene Produkte/neue Märkte).

- Ziele der Markterweiterung

Im Mittelpunkt der auf die *Erweiterung* ausländischer Märkte bezogenen Zielsetzungen stehen neue Produkte. Das Leistungssortiment an einem bereits bearbeiteten Auslandsmarkt soll durch neu entwickelte Güter oder Dienstleistungen ausgedehnt werden. Damit strebt das Management gleichzeitig die Verstärkung der Präsenz des Unternehmens im jeweiligen Gastland an. Der Marktauftritt gewinnt an Breite (neue Produkte/bestehende Märkte).

- Diversifikationsziele

Allgemein bezeichnet der Terminus Diversifikation eine Unternehmensstrategie der Erweiterung des betrieblichen Leistungsprogramms durch Angebote, die sich signifikant vom bisherigen Angebotsprogramm abheben. Diversifikationsziele im Absatzbereich sind folglich auf die Bereitstellung grundlegend neuer Produkte auf bisher nicht bedienten Märkten gerichtet. Im Falle der internationalen Absatzpolitik des Unternehmens beziehen sich Diversifikationsziele auf die Entwicklung neuer Leistungsangebote zum Zwecke der Vermarktung in neuen Zielländern (neue Produkte/neue Märkte).

- Konsolidierungsziele

Im Sinne der Korrektur unrentabler internationaler Engagements des Unternehmens kann sich die Notwendigkeit der Konsolidierung des Angebotsprogramms ergeben. Das Spektrum derartiger Ziele reicht von der Eliminierung einzelner Produkte an bestimmten Ländermärkten bis hin zum vollständigen Rückzug des Unternehmens aus erfolgskritischen Gastländern. Wichtig erscheint es, Konsolidierungsziele so anzulegen, dass negative Auswirkungen hinsichtlich des Unternehmensimages vermieden werden (Bereinigung des internationalen Angebotsprogramms).

Die analytische Auswertung der Resultate empirischer Untersuchungen bezüglich der konkretisierten Einzelziele der internationalen Marktbearbeitung europäischer Unternehmen enthält Abbildung 2.9. Dabei erfolgt eine Differenzierung der Befunde nach dem Kriterium des Globalisierungsgrades.

- Als globalisierte Unternehmen werden solche Organisationen bezeichnet, deren Marketing-Konzeption weltweit einheitlich ausgerichtet ist. Spezifische nationale oder lokale Gestaltungsaspekte treten zugunsten weltweiter Strategieoptimierung in den Hintergrund oder werden völlig vernachlässigt. Die geozentrische Orientierung globalisierter Unternehmen findet in supranationalen Netzwerkstrukturen Ausdruck. Nach dem so genannten *Lead-Country-Konzept* übernehmen in Abhängigkeit von den verfügbaren Ressourcen und den konstatierbaren Stärken Tochtergesellschaften in wechselnden Ländern die globale Führungsrolle im Zuge der Durchführung marktbezogener Unternehmensprojekte (vgl. Kreutzer/Raffée 1986, S. 10 ff.).

- Dagegen sind lokalisierte Unternehmen polyzentrisch orientiert. Ihre Marketing-Konzeption soll flexibel die Besonderheiten in den bearbeiteten internationalen

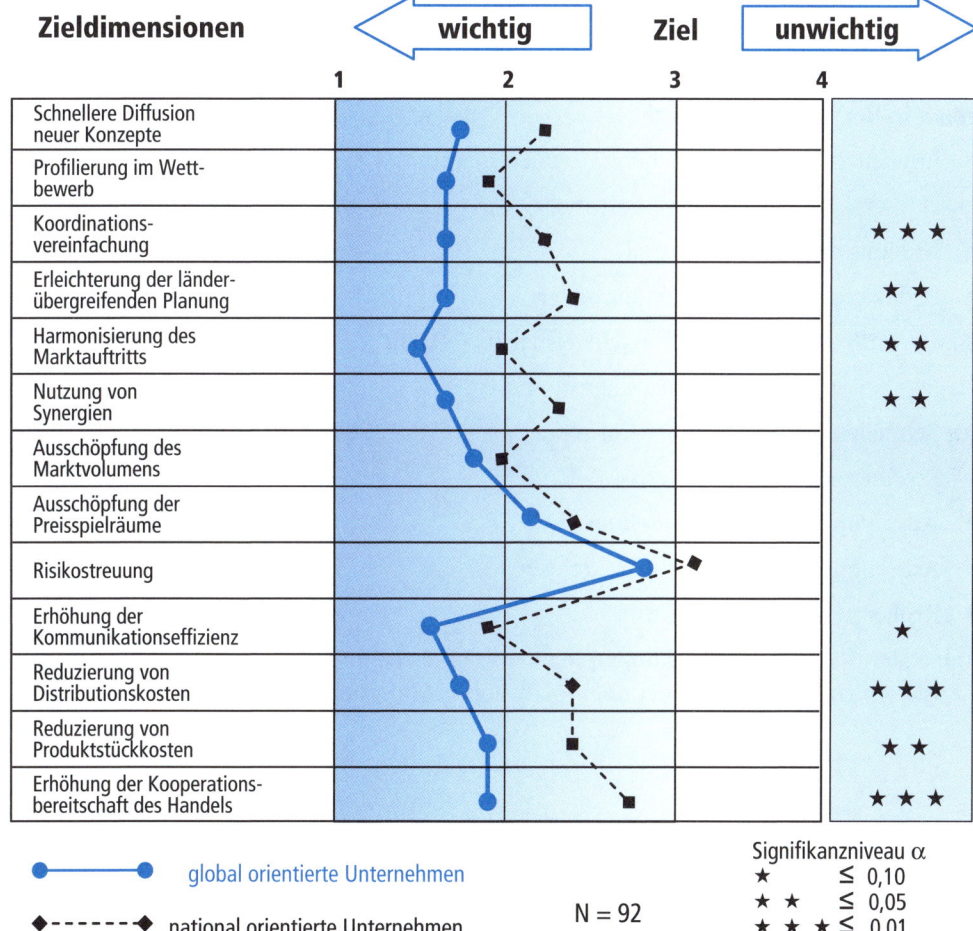

Abb. 2.9: Ziele der internationalen Marktbearbeitung europäischer Unternehmen (Quelle: Meffert/Bolz 1998, S. 104)

Zielmärkten berücksichtigen. Folglich hat die Gestaltung der Absatzpolitik anhand spezifischer lokaler oder nationaler Aspekte Vorrang gegenüber dem Anspruch der Integration aller Unternehmensaktivitäten in ein weltweit ausgerichtetes Gesamtsystem. Die zielländerabhängige polyzentrische Struktur induziert ein hohes Maß an Heterogenität innerhalb des gesamten Unternehmens.

In den Ausprägungen der Zielprofilkurven kommen teilweise hochsignifikante Unterschiede zwischen globalisierten und lokalisierten Unternehmen hinsichtlich der Gewichtung internationaler Marktziele zum Ausdruck. Das gilt insbesondere für die Zieldimensionen

- Koordinationsvereinfachung,

- Reduzierung der Distributionskosten sowie

- Erhöhung der Kooperationsbereitschaft des Handels (Irrtumswahrscheinlichkeit $\alpha \leq 0,01$).

Auch in Bezug auf die Zielgrößen

- Erleichterung der länderübergreifenden Planung,

- Harmonisierung des Marktauftritts,

- Nutzung von Synergien und

- Reduzierung der Produktstückkosten

sind signifikante Differenzen nachweisbar ($\alpha \leq 0,05$).

Dagegen bestehen in den Zieldimensionen

- Schnellere Diffusion neuer Konzepte,

- Profilierung im Wettbewerb,

- Ausschöpfung des Marktvolumens,

- Ausschöpfung der Preisspielräume sowie

- Risikostreuung

keine signifikanten Abweichungen bei der empirisch festgestellten Gewichtung in globalisierten Unternehmen gegenüber lokalisierten Unternehmen.

2.5 Zusammenfassung

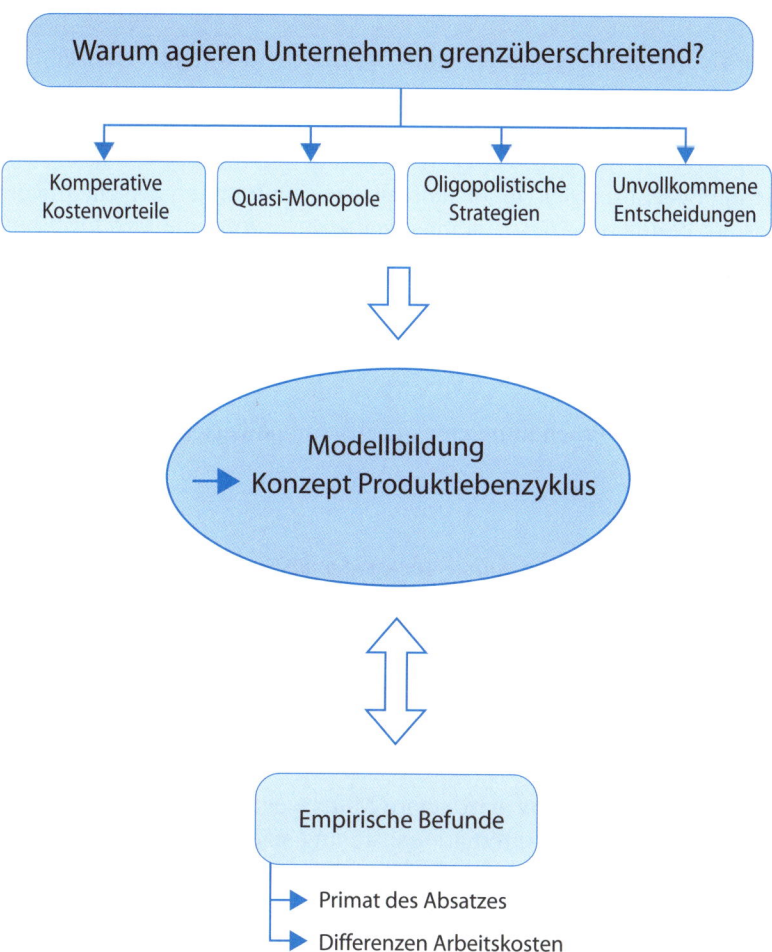

2.6 Kontrollaufgaben

Aufgabe 1:
Erörtern Sie die Bestimmungsgründe länderspezifischer Kostendifferenzen im Sinne der Theorie komparativer Kosten.

Aufgabe 2:
Zeigen Sie die Bedeutung der Opportunitätskosten im Rahmen der Theorie der komparativen Kosten. Wofür steht der Terminus *komparative Kostenunterschiede*?

Aufgabe 3:
Welches sind die zentralen Aussagen der Theorie komparativer Kosten?

Aufgabe 4:
Wodurch kann eine Unternehmung eine quasi-monopolistische Position an einem Auslandsmarkt aufbauen?

Aufgabe 5:
Erläutern Sie das so genannte *follow-the-leader-behavior* aus der Sicht mikroökonomischer Oligopoltheorie.

Aufgabe 6:
Diskutieren Sie die Frage der Rationalität betrieblicher Entscheidungen.

Aufgabe 7:
Welche Rolle können subjektiv-partikulare Motive der angestellten Manager im Zuge von Entscheidungen über die Internationalisierung spielen?

Aufgabe 8:
Wie interpretieren Sie den Zusammenhang von Managermotiven und rationalen Kalkülen der einzelwirtschaftlichen Internationalisierung?

Aufgabe 9:
Beschreiben Sie das Modell des Produktlebenszyklus.

Aufgabe 10:
Verdeutlichen Sie die Anwendung des Modells vom Produktlebenszyklus auf die internationale Produktpolitik des Unternehmens.

Aufgabe 11:
Erörtern Sie den Stand der empirischen Forschung über einzelwirtschaftliche Ziele grenzüberschreitender Aktivitäten.

Aufgabe 12:

Setzen Sie sich mit der empirisch fundierten These vom *Primat des Absatzes* im Rahmen internationaler Geschäftspolitik kritisch auseinander.

2.7 Literatur

2.7.1 Quellen

Alwin, A.: Deutsche Direktinvestitionen in Entwicklungsländern, in: Wirtschaftsdienst, 4/1969

Behrman, J. N.: Investment and the Transfer of Knowledge and Skills, in: Mikesell, R. F. (Hrsg.): US Private and Government Investment Abroad, Eugene 1962, S. 127–154

Behrman, J. N.: Foreign Associates and their Financing, in: Mikesell, R. F. (Hrsg.): US Private and Government Investment Abroad, Eugene 1962, S. 89–101

Berger, U.; Bernhard-Mehlich, I.: Die Verhaltenswissenschaftliche Entscheidungstheorie, in: Kieser, A. (Hrsg.): Organisationstheorien, 2. Auflage, Stuttgart, Berlin, Köln 1995, S. 123–158

Blair, H. O.: International licensing, Lexington/Mass. 1976

Carl, V.: Problemfelder des Internationalen Managements, München 1989

Cateora, P. R.: International Marketing, 8. Auflage, Homewood 1993

DIHT (Hrsg.): Investieren im Ausland, Bonn 1981

Dill, A.: Standort-Gejammer zeigt Wirkung. Bald sind auch die letzten ausländischen Investoren verschreckt, in: Wirtschaftsstandort Deutschland, Beilage der Süddeutschen Zeitung 192/1996, S. VI

Dülfer, E.: Internationales Management in unterschiedlichen Kulturbereichen, 3. Auflage, München, Wien 1995

Galtung, J.: Eine strukturelle Theorie des Imperialismus, in: Senghaas, D. (Hrsg.): Imperialismus und strukturelle Gewalt. Analysen über abhängige Reproduktion, Frankfurt/Main 1972

Graham, E. M.: Transatlantic Investment by Multinational Firms: A Rivalistic Phenomenon?, in: Journal of Post Keynesian Economics, 1/1978, S. 82–99

Haberler, G.: Der internationale Handel, Berlin 1933

Höft, U.: Lebenszykluskonzepte, Berlin 1992

Hünerberg, R.: Internationales Marketing, Landsberg/Lech 1994

Hymer, S. H.: The International Operations of National Firms: A Study of Direct Investment, Cambridge/Mass. 1976

IHK Koblenz (Hrsg.): Auslandsinvestitionen und Mittelstand, Koblenz 1974

Kindleberger, C.P.: International Economics, 5th ed., Homewood 11/1973

Kinkel, S.; Wengel, J.: Produktion zwischen Globalisierung und regionaler Vernetzung: Mit der richtigen Strategie zu Umsatz- und Beschäftigungswachstum, Fraunhofer ISI, PI-Mitteilung Nr. 10, 4/1998

Knickerbocker, F. T.: Oligopolistic Reaction and Multinational Enterprise, Boston 1973

Köhler, L.: Die Internationalisierung produzentenorientierter Dienstleistungsunternehmen, Hamburg 1991

Kotler, P.; Bliemel, F.: Marketing Management: Analyse, Planung und Verwirklichung, 10. Auflage, Stuttgart 2001

Kowalski, U.: Der Schutz von betrieblichen Forschungs- und Entwicklungsergebnissen. Die Gestaltung des schutzpolitischen Instrumentariums im Innovations-/Imitationsprozeß, Thun, Frankfurt/Main 1980

Kreutzer, R.; Raffée, H.: Organisatorische Verankerung als Erfolgsbedingung eines Global-Marketing, in: Thexis 2/1986, S. 10–22

Lang, F. P.: Theorie der komparativen Kosten, in: Dichtl, E.; Issing, O. (Hrsg.): Vahlens Großes Wirtschaftslexikon, 2. Auflage, München 1993, S. 2087

Maaß, F.; Wallau, F.: Internationale Kooperationen kleiner und mittlerer Unternehmen, IFM-Materialien Nr. 158, Bonn 2003

Macharzina, K.; Wolf, J.: Unternehmensführung. Das internationale Managementwissen, Konzepte – Methoden – Praxis, 5. Auflage, Wiesbaden 2005

March, J. G.; Simon, H. A.: Organizations, New York 1958

Mason, H. R.; Miller, R. R.; Weigel, D. R.: The economics of international business, New York, London, Sydney, Toronto 1975

Meffert, H.: Marketing: Grundlagen der Absatzpolitik, 7. Auflage Wiesbaden 1991

Meffert, H.; Bolz, J.: Internationales Marketing-Management, 3. Auflage, Stuttgart, Berlin, Köln 1998

Meissner, H. G.: Strategisches internationales Marketing, Berlin, Heidelberg, New York 1988

Müller, S.; Kornmeier, M.: Motive und Unternehmensziele als Einflussfaktoren der einzelwirtschaftlichen Internationalisierung, in: Macharzina, K.; Oesterle, M.-J. (Hrsg.): Handbuch Internationales Management. Grundlagen – Instrumente – Perspektiven, 2. Auflage, Wiesbaden 2002, S. 99–130

Nieschlag R.; Dichtl, E.; Hörschgen, H.: Marketing, 16. Auflage, Berlin 1991

O. V.: Statistisches Bundesamt: Gesamtentwicklung des deutschen Außenhandels, www.destatis.de, 02.05.2007

O. V.: Deutsche Unternehmen im Ausland, in: Die Zeit Nr. 34/1996, S. 16

Raffée, H.: Grundprobleme der Betriebswirtschaftslehre, Göttingen 1974

Ricardo, D.: Principles of political economy and taxation, London 1817

Robinson, H. J.: The Motivation and Flow of Private Foreign Investment, Menlo Park 1961

Samuelson, P. A.: Volkswirtschaftslehre. Eine Einführung, Band II, 6. Auflage, Köln 1975

Simon, H. A.: Administrative Behavior. A Study of Decision-Making Processes in Administrative Organizations, 3. Auflage, New York 1976

Simon, H. A.: Rational decision making in business organizations, in: The American Economic Review 69, 1979, S. 493–513

Stopford, J. M.; Wells, L. T.: Managing the multinational enterprise, New York 1972

Verband der Bayerischen Metall- und Elektroindustrie (Hrsg.): Investitionen im Ausland: Umfang, Richtung, Motive, Arbeitsplatzeffekte. Ergebnisse einer Unternehmensbefragung, München 1995

Vernon, R.: International investment and international trade in the product cycle, in: Quarterly Journal of Economics, 2/1966, S. 190–207

2.7.2 Hinweise zur Vertiefung

Zu den Theorien der Internationalisierung:

Perlitz, M.: Internationales Management, 5. Auflage, Stuttgart 2004, S. 65–118

Zur Verhaltenswissenschaftlichen Entscheidungstheorie:

Berger, U.; Bernhard-Mehlich, I.: Die Verhaltenswissenschaftliche Entscheidungstheorie, in: Kieser, A. (Hrsg.): Organisationstheorien, 2. Auflage, Stuttgart, Berlin, Köln 1995, S. 123–158

Zur Entwicklungsgeschichte einzelwirtschaftlicher Internationalisierung:

Dülfer, E.: Zur Geschichte der internationalen Unternehmenstätigkeit – Eine unternehmensbezogene Perspektive, in: Macharzina, K.; Oesterle, M.-J. (Hrsg.): Handbuch Internationales Management, Grundlagen – Instrumente – Perspektiven, 2. Auflage, Wiesbaden 2002, S. 69–95

Zu Unternehmenszielen:

Müller, S.; Kornmeier, M.: Motive und Unternehmensziele als Einflussfaktoren der einzelwirtschaftlichen Internationalisierung, in: Macharzina, K.; Oesterle, M.-J. (Hrsg.): Handbuch Internationales Management, Grundlagen – Instrumente – Perspektiven, 2. Auflage, Wiesbaden 2002, S. 99–130

3 Planung der Internationalisierungsstrategie

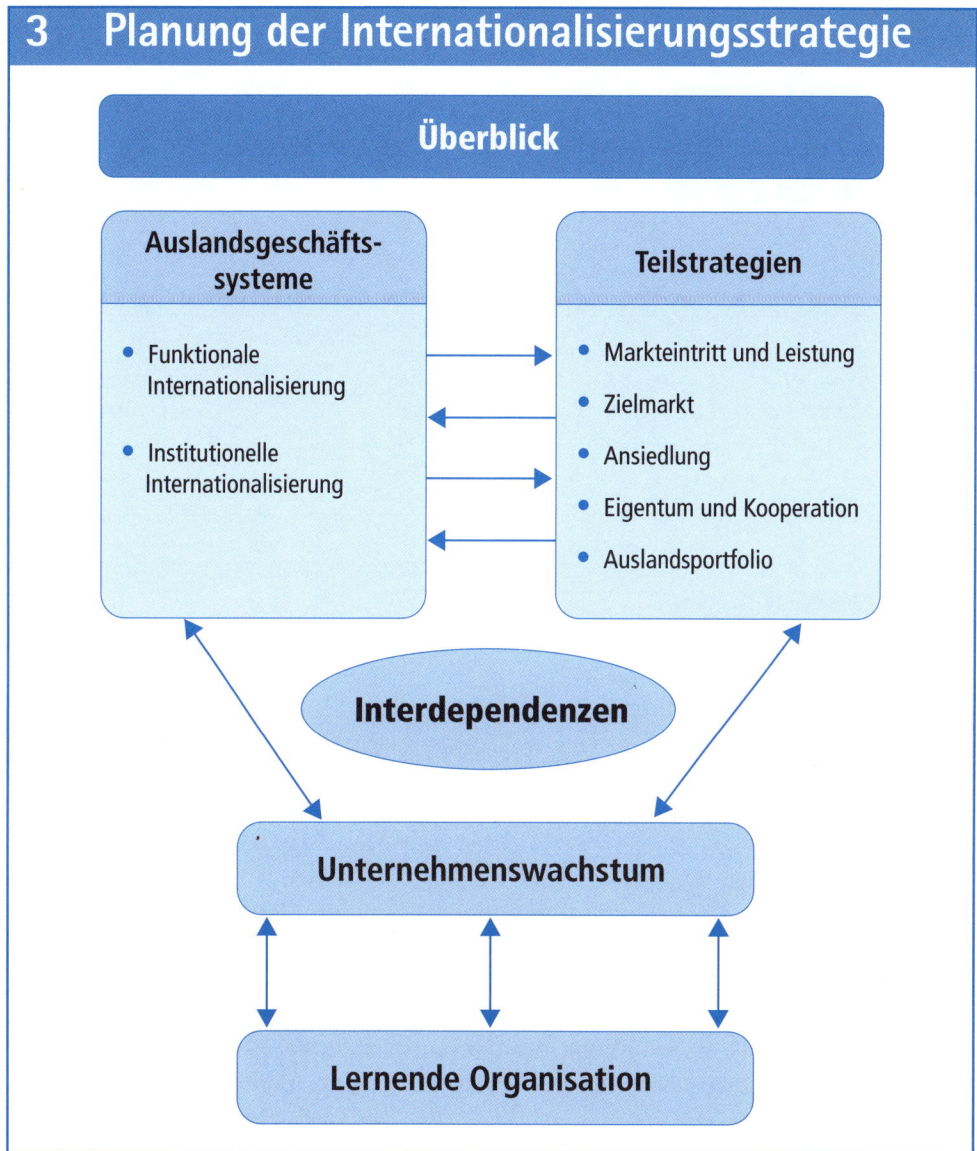

Die grundlegende und langfristig orientierte Ausrichtung des Unternehmens im Hinblick auf die Durchführung grenzüberschreitender Aktivitäten geschieht im Rahmen der strategischen Planung. Ihre Erstellung gehört zu den fundamentalen Funktionen im Aufgaben- und Verantwortungsbereich der Unternehmensleitung.

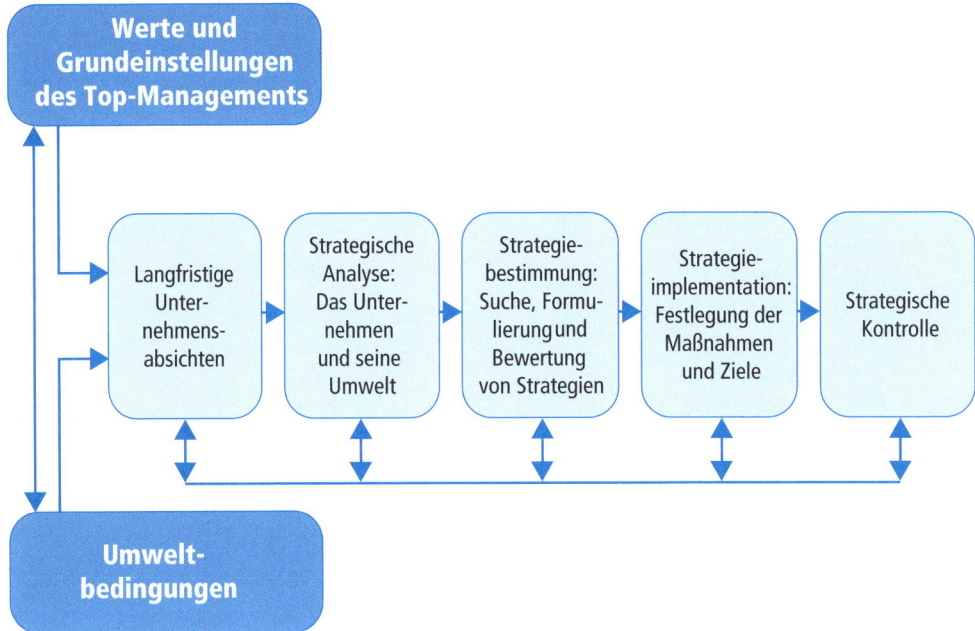

Abb. 3.1: Phasenmodell der strategischen Unternehmensplanung (Quelle: Kreikebaum 1993, S. 26)

① Die langfristigen Unternehmensabsichten und damit das System der übergeordneten betrieblichen Ziele (Oberziele) werden entscheidend durch die Werte und
Grundeinstellungen der Organisationsmitglieder im Top-Management geprägt. Dabei bedarf es im Interesse der Nutzung von Chancen, der Abwehr von Bedrohungen
und der Reduktion von Risiken der sorgfältigen Erfassung und Berücksichtigung
der maßgeblichen Umweltbedingungen. In dieser Sicht resultieren die betrieblichen
Oberziele auch als eine Funktion der relevanten Umwelt. Der grundsätzliche Zusammenhang strategischer Unternehmensplanung ist in Abbildung 3.1 als Phasen-
schema dargestellt.

② Auf der Grundlage des übergeordneten Zielsystems der Unternehmung erfolgt die
strategische Analyse. Sie ist auf die kombinierte analytische Aufarbeitung des Unternehmens und seiner Umwelt gerichtet. Nachhaltige künftige Veränderungen der
Umweltbedingungen (Diskontinuitäten) können für das Unternehmen Gefahren implizieren, aber auch Gelegenheiten zur Verbesserung der Wettbewerbsposition darstellen. In Abhängigkeit davon, ob das Unternehmen relativ zu prognostizierbaren
Umweltveränderungen Stärken oder Schwächen aufweist, bedeuten solche Veränderungen entweder Chancen oder Risiken für die künftige Unternehmensentwicklung.
Daraus resultiert die Notwendigkeit strategischer Frühaufklärung. Die Diskontinuitäten in den Umweltbedingungen kündigen sich bereits lange vor ihrem Eintreten durch weak signals an. Diese schwachen Signale frühzeitig zu empfangen und
sinnvoll zu interpretieren erscheint in Bezug auf die Überlebensfähigkeit des Unter-

nehmens sowie den Ausbau seiner Erfolgspotentiale von herausragender Bedeutung (vgl. Ansoff 1976, S. 129 ff.).

③ Aus den Erkenntnissen der Analyse von Unternehmen und Umwelt wird schließlich die konkrete Unternehmensstrategie im Sinne der Suche von Alternativen, ihrer Bewertung sowie der Auswahl strategischer Optionen hergeleitet.

④ Im nächsten Schritt erfolgt die Implementierung dieser Strategie im Unternehmen. Sie markiert die Rahmenbedingungen für die nachgeordneten Ebenen der taktischen und der operativen Planung (vgl. Mag 1995, S. 156).

⑤ Die erforderliche permanente Überprüfung der Rationalität grundlegender Positionierungen im Zeitablauf ist Gegenstand der strategischen Kontrolle. Durch Beziehungen der Vor- und Rückkoppelung sind die verschiedenen Phasen des Planungsprozesses eng miteinander verbunden.

Die Motive oder Ziele des Top-Managements im Hinblick auf das Entfalten und Betreiben grenzüberschreitender betriebswirtschaftlicher Aktivitäten bilden zusammen mit den Umweltbedingungen die Basis für die Planung der Internationalisierungsstrategie. Im weiteren Prozess der strategischen Planung sind grundsätzliche Entscheidungen über die Geschäftsmethode sowie über den Ressourceneinsatz zu treffen. Gerade der komplexe, anforderungsintensive und sensible Bereich der Internationalisierung des Unternehmens erfordert im Interesse problemadäquater Gestaltung die Entwicklung einer ausgewogenen, spezifischen und tragfähigen Strategie.

3.1 Alternative Geschäftssysteme als strategische Optionen

Der grundlegende Rahmen strategischer Handlungsmöglichkeiten im Auslandsgeschäft wird durch die verschiedenen Geschäftsarten auf internationaler Ebene bestimmt. Diese Geschäftsarten unterscheiden sich voneinander insbesondere hinsichtlich

- rechtlicher Aspekte,
- der kaufmännischen und technischen Anforderungen sowie
- der Transferintensität.

Wesentliche Arten des Auslandsgeschäfts oder internationale Geschäftssysteme sollen im Folgenden erläutert werden. Die Reihenfolge wird dabei in Anlehnung an Dülfer nach dem Kriterium steigender Transferintensität gebildet. Eine grobe Differenzierung erfolgt zwischen der weniger transferintensiven funktionalen Internationalisierung auf der einen und der stärker transferintensiven institutionellen Internationalisierung auf der anderen Seite (vgl. Dülfer 1995, S. 141 ff.).

3.1.1 Funktionale Internationalisierung

Die erste zu betrachtende Gruppe internationaler Geschäftssysteme ist durch die Allokation der notwendigen sachlichen und personellen Ressourcen im Stammland des

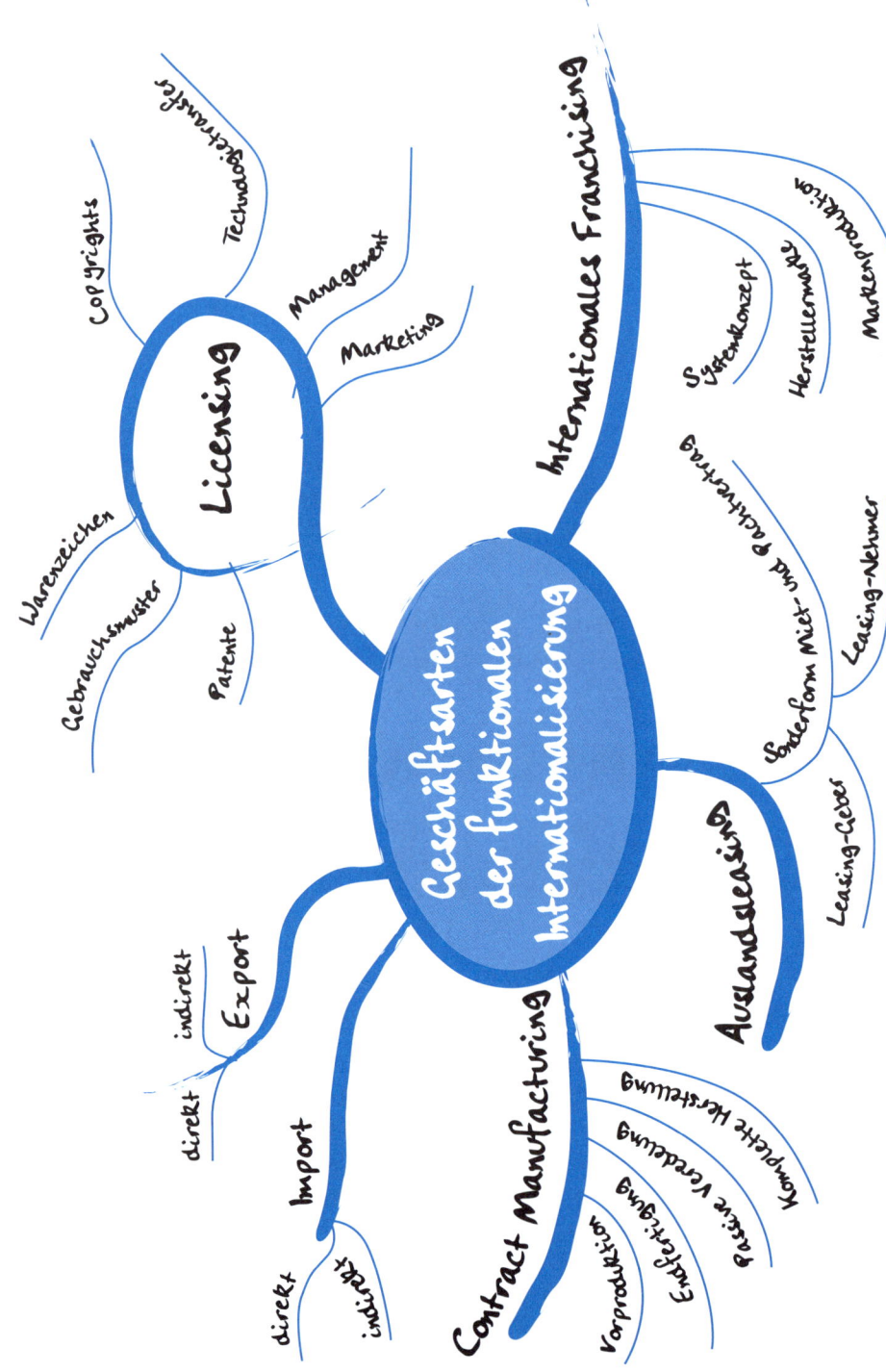

Abb. 3.2: Beispiele von Geschäftsarten der funktionalen Internationalisierung

jeweiligen Unternehmens gekennzeichnet. Vom Stammland-Sitz aus werden sorgfältig abgewogene geschäftliche Maßnahmen (Funktionen) initiiert und realisiert. Die Ansiedlung von Unternehmensteilen im Ausland verbunden mit Direktinvestitionen ist dabei nicht erforderlich. Daher seien derartige unternehmerische Auslandstätigkeiten als funktionale Internationalisierung bezeichnet. Nachstehend werden typische Beispiele von Geschäftsarten der funktionalen Internationalisierung dargestellt.

Importgeschäfte

> **Import**
>
> ➜ Beschaffung von Waren oder Dienstleistungen von Lieferanten aus dem Ausland

Zu unterscheiden ist zwischen indirektem und direktem Import.

- **Indirekter Import:** Die Beschaffung von Leistungen eines ausländischen Herstellers erfolgt über einen (inländischen) Importeur oder die im Inland ansässige Niederlassung eines ausländischen Exporteurs. Aus Sicht der betrachteten Unternehmung unterscheidet sich ein solches Importgeschäft letztlich nicht von anderen Beschaffungsmaßnahmen im Inland. Sämtliche Transaktionen des Außenhandels werden vom involvierten Mittler (Importeur/Exporteur) wahrgenommen. Der indirekte Import hat somit nicht den Charakter eines internationalen Geschäftssystems im eigentlichen Sinne.

- **Direkter Import:** Anders stellt sich die Situation dar, wenn das Unternehmen in eigener Regie Beschaffungsaktivitäten im Ausland betreibt. Beim direkten Import muss sich die Unternehmung mit den Umweltbedingungen im Zielland auseinandersetzen und sich darauf einstellen. Dies gilt etwa in Bezug auf die Verhandlungsführung, aber auch hinsichtlich der Gewährleistung von Art und Güte der benötigten, im Ausland zu beschaffenden Güter. Der direkte Import zählt folglich – bei vergleichsweise geringer Transferintensität und Bindung des Unternehmens – zu den Varianten grenzüberschreitender Geschäfte.

Exportgeschäfte

> **Export**
>
> ➜ Absatz von Waren oder Dienstleistungen an ausländischen Märkten

Exportgeschäfte können ebenfalls auf indirektem oder direktem Wege verlaufen.

- **Indirekter Export:** Die auszuführenden Güter werden bereits im Inland an einen (inländischen) Exporteur oder einen (ausländischen) Importeur geliefert. Die Abwicklung des Auslandsgeschäfts im Sinne grenzüberschreitender Operation geschieht dabei durch den Absatzmittler. Jedenfalls erwachsen aus dem Grenzübertritt der Ware sowie den Umweltbedingungen im Zielland keine unmittelbaren Anforderungen an das Herstellerunternehmen. Aus diesen Gründen ist der indirekte Export allenfalls als marginales System von Auslandsgeschäften einzuordnen.

- Direkter Export: Der direkte Export gilt als vornehmlich angewandtes Geschäftssystem für den Einstieg von Unternehmen in eine aktive internationale Absatzpolitik. Dabei obliegt die Zuständigkeit für den Grenzübertritt der auszuführenden Waren unmittelbar dem Hersteller. Außerdem gehört die Akquisition am Zielmarkt zu den Aufgaben der direkt exportierenden Unternehmung. In Abhängigkeit von der maßgeblichen Auslandsumwelt resultieren daraus spezifische, oft für das Unternehmen neuartige Anforderungen. Der Erwerb von Know-how bezüglich der Gegebenheiten am anvisierten Auslandsmarkt wird erforderlich. In diesem Prozess können Absatzmittler (z. B. Handelsvertreter) im Zielland wertvolle Unterstützung leisten. Der direkte Export stellt die *klassische* Form funktionaler Internationalisierung dar.

Für die deutsche Wirtschaft spielt das Auslandsgeschäftssystem des Exports traditionell eine herausragende Rolle. Ein gut florierendes Exportgeschäft wird als *Wachstumsmotor* für die gesamte Wirtschaft angesehen. Entsprechend stark ausgeprägt sind die Exportanstrengungen der Einzelwirtschaften. So konnte sich Deutschland etwa im Jahre 2006 zum vierten Mal in Folge den (inoffiziellen, aber öffentlichkeitswirksamen) Titel eines *Exportweltmeisters* im Warenhandel (gefolgt von den Vereinigten Staaten, China und Japan) sichern (vgl. O. V. 2007, S. 13). Die Warenausfuhr der deutschen Wirtschaft erreichte im Jahre 2006 das Rekordvolumen von rund 894 Milliarden Euro. Darin findet ein stetiges Exportwachstum auf hohem Niveau im zurückliegenden 16-Jahre-Intervall nachhaltigen Ausdruck (siehe Abbildung 3.3).

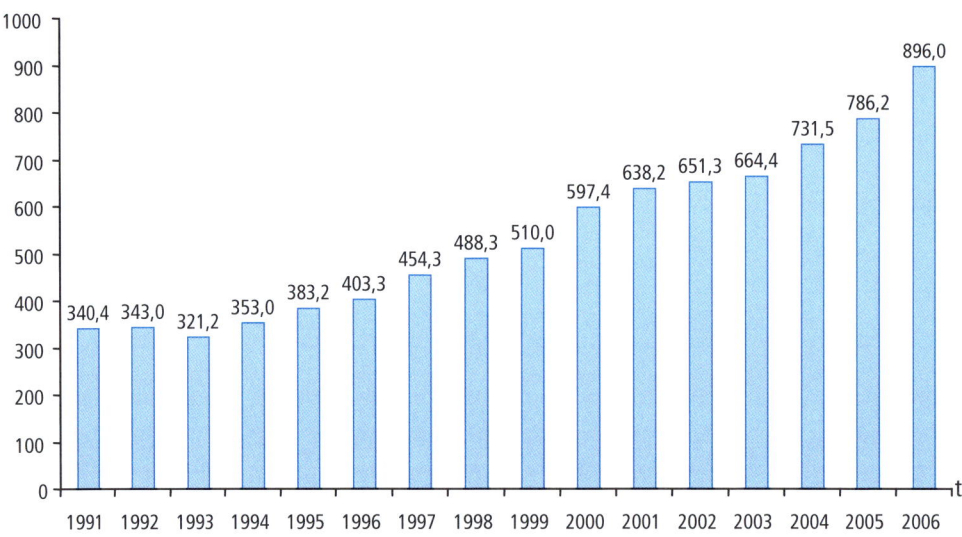

Abb. 3.3: Entwicklung der deutschen Warenausfuhr im zeitlichen Längsschnitt
   (Quelle: O. V.: Statistisches Bundesamt 2007)

Einen Sonderfall der grenzüberschreitenden Warenbereitstellung bildet die Lieferung von Gütern ins Ausland zum Zwecke der dortigen Eigennutzung seitens der betrachteten Unternehmung. Zu nennen wäre beispielsweise die Lieferung von Notebooks für Präsentationszwecke im Gastland. Hierbei handelt es sich jedoch nicht um Exportgeschäfte, sondern um einen grenzüberschreitenden Transfer von Sachressourcen innerhalb des Unternehmens (vgl. Berekoven 1985, S. 40).

Licensing

> **Licensing**
>
> → inländischer Eigentümer eines Rechts (Lizenzgeber) und ausländischer Anwender (Lizenznehmer) vereinbaren vertraglich Art und Umfang der Nutzungsbefugnis für dieses Recht durch den Anwender

In seiner Ausprägung als Auslandsgeschäftssystem bezieht sich das Licensing auf die grenzüberschreitende Vergabe von Lizenzen (vgl. Walldorf 1992, S. 453 f.), welche die Befugnis beinhalten, das patentierte oder durch Musterschutz geschützte Recht eines anderen partiell oder in vollem Umfange für eigene gewerbliche Zwecke zu nutzen. Die Lizenzvergabe betrifft im Einzelnen die Übertragung von Nutzungsbefugnissen auf den nachstehenden Gebieten:

- Erfindungen oder Schutzrechte für Erfindungen (Patente).
- Gebrauchsmuster oder deren Anmeldungen (Schutz von Neuerungen an Arbeitsgeräten oder Gebrauchsgegenständen).
- Warenzeichen und Copyrights.
- Technisches Know-how (Technologie-Transfer).
- Kaufmännisches Know-how (Management, Marketing).

Die Vertragsmodalitäten sowie der Gegenstand der Lizenz sollten detailliert auf die spezifischen Belange des ausländischen Partners abgestimmt sein. Als Vergütung für die Übertragung der Nutzungsbefugnis erhält der Lizenzgeber die Lizenzgebühr. Die Bemessungsgrundlage der Lizenzgebühr bildet häufig die Absatzmenge oder der Umsatz. Jedoch kann auch eine Pauschalgebühr oder eine Kombination aus absatz- oder umsatzbezogener (nutzungsabhängiger) und pauschaler Bemessung der Vergütung im Wege der Lizenzgebühr zwischen den Vertragspartnern vereinbart werden. Die Gestaltung des Lizenzvertrages bietet vielfältige Optionen hinsichtlich der Festlegung einer den beiderseitigen Belangen der Partnerunternehmen adäquaten Grundlage für die grenzüberschreitende Geschäftsbeziehung.

- Nach dem Kriterium des wirtschaftlichen Gegenstands des Licensing ist zwischen Marken-, Vertriebs-, Produktions- und Produktlizenz zu differenzieren. Die *Markenlizenz* umfasst die Berechtigung zur Nutzung einer bestehenden und geschützten Marke, während der Hersteller mittels Vergabe einer *Vertriebslizenz* das Recht zur

Veräußerung seines Erzeugnisses einem anderen Unternehmen überträgt. Inhalt der *Produktionslizenz* ist spezielles Verfahrens-Know-how im Herstellungsbereich, wie beispielsweise die Überlassung von Konstruktions- und Produktionsplänen sowie von Rezepturen. Das Recht zur Herstellung und zum Vertrieb eines vom Lizenzgeber entwickelten (und produzierten) Erzeugnisses kennzeichnet schließlich die *Produktlizenz.*

- Auf vertraglicher Basis können Lizenzen vielfältig weiter differenziert werden.

  - So verleiht der ausschließliche Lizenzvertrag eine definierte Nutzungsberechtigung exklusiv nur einem Lizenznehmer, z. B. in der Weise, dass der ausländische Lizenzpartner die alleinige Nutzungsberechtigung im Zielland erhält.

  - Beim nicht ausschließlichen oder einfachen Lizenzvertrag darf der Lizenzgeber die Nutzungsberechtigung gleichzeitig, auch in identischen geographischen Gebieten an mehrere Partner vergeben.

Den grundlegenden Zusammenhang der Gestaltung des Licensing als Geschäftssystem der funktionalen Internationalisierung vermittelt Abbildung 3.4.

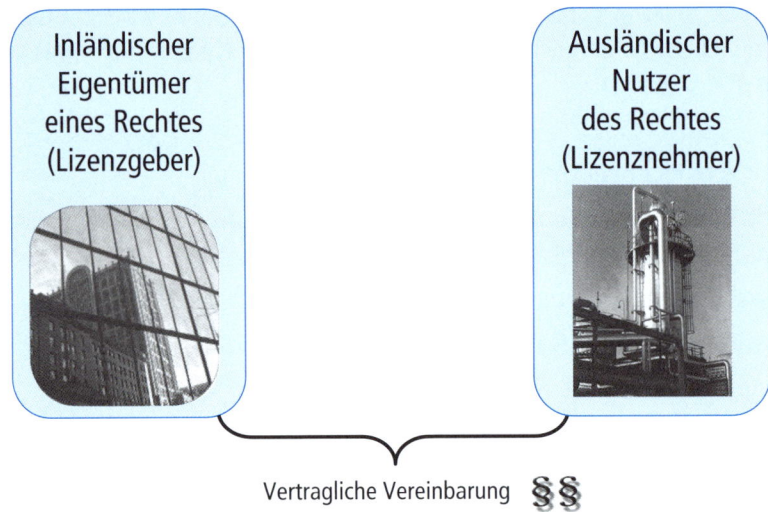

Abb. 3.4: Zusammenhang der Gestaltung des Licensing

Nach Walldorf bietet das Licensing im Auslandsgeschäft hauptsächlich die folgenden Chancen (vgl. Walldorf 1992, S. 454):

- Umgehung von Handelshemmnissen und sonstigen Beschränkungen im Zielland.

- Schnellere, intensivere und kostengünstigere Einführung des Produkts am betrachteten Auslandsmarkt.

- Begrenzung des Risikos im internationalen Geschäft.

- Verkürzung der Amortisationsdauer der Kosten für die Produktentwicklung.

- Ergänzung der eigenen Produktpalette durch cross-license (Lizenztausch).

Internationales Franchising

Ähnlich wie das Licensing, sind auch Konzepte des Franchising neben reinen Anwendungen im Stammland in besonderer Weise für das Gestalten der länderübergreifenden Distributionspolitik des Unternehmens geeignet (vgl. Kriependorf 1989, S. 711 ff.). Daher sei das grenzüberschreitend eingesetzte Franchising als weiteres Geschäftssystem der funktionalen Internationalisierung betrachtet.

> ### Franchising
>
> → vertikales Vertriebssystem, bei welchem ein Hersteller oder Großhändler (Franchise-Geber) gegen Vergütung selbstständigen Absatzmittlern (Franchise-Nehmern) das Recht zur Nutzung eines einheitlichen Marketing-Konzepts sowie von sonstigem Know-how überträgt

Sämtliche Einzelheiten der Kooperation in der Form des Franchising bedürfen klarer vertraglicher Regelungen. Aus Sicht des Franchise-Gebers kommt es insbesondere darauf an, die konsequente Einhaltung des gemeinsamen Marketing-Konzepts sowie die Pflege der einheitlichen Corporate Identity seitens der selbstständigen Franchise-Nehmer abzusichern. Dazu gehört die verbindliche Vorgabe von Standards in der Produkt- und Preispolitik. Folglich beinhalten Franchise-Verträge im Regelfall relativ umfangreiche Steuerungs- und Kontrollbefugnisse des Franchise-Gebers (vgl. Schneider 1992, S. 744).

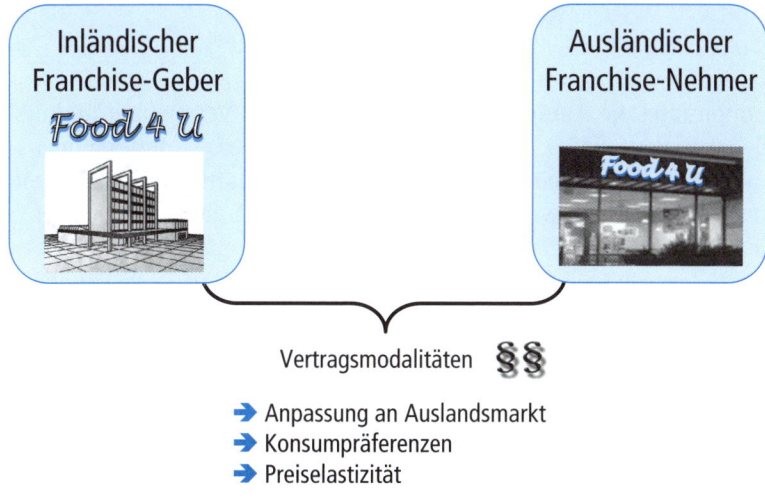

Abb. 3.5: Zusammenhang der Gestaltung des internationalen Franchising

Die empirischen Erscheinungsformen des Franchising sind ausgesprochen vielfältig.

> *Beispiele:*
> * Anwendung eines ausdefinierten Systemkonzepts (z. B. McDonald's Fast-Food-Kette, OBI-Heimwerkermärkte).
> * Benutzung einer Hersteller-Marke (z. B. Lacoste) oder einer Unternehmensbezeichnung (z. B. VAG-Betrieb).
> * Produktion einer Marke (z. B. Coca-Cola) und deren exklusiver Vertrieb.

Beim grenzüberschreitend angewandten Franchising vereinbart eine inländische Unternehmung entsprechend ausgelegte Absatzkontrakte mit ausländischen Franchise-Nehmern. Im Interesse des Geschäftserfolges ist den spezifischen Bedingungen am jeweiligen Auslandsmarkt im Rahmen der Detailkonzeption sowie der Vertragsgestaltung angemessen Rechnung zu tragen. Das Franchise-System bietet dabei prinzipiell den Vorteil hinreichender Flexibilität in Bezug auf die Verknüpfung eines länderübergreifend einheitlichen Marketing-Konzepts mit länderspezifischen Komponenten (vgl. Meffert/Bolz 1992, S. 670).

Auslandsleasing

Das Instrumentarium des Leasing bietet verschiedene Möglichkeiten des Einsatzes im Rahmen der Gestaltung internationaler Geschäftsbeziehungen des Unternehmens. Damit erhalten die grenzüberschreitend einsetzbaren Leasing-Varianten den Charakter eines Auslandsgeschäftssystems in der hier zugrunde liegenden Sichtweise.

> **Leasing**
> → besondere Form der entgeltlichen Gebrauchsüberlassung von Wirtschaftsgütern; ähnlich Vermietung oder Verpachtung

Diese Definition lässt die Ähnlichkeit des Leasing mit der Vermietung und der Verpachtung als den konventionellen Formen der Gebrauchsüberlassung erkennen. In Anbetracht der heterogenen Erscheinungsformen in der wirtschaftlichen Praxis ist das Institut des Leasingvertrages nur schwer abschließend präzisierbar. Grundsätzlich sei konstatiert, dass der Leasingvertrag eine besondere Form des Miet- oder Pachtvertrages darstellt: Der Leasing-Geber bleibt zivilrechtlicher Eigentümer des zu überlassenden Objektes, während der Leasing-Nehmer die Nutzungsrechte an eben diesem Objekt gegen Zahlung des vertraglich fixierten Entgelts übertragen bekommt.

Zur Veranschaulichung obigen Charakterisierung des Leasing mag Abbildung 3.6 beitragen, die einen groben Überblick hinsichtlich der verschiedenen empirisch relevanten Formen von Leasingverträgen vermittelt.

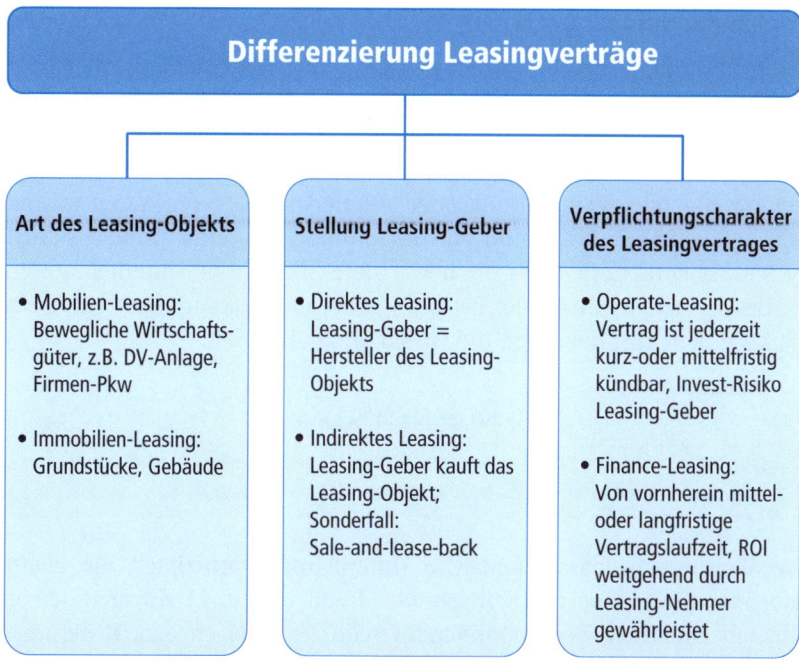

Abb. 3.6: Formen von Leasingverträgen (Quelle: Nach Kußmaul 1993, S. 1301)

In Abhängigkeit von der verfolgten Zielsetzung stehen dem grenzüberschreitend agierenden Unternehmen zwei prinzipielle Leasing-Varianten zur Verfügung, nämlich der Einsatz dieses Instrumentariums in der Rolle als Leasing-Geber auf der einen und die Nutzung der Vorteile des Leasing-Nehmers auf der anderen Seite.

- Die erste Variante – internationalisierte Unternehmung als Leasing-Geber – kann beispielsweise zum Zwecke der Erleichterung des Markteintritts im bisher nicht bearbeiteten Gastland sinnvoll Anwendung finden. Die Leasing-Nehmer sind dann wichtige Kunden des Unternehmens im betrachteten Gastland. Diese Kunden erhalten im Wege des Leasing maßgebliche Unterstützung im Hinblick auf die vorzunehmenden Investitionen. Damit lassen sich Kapitalengpässe bei den Kunden überbrücken sowie Auswirkungen ungünstiger Wechselkurse kompensieren.

- Bei der zweiten Variante – internationalisierte Unternehmung als Leasing-Nehmer – handelt es sich um eine Finanzierungsmethode der institutionellen Internationalisierung (vgl. Eilenberger 1987, S. 266 ff.). Ein wesentlicher Vorteil für das Unternehmen besteht in der Vermeidung langfristiger Kapitalbindung durch das Auslandsengagement. Je nach Form des Leasingvertrags (siehe Abbildung 3.6) bleiben für das Unternehmen im Vergleich zur eigenfinanzierten Auslandsinvestition die Rückzugsoptionen offener. In diesem Zusammenhang steht ebenfalls das so genannte Sale-and-lease-back-Verfahren, bei dem eine Leasing-Gesellschaft das Objekt zunächst vom Leasing-Nehmer kauft, um es ihm anschließend auf Leasingbasis zu überlassen, zur Disposition.

Contract Manufacturing

Im Unterschied zu den oben erörterten absatzorientierten Geschäftsarten ist das Contract Manufacturing dem unternehmerischen Kalkül der *Make-or-buy-Entscheidungen* zu subsumieren. Es richtet sich auf den Beschaffungs- oder den Fertigungsbereich des Unternehmens. Sachlich geht es beim Contract Manufacturing um die Vergabe von Aufträgen zur Be- oder Verarbeitung oder zur Herstellung von Waren an industrielle Sub-Produzenten (Lohnfabrikation). Für das Contract Manufacturing als Auslandsgeschäftssystem ist konstitutiv, dass die betrachtete inländische Unternehmung auf vertraglicher Basis einzelne Stufen der Fertigung oder die gesamte Herstellung eines eigenen Produkts einem ausländischen Industriebetrieb überträgt.

Contract Manufacturing

→ Vergabe von Aufträgen zur Be- oder Verarbeitung oder zur Herstellung von Waren an industrielle Sub-Produzenten (Lohnfabrikation)

Auf diese Weise kann das inländische Unternehmen prinzipiell die eigene Fertigungstiefe oder die eigene Fertigungsbreite durch Nutzung wirtschaftlich günstiger Gegebenheiten außerhalb des Stammlandes reduzieren. Nach dem Kriterium des Gegenstands der Lohnfabrikation sind folgende Ausprägungen des grenzüberschreitenden Contract Manufacturing zu differenzieren (vgl. Walldorf 1992, S. 455):

- Vorproduktion
  Fertigung von Teilfabrikaten, welche dann in den eigenen Produktionsprozess des Auftraggebers einfließen.

- Endfertigung
  Montage, Konfektionierung oder Formulierung (Abmischung und Abpackung chemischer Produkte) beim ausländischen Lohnfabrikanten.

- Passive Veredelung
  Be- und Verarbeitung sowie Ausbesserung von Produkten des Auftraggebers.

- Komplette Herstellung
  Ein Fertigprodukt wird nach exakter Spezifikation des Auftraggebers vollständig beim ausländischen Sub-Produzenten hergestellt.

Das Contract Manufacturing entlastet die inländischen Kapazitäten des Auftrag gebenden Unternehmens. Dessen Ressourceneinsatz kann damit gezielter auf die originären betrieblichen Stärken konzentriert werden (Abbau von Fertigungstiefe). Außerdem bietet sich der betrachteten inländischen Unternehmung die Chance zur Nutzung von Lohn- und Rohstoffkostenvorteilen des ausländischen Geschäftspartners. Unter risikopolitischen Gesichtspunkten ist es für den inländischen Auftraggeber günstig, dass beim Contract Manufacturing keine Direktinvestitionen erforderlich werden. Im Interesse der Vermeidung von Qualitätseinbußen bei der Lohnfertigung im Ausland sollte das anzuwendende Produktionsverfahren sorgfältig beim ausländischen Partner implementiert (Installation, Schulung, Support), angemessen überwacht und steuernd beeinflusst (Controlling) werden.

Exemplarisch sei zur Verdeutlichung der erheblichen empirischen Relevanz des Contract Manufacturing als System grenzüberschreitender Aktivitäten von Unternehmen auf die Lohnproduktion hingewiesen, die deutsche Unternehmen aus der Bekleidungsbranche an Betriebe in Osteuropa vergeben. Konkrete empirische Befunde dazu zeigt Abbildung 3.7.

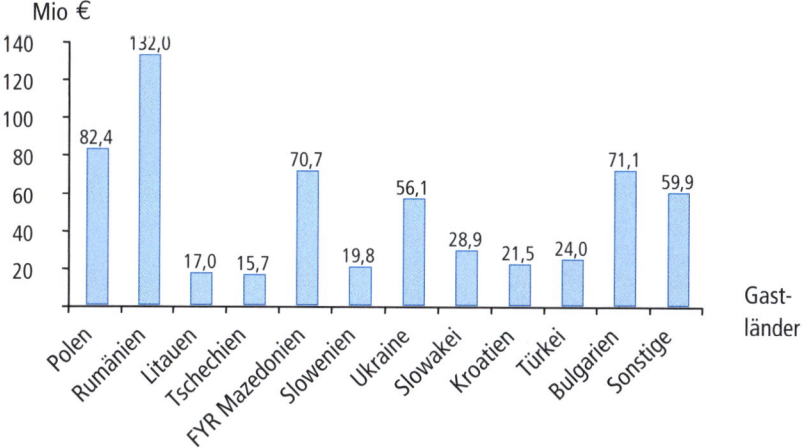

Abb. 3.7: Markt für Bekleidung in Osteuropa – Volumina Lohnfabrikation für deutsche Unternehmen (Quelle: O.V.: Bundesamt für Wirtschaft und Ausfuhrkontrolle 2007)

Die dargestellten Daten beziehen sich auf den Zeitraum 03/2006 bis 03/2007. Bemerkenswert erscheint insbesondere die ausgeprägte Kooperation deutscher Unternehmen mit Partnerunternehmen in Rumänien und in Polen auf der Basis von Contract Manufacturing. Gegenüber den Vorperioden ist eine deutlich steigende Tendenz der Bedeutung dieses Geschäftssystems der funktionalen Internationalisierung im hier betrachteten Segment konstatierbar.

3.1.2 Institutionelle Internationalisierung

> Im Falle der institutionellen Internationalisierung unternehmerischer Aktivitäten werden personelle und sachliche Ressourcen auf längere Zeit oder unbefristet im Zielland etabliert.

Damit korrespondiert die Verlagerung vom Managementaufgaben von Stammland-Sitz des Unternehmens an den ausländischen Standort. Im Gegensatz zur funktionalen Internationalisierung begründet die Unternehmung im weitesten Sinne eigene Institutionen (Unternehmensteile) im Gastland. Daraus resultiert das Erfordernis der permanenten Wahrnehmung von Interaktionsbeziehungen direkt vor Ort, oft unter fremdartigem Kultureinfluss (vgl. Dülfer 1993, S. 2649). Daher haben die Geschäftssysteme der institutionellen Internationalisierung im Vergleich zu den Systemen der funktionalen Internationalisierung tendenziell deutlich komplexeren Anforderungscharakter. Das sei im Folgenden anhand der Darstellung charakteristischer Erscheinungsformen institutioneller Auslandsengagements von Einzelwirtschaften erläutert.

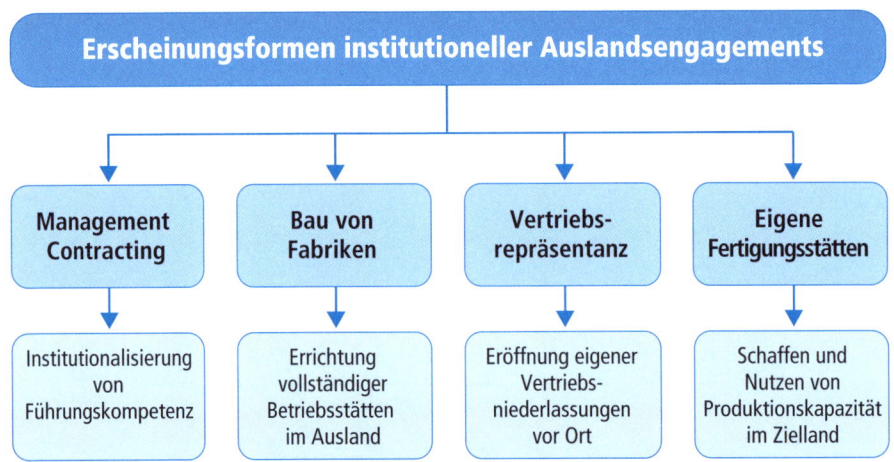

Abb. 3.8: Charakteristische Erscheinungsformen institutioneller Auslandsengagements

Management Contracting

Der Transfer von Dienstleistungen auf dem Gebiet der Unternehmensführung oder des Projektmanagements ist Gegenstand des Management Contracting.

> **Management Contracting**
> → Bereitstellung und Institutionalisierung von Führungskompetenz gegen Entgelt

Die inländische Unternehmung (contracting firm) wird in der Form grenzüberschreitend aktiv, dass sie für eine ausländische Partnerunternehmung (managed firm) direkt im Gastland dispositive Funktionen übernimmt. Maßgebliche Einzelheiten hinsichtlich Art, Umfang und Dauer der zu erbringenden Leistungen werden in einem Managementvertrag geregelt. Zum Zwecke der Wahrnehmung dieser Aufgaben delegiert die contracting firm Führungskräfte und Spezialisten in das ausländische Unternehmen.

> *Beispiele: Walldorf nennt die Branchen Hotellerie, Energieerzeugung (Staudämme, Kraftwerke) sowie Transport- und Verkehrswesen als besonders markante Bereiche der internationalen Anwendung des Management Contracting (vgl. Walldorf 1992, S. 454).*

Der Transfer beinhaltet ausschließlich Komponenten des betrieblichen Humanvermögens. Direktinvestitionen in Sachanlagen nimmt die contracting firm nicht vor. Die Bemessung des Entgelts für die dienstleistende (liefernde) Unternehmung erfolgt normalerweise auf der Grundlage einer Kosten-Plus-Kalkulation. Neben der Erstattung der realen Personal- und Sachkosten erhält die contracting firm eine Vergütung in Form variabler Erfolgsbeteiligung (vgl. Dülfer 1995, S. 155). Die Grundelemente des Management Contracting sind in Abbildung 3.9 zusammenfassend dargestellt.

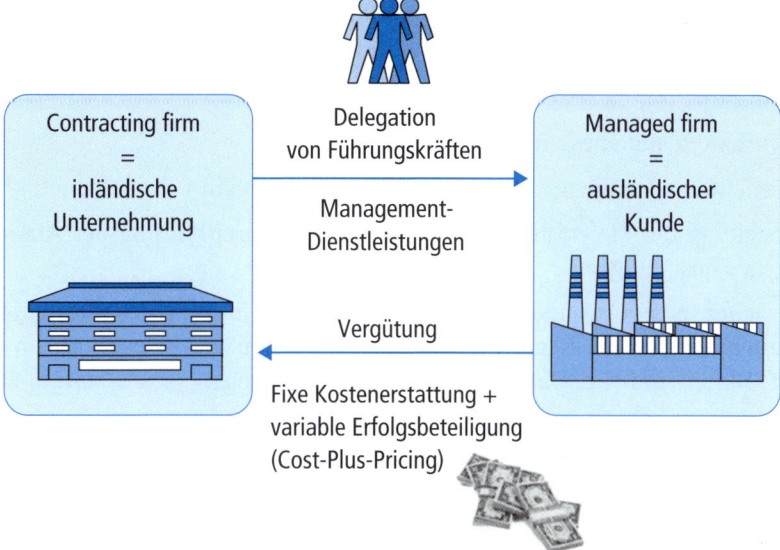

Abb. 3.9: Grundelemente des Management Contracting

Im Hinblick auf die Funktionalität dieses Geschäftssystems sind

- die klare Definition der zu erreichenden betrieblichen Ziele der managed firm sowie
- die Festlegung eindeutiger (möglichst quantifizierbarer) Erfolgsindikatoren unabdingbar.

Unschärfen im Bereich der Ziele und Indikatoren determinieren Probleme zwischen den Vertragspartnern in Bezug auf die Herleitung der variablen Vergütung und die Beurteilung von deren Angemessenheit.

Bau von Fabriken

Eine spezielle internationale Geschäftsart des Anlagenbaus bezieht sich auf die Durchführung von Projekten zur Errichtung vollständiger Betriebsstätten im Ausland. Die inländische Unternehmung erstellt für einen Partner im Gastland den gesamten Betriebskomplex und übergibt diesen dem späteren Betreiber schlüsselfertig und betriebsbereit. Sämtliche Einzelteile werden von der inländischen Unternehmung geliefert oder fremdbezogen und sachgerecht installiert. Der Auftrag kann darüber hinaus die Inbetriebnahme der neuen Anlage umfassen. Dazu gehören beispielsweise die Rekrutierung und die Einarbeitung der Mitarbeiter, die Bereitstellung der benötigten Betriebsmittel und Werkstoffe sowie die umfassende Unterstützung des Anlagenbetreibers bei der Abwicklung der ersten Aufträge (vgl. Dülfer 2001, S. 183 f.).

Vertriebsrepräsentanz

Die dauerhafte (unbefristete) Präsenz des grenzüberschreitend agierenden Unternehmens im Zielland wird durch die Eröffnung der eigenen Vertriebsniederlassung vor Ort begründet. Neben dem Erwerb oder der Anmietung von Büroräumen ist der Einsatz weiterer sachlicher Ressourcen im Gastland notwendig. Das reicht von

- der Schaffung hinreichender Lagerkapazitäten und
- dem Vorhalten angemessener Lagerbestände über
- die Einrichtung geeigneter Ausstellungsräume bis hin zur
- Bereitstellung der Lieferfahrzeuge bei kompletter Durchführung der Absatzlogistik in eigener Zuständigkeit.

Die Mitarbeiter in der Auslandsniederlassung sind Beschäftigte des internationalisierten Unternehmens. In der Regel wird zumindest ein Teil der Belegschaft im Gastland rekrutiert. Damit sind die arbeitsrechtlichen Bestimmungen dieses Landes zu beachten.

Überhaupt folgt aus der Ansiedlung im Gastland das zwingende Erfordernis der Durchführung der alltäglichen Geschäftstätigkeit in permanenter Interaktion und in persönlichem Kontakt mit einheimischen Partnern und Institutionen (vgl. Dülfer 1995, S. 156). Die Verkaufsniederlassung im Ausland kann prinzipiell als unselbstständiger Teil der Inlandsunternehmung (Regiebetrieb), als Tochterunternehmen oder als Joint Venture betrieben werden. Im letztgenannten Fall bietet sich die Kooperation der betrachteten international aktiven Unternehmung mit einem komplementär ausgerichteten Partner-Unternehmen aus dem Gastland an.

Eigene Fertigungsstätte

Besonders transferintensiv ist die Schaffung eigener Fertigungskapazitäten der internationalen Unternehmung im Zielland. Der Kapitalbedarf und das Risiko sind dabei grundsätzlich relativ groß, da die Allokation eines ganzen Bündels betrieblicher Funktionen im Ausland erfolgt. Im Sinne rationaler Unternehmensführung ist eine sehr umfangreiche und intensive Auseinandersetzung mit den Umweltbedingungen im Gastland zwingend erforderlich. Daraus resultieren hohe Anforderungen an die Management-Kapazitäten im Stammhaus. Auf diesem Hintergrund erscheint die Entscheidung über Art und Umfang der im Auslandswerk durchzuführenden produktiven Prozesse von zentraler Bedeutung.

Das Spektrum der Alternativen reicht von der Verlagerung der Endfertigung ins Ausland in Gestalt eines Montagebetriebs bis hin zur Errichtung einer mehrstufig ausgelegten Produktionsstätte (vgl. Dülfer 1995, S. 157; Walldorf 1992, S. 458 ff.).

- Im Falle der Auslandsmontage wird der zu realisierende technologische Standard der verschiedenen Fertigungsteile durch Lieferungen aus dem inländischen Stammwerk gewährleistet. Insoweit ist ein Transfer sachlicher und personeller Ressourcen nicht notwendig.

- Sofern allerdings sämtliche Stufen der Fertigung eines Produktes im Ausland erfolgen sollen, wird die Etablierung einer komplexen Produktionsstätte erforderlich, deren personelle und technologische Potentiale die Bedingungen eines weitgehend autonomen und reibungslosen Ablaufs ganzheitlicher Fertigungsprozesse erfüllen müssen.

- Zu entscheiden ist außerdem, ob die Fertigungsstätte im Ausland als Regiebetrieb, Tochterunternehmung oder Joint Venture konzipiert werden soll. Kriterien für diese Entscheidung ergeben sich aus den rechtlichen Regelungen im Gastland, den Marktverhältnissen sowie den allgemeinen Umweltfaktoren.

3.2 Diskussion wesentlicher Teilstrategien

Die Strategie der Internationalisierung des Unternehmens hat komplexen Charakter. Ihre Planung und Formulierung stellen hohe Ansprüche an das Management. Die Aufnahme oder die Forcierung von Auslandsgeschäften als unreflektierte Imitation des Verhaltens maßgeblicher Wettbewerber oder im Sinne reiner Trendorientierung erscheint problematisch, da die Gefahr besteht, dass die besonderen Stärken und Schwächen des Unternehmens nicht hinreichend Beachtung finden. Dies kann jedoch, insbesondere bei kleinen und mittleren Unternehmen (KMU), langfristig die Überlebensfähigkeit der Organisation ernsthaft in Frage stellen. Daher gilt es für das Management, sämtliche erfolgskritischen Faktoren grenzüberschreitender Unternehmensaktivitäten zu analysieren und mit den eigenen betrieblichen Potentialen abzugleichen. Methodisch empfiehlt sich deshalb die Differenzierung der Internationalisierungsstrategie in separat zu erarbeitende und miteinander zu integrierende Teilstrategien (vgl. Dülfer 1995, S. 113 ff.). Auf diese Weise können die nötige Komplexitätsreduktion herbeigeführt und der sensible Bereich strategischer Internationalisierungsentscheidungen der systematischen Vorbereitung sowie hinreichenden Fundierung zugänglich gemacht werden. Zur Veranschaulichung seien im Folgenden wesentliche Teilstrategien der Internationalisierung erläutert.

3.2.1 Markteintritts- und Leistungsstrategie

Den Bezugsrahmen für die Gestaltung der Markteintrittsstrategie sowie der Leistungsstrategie bilden die oben dargestellten Arten oder Systeme der unternehmerischen Geschäftstätigkeit im Ausland. Dazu vermittelt Abbildung 3.10 eine zusammenfassende Übersicht.

Abb. 3.10: Übersicht Auslandsgeschäftssysteme (Quelle: Dülfer 1995, S. 143)

Die unternehmensseitige Wahl zwischen den strategischen Optionen alternativer Geschäftssysteme betrifft zunächst die Festlegung der Markteintrittsstrategie. Insoweit sind die betrieblichen Entscheidungsträger gefordert zu eruieren, welche Geschäftsart bei Beginn der Aktivitäten am anvisierten Auslandsmarkt die günstigsten Erfolgsaussichten bietet. Dazu bedarf es der umfassenden Bewertung der kapazitativen Potentiale des Unternehmens. In Anbetracht des mit Auslandsengagements verbundenen erhöhten Risikos erscheint die Erstellung einer so genannten Feasibility-Study als notwendige Voraussetzung gerade im Hinblick auf die Entscheidung über den Markteintritt (vgl. Grün 1989, S. 1743). Ziel solcher Feasibility-Studies ist die Klärung der Durchführbarkeit beabsichtigter Auslandsprojekte.

Feasibility-Study

➔ Untersuchung der Durchführbarkeit oder Machbarkeit komplexer Projekte mit hohem Unsicherheitsgrad

Dabei werden standardisierte Instrumente (Checklisten) eingesetzt, welche die präzise Erfassung und die realistische Einschätzung der relevanten Bedingungen im Zielland sicherstellen sollen.

Nach vollzogenem Markteintritt hat die Leistungsstrategie des Unternehmens mögliche Transformationen des angewandten Geschäftssystems im Zeitablauf zum Gegenstand. Sofern sich die begonnenen grenzüberschreitenden Aktivitäten positiv entwickeln und stabilisieren, steht die sukzessive Ausdehnung des Auslandsgeschäfts durch Realisation immer transferintensiverer Geschäftsarten zur Diskussion. Andererseits sind bei Problemen oder bei unbefriedigenden wirtschaftlichen Ergebnissen am Auslandsmarkt Desinvestitions- und Rückzugsentscheidungen im Rahmen der Leistungsstrategie zu erwägen.

3.2.2 Zielmarktstrategie

Mit der Formulierung der Zielmarktstrategie legt das Management fest, auf welches Gastland die internationalen Unternehmensaktivitäten gerichtet sein sollen. Maßgebliche Einflussgrößen der Entscheidung über den Zielmarkt sind folgende Faktoren:

- Die konkreten Motive des Unternehmens im Hinblick auf die Internationalisierung.

- Produkt- oder dienstleistungsbezogene Stärken und Schwächen des Unternehmens (Wettbewerbsvorteile oder Wettbewerbsnachteile).

- Die prognostizierten Chancen und Risiken an den relevanten Auslandsmärkten.

Im Kalkül strategischer Unternehmensführung markieren die für den internationalen Absatz vorgesehenen Produkte oder Dienstleistungen in Verbindung mit alternativen Zielmärkten (potentielle) Strategische Geschäftseinheiten. Der Terminus *Strategische Geschäftseinheiten* bezeichnet spezifische Produkt-/Markt-Kombinationen (vgl. Hinterhuber 1992, S. 73 ff.). Zum Zwecke der Vorbereitung der Entscheidung über die Zielmarktstrategie resultiert das Erfordernis, für die relevanten Produkte in Bezug auf alle verfügbaren Zielmarktalternativen die fundierte Analyse sowohl der besonderen Stärken und Schwächen des Unternehmens als auch der umweltabhängigen Chancen und Risiken durchzuführen. Das im Zuge der Entscheidungsvorbereitung anzuwendende Analyseraster zeigt Abbildung 3.11.

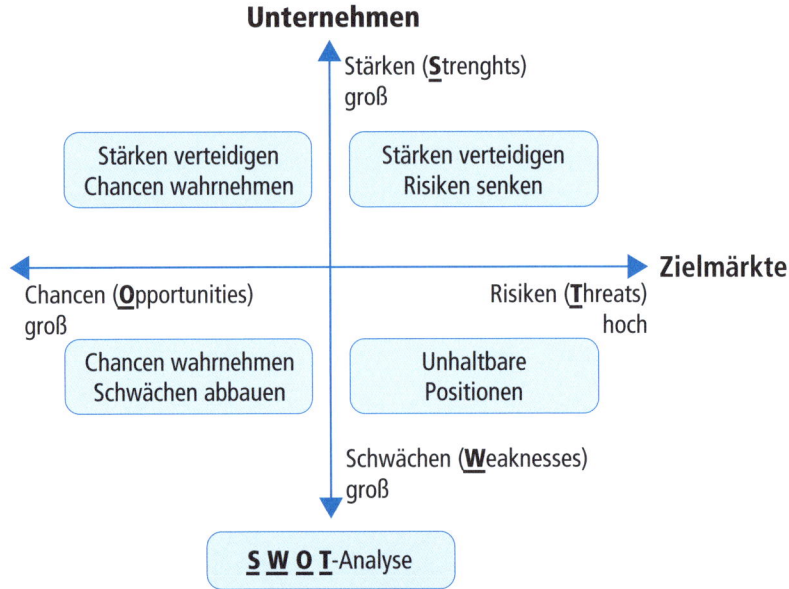

Abb. 3.11: Analyse der Ausgangssituation für die Zielmarktstrategie
(Quelle: Nach Hinterhuber 1992, S. 145)

Es handelt sich um eine so genannte SWOT-Analyse. In der unternehmensinternen Perspektive werden die Stärken (Strength) und Schwächen (Weaknesses) der Einzelwirtschaft herausgearbeitet. Die externe Analyse ist dagegen gerade auf die Besonderheiten potentieller Zielmärkte gerichtet. Dabei geht es darum, die jeweiligen spezifischen Chancen (Opportunities) und Risiken (Threats) dieser Marktalternativen transparent zu machen. Ceteris paribus wird die Wahl des Managements auf denjenigen Zielmarkt fallen, welcher die günstigsten unternehmensbezogenen Relationen zwischen den Stärken und Schwächen des Unternehmens einerseits sowie den umweltabhängigen Chancen und Risiken andererseits bietet. Negativ selektiert werden grundsätzlich Geschäftsfelder, in denen signifikante zielmarkbezogene Risiken auf konstatierbare Schwachstellen des Unternehmens treffen.

3.2.3 Ansiedlungsstrategie

Nachdem die Unternehmensleitung im Rahmen der Formulierung der Zielmarktstrategie die prinzipielle Entscheidung für ein Gastland getroffen hat, bedarf es im nächsten Schritt der strategischen Unternehmensplanung der Bestimmung eines konkreten Ortes im ausgewählten Gastland zum Zwecke der Etablierung der wirtschaftlichen Aktivitäten des Unternehmens in konkreter räumlicher Hinsicht. Damit ist der Gegenstand der Ansiedlungsstrategie umrissen. In diesem Sinne bezieht sich die Ansiedlungsstrategie auf die Lösung des Problems der internationalen Standortwahl unter der Prämisse eines bereits definierten Gastlands. Mit dem Begriff *Unternehmensstandort* wird der geografische

Ort bezeichnet, am dem betriebliche Produktionsfaktoren eingesetzt werden, um Leistungen zu erstellen.

> **Unternehmensstandort**
>
> ➜ geografischer Ort der Kombination produktiver Faktoren zum Zwecke der einzelwirtschaftlichen Leistungserstellung

Die Entscheidung über den Auslandsstandort ist an den jeweiligen Ausprägungen der für das Unternehmen relevanten Standortfaktoren zu orientieren. Dazu sei zunächst auf das Konzept von Behrens (1971) als generelle Systematisierung der Einflussgrößen betrieblicher Standortentscheidungen hingewiesen (Abbildung 3.12).

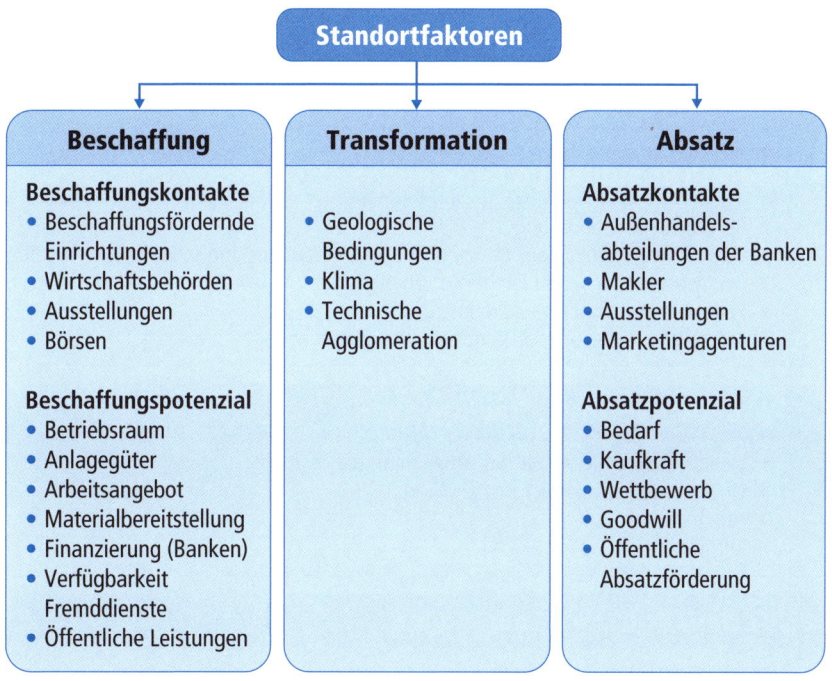

Abb. 3.12: Konzept der Standortfaktoren (Quelle: Nach Heinen 1991, S. 222)

Im internationalen Kontext gewinnen spezifische Standortfaktoren besondere Bedeutung. Bereits beim Entwurf der Zielmarktstrategie sind derartige Einflussgrößen umfänglich zu berücksichtigen. Funktion der Ansiedlungsstrategie ist im nächsten Schritt die Auswahl des optimalen Standortes innerhalb des festgelegten Gastlandes. Als Grundlage dafür dient die analytische Bewertung bestehender Standortalternativen auf der Basis international belangvoller Standortfaktoren. In Abbildung 3.13 wird – ohne Anspruch auf Vollständigkeit – eine kurze Übersicht spezifischer Einflussgrößen der internationalen Standortwahl gegeben.

Natürliche Bedingungen

- Bodenschätze
- Topographische Gegebenheiten
- Klima

Kulturelle Bedingungen

- Generell prägende Wertvorstellungen
- Entwicklungsstand und Entwicklungsrichtung in geistig-künstlerischer Hinsicht
- Vorhandensein kultureller Einrichtungen

Religiöse Orientierung

- Christentum
- Islam
- Buddhismus
- Sog. *Naturreligionen*

Rechtlich-politische Bedingungen

- Rechtliche Grundordnung
- Vorschriften in Bezug auf geschäftliche Aktivitäten ausländischer Unternehmen
- Rechtsbewusstsein und Rechtssicherheit
- Politische Stabilität und Zuverlässigkeit
- Öffentliche Anreize für ausländische Unternehmen

Arbeitsmarktliche Bedingungen

- Quantitative Ergiebigkeit des Arbeitsmarktes
- Qualifikationsniveau der Bevölkerung
- Arbeitsmoral
- Entgeltniveau

Technologische Bedingungen

- Stand der Fertigungstechnik
- Informationstechnologisches Niveau
- Technische Infrastruktur

Abb. 3.13: Spezifische Einflussgrößen der internationalen Standortwahl

Zum Zwecke der Bewertung vorhandener Standortalternativen relativ zum Zielsystem der Unternehmung eignet sich das Instrument der Nutzwertanalyse (vgl. Bea 1992, S. 356).

- Dabei werden den prinzipiell möglichen Standorten nach einem kardinalen Punkte-schema Nutzwerte in Bezug auf die wichtigsten Unternehmensziele zugeordnet (z.B. 0 Punkte = kein Nutzwert, 10 Punkte = maximaler Nutzwert).

- Außerdem werden die Einzelziele mit Gewichtungsfaktoren verknüpft, wodurch die Zielprioritäten zum Ausdruck kommen und in die Bewertung einfließen.

Beispiel: Die Abbildung 3.14 zeigt ein fiktives Beispiel der Anwendung der Nutzwertanalyse im Rahmen der Ansiedlungsstrategie. Als wichtigste Ziele der Ansiedlungsstrategie werden in diesem Fall die nachstehenden Kategorien angenommen:

Ziel 1: Positive klimatische Einflüsse
Ziel 2: Geringe religiöse Restriktionen
Ziel 3: Rechtlich-politische Stabilität
Ziel 4: Attraktivität des Arbeitsmarktes

Die verschiedenen Kriterien der Bewertung werden dann in Form einer Matrix kombiniert.

Z_i	Z_1 Positive klimatische Einflüsse	Z_2 Geringe religiöse Restriktionen	Z_3 Rechtlich-politische Stabilität	Z_4 Attraktivität des Arbeitsmarktes	Σ
g_i	g_1	g_2	g_3	g_4	
s_i	0,2	0,1	0,3	0,4	1,0
s_1	5	4	1	6	4,1
s_2	3	5	4	4	3,9
s_3	1	5	3	7	4,4

Z_i = Zieldimensionen; g_i = Gewichtungsfaktoren für Zielsystem (Zielprioritäten); s_i = Standortalternativen; Kardinales Punkteschema = 0 – 10 Nutzwerte

Abb. 3.14: Die Nutzwertanalyse als Instrument im Rahmen der Ansiedlungsstrategie

Nach Maßgabe des oben gezeigten Analyseergebnisses ist im betrachteten Fall die Standortalternative S_3 zu präferieren.

3.2.4 Eigentums- und Kooperationsstrategie

Ein weiterer wesentlicher Aspekt der internationalen Geschäftstätigkeit betrifft die Art und das Ausmaß des finanzwirtschaftlichen Engagements der Unternehmung. Prinzipiell seien dazu folgende Thesen formuliert:

- Je ausgeprägter sich das des Unternehmens finanziell im Auslandsgeschäft engagiert, um so größer sind die Chancen der rationalen Beeinflussung und Steuerung der grenzüberschreitenden Aktivitäten. Das resultiert aus Legitimation der Leitungsfunktion durch das Eigentum an den Produktionsmitteln.

- Ein hoher Kapitaleinsatz impliziert erhebliche Risiken des Misserfolgs und des Kapitalverlustes für die internationale Unternehmung. Diese Risiken hängen mit der erhöhten (subjektiven) Unsicherheit außerhalb des vertrauten Heimatmarktes und mit Defiziten im Know-how hinsichtlich der besonderen Erfolgsbedingungen an neuen Auslandsmärkten zusammen.

Innerhalb des aufgezeigten Spannungsfeldes erfolgt die verfügungsrechtlich angepasste Positionierung der Unternehmung am Zielmarkt mittels der Eigentums- und Kooperationsstrategie. Als markanteste Ausprägungen dieser Teilstrategie sind

- das Joint Venture mit einem lokalen Partner sowie

- die Gründung einer 100 %igen Auslandstochter-Gesellschaft im Sinne von Endpunkten des Kontinuums wählbarer Entscheidungsalternativen zu nennen (vgl. Kumar 1989, S. 924).

Wesentliche Einflüsse auf den Kalkül der Entscheidungen über die Eigentums- und Kooperationsstrategie gehen von den rechtlich-politischen sowie den sozio-kulturellen Bedingungen des Gastlandes aus. Im Einzelnen sind in diesem Zusammenhang insbesondere die nachstehend skizzierten Faktoren zu berücksichtigen:

- Rechtliche Rahmenbedingungen im Gastland für die Tätigkeit ausländischer Unternehmen. In einer Reihe von Ländern sind 100 %ige Tochtergesellschaften ausländischer Unternehmen nicht zugelassen. In manchen Fällen dürfen Ausländer zu maximal 49 % an inländischen Gesellschaften beteiligt sein (Minderheitsbeteiligung).

- Nutzbarkeit der Ressourcen und des Goodwill potentieller lokaler Partner im Hinblick auf die Verfolgung der wirtschaftlichen Interessen des internationalisierten Unternehmens am jeweiligen Auslandsmarkt. Das Prestige, die Geschäftskontakte sowie das spezielle Markt-Know-how der ausländischen Partnerunternehmung können unter Umständen beiden Kooperationspartnern die Realisation von Synergieeffekten ermöglichen.

- Öffentliche Meinung im Gastland zur geschäftlichen Etablierung *fremder* Unternehmen. Negative Wirkungen auf die dazu vorherrschende öffentliche Meinung sind beispielsweise von zwischennationalen Wirtschaftskonflikten zu erwarten, wie sie in der Vergangenheit etwa zwischen den USA und Japan ausgetragen wurden. Die BSE-Problematik in der zweiten Hälfte der 1990er Jahre in Großbritannien hat, zumindest für einige Zeit, im Ausland nachhaltige Reserviertheit gegenüber britischen Betrieben ausgelöst, deren Produkte in irgendeiner Form mit dem BSE-Erreger in Zusammenhang gebracht werden konnten.

Im Falle von Joint Ventures erscheint die Kompatibilität der Unternehmenskulturen der Partner von herausragender Bedeutung. Nur so lassen sich das erforderliche Vertrauen sowie der hinreichend abgestimmte Marktauftritt der Kooperationspartner im Joint Venture dauerhaft gewährleisten. Nach den bisher vorliegenden Erfahrungen international agierender Unternehmen am Wachstumsmarkt China ist offenkundig konstatierbar, dass in Bezug auf diesen hochattraktiven Markt für ausländische Marktteilnehmer die Teilstrategie des Eigentums und der Kooperation ganz zentrale und äußerst erfolgsrelevante Entscheidungstatbestände tangiert (vgl. Hilger 2001, S. 168 ff.).

3.2.5 Auslandsportfolio-Strategie

Der Mix der grenzüberschreitenden Unternehmenstätigkeit wird im Rahmen der Auslandsportfolio-Strategie geplant. Für die betrieblichen Entscheidungsträger kommt es darauf an, eine möglichst ausgewogene Struktur der Aktivitäten in den verschiedenen Gastländern zu schaffen. Wichtige Kriterien für den Entwurf dieser Teilstrategie sind die folgenden Aspekte:

- Chancen und Risiken auf den relevanten Auslandsmärkten.

- Realisierung von Synergieeffekten durch optimale Nutzung der verfügbaren personellen und technologischen Ressourcen im internationalen Raum.

- Merkmale der angebotenen Produkte oder Dienstleistungen.

Typische produktbezogene internationale Entwicklungspfade, welche ermittelt werden konnten, berichtet Hinterhuber (1992, S. 172) in Anlehnung an Varaldo (1987). Die beobachteten Verläufe sind in Abbildung 3.15 dargestellt.

- Die Kurve 1 bildet den traditionellen Entwicklungspfad ab. Erst wenn die Produkte am lokalen (nationalen) Markt das Lebenszyklus-Stadium der Reife erreicht haben, wird der Absatz zunächst auf den multinationalen und dann auf den globalen (weltweiten) Markt ausgedehnt.

  Beispiele: Derartige Entwicklungsverläufe konnten für Farbfernseher und Automobile nachgewiesen werden.

- Dagegen zeigt Kurve 2 einen simultanen Entwicklungspfad. Hierbei verlaufen Lebenszyklus und Internationalisierung tendenziell parallel. Der geografische Aktionsradius wird mit fortschreitender Lebensdauer des Produkts immer mehr erweitert.

  Beispiele: Empirisch konstatierbar sind simultane Entwicklungspfade für Motorräder und Fotoapparate.

- Mit Kurve 3 wird der globale Entwicklungspfad gekennzeichnet. Das Produkt wird gleichzeitig national und international an den Markt gebracht. Der gesamte Lebenszyklus vollzieht sich folglich aggregiert auf globaler Ebene.

Beispiele für in diesem Sinne globale Produkte sind Großrechner, Flugzeuge und Pharmazeutika.

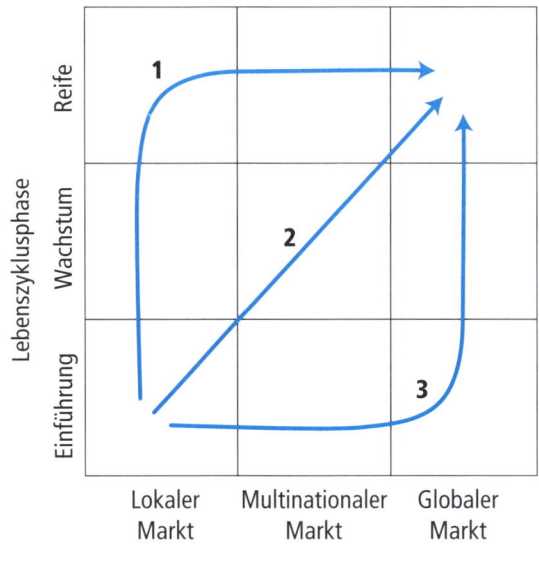

Abb. 3.15: Produktbezogene Internationalisierungspfade (Quelle: Hinterhuber 1992, S. 172)

Generell bleibt anzumerken, dass durch die Auslandsportfolio-Strategie das Ausmaß und der Verlauf der internationalen Expansion des Unternehmens bestimmt werden. Dies ist unter anderem nach dem Kriterium der wachstumsinduzierten Potentiale der Kostensenkung im Sinne der *Erfahrungskurve* von erheblicher Bedeutung.

3.3 Wachstum im Auslandsgeschäft

Im Hinblick auf die Steigerung der Rentabilität der betrieblichen Auslandsaktivitäten sowie die Verbesserung der Wettbewerbsposition des Unternehmens erhält der Aspekt des Unternehmenswachstums am betrachteten Auslandsmarkt herausragende Bedeutung. Wirtschaftlich zufrieden stellende Resultate erfordern in der Regel die hinreichend große und hinreichend schnelle Ausdehnung des Geschäftsvolumens. Hochdynamische Umweltsituationen, schrumpfende Produktlebenszyklen und rasante Globalisierungstendenzen prägen den maßgeblichen Kalkül der grenzüberschreitend orientierten Unternehmung (vgl. Krystek/Zur 1997, S. 132). Auf diesem Hintergrund werden die Wachstumsrate und die Wachstumsgeschwindigkeit zu ganz wesentlichen Wettbewerbsfaktoren. Dabei bedarf in strategischer Hinsicht die Frage nach dem anzusteuernden Wachstumspfad der Klärung. Prinzipiell besteht für die betrieblichen Entscheidungsträger die Wahlmöglichkeit zwischen

- dem Initiieren von Maßnahmen unternehmensautonomen Wachstums sowie
- dem Eingehen internationaler Kooperationen mit Partnerunternehmungen.

3.3.1 Pfade autonomen Wachstums

Der Terminus autonomes Wachstum soll hier solche Varianten der Forcierung des Auslandsgeschäfts beschreiben, bei denen das Entscheidungszentrum des betrachteten Unternehmens die vollständige Kontrolle über das internationale Engagement behält. Im Unterschied zu den weiter unten zu behandelnden internationalen Kooperationen bewahrt das Unternehmen im Falle autonomen grenzüberschreitenden Wachstums seine Unabhängigkeit und seine uneingeschränkte wirtschaftliche Selbstständigkeit. Einige bedeutsame Ausprägungen autonomer einzelwirtschaftlicher Wachstumsbestrebungen werden im Folgenden erörtert.

Auslandsniederlassungen

Formal relativ unkompliziert erscheint zunächst das Betreiben von Auslandsniederlassungen. Das sind grenzüberschreitend angesiedelte rechtlich-organisatorische Einheiten des inländischen Stammunternehmens. Dülfer bezeichnet derartige in das Ausland verlagerte Betriebsabteilungen ohne eigene Rechtsform in Anlehnung an den betriebwirtschaftlichen Begriffsgebrauch im Bereich öffentlicher Organisationen auch als Regiebetriebe (Dülfer 1997, S. 185). Damit soll zum Ausdruck kommen, dass die Auslandsniederlassungen rechtlich und organisatorisch in der Eigenregie der inländischen Stammunternehmung stehen.

Die so angelegten Auslandsniederlassungen oder ausgelagerten Betriebsabteilungen können sich sachlich auf ganz verschiedene betriebliche Zwecke beziehen. Das Spektrum reicht

- von der Vertriebsrepräsentanz, deren Funktion ausschließlich im Absatz der bereitgestellten Güter oder Dienstleistungen besteht,
- über den Montagebetrieb, der als Input Halberzeugnisse aus dem Stammhaus verwendet,
- bis hin zur Durchführung mehrstufiger Fertigungsprozesse im regiebetriebenen Auslandswerk.

Der Leiter der Auslandsniederlassung berichtet an eine – im Regelfall dem oberen Management zugehörige – Instanz in der inländischen Unternehmenszentrale. Dabei wird es zweckmäßig sein, dem Niederlassungsleiter aufgrund der besonderen Bedingungen ein hohes Maß an Selbstständigkeit und Eigenverantwortlichkeit im operativen Geschäft einzuräumen. In allen haftungsrechtlichen Belangen gilt allerdings in Folge der rechtlichen Identität von ausländischen und inländischen Unternehmensteilen

die unmittelbare Verpflichtung der Unternehmenszentrale. Aufgrund der Unwägbar-
keiten des Auslandsgeschäfts kann sich eine solche direkte Haftungsverpflichtung
als außerordentlich risikoreich erweisen. Darüber hinaus sind die Besonderheiten der
Rechtsordnung im Gastland oftmals schwer oder gar nicht mit der Variante des Regie-
betriebes vereinbar.

Gründung vollintegrierter Tochterunternehmen

In Anbetracht der Nachteile und Risiken von Auslandsniederlassungen ist seitens des
Managements die Etablierung einer eigenständigen Rechtsform für den im Ausland
befindlichen Betriebsteil zu erwägen. Daher kann in der Praxis fast regelmäßig die
Gründung von Tochterunternehmen konstatiert werden, sobald die institutionelle Auslandstätigkeit im Kontext des Gesamtunternehmens ein signifikantes Geschäftsvolumen
umfasst (vgl. Dülfer 1997, S. 186). Idealtypisch betrachtet haben solche Auslandsbetriebe
mit eigener Rechtspersönlichkeit den Charakter vollintegrierter Tochterunternehmen.
Die Kapitalanteile werden dann zu 100 % von der inländischen Stammunternehmung gehalten. Außerdem kommt die eigene Rechtspersönlichkeit des Auslandsbetriebes primär
im Außenverhältnis zur Geltung, organisatorisch ist die Auslandstochter vollständig in
die Struktur des Gesamtunternehmens einbezogen. Es entsteht eine Konzernstruktur mit
der inländischen Mutterunternehmung und den Tochtergesellschaften im Ausland. In
größeren internationalen Konzernen sind die Top-Managementfunktionen regelmäßig in
Holdinggesellschaften angelegt, welche die verschiedenen Tochterunternehmen steuern.

Cross-Border-Akquisitionen

Unternehmerische Wachstumsbestrebungen durch das Einrichten von Auslandsniederlassungen sowie durch die eigenständige Gründung und den Ausbau vollintegrierter
Tochtergesellschaften an ausländischen Märkten sind nahezu zwangsläufig sehr zeit-
aufwendig. Außerdem stoßen das vorhandene Spezial Know-how sowie die verfügbaren Management-Kapazitäten schnell an Grenzen. Einen Ausweg aus dieser Pro-
blemlage können so genannte Cross-Border-Akquisitionen bieten. Vorausgesetzt, das
Unternehmen verfügt über hinreichende finanzwirtschaftliche Potenz, verspricht der
Zukauf funktionierender ausländischer Betriebe die schnelle und fundierte Präsenz
am Auslandsmarkt. Konkret geht es insbesondere um die Internationalisierung durch
den mehrheitlichen oder vollständigen Erwerb von Verfügungsrechten an ausländischen Unternehmen im Sinne bestehender Faktorkombinationen. Das damit angesprochene Phänomen von Unternehmenskäufen, Unternehmenszusammenschlüssen
und Unternehmenskontrolle wird insbesondere unter dem begrifflichen Etikett Mergers
and Acquisitions (M&A) vielfältig diskutiert. Ausgehend von den USA, wo Unterneh-
menskäufe seit jeher eine große Rolle spielen, hat das M&A-Geschäft seit Mitte der
1980er Jahre in Europa erheblich an Bedeutung gewonnen (vgl. Müller-Stewens et al.
1997, 98 f.).

Die Rationalität von Unternehmensakquisitionen resultiert auch aus Wertedifferenzen
in Bezug auf das Kaufobjekt. So kann der wirtschaftliche Wert des zur Debatte stehenden Unternehmens (Handelsobjekt) nach dem Kalkül des inländischen Käufers sig-

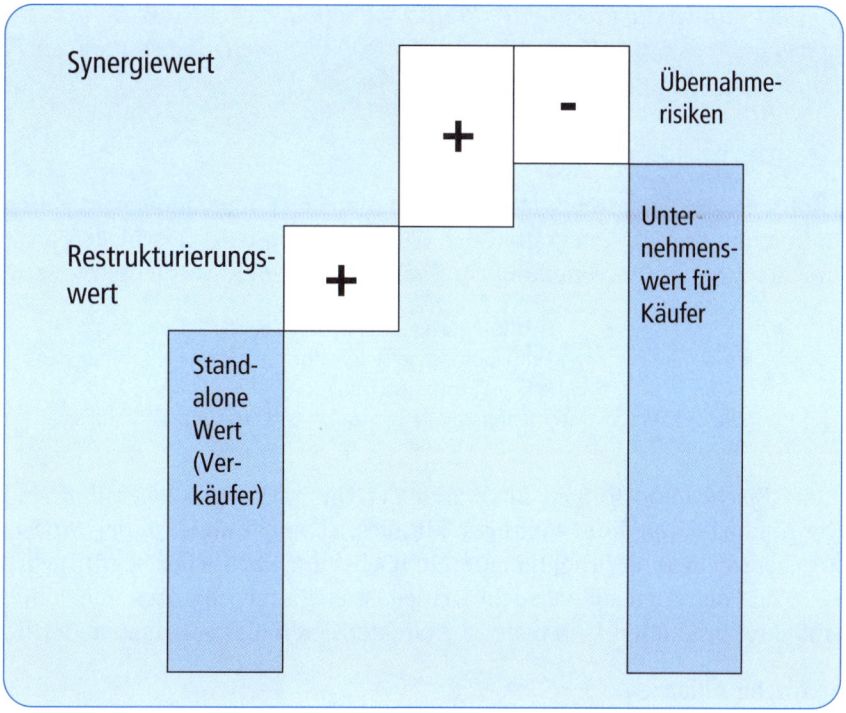

Abb. 3.16: Wertdifferenzen als Determinante von Unternehmensakquisitionen
(Quelle: Moeser 1992, S. 559)

nifikant höher notieren als dies nach den Kalkulationsgrundlagen des ausländischen Verkäufers der Fall ist. Exemplarisch und fiktiv soll Abbildung 3.16 eine solche Konstellation veranschaulichen.

Durch konsequente Restrukturierung sowie das Heben von Synergiepotentialen im vergrößerten Kontext des nach Abschluss der Akquisition entstehenden komplexeren, grenzüberschreitend ausgerichteten Unternehmensgebildes steigt für den Käufer der Wert des Kaufobjektes gegenüber dem Standalone-Wert des Verkäufers markant an. Von dieser Werterhöhung sind jedoch die monetär bewerteten Übernahmerisiken abzuziehen. In der hier gezeigten Konstellation verbleibt ein per Saldo höherer Unternehmenswert für den Käufer relativ zum Standalone-Wert des Verkäufers.

Im einzelwirtschaftlichen Kalkül ist das Unternehmenswachstum durch Cross-Border-Akquisitionen allerdings in besonderem Maße risikobehaftet. Neben dem großen Finanzaufwand sowie der geringen Reversibilität von Unternehmenskäufen bewirken kulturelle Faktoren hohe Management-Anforderungen. Das betrifft sowohl die Makrokultur im Gastland als auch die Mikrokultur der erworbenen Unternehmung. Es gelingt längst nicht immer, diese Anforderungen zu bewältigen. So wird die Quote der misserfolgreichen Cross-Border-Akquisitionen auf bis zu 80% geschätzt (vgl. Spickers 1996, Fontanini 1995).

Beispiel: Ein häufig diskutiertes Projekt misserfolgreicher Cross-Border-Akquisi-tionen bestand ganz offensichtlich in der 2007 beendeten Integration der Firmen Daimler und Chrysler.

3.3.2 Internationale Kooperationen

Das Konzept des Wachstums mittels internationaler Kooperationen ist durch die ge-zielte Nutzung und die Integration der Wettbewerbsvorteile verschieden positionierter Unternehmen sowie die Verteilung der Risiken auf mehrere Partner gekennzeichnet.

> **Als internationale Kooperation**
> wird hier das Zusammenwirken einer inländischen Unternehmung mit mindestens einer ausländischen Partnerunternehmung bezeichnet.
> Die beteiligten Unternehmen behalten ihre rechtliche Selbstständigkeit.

Populäre Erscheinungsformen internationaler Unternehmenskooperation sind Strate-gische Allianzen und Joint Ventures. Mit dieser Popularität ist in der wirtschaftlichen Praxis ebenso wie in der Fachliteratur ein höchst uneinheitlicher Begriffsgebrauch ver-bunden. Im Folgenden soll versucht werden, strategische Allianzen und Joint Ventures anhand ihrer originären Merkmale zu charakterisieren und voneinander abzugrenzen.

Strategische Allianzen

Konstitutiv für strategische Allianzen ist die vertragsbasierte Zusammenarbeit recht-lich selbstständiger Partner-Unternehmen. Die Allianzen sind langfristig, aber zeit-lich begrenzt angelegt. Als Resultat von Prozessen der strategischen Planung sollen diese Kooperationen die Wettbewerbspositionen der Partner auf definierten Gebieten nachhaltig fördern. Anders als im Falle von Joint Ventures sei für strategische Alli-anzen konstatiert, dass „kein Kooperationspartner die rechtliche Möglichkeit hat, auf Entscheidungen des Partners auf Unternehmensebene Einfluss zu nehmen" (Vornhusen 1994, S. 31). Dies schließt eine Kapitalbeteiligung nicht grundsätzlich aus, sie muss je-doch unter der 25%-Marke, also der Sperrminorität, liegen.

Im Vordergrund der Kooperation im Rahmen strategischer Allianzen stehen funktio-nale Aspekte. Finanzielles Engagement in Form des Erwerbs von Anteilen am Koopera-tionspartner hat allenfalls nachgeordnete Bedeutung. Die wirtschaftliche Selbstständig-keit der Allianzpartner wird durch die vertraglichen Kooperationsvereinbarungen meist nur in relativ geringem Maße eingeschränkt. Im Regelfall haben strategische Allianzen lediglich Teilbereiche der Tätigkeit der kooperierenden Unternehmen zum Gegen-stand. Typische Anwendungsgebiete sind die betrieblichen Basisfunktionen

- Forschung und Entwicklung,
- Logistik,
- Fertigung sowie
- Marketing und Vertrieb.

Auf Geschäftsfeldern außerhalb der vertraglich bestimmten Bereiche des Zusammenwirkens können die Allianzpartner sehr wohl miteinander im Wettbewerb stehen. Nach
dem Kriterium des Zielbezugs lassen sich die nachstehend aufgeführten Arten strategischer Allianzen differenzieren (vgl. Pausenberger 1992, S. 10):

- **Markterschließungsallianzen**
  Diese Form der Kooperation wird von der international agierenden Unternehmung
  gewählt, um sich mit Hilfe eines kompetenten Partners im Gastland möglichst
  schnell und nachhaltig am dortigen Markt zu positionieren. Die rationelle und umfassende Überwindung bestehender Markteintrittsbarrieren steht im Zentrum des
  strategischen Kalküls.

- **Volumenallianzen**
  Die Realisierung positiver Größeneffekte ist das Ziel der Bündelung von Volumina
  der Partner-Unternehmen. Verwiesen sei in diesem Zusammenhang auf die so genannten economies of scale sowie auf das Konzept der Erfahrungskurve.

- **Burden-Sharing-Allianzen**
  Bei Kooperationen dieses Typs geht es darum, die Risiken grenzüberschreitender
  Wirtschaftsaktivitäten durch Einbeziehung mehrerer Unternehmen für die einzelne
  Partner-Unternehmung abzufedern und kalkulierbar zu machen. Dies gilt insbe-
  sondere hinsichtlich der Risiken der Bewertung und der Entwicklung des zu bear-
  beitenden Auslandsmarktes.

- **Kompetenz-Allianzen**
  Idealtypisch betrachtet wird die Kombination komplementärer Kernkompetenzen
  der beteiligten Partner-Unternehmungen angestrebt. Das impliziert den wechselseitigen Transfer von Know-how.

Im Hinblick auf die Erfolgschancen der strategischen Allianzen im internationalen Geschäft erscheint die Kompatibilität der Unternehmenskulturen der Partner von herausragender Bedeutung. Dies erfordert seitens der betrachteten inländischen Unternehmung
auch die Fähigkeit und die Bereitschaft, die kulturellen Besonderheiten in der Corporate
Identity der ausländischen Partner-Unternehmung zu begreifen und zu akzeptieren.
Darüber hinaus wird effektive Kooperation auf dem Hintergrund relativer Machtsymmetrie zwischen den beteiligten Unternehmen eher möglich sein als bei Machtdominanz
eines Partners. Im letzteren Fall besteht langfristig die Gefahr der Instrumentalisierung
der schwächeren Unternehmung, unter Umständen sogar ihrer Übernahme durch den
beherrschenden Allianzpartner. In der Wirtschaftspraxis wird das damit angesprochene
Phänomen der unternehmenspolitischen Pervertierung strategischer Allianzen drastisch
als *tödliche Umarmung* charakterisiert. Das widerspricht der grundsätzlichen Intention
des Kooperationsmodells der strategischen Allianz. Konstruktive Beiträge aller Beteiligten und die nachhaltige Realisierung von Synergieeffekten im Rahmen strategischer
Allianzen sind gerade dann zu erwarten, wenn es gelingt, Win-Win-Situationen zu
schaffen und zu gewährleisten (vgl. Perlitz 2004, S. 626 ff.).

Joint Ventures

> Mit der viel zitierten betriebswirtschaftlichen Kategorie des **Joint Venture** wird im vorliegenden Kontext ein rechtlich selbstständiges Gemeinschaftsunternehmen bezeichnet, dessen Gesellschafter zwei oder mehr rechtlich und wirtschaftlich getrennte Unternehmen sind. Bei einem internationalen Joint Venture ist mindestens einer der Gesellschafter eine ausländische Unternehmung (vgl. Perlitz 1997a, S. 455).

In der Phase der Gründung einer internationalen Gemeinschaftsunternehmung sind Grundsatzentscheidungen über die Rechtsform, den Standort, die Einzelheiten des Gesellschaftsvertrags sowie das Einbringen des Eigenkapitals durch die beteiligten Partner zu treffen. Prinzipiell kann die Kapitalbeteiligung der Partner-Unternehmen unterschiedlich hoch sein, d.h., es besteht die Möglichkeit von Mehr- oder Minderheitsbeteiligungen. Im klassischen Joint Venture oder Equity-Joint-Venture halten allerdings alle Gesellschafter gleiche Kapitalanteile. Dies bedeutet zunächst Machtsymmetrie im Sinne formaler Verfügungsrechte und damit eine prinzipielle Gleichstellung der Partner. Eine solche Konstellation dürfte grundsätzlich der Motivation für die Belange des Gemeinschaftsunternehmens sowie der Bildung gegenseitigen Vertrauens förderlich sein. Schwierigkeiten können jedoch in Prozessen konfliktärer Willensbildung auftreten. Es besteht dann die Gefahr von Entscheidungsblockaden und verzögerten Handelns des Unternehmens, da alle Beteiligten über gleiche Stimmrechte verfügen. Aus diesem Grunde sollte der Gesellschaftsvertrag eindeutige Mechanismen zur Auflösung derartiger Patt-Situationen bestimmen. Im besonderen Maße trifft dies auf das häufig vorfindliche 50%:50% Joint Venture zu. Ein weiterer wesentlicher Aspekt der Ausgestaltung des Gemeinschaftsunternehmens bezieht sich auf die Form des Einbringens der Kapitalanteile. Dies kann außer in Form von Finanzmitteln auch in Gestalt materieller oder immaterieller Güter geschehen. Letzteres bedingt das Herbeiführen eines Konsenses hinsichtlich der Bewertung der Güter. Gerade auf internationaler Ebene eröffnen alternative Formen der Leistung von Kapitaleinlagen in Joint Ventures vielfältige Gestaltungsoptionen, beispielsweise in der Art, dass der inländische Partner Patente und Finanzmittel, der Partner am Auslandsmarkt Produktionskapazitäten und Vertriebskanäle bereitstellt.

Das Joint Venture bietet dem grenzüberschreitend agierenden Unternehmen die Chance, im Zuge des Auslandswachstums die Vorteile der Gründung oder der Akquisition ausländischer Tochtergesellschaften mit den Vorteilen internationaler Kooperation zu verknüpfen. Gegenüber dem autonomen Unternehmenswachstum mittels ausländischer Tochterunternehmen erfordert das Joint Venture ceteris paribus weniger Kapitaleinsatz und birgt geringere Risiken. Außerdem sind der Bekanntheitsgrad und das Image des einheimischen Partners regelmäßig im Hinblick auf das Schaffen von Wettbewerbsvorteilen in hohem Maße funktional. Die erfolgreiche Durchführung von Joint Ventures bedingt jedoch ausgeprägte strategische Affinitäten der Partner-Unternehmen in grundlegenden Bereichen. Diese Bereiche lassen sich als drei M etikettieren (vgl. Posth/ Bergmann 1997, S. 537 f.):

- Market
  Die beteiligten Unternehmen sollten sich marktbezogen gegenseitig ergänzen. Dazu gehört eine prinzipielle Übereinstimmung in der Bewertung der marktlichen Anforderungen und Potentiale. Von besonderer Bedeutung erscheint der abgestimmte, harmonische Marktauftritt im Rahmen des Joint Venture.

- Money
  Die Art der Finanzierung des Gemeinschaftsunternehmens soll den jeweiligen Gegebenheiten in den Partner-Unternehmen angemessen Rechnung tragen. Außerdem sind die einschlägigen rechtlichen Regelungen im Gastland zu berücksichtigen.

- Management
  Nach Einschätzung von Posth/Bergmann handelt es sich beim Management um die „...wichtigste und zugleich problematischste Komponente eines Joint Venture..." (ebenda, S. 537). Das betrifft im Sinne personeller Führung zunächst die Auswahl und die Vorbereitung der zu entsendenden Führungskräfte und Mitarbeiter. Darüber hinaus gilt es, tragfähige organisatorische Strukturen im Gemeinschaftsunternehmen zu implementieren. Dabei ist die Harmonisierung der Strukturvariablen des Gemeinschaftsunternehmens mit den prägenden unternehmenskulturellen Parametern der Gesellschafter eine ganz wesentliche Erfolgsvoraussetzung.

In dem Maße, in welchem in den drei M-Bereichen Divergenzen zwischen den Partnern oder sonstige Störungen auftreten, sinken die Erfolgsaussichten des Joint Venture.

3.4 Organisationales Lernen als Kriterium der Strategiebildung

Eine grundlegende Voraussetzung für die erfolgreiche Realisation grenzüberschreitender Unternehmensaktivitäten besteht im Erwerb des einschlägigen Know-how. Sofern die betrachtete Unternehmung in der Vergangenheit ausschließlich am lokalen oder nationalen Markt agiert hat, bildet das im Auslandsgeschäft benötigte Wissen zunächst eine bedeutsame Internationalisierungsbarriere. Im Hinblick auf die eigene internationale Handlungsfähigkeit ist das Unternehmen daher gefordert, eine Fülle von Wissenselementen zu internalisieren.

Das betrifft in besonderer Weise den Prozess des *Organisationalen Lernens* (vgl. hierzu etwa Probst/Büchel 1994, Steinmann/Schreyögg 1993, S. 429 ff.). Nach dem Theorem des Organisationalen Lernens oder der lernenden Organisation sind Unternehmen in der Lage, sich als kollektive Gebilde quasi kognitiv weiterzuentwickeln und damit den Grad der Rationalität des eigenen unternehmerischen Handelns sowie den Aktionsradius der Unternehmung zu vergrößern. Die lernende Organisation kann als wissensbasiertes System gedeutet werden. Dabei besteht die organisatorische Wissensbasis gerade in der Gesamtheit des für die Mitarbeiter der Organisation zugänglichen Wissens (vgl. Kirsch 1990, S. 500). Der Inhalt dieser Wissensbasis ist im Regelfall nicht identisch mit der Summe des Individualwissens aller Mitarbeiter, da längst nicht jedes einzelne Organisationsmitglied sein gesamtes Know-how für die kollektiven Belange zur Verfügung stellt, z. B. aufgrund bewusster Informationszurückhaltung aus subjektiven Motiven.

Organisationen akkumulieren vielmehr dadurch Know-how, dass relevante Wissenselemente dokumentiert werden „.... und schließlich dieses symbolisch repräsentierte/kodierte Wissen in einer Wissensdatenbank eingebracht wird, die in den Routineabläufen der Organisation genutzt wird" (Willke 1995, S. 294). Folglich erweitert erst das Institutionalisieren neuen Wissens die organisatorische Wissensbasis. Nach den Ergebnissen einer empirischen Studie von Güldenberg/Eschenbach setzen Unternehmen bevorzugt folgende Instrumente zur Institutionalisierung des neuen Wissens ein:

- Bibliotheken, Datenbanken und Expertensysteme,
- Visualisierungstechniken,
- Coaching,
- transparente Informationsmanagementsysteme,
- interne Weiterbildung

(vgl. Güldenberg/Eschenbach 1996, S. 8).

Im Prozess der Internationalisierung spielt das organisationale Lernen eine besonders wichtige Rolle. Die Planung der Internationalisierungsstrategie sollte deshalb am erreichten Niveau der organisatorischen Wissensbasis orientiert sein. Daraus lässt sich die Empfehlung herleiten, dass ein paralleler Verlauf der Auslandslernkurve auf der einen sowie der Transformation grenzüberschreitender Aktivitäten auf der anderen Seite angestrebt werden sollte. In dieser Sicht wäre das Auslandsgeschäft mit weniger komplexen Formen zu beginnen und dann sukzessive – wissens- und erfahrungsbasiert – auszubauen. Dabei erscheint das Stufenmodell des Internationalisierungsprozesses nach Meissner aufschlussreich. Das Modell grenzt anhand der Dimensionen Managementleistungen und Kapitaleinsatz im Stammland und im Gastland idealtypisch verschiedene Ebenen der betrieblichen Internationalisierungsstrategie ab. Ein entsprechend angelegter Prozessverlauf der einzelwirtschaftlichen Internationalisierung ist in Abbildung 3.17 dargestellt.

Abb. 3.17: Stufenmodell des Internationalisierungsprozesses (Quelle: Meissner 1993, S. 1874)

- Beginnend mit dem vergleichsweise wenig komplexen und mit eher geringen Risiken verbundenen Export

- erfolgt die Erweiterung der Auslandsstrategie in Einzelschritten hin zum Joint Venture und

- von dort aus in die Richtung der Gründung einer Tochtergesellschaft im Gastland, welche umfangreiche Direktinvestitionen erfordert.

Der Ressourcentransfer – und damit das Risiko – steigt kontinuierlich an.

Eben dieses Risiko ist durch gezielt initiiertes organisationales Lernen begrenzbar. Solche Lernprozesse begründen dann Vor- und Rückkopplungen zwischen den Phasen der Strategieplanung. Die sinnadäquate Vergrößerung der organisatorischen Wissensbasis geht der Planung der jeweils nächsten Internationalisierungsstufe voraus. Außerdem lässt sich auf der Grundlage erweiterten Wissens abschätzen, ob die Ausdehnung des grenzüberschreitenden Engagements Erfolg verspricht. Ein Schema der Gestalt von Prozessen des organisationalen Lernens in wissensbasierten Systemen zeigt Abbildung 3.18.

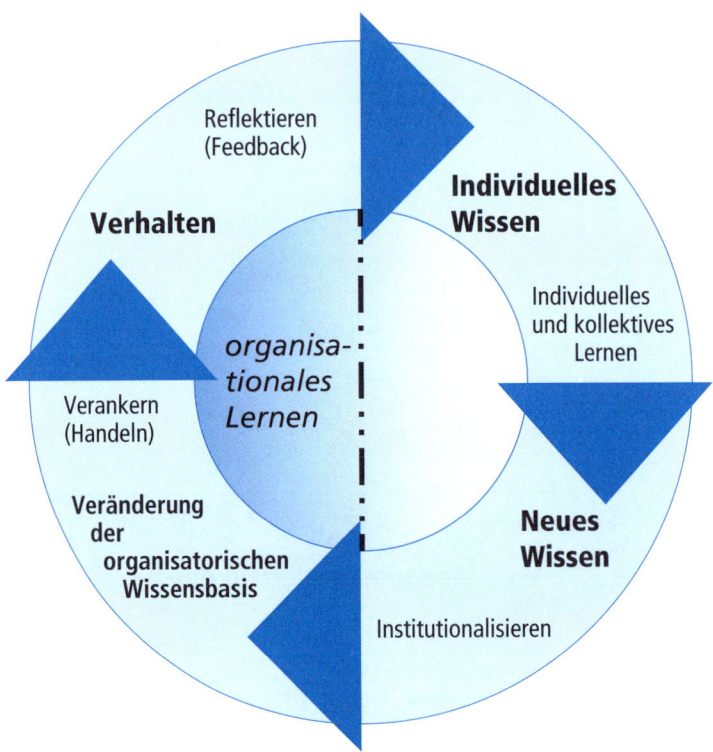

Abb. 3.18: Zirkel des organisationalen Lernens (Quelle: Güldenberg/Eschenbach 1996, S. 8)

Anzustreben ist die Verknüpfung des kollektiven Lernprozesses mit dem Internationalisierungsprozess der Unternehmung. Damit erfolgt die Integration von Auslandsaktivitäten in den übergeordneten Bereich der Organisationsentwicklung (OE). Das jeweils realisierte Niveau der organisatorischen Wissensbasis wird in dieser Perspektive zum dominierenden Kriterium der Strategieplanung.

3.5 Zusammenfassung

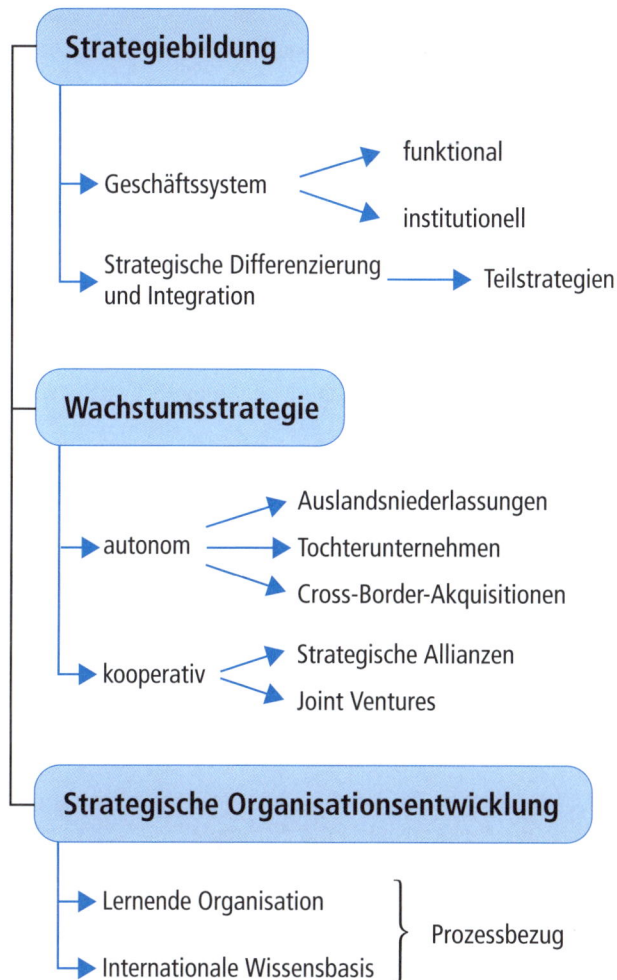

3.6 Kontrollaufgaben

Aufgabe 1:
Charakterisieren Sie den Export als einzelwirtschaftliches Geschäftssystem.

Aufgabe 2:
Vergleichen Sie das Licensing mit dem Internationalen Franchising.

Aufgabe 3:
Grenzen Sie die funktionale Internationalisierung und die institutionelle Internationalisierung voneinander ab.

Aufgabe 4:
Vergleichen Sie das Contract Manufacturing mit dem Management Contracting.

Aufgabe 5:
Zeigen Sie wesentliche Entscheidungskriterien im Zusammenhang mit der Begründung eigener Fertigungsstätten an Auslandsmärkten.

Aufgabe 6:
Differenzieren Sie Zielmarktstrategie und Ansiedlungsstrategie.

Aufgabe 7:
Erörtern Sie Aspekte der Planung der Eigentums- und Kooperationsstrategie.

Aufgabe 8:
Welches sind die Ansatzpunkte der Auslandsportfolio-Strategie?

Aufgabe 9:
Grenzen Sie die wachstumsstrategischen Alternativen *Autonomes Wachstum* und *Internationale Kooperationen* voneinander ab.

Aufgabe 10:
Beurteilen Sie die Rationalität von Cross-Border-Akquisitionen.

Aufgabe 11:
Zeigen Sie die Unterschiede zwischen Strategischen Allianzen und Joint Ventures auf dem Hintergrund der Bearbeitung von Auslandsmärkten.

Aufgabe 12:
Diskutieren Sie den Zusammenhang von organisationaler Wissensbasis und Entscheidungen über die betriebliche Internationalisierungsstrategie.

3.7 Literatur

3.7.1 Quellen

Ansoff, H. I.: Managing Surprise and Discontinuity – Strategic Response to Weak Signals, in: Zeitschrift für betriebswirtschaftliche Forschung 3/1976, S. 129–159

Bea, F. X.: Entscheidungen des Unternehmens, in: Bea, F. X.; Dichtl, E.; Schweitzer, M. (Hrsg.): Allgemeine Betriebswirtschaftslehre, Bd.1: Grundfragen, 6. Auflage, Stuttgart, Jena 1992, S. 309–424

Behrens, K. C.: Allgemeine Standortbestimmungslehre, 2. Auflage, Köln, Opladen

Berekoven, L.: Internationales Marketing, 2. Auflage, Berlin 1985

Dülfer, E.: Management in fremden Kulturbereichen, in: Wittmann, W. et al. (Hrsg.): Handwörterbuch der Betriebswirtschaft, Bd. 2, 5. Auflage, Stuttgart 1993, S. 2646–2663

Dülfer, E.: Internationales Management in unterschiedlichen Kulturbereichen, 3. Auflage, München, Wien 1995

Dülfer, E.: Internationales Management in unterschiedlichen Kulturbereichen, 5. Auflage, München, Wien 1997

Dülfer, E.: Internationales Management in unterschiedlichen Kulturbereichen, 6. Auflage, München, Wien 2001

Eilenberger, G.: Finanzierungsentscheidungen multinationaler Unternehmungen, 2. Auflage, Heidelberg 1987

Fontanini, M. L.: Voraussetzungen für den Kooperationserfolg, in: Schertler, W. (Hrsg.): Management von Unternehmenskooperationen, Wien 1995, S. 115–136

Grün, O.: Projektmanagement, internationales, in: Macharzina,K.; Welge, M. K. (Hrsg.): Handwörterbuch Export und Internationale Unternehmung, Stuttgart 1989, S. 1736–1746

Güldenberg, S.; Eschenbach, R.: Organisatorisches Wissen und Lernen – erste Ergebnisse einer qualitativ-empirischen Erhebung, in: zfo Zeitschrift Führung + Organisation 1/1996, S. 4–9

Heinen, E.: Industriebetriebslehre: Entscheidungen im Industriebetrieb, 9. Auflage, Wiesbaden 1991

Hilger, A.: Erfolgsfaktoren für Internationalisierungsstrategien: Dargestellt am Beispiel des Engagements deutscher Unternehmen in der VR China, Frankfurt am Main et al. 2001

Hinterhuber, H. H.: Strategische Unternehmensführung, Band 1: Strategisches Denken, 5. Auflage, Berlin, New York 1992

Kirsch, W.: Unternehmenspolitik und strategische Unternehmensführung, München 1990

Kreikebaum, H.: Strategische Unternehmensplanung, 5. Auflage, Stuttgart, Berlin, Köln 1993

Kriependorf, P.: Internationales Franchising, in: Macharzina, K.; Welge, M. K. (Hrsg.): Handwörterbuch Export und Internationale Unternehmung, Stuttgart 1989, S. 711–726

Krystek, U.; Zur, E.: Strategische Allianzen als Alternative zu Akquisitionen?, in: dieselben (Hrsg.): Internationalisierung – Eine Herausforderung für die Unternehmensführung, Berlin, Heidelberg, New York 1997, S. 131–149

Kumar, B. N.: Internationale Unternehmenstätigkeit, Formen der, in: Macharzina,K.; Welge, M. K. (Hrsg.): Handwörterbuch Export und Internationale Unternehmung, Stuttgart 1989, S. 914–926

Kußmaul, H.: Leasing, in: Dichtl, E.; Issing, O. (Hrsg.): Vahlens Großes Wirtschaftslexikon, 2. Auflage, München 1993, S. 1301

Mag, W.: Unternehmungsplanung, München 1995

Meffert, H.; Bolz, J.: Globalisierung des Marketing bei internationaler Unternehmenstätigkeit, in: Kumar, B. N.; Haussmann, H. (Hrsg.): Handbuch der Internationalen Unternehmenstätigkeit, München 1992, S. 657–683

Meissner, H. G.: Internationales Marketing, in: Wittmann, W. et al. (Hrsg.): Handwörterbuch der Betriebswirtschaft, Bd. 2, 5. Auflage, Stuttgart 1993, S. 1871–1888

Moeser, G.: Internationale Akquisitionen und Fusionen als Strategie des Markteintritts in Auslandsmärkte: Probleme und Chancen, in: Kumar, B.N.; Haussmann, H. (Hrsg.): Handbuch der Internationalen Unternehmenstätigkeit, München 1992, S. 549–567

Müller-Stewens, G.; Willeitner, S.; Schäfer, M.: Stand und Entwicklungstendenzen von Cross-Border-Akquisitionen, in: Krystek, U.; Zur, E. (Hrsg.): Internationalisierung – Eine Herausforderung für die Unternehmensführung, Berlin, Heidelberg, New York 1997, S. 89–118

O. V.: Statistisches Bundesamt, Gesamtentwicklung des deutschen Außenhandels, www.destatis.de, 18. 05. 2007

O. V.: 162 Milliarden Euro Überschuss im Außenhandel, in: Frankfurter Allgemeine Zeitung vom 07. Februar 2007, S. 13

O. V.: Bundesamt für Wirtschaft und Ausfuhrkontrolle, Außenhandel Bekleidung der Bundesrepublik Deutschland nach Ursprungs-/Bestimmungsländern, www.bafa.de, 19. 06. 07

Pausenberger, E.: Unternehmensakquisition und strategische Allianzen, in: Fischer, G. (Hrsg.): Marketing, Loseblatt-Sammlung 6/1992, S. 1–16

Perlitz, M.: Spektrum kooperativer Internationalisierungsformen, in: Macharzina, K.; Oesterle, M. J. (Hrsg.): Handbuch Internationales Management: Grundlagen, Instrumente, Perspektiven, Wiesbaden 1997a, S. 441–457

Perlitz, M.: Internationales Management, 5. Auflage, Stuttgart 2004

Posth, M.; Bergmann, G.: Managementprobleme internationaler Equity-Joint-Ventures, in: Macharzina, K.; Oesterle, J. M. (Hrsg.): Handbuch Internationales Management: Grundlagen, Instrumente, Perspektiven, Wiesbaden 1997, S. 535–552

Probst, G.; Büchel, B.: Organisationales Lernen; Wettbewerbsvorteil der Zukunft, Wiesbaden 1994

Schneider, D. J. G.: Distributionspolitik und Vertriebswege bei internationaler Unternehmenstätigkeit, in: Kumar, B. N.; Haussmann, H. (Hrsg.): Handbuch der Internationalen Unternehmenstätigkeit, München 1992, S. 735–755

Spickers, J.: Unternehmenskauf und Organisation, Bern, Stuttgart, Wien 1996

Steinmann, H.; Schreyögg, G.: Management. Grundlagen der Unternehmensführung, Konzepte – Funktionen – Fallstudien, 3. Auflage, Wiesbaden 1993

Varaldo, R.: Marketing, Mailand 1987

Vornhusen, K.: Die Organisation von Unternehmenskooperationen: Joint Ventures und Strategische Allianzen in der Chemie- und Elektroindustrie, Frankfurt/Main 1994

Walldorf, E. G.: Die Wahl zwischen unterschiedlichen Formen der internationalen Unternehmer-Aktivität, in: Kumar, B. N.; Haussmann, H. (Hrsg.): Handbuch der Internationalen Unternehmenstätigkeit, München 1992, S. 447–470

Willke, H.: Systemtheorie III: Steuerungstheorie: Grundzüge einer Theorie der Steuerung komplexer Sozialsysteme, Stuttgart 1995

3.7.2 Hinweise zur Vertiefung

Zu Internationalisierungsstrategien und strategischem Management internationaler Unternehmen:

Welge, M. K.; Holtbrügge, D.: Internationales Management, Theorien, Funktionen, Fallstudien, 3. Auflage, Stuttgart 2003, S. 89–151

Zur Planung in grenzüberschreitend agierenden Unternehmen:

Bamberger, I.; Wrona, T.: Planung, in: Breuer, W.; Gürtler, M. (Hrsg.): Internationales Management. Betriebswirtschaftslehre der internationalen Unternehmung, Wiesbaden 2003, S. 58–109

Zu Auslandskooperationen:

Kutschker, M.; Schmid, S.: Internationales Management, 5. Auflage, München, Wien 2006, S. 857–874

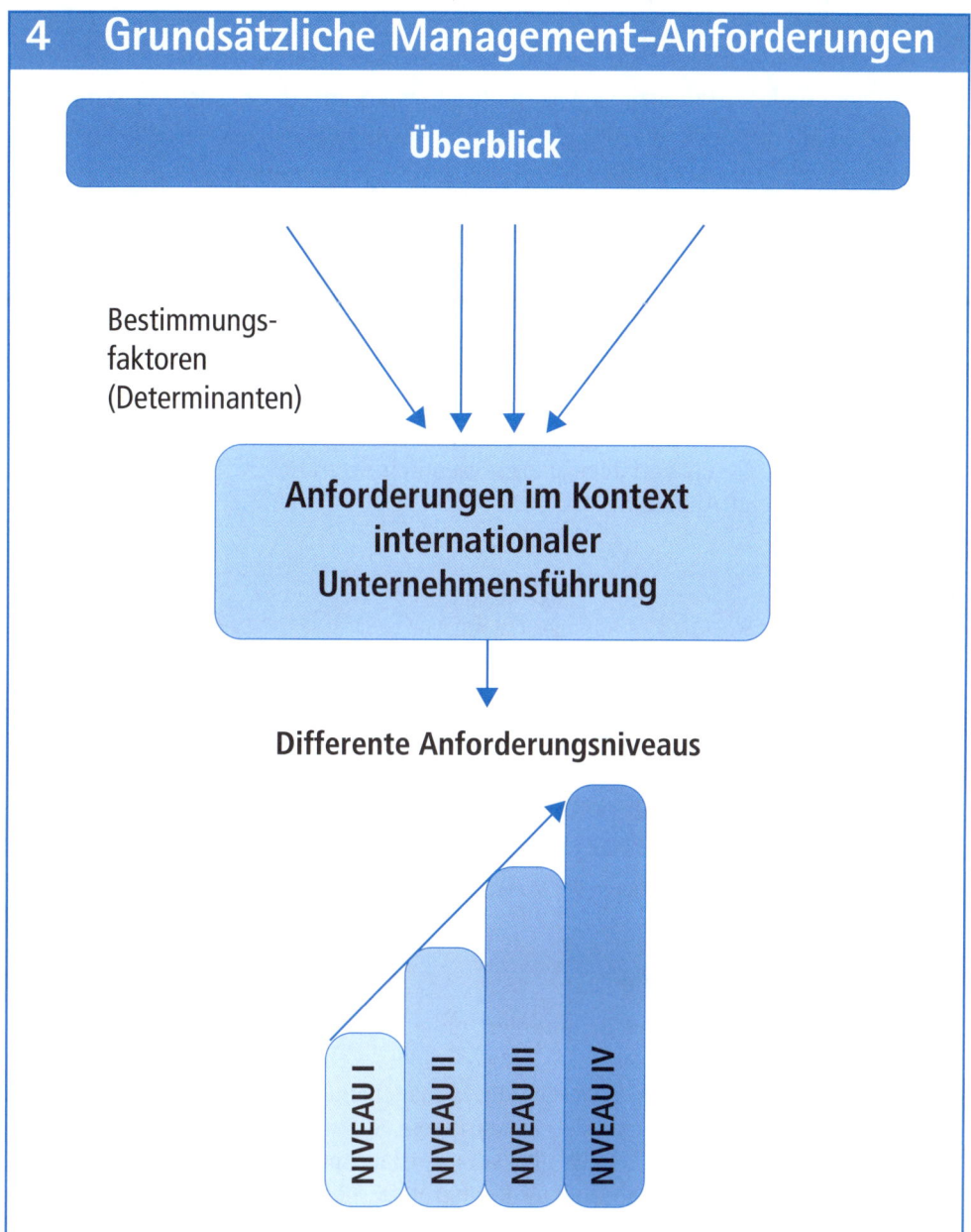

Überblick

Bestimmungs-
faktoren
(Determinanten)

Anforderungen im Kontext internationaler Unternehmensführung

Differente Anforderungsniveaus

NIVEAU I

NIVEAU II

NIVEAU III

NIVEAU IV

Die Internationalisierung des Unternehmens impliziert spezifische Anforderungen gegenüber der Managementfunktion. Im Interesse der Absicherung der angestrebten Zielrealisation gilt es, solche Anforderungen rechtzeitig zu antizipieren und mit den Potentialen der Unternehmung abzugleichen. Zu konstatierende Differenzen zwischen den Anforderungen grenzüberschreitender Unternehmenstätigkeit und den vorhandenen Potentialen des Unternehmens kennzeichnen den mit dem beabsichtigten Auslandsgeschäft verbundenen zusätzlichen Gestaltungsbedarf in personeller und struktureller Hinsicht. Die Qualität und die jeweiligen Ausprägungen der Management-Anforderungen variieren in Abhängigkeit von den relevanten situativen Einflussgrößen. In diesem Kapitel wird dazu ein stark abstrahierender Bezugsrahmen zur Herleitung der grundsätzlichen Anforderungen an die Unternehmensführung dargestellt.

4.1   Zentrale Bestimmungsfaktoren

Im Folgenden seien vier Kontextvariablen als in besonderem Maße anforderungsprägend ausgewiesen. Das Managementprofil im grenzüberschreitend operierenden Unternehmen wird von diesen Variablen ganz wesentlich determiniert. Den grundlegenden Zusammenhang zeigt Abbildung 4.1.

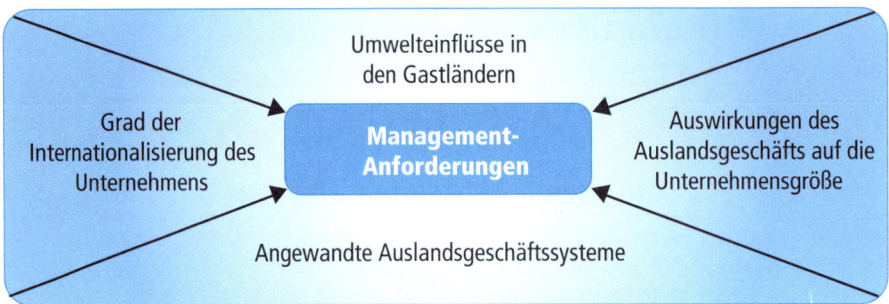

Abb. 4.1: Zentrale Bestimmungsfaktoren der Management-Anforderungen

Grad der Internationalisierung

Der Internationalisierungsgrad determiniert die relative Bedeutung des Auslandsgeschäfts im Rahmen des gesamten Unternehmensgeschehens. Je nach Ausprägung des Internationalisierungsgrades werden die Management-Anforderungen in stärkerem Maße durch Inlandsaktivitäten oder in stärkerem Maße durch grenzüberschreitende Operationen bestimmt. Dies betrifft alle vom Auslandsgeschäft tangierten Unternehmensbereiche. Einige bereichsbezogene Kenngrößen mögen das exemplarisch veranschaulichen:

- Beschaffung

$$\frac{\text{Wertmäßiges Beschaffungsvolumen im Ausland}}{\text{wertmäßiges Beschaffungsvolumen im Stammland}}$$

- Fertigung

$$\frac{\text{Output in ausländischen Betrieben}}{\text{Output in inländischen Betrieben}}$$

- Absatz

$$\frac{\text{Umsatz in anderen Ländern}}{\text{Umsatz am Binnenmarkt}}$$

- Personal

$$\frac{\text{Anzahl der Mitarbeiter im Ausland}}{\text{Anzahl der Mitarbeiter im Inland}}$$

Ceteris paribus gilt: Je größer der jeweilige Auslandsanteil in den bereichsbezogenen Relationen, um so stärker wird das Management der Bereiche in spezifischer Weise international ausgerichtet sein müssen.

Auswirkungen auf die Unternehmensgröße

Von wesentlicher Bedeutung im Hinblick auf die Unternehmensführung sind die mit den grenzüberschreitenden Aktivitäten korrelierenden Wachstumseffekte. Die Aufnahme internationaler Geschäftsbeziehungen muss keineswegs zwangsläufig eine Ausdehnung der Unternehmensgröße bewirken. Grundsätzlich kann die Größe der Unternehmung im Zusammenhang mit der Internationalisierung vielmehr in verschiedener Richtung beeinflusst werden. Das sei an den folgenden Fallgestaltungen veranschaulicht:

- Konstanz der Unternehmensgröße
  Eine Gruppe geschäftlicher Aktivitäten der Einzelwirtschaft wird im Verhältnis 1:1 vom Binnenmarkt in das Ausland verlagert.

- Verringerung der Unternehmensgröße
  Ein Effekt der Verringerung der Unternehmensgröße kann beispielsweise eintreten, sofern Internationalisierungsmaßnahmen Bestandteil einer tief greifenden Reorganisation sind. So verringert sich etwa die mittels der Anzahl der Mitarbeiter gemessene Größe der Unternehmung, wenn im Wege des Outsourcing das internationale Geschäftssystem des Contract Manufacturing Anwendung findet.

- Steigerung der Unternehmensgröße
  Das Auslandsgeschäft wird additiv zum bisherigen Geschäftsvolumen von der Einzelwirtschaft aufgenommen und betrieben. Ceteris paribus bedeutet dies, dass eine Ausdehnung der Unternehmensgröße, gemessen im Umsatz, in der Bilanzsumme oder in der Anzahl der Beschäftigten, resultiert.

Die Größe des Unternehmens stellt generell einen der bedeutsamsten Einflussfaktoren insbesondere struktureller Führung (vgl. Kieser/Walgenbach 2007, S. 316 ff.) dar. Im vorliegenden Zusammenhang bedarf – wie gezeigt – der internationalisierungsbedingte Größeneffekt sorgfältiger Berücksichtigung.

Umwelteinflüsse

Die grundlegende Voraussetzung für das langfristige Überleben des Unternehmens besteht in seiner Fähigkeit, sich adäquat der relevanten Umwelt und deren Veränderungen anzupassen. Dies ergibt sich aus den vielfältigen Interaktionsbeziehungen zwischen dem sozio-technischen System Einzelwirtschaft und seiner Systemumgebung (Supersystem).

Die Ausdehnung des wirtschaftlichen Operationsgebietes über die Grenzen des Stamm-landes hinaus konfrontiert die Unternehmung mit neuen Umweltbedingungen, nämlich mit den entsprechenden Gegebenheiten im Gastland; im Falle multilateraler Auslands-beziehungen sogar mit den Umwelteinflüssen verschiedener Gastländer. Von besonderer Bedeutung erscheint dabei das Ausmaß der Neuheit oder Andersartigkeit der Einflüsse aus den Gastland-Umwelten im Vergleich zu den Umweltbedingungen im Stammland. Derartige Differenzen bestimmen den Fremdheitsgrad des internationalen Kontextes.

Fremdheitsgrad des internationalen Kontextes

➜ Ausmaß der Differenzen maßgeblicher Einflussgrößen in den Gastland-Umwelten relativ zu den Einflussgrößen in der Stammland-Umwelt des Unternehmens

---

In Abhängigkeit davon, ob der Internationalisierungspfad der Einzelwirtschaft eher
- in vertraute Umwelten (= geringer Fremdheitsgrad) oder aber
- in eher fremde Umwelten (= hoher Fremdheitsgrad) gerichtet ist,

resultieren unterschiedliche Anforderungen an die Unternehmensführung.

Angewandte Auslandsgeschäftssysteme

Im Hinblick auf die inhaltliche Ausrichtung grenzüberschreitender Aktivitäten steht dem Unternehmen in Gestalt der verschiedenen internationalen Geschäftsarten oder Auslandsgeschäftssysteme ein breites Spektrum strategischer Optionen zur Ver-fügung. Solche Geschäftssysteme bestimmen den Einsatz personeller und sachlicher Ressourcen im internationalen Raum. Folglich hängt die Auswahl der anzuwendenden Systeme oder des anzuwendenden Systems entscheidend von den jeweiligen Zielen der Internationalisierung (Internationalisierungsmotive) ab.

> *Beispiel: Das Ziel der Erschließung neuer Märkte wird einen anderen Mittel-einsatz bedingen als eine Politik der Risikostreuung oder als das Bestreben um Reduzierung der Personalkosten.*

Allgemein formuliert ergeben sich zwischen den Geschäftssystemen der funktionalen Internationalisierung und denen der institutionellen Internationalisierung signifikante Differenzen hinsichtlich der Einflüsse auf das Konzept der Unternehmensführung.

4.2 Globale Anforderungsniveaus

Im Folgenden geht es darum, systematisch qualitativ differenzierende Hypothesen zu den Management-Anforderungen internationaler Unternehmenstätigkeit in Abhängig-keit von den Ausprägungen der wesentlichen Bestimmungsfaktoren herzuleiten. Mit dem heuristischen Ziel modellhafter Abstraktion wird dabei in Anlehnung an Dülfer die Betrachtung auf die beiden als herausragend relevant erachteten situativen Variab-len fokussiert, nämlich
- auf die Umwelteinflüsse im Gastland sowie
- auf das gewählte Auslandsgeschäftssystem (vgl. Dülfer 2001, S. 147 ff.).

Nach Einschätzung des Verfassers ist der Faktor Umwelteinflüsse im Gastland im Hinblick auf das zu erfüllende Niveau der spezifischen Management-Anforderungen von dominierender Bedeutung. Ein Unternehmen kann dauerhaft erfolgreich an einem ausländischen Markt nur agieren, wenn es ihm gelingt, den dortigen Umwelteinflüssen angemessen Rechnung zu tragen. In diesem Zusammenhang erscheint es evident, dass ein höherer Fremdheitsgrad der Auslandsumwelt (relativ zum Stammland) komplexere Anforderungen an die internationale Managementfunktion stellt.

Als zweitwichtigste Determinante des Anforderungsniveaus wird hier das angewandte Auslandsgeschäftssystem angesehen. Darauf bezogen gilt weiterhin die Annahme, dass die Management-Anforderungen mit zunehmender Intensität des Ressourcentransfers ansteigen. Auf dem Hintergrund der dargelegten Prämissen zeigt Abbildung 4.2 ein grobes Raster alternativer Fallgestaltungen betrieblicher Auslandsbeziehungen mit differenten Schwierigkeitsgraden (Anforderungsniveaus) in Bezug auf die Unternehmensführung.

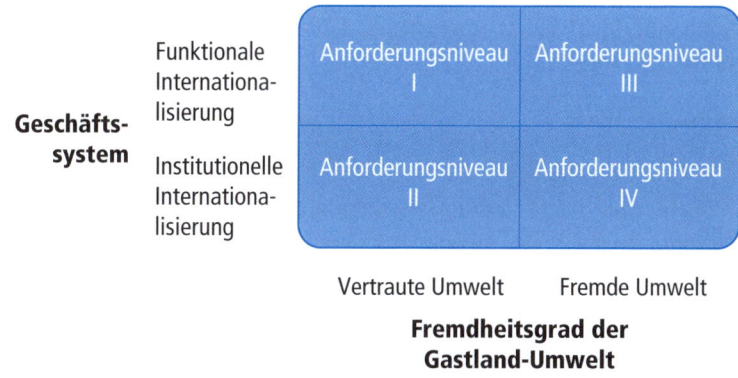

Abb. 4.2: Anforderungsniveaus internationaler Unternehmensführung
(Quelle: Nach Dülfer 2001, S. 148)

Anforderungsniveau I

Es erfolgt eine relativ wenig transferintensive funktionale Internationalisierung, wie dies beispielsweise beim Export oder beim Auslandsleasing der Fall ist. Der Zielmarkt (das Gastland) ist dem Binnenmarkt sehr ähnlich. Folglich sind die maßgeblichen Umwelteinflüsse dem Unternehmen und seinen Führungskräften im Wesentlichen vertraut.

Beispiel: Diese Voraussetzung kann etwa bei der Aufnahme von Geschäftsbeziehungen deutscher Unternehmen in anderen westeuropäischen Ländern grundsätzlich unterstellt werden.

Die abgebildete Variante der grenzüberschreitenden Ausdehnung des Operationsgebietes der Unternehmung ist in vergleichsweise geringem Maße mit neuen, spezifisch internationalen Management-Anforderungen verbunden. Einflüsse auf die Unternehmensführung werden insbesondere von den angestrebten Wachstumseffekten des Auslandsengagements (Auswirkungen auf die Unternehmensgröße) zu erwarten sein.

Anforderungsniveau II

Das Anforderungsniveau II wird charakterisiert durch den Aufbau geschäftlicher Institutionen des Unternehmens im Ausland.

> *Beispiel: Das Etablieren von Verkaufsniederlassungen oder Fertigungsstätten am Zielmarkt.*

Daraus resultiert a priori ein größerer Kapitaleinsatz. Außerdem müssen Mitarbeiter dauerhaft im Ausland beschäftigt werden. Allerdings hat die Umwelt im Gastland binnenmarktähnlichen Charakter und ist somit dem Unternehmen tendenziell vertraut. Im betrachteten Fall resultieren – analog zur Fallgestaltung I – wesentliche Anforderungen aus der organisatorischen Bewältigung des geplanten Wachstumsschritts. Darüber hinaus bedarf das Problem der Finanzierung der ausländischen Geschäftseinheit einer tragfähigen Lösung. Es gilt, den Zeitraum bis zur Erreichung des *Break-even-point* im Auslandsgeschäft finanzwirtschaftlich zu überbrücken. Je nach Ausgangssituation können durchaus über mehrere Perioden hinweg finanzielle Zuschüsse (Alimentierung, Portfolio-Management) aus dem Cash-flow des Stammland-Geschäfts der Unternehmung erforderlich werden.

Anforderungsniveau III

Das Unternehmen wagt den Sprung ins kalte Wasser einer fremden Gastland-Umwelt.

> *Beispiel: Aufnahme von Geschäftsbeziehungen in einem Entwicklungs- oder Schwellenland.*

Im Sinne der Risikobegrenzung wird dafür jedoch ein Geschäftssystem der funktionalen Internationalisierung gewählt. Die betrieblichen Entscheidungsträger versuchen, mit der Realisation weniger komplexer Auslandsaktivitäten – etwa in Form von Exportgeschäften oder Licensing – systematisch Erfahrungen und Know-how am fremden Zielmarkt zu gewinnen. Es wird ein vorsichtiger und lernorientierter Markteintritt gewählt. Auf dem Niveau III wird die Unternehmung zusätzlich zur zweiten Ebene der Anforderungen mit dem Erfordernis der Bewältigung spezifischer Einflüsse aus der fremden Umwelt konfrontiert. Dazu zählen insbesondere Sprachbarrieren, kulturelle Orientierungen sowie mentalitätsabhängige Präferenzen im Gastland. Der Marketing-Mix sollte folglich auf die im Vergleich zum Stammland differenten Umweltaspekte des Zielmarktes ausgerichtet werden. Dies betrifft die Produktgestaltung ebenso wie die Werbung und die Verkaufsförderung. Bei der Wahl der Absatzkanäle kann die Einbeziehung lokaler Absatzmittler wertvolle Hilfen hinsichtlich der Anpassung an kulturelle Besonderheiten des Gastlandes erbringen.

Anforderungsniveau IV

Im Niveau IV sind die höchsten Anforderungen grenzüberschreitender Geschäftsaktivitäten definiert: Die Unternehmung engagiert sich institutionell in fremder Umwelt. Damit wird der Schritt zum multinationalen Konzern konsequent in Angriff genommen. Das Bündel der Anforderungen in den Stufen I bis III erfährt in der Stufe IV eine fundamentale Erweiterung. Zumindest in längerfristiger Perspektive wird das Unternehmen mit der Notwendigkeit seiner grundlegenden Neuausrichtung konfrontiert. Das bezieht sich insbesondere auf

- das Leitungssystem,
- die Personalpolitik sowie
- die formalen organisatorischen Strukturen.

Außerdem erhält die ursprünglich lokal oder national geprägte Corporate Identity (CI) durch wechselseitige Stammland-Gastland-Einflüsse im Zeitablauf ein immer stärkeres internationales Profil.

4.3 Zusammenfassung

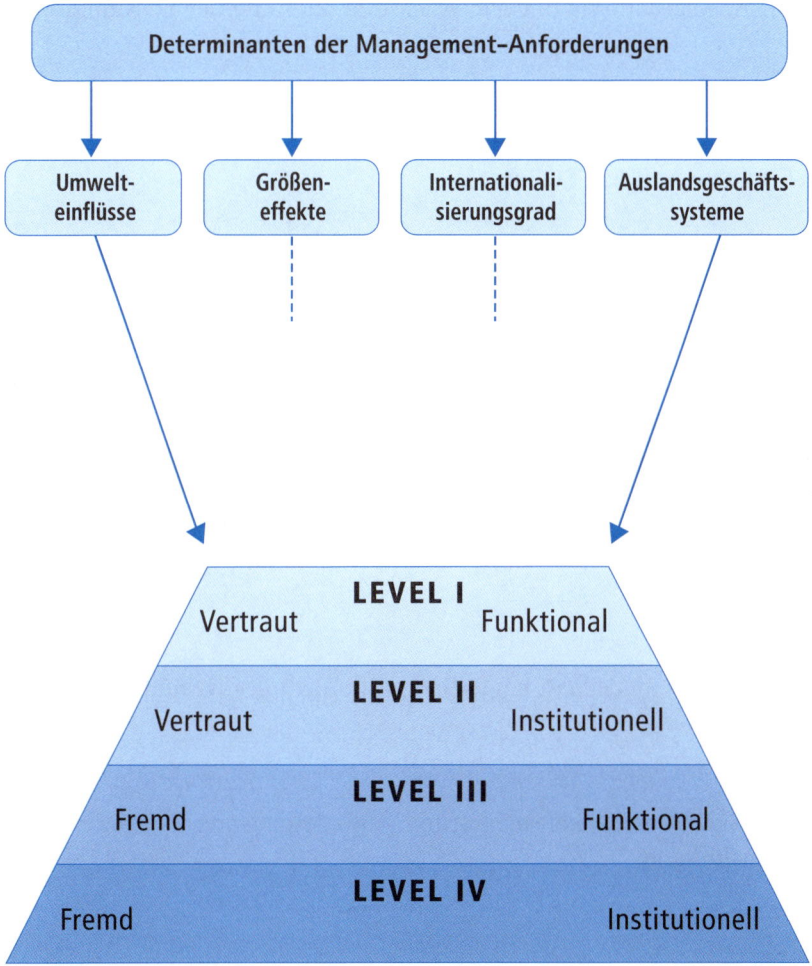

4.4 Kontrollaufgaben

Aufgabe 1:
Erörtern Sie aussagefähige Kenngrößen zur Messung des einzelwirtschaftlichen Internationalisierungsgrades.

Aufgabe 2:
Welcher Zusammenhang zwischen Internationalisierungsgrad und Management-Anforderungen lässt sich begründet herleiten?

Aufgabe 3:
Diskutieren Sie den Zusammenhang von grenzüberschreitenden Operationen des Unternehmens, einzelwirtschaftlichem Wachstum und Unternehmensführung.

Aufgabe 4:
Ein höherer Fremdheitsgrad der Gastland-Umwelt impliziert anspruchsvollere Aufgaben des internationalen Managements!
Nehmen Sie zu dieser These Stellung.

Aufgabe 5:
Diskutieren Sie den Zusammenhang von Auslandsgeschäftssystem und Management-Anforderungen.

Aufgabe 6:
Kennzeichen Sie das modellhaft hergeleitete Anforderungsniveau I internationaler Unternehmensführung.

Aufgabe 7:
Kennzeichen Sie das modellhaft hergeleitete Anforderungsniveau II internationaler Unternehmensführung.

Aufgabe 8:
Kennzeichen Sie das modellhaft hergeleitete Anforderungsniveau III internationaler Unternehmensführung.

Aufgabe 9:
Kennzeichen Sie das modellhaft hergeleitete Anforderungsniveau IV internationaler Unternehmensführung.

4.5 Literatur

4.5.1 Quellen

Dülfer, E.: Internationales Management in unterschiedlichen Kulturbereichen, 6. Auflage, München, Wien 2001

Kieser, A.; Walgenbach, P.: Organisation, 5. Auflage, Stuttgart 2007

4.5.2 Hinweise zur Vertiefung

Zu den bereichsbezogenen Management-Aufgaben und Management-Anforderungen:

Perlitz, M.: Internationales Management, 5. Auflage, Stuttgart 2004, S. 273–431

Zu Einfluss der Unternehmensgröße:

Kieser, A.; Walgenbach, P.: Organisation, 5. Auflage, Stuttgart 2007, S. 316–331

Zur Berücksichtigung der Auslandsumwelt:

Dülfer, E.: Internationales Management in unterschiedlichen Kulturbereichen, 6. Auflage, München, Wien 2001, S. 217–275

5 Kulturübergreifende Kooperation

Überblick

Kultureller Kontext
- National
- Einzelwirtschaft
- Individuum
- Subkultur
- Natur

Modell Länderkulturen
- Macht
- Maskulinität / Femininität
- Kollektiv / Individuum
- Unsicherheit
- Konfuzianische Dynamik
- Zeitmentalität

Unternehmenskultur
- Corporate Identity-Ansatz
- 7 S-Modell

Führungsverhalten
- Führungsstil
- Interkulturelle Kompetenz
- Verantwortung
- Training

Erfolgsfaktoren interkultureller Kooperation

| Kontingenz und Konsistenz | Konflikt-bewältigung | • Antizipation • Planung • Organisations-entwicklung |

5.1 Unternehmensaktivitäten im Kontext kultureller Einflüsse

Das Handeln in Unternehmen und damit die Formen betrieblicher Zusammenarbeit werden maßgeblich durch situative Einflussgrößen geprägt. Eine Gruppe derartiger Einflussgrößen resultiert aus dem kulturellen Kontext der Unternehmensaktivitäten. Die Kultur impliziert wesentliche Rahmenbedingungen in Bezug auf die effiziente Gestaltung der betrieblichen Leistungsprozesse. Allerdings erweist sich das Phänomen

Kultur als ein hoch komplexes, heterogenes und schwer erfass- sowie konkretisierbares Situationssegment einzelwirtschaftlicher Institutionen. Der lateinische Begriffsursprung cultura bedeutet Anbau, Pflege, Ausbildung.

> **Begriffsursprung: cultura (Latein)**
> → Anbau, Pflege, Ausbildung

Den Kontrast dazu bildet die Natur als Gesamtheit der dem Menschen originär vorgegebenen Lebensumstände. Auf diesem Hintergrund ist Kultur deutbar als das Resultat des menschlichen Bestrebens um bedürfnisorientierte Beeinflussung der naturgegebenen Lebensbedingungen. Das Kontinuum in Abbildung 5.1 illustriert die skizzierte Kultur-Interpretation.

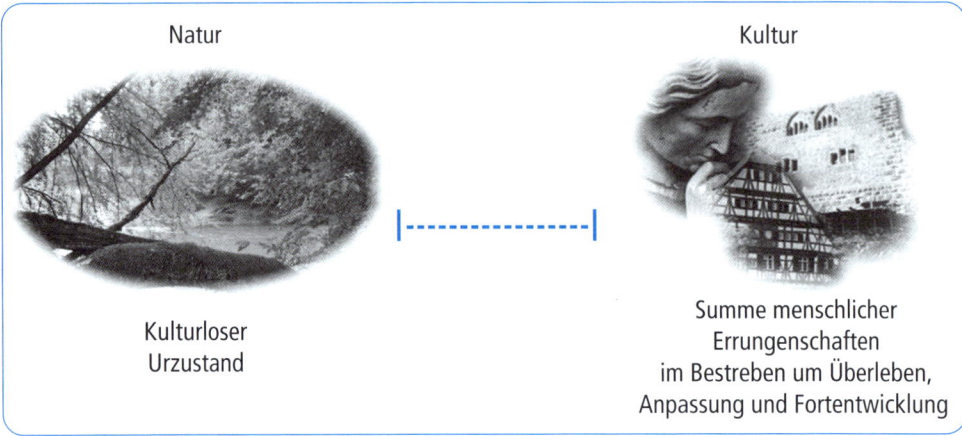

Abb. 5.1: Entstehungszusammenhang von Kultur

In betriebswirtschaftlicher Perspektive erscheinen einzelne Merkmale des Kulturphänomens von besonderer Bedeutung. So wird etwa herausgestellt, dass Kultur

- von Menschen geschaffen und Produkt kollektiven Handelns ist,
- sich in Symbolen ausdrückt,
- ein prägendes Lernfeld des Individuums darstellt,
- überindividuellen, sozialen und dauerhaften Charakter hat,
- kollektives und individuelles Verhalten durch Normen, Regeln und Werte steuert,
- trotz hoher Stabilität und Kontinuität langfristigem Wandel unterliegt,
- nach Konsistenz und Integration strebt (vgl. v. Keller 1982, S. 114 ff.).

Offensichtlich hat Kultur als Korrelat der Entwicklung sozialer Gemeinschaften unter anderem die Funktion eines komplexen Kriteriums der Differenzierung sozialer Grup-

pen. Das reflektiert beispielsweise die gebräuchliche Verwendung des Begriffs der Subkultur. Diesen Aspekt der Konstituierung und der Markierung sozialer Gruppen betont
Hofstede, indem er postuliert:

> *„Culture is to a human collectivity what personality is to an individual"*
> *(Hofstede 1988, S. 21).*

Objekthaften Ausdruck findet Kultur dagegen etwa in Bauwerken oder Kunstgegen-
ständen. Zusammenfassend sei die Kategorie Kultur wie folgt definiert.

Kultur
➜ Gesamtheit der Erkenntnisse und Werte einer (größeren) Population und deren Objektivationen im wissenschaftlichen, musischen, sozialen und technischen Bereich

Bezüglich des grenzüberschreitenden Zusammenwirkens wirtschaftender Einheiten erscheint die kulturelle Geprägtheit individuellen Verhaltens von besonderer Relevanz.

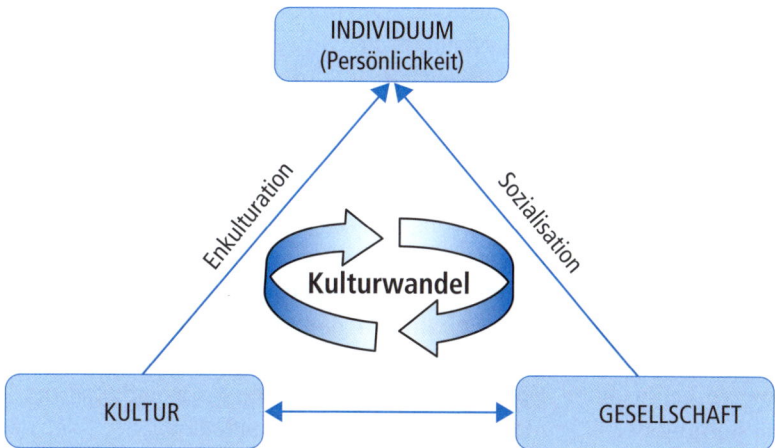

Abb. 5.2: Kultur und Persönlichkeitsentwicklung (Quelle: Nach v. Keller 1982, S. 143)

Die umgebende Kultur beeinflusst die Entwicklung der Persönlichkeit des Individuums.

- Dies geschieht zum einen durch die Enkulturation, welche das Lernen der spezifischen Kulturmuster sowie der kulturimmanenten Wertvorstellungen umfasst.

- Zum anderen bewirkt die Sozialisation die Anpassung des Individuums an die
  Strukturen der Gesellschaft. Eben diese gesellschaftlichen Strukturen sind ihrerseits
  wiederum in hohem Maße kulturdeterminiert.

- Umgekehrt beeinflussen gesellschaftliche Prozesse die Kultur. Kultur ist – wie oben
  zum Ausdruck gebracht – gerade auch ein Korrelat der Entwicklung sozialer Gemeinschaften. Das dynamische Element im skizzierten Wirkungszusammenhang

zwischen Kultur, Gesellschaft und Individuum verkörpert der kulturelle Wandel. Diese Kategorie bezeichnet die Änderung der Inhalte sowie der Einflussbeziehungen im (längerfristigen) Zeitablauf.

Die Zusammenarbeit einer Unternehmung mit Interaktionspartnern aus anderen Ländern (Gastländern) – wie etwa Kunden, Lieferanten, Mitarbeiter – wird ceteris paribus umso schwieriger, je stärker sich Stammland-Kultur und Gastland-Kultur voneinander unterscheiden. Das Ausmaß derartiger Kulturdifferenzen bestimmt maßgeblich den Fremdheitsgrad der Auslandsumwelt.

- Ein hoher Fremdheitsgrad des Zielgebiets grenzüberschreitender Geschäftsaktivitäten impliziert für die betrachtete inländische Unternehmung Risiken, Unsicherheit, vergrößerte Fehlerwahrscheinlichkeit sowie umfangreichen individuellen und kollektiven Lernbedarf.

- Andererseits vermag erfolgreiche kulturübergreifende Kooperation dem Unternehmen völlig neuartige wirtschaftliche Chancen zu eröffnen, die im angestammten Kulturkreis nicht realisierbar sind.

Offenbar existieren einzelwirtschaftliche Synergiepotentiale interkultureller Zusammenarbeit, welche sich aus der systematischen Integration der jeweiligen Besonderheiten und Stärken der Kooperationspartner aus unterschiedlichen Ländern herleiten lassen.

Die Kultur als Bestandteil der Unternehmensumwelt stellt für das Management und die anderen personellen Aufgabenträger im Unternehmen eine praktisch nicht beeinflussbare Gruppe exogener Variablen dar. Im Interesse der Effektivität des unternehmensseitigen Handelns kommt es darauf an, einen *fit* zwischen den im Unternehmen eingesetzten Führungsinstrumenten und Managementsystemen auf der einen sowie den kulturellen Bedingungen im Umfeld auf der anderen Seite zu realisieren, d.h. harmonische Beziehungen zwischen unternehmensinternen Variablen und kulturellen Anforderungen herzustellen. Konkret begründet dies die Notwendigkeit der kulturadäquaten Gestaltung der Führungskonzeption des Unternehmens.

Neben ihrer Bedeutung als Umweltkomponente spielt Kultur aber auch als Eigenschaft erwerbswirtschaftlicher Organisationen eine wichtige Rolle. Dies betrifft die betriebswirtschaftliche Kategorie der Unternehmenskultur. Im Unterschied zur Umwelt-Kultur rangiert die Unternehmenskultur auf einer anderen Systemebene der Situation.

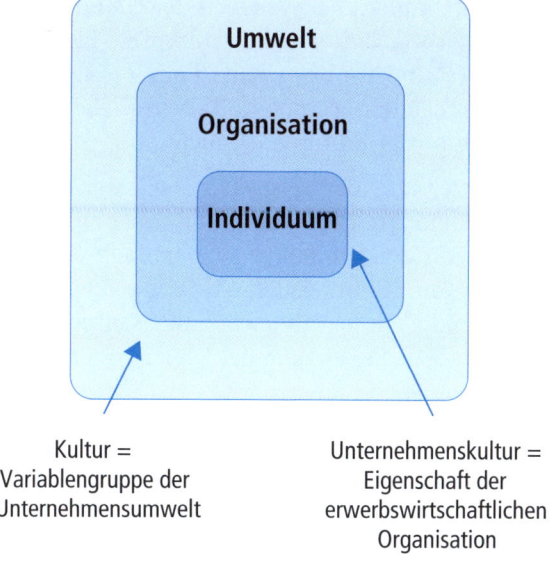

Abb. 5.3: Kulturelle Einflüsse und Systemebenen der Situation

> In der Unternehmenskultur drücken sich insbesondere die gemeinsam geteilten
> Wertvorstellungen der Organisationsmitglieder aus!

Nach Peters/Waterman ist das „sichtbar gelebte Wertesystem" (1993, S. 321) eines der charakteristischen Kennzeichen herausragend erfolgreicher Unternehmen. Die Erfolgsvoraussetzung für die Einzelwirtschaft besteht in der Herstellung von Kompatibilität (fit) von Umwelt-Kultur und Unternehmenskultur. Ein Unternehmen wird dauerhaft dann effizient agieren und die angestrebten Ziele erreichen können, wenn Friktionen zwischen nationalen kulturellen Bedingungen sowie den unternehmensintern handlungsleitenden Wertvorstellungen vermieden oder wenigstens minimiert werden. Analog zur Vielgestaltigkeit der relevanten Länderkulturen im grenzüberschreitenden Umfeld des international agierenden Unternehmens werden gastlandbezogene unternehmenskulturelle Adaptionen und Modifikationen im Interesse der wirtschaftlichen Handlungsfähigkeit an den jeweiligen Auslandsstandorten erforderlich.

5.2 Deskription und Differenzierung nationaler Kulturen

Aus der erheblichen betriebswirtschaftlichen Bedeutung von Kultur als Segment der Umweltsituation des Unternehmens folgt die Notwendigkeit der Erfassung besonders belangvoller Merkmale nationaler Kulturen im grenzüberschreitenden betrieblichen Operationsgebiet. Es gilt, jene Kultur-Aspekte zu identifizieren, welche in signifikanter Weise auf das betriebliche Geschehen einwirken. Außerdem bedarf es im Hinblick auf die möglichst gezielte Ausrichtung von Systemen der Unternehmensführung der operationalen Darstellung von Variablen nationaler Kulturen. Eine Kulturvariable ist operationalisiert, wenn ihre Deskription in messbarer Form erfolgt. Durch Messung solcher Variablen in verschiedenen Ländern werden Kulturvergleiche und damit problembezogene Differenzierungen nationaler Kulturen möglich.

Auf dem Gebiet der Beschreibung, des Vergleichs sowie der Differenzierung von Landeskulturen besitzen die umfangreichen Forschungsarbeiten von Geert Hofstede herausragenden Stellenwert. Auf der Grundlage sehr umfangreichen Datenmaterials aus dem multinationalen IBM-Konzern untersuchte Hofstede die Kulturmerkmale von über 50 Ländern. Das Resultat bildet ein vierdimensionales Kulturmodell. Darin werden die besonders wichtigen Kultur-Aspekte anhand der Dimensionen

- Machtdistanz oder Machtgefälle,
- Kollektivismus versus Individualismus,
- Femininität versus Maskulinität,
- Unsicherheitsvermeidung

abgebildet (vgl. Hofstede/Hofstede 2006, S. 28 ff.).

In der vorliegenden Betrachtung soll das außerordentlich fundierte Hofstede-Modell übernommen, jedoch um zwei zusätzliche Dimensionen zur Charakterisierung nationaler Kulturen erweitert werden.

- Es handelt sich zum einen um die Dimension Konfuzianische Dynamik, welche basierend auf chinesischen Wertemustern (Chinese Value Survey = CVS) von einer durch Michael Bond geleiteten Forschungsgruppe nachgewiesen wurde. Diese aus 24 Wissenschaftlern bestehende Forschungsgruppe hat die Ergebnisse ihrer Studie unter der Verfasserangabe *The Chinese Culture Connection* veröffentlicht (vgl. The Chinese Culture Connection 1987, S. 143 ff.).

- Zum anderen wird als sechste Kulturdimension die Zeitmentalität einbezogen. Hierin kommt zum Ausdruck, dass der Umgang mit der Größe Zeit und die darauf bezogene soziale Grundorientierung über verschiedene Kulturen recht unterschiedlich verteilt sind. Die sechs genannten Dimensionen verhalten sich zueinander keineswegs redundanzfrei. Jede Dimension fokussiert aber eine andere Besonderheit von Kultur. Im Folgenden werden die Dimensionen nationaler Kulturen vertiefend erörtert.

5.2.1 Das Machtgefälle in der Gesellschaft

> Die Kulturdimension **Machtgefälle oder Machtdistanz** beschreibt das Ausmaß an Ungleichheit und Ungleichbehandlung von Individuen oder Personengruppen innerhalb eines Landes.

Ein solches Machtgefälle existiert prinzipiell in jeder Gesellschaft. Kulturabhängig und damit interkulturell different ist allerdings das Ausmaß der gesellschaftlich akzeptierten

Asymmetrie der Verteilung von Macht in Organisationen und Institutionen. Das kommt in der folgenden Definition zum Ausdruck (Hofstede 1980, S. 45):

> *„The first dimension of national culture is called Power Distance. It indicates the extent to which a society accepts the fact that power in institutions and organisations is distributed unequally. It's reflected in the values of the less powerful members of society as well as in those of the more powerful ones."*

Zum Zwecke der Messung des Machtgefälles wird auf der Grundlage von Befragungen ein Index-Wert ermittelt. Dieser Machtdistanzindex (MDI) vermittelt die relativen Positionen der untersuchten Länder, d.h. er signalisiert die Abstände der Länder zueinander. Absolute Positionen der Länder hinsichtlich des dort zu verzeichnenden Machtgefälles reflektiert der MDI hingegen nicht. Die folgenden Tabellen zeigen die viel beachteten und sehr aufschlussreichen Index-Werte aus den Hofstede-Studien für die Kulturdimension Machtgefälle in insgesamt 53 Ländern oder Länderregionen.

Im Sinne der handlungsrelevanten Strukturierung der empirischen Befunde erfolgt nach dem Kriterium des Ausmaßes des Machtgefälles eine Unterteilung der untersuchten Gesellschaften in fünf Klassen. Damit wird das Machtgefälle stärker analytisch differenziert als die weiter unten zu erörternden anderen Kulturdimensionen. Dies geschieht deshalb, weil nach Einschätzung des Verfassers die kulturelle Machtkomponente in Bezug auf Konzepte der Unternehmensführung und der unternehmensübergreifenden Zusammenarbeit herausgehobene Bedeutung besitzt.

Länder mit sehr großem oder großem Machtgefälle

Kriterium der Klassifikation:
Nationen/Länderregionen mit sehr großem Machtgefälle
➜ MDI ≥ 80

In Tabelle 5.1 sind die entsprechenden Länder sowie die für sie ermittelten Index-Punkte aufgeführt.

Land/Region	MDI-Punkte	Land/Region	MDI-Punkte
Malaysia	104	Mexico	81
Guatemala	95	Venezuela	81
Panama	95	Arabische Länder	80
Philippinen	94		

Tab. 5.1: Gesellschaftliches Machtgefälle – Länder/Länderregionen mit sehr hohem Machtdistanzindex (MDI) (Quelle: Hofstede 1997, S. 30 f.)

Die Spitzenposition des deutlich größten Machtgefälles nimmt Malaysia mit 104 MDI-Punkten ein. Auch für die übrigen Länder dieser Gruppe gilt, dass die Konsequenzen ausgeprägter gesellschaftlicher Machtdistanz im Hinblick auf arbeitsteilige Interaktionen in sehr starkem Maße greifen und im Rahmen interkultureller Unternehmensführung entsprechend der sorgfältigen Berücksichtigung bedürfen.

Durch nicht so extremes, aber dennoch großes Machtgefälle ist die zweite Gruppe von Ländern gekennzeichnet.

Kriterium der Klassifikation:
Nationen/Länderregionen mit großem Machtgefälle
➜ $60 \leq MDI < 80$

Land / Region	MDI-Punkte	Land/Region	MDI-Punkte
Ecuador	78	Türkei	66
Indonesien	78	Belgien	65
Indien	77	Ostafrika	64
Westafrika	77	Peru	64
Jugoslawien	76	Thailand	64
Singapur	74	Chile	63
Brasilien	69	Portugal	63
Frankreich	68	Uruguay	61
Hongkong	68	Griechenland	60
Kolumbien	67	Südkorea	60
Salvador	66		

Tab. 5.2: Gesellschaftliches Machtgefälle – Länder/Länderregionen mit hohem Machtdistanzindex (MDI) (Quelle: Hofstede 1997, S. 30 f.)

Das betrachtete Segment ist vergleichsweise dicht besetzt. Immerhin fallen 21 Länder in diese Machtdistanz-Klasse. Das entspricht knapp 40 % aller untersuchten Nationen/ Regionen. Qualitativ sind für große Ausprägungen und noch verstärkt für sehr große Ausprägungen der Kulturdimension Machtgefälle die folgenden allgemeinen gesellschaftlichen Merkmale charakteristisch (vgl. Hofstede 1997, S. 46 ff.):

• Religion und Philosophie unterstützen stark hierarchische gesellschaftliche Strukturen und Klassenbildung innerhalb der Gesellschaft.

• Es bestehen erhebliche Asymmetrien in der Einkommensverteilung. Das Steuerrecht begünstigt solche Ungleichheiten.

• Machtkampf wird politisch ideologisiert und praktiziert. Die Parteienlandschaft umfasst starke Links-/ bzw. Rechtsparteien sowie eine schwache politische Mitte.

• Management-Theorien stellen die Rolle der Führungskraft besonders heraus.

• Im Austausch der Personen an der gesellschaftlichen Spitze wird die Möglichkeit zur Änderung des politischen Systems gesehen (Revolution).

Die formalen Organisationsstrukturen der Unternehmen reflektieren das kulturelle Umfeld. Ähnlich wie auf der nationalen Ebene sind auch in den Betrieben steile Hierarchien konstatierbar. Entsprechend starke Differenzierungen finden sich im betrieblichen

Entgeltgefüge. Innerhalb von Gesellschaften mit sehr großem oder großem Machtgefälle besteht in den Unternehmen die Tendenz zur Zentralisation. Die Mitarbeiter haben die Erwartung, durch Arbeitsanweisungen effizient in die Gesamtabläufe eingebunden zu werden. Favorisierter Vorgesetzten-Typus ist der wohlwollende Autokrat oder Patriarch. Die Auszeichnung von Managern mit Privilegien und Statussymbolen entspricht den gesellschaftlichen Wertvorstellungen. Folglich sind derartige Incentives außerordentlich beliebt und begehrt. Von ihnen geht für die Individuen starke Anreiz- und Aufforderungswirkung aus.

Länder mit sehr geringem oder geringem Machtgefälle

Während Malaysia den oberen Pol der Machtdistanz-Skala besetzt, ist Österreich am anderen Ende des Intervalls zu finden. Diese Nation zählt zu den Ländern mit sehr geringem gesellschaftlichen Machtgefälle.

Kriterium der Klassifikation: Nationen/Länderregionen mit sehr geringem Machtgefälle → MDI < 20

Land/Region	MDI-Punkte
Dänemark	18
Israel	13
Österreich	11

Tab. 5.3: Gesellschaftliches Machtgefälle – Länder/Länderregionen mit sehr niedrigem Machtdistanzindex (MDI) (Quelle: Hofstede 1997, S. 30 f.)

Wie aus Tabelle 5.3 hervorgeht, ist Österreich mit lediglich 11 MDI-Punkten im gesamten Untersuchungsbereich das Land mit dem geringsten Machtgefälle. Der Abstand zu Malaysia beträgt 93 Punkte. Besonders bemerkenswert erscheint darüber hinaus beispielsweise der große Abstand von Österreich zum geografisch nahen und ebenfalls der Europäischen Union zugehörigen Frankreich, welches mit 68 Punkten, also 57 Punkten mehr als Österreich, zu den Ländern mit hohem Machtgefälle zählt.

Ähnliches gilt für den Vergleich von Österreich oder auch von Dänemark (sehr geringes Machtgefälle, Tabelle 5.3) mit Belgien, Portugal oder Griechenland (hohes Machtgefälle, Tabelle 5.2). Bereits im relativ engen Wirtschafts- und Lebensraum der Europäischen Union treffen hinsichtlich der Dimension Machtgefälle deutlich gegensätzliche nationale Kulturen aufeinander. Dies macht grundlegende Anforderungen grenzüberschreitender innenbetrieblicher und zwischenbetrieblicher Zusammenarbeit deutlich. Differente Ausprägungen der Machtdistanz erfordern im Interesse des internationalen Unternehmenserfolges länderspezifisch angepasste Vorgehens- und Verhaltensweisen. Unternehmensseitige Ignoranz oder mangelnde Sensibilität in Bezug auf diese Kulturdimension determiniert Störungen in der Aufgabenwahrnehmung im Ausland sowie unvorhergesehene Friktionen im Rahmen länderübergreifender Kooperation.

> **Kriterium der Klassifikation:**
> Nationen/Länderregionen mit geringem Machtgefälle
> ➜ 20 ≤ MDI < 40

Tabelle 5.4 zeigt die dieser Klasse zuzuordnenden Länder.

Land/Region	MDI-Punkte	Land/Region	MDI-Punkte
Kanada	39	Schweiz	34
Niederlande	38	Finnland	33
Australien	36	Norwegen	31
Costa Rica	35	Schweden	31
Deutschland	35	Irland	28
Großbritannien	35	Neuseeland	22

Tab. 5.4: Gesellschaftliches Machtgefälle – Länder/Länderregionen mit niedrigem Machtdistanzindex (MDI) (Quelle: Hofstede 1997, S. 30 f.)

Von den 12 ausgewiesenen Ländern sind 8 europäische Staaten. Bei allen konstatierbaren kulturellen Differenzen zwischen Großbritannien und Deutschland[1] gilt für beide Nationen ein MDI von 35 Punkten, d. h., das Machtgefälle der Länder ist etwa gleich ausgeprägt. Ein identischer MDI wurde ebenfalls für Costa Rica, dem einzigen erfassten lateinamerikanischen Land mit geringem gesellschaftlichen Machtgefälle, ermittelt.

Typisch für Länder mit geringem und in besonderem Maße für Länder mit sehr geringem Machtgefälle sind die nachstehend skizzierten Merkmale (vgl. Hofstede 1997, S. 46 ff.):

- Religiöse und philosophische Doktrinen betonen die Gleichheit der Menschen.
- Die bestehenden Einkommensunterschiede sind vergleichsweise gering, zusätzlich wirken die Steuergesetze in Richtung der Reduzierung von Asymmetrien in der Einkommensverteilung.
- Dominierende politische Ideologien präferieren und realisieren Machtteilung.
- Management-Theorien betonen die Rolle der Mitarbeiter.
- Es besteht die Überzeugung, dass Änderungen des politischen Systems sinnvoll durch das Ändern der Regeln (Evolution) möglich sind.

Der Grad hierarchischer Unternehmensstrukturierung wird im Einzelfall nach Effizienzkriterien bestimmt. Steile Hierarchien gelten keinesfalls per se als erfolgsüberlegen, sondern erfahren aus dem kulturellen Umfeld tendenziell Ablehnung oder kritisches Hinterfragen. Die konstatierbaren betrieblichen Entgeltdifferenzen fallen eher moderat aus. Seitens der Mitarbeiter bestehen nachhaltige Partizipationserwartungen. Idealtypischer

---

[1] Da die Hofstede-Studien bereits vor der Wiedervereinigung Deutschlands durchgeführt wurden, sind nur Daten aus der früheren Bundesrepublik Deutschland eingegangen.

Vorgesetzter ist der integrationsfähige Demokrat. Privilegien und Statussymbole sind unpopulär.

Länder mit mittlerem Machtgefälle

Kriterium der Klassifikation:
Nationen/Länderregionen mit mittlerem Machtgefälle
➜ 40 ≤ MDI < 60

Land/Region	MDI-Punkte	Land/Region	MDI-Punkte
Iran	58	Italien	50
Taiwan	58	Argentinien	49
Spanien	57	Südafrika	49
Pakistan	55	Jamaika	45
Japan	54	USA	40

Tab. 5.5: Gesellschaftliches Machtgefälle – Länder/Länderregionen mit mittlerem Machtdistanzindex (MDI) (Quelle: Hofstede 1997, S. 30 f.)

Von den weltweit führenden Wirtschaftsnationen sind die USA und Japan dem betrachteten Bereich zuzuordnen. Dies mag angesichts evidenter kultureller Differenzen zwischen den beiden Ländern zunächst überraschen. Solche Kulturunterschiede ergeben sich demnach auf anderen Dimensionen. Jedenfalls besteht nach Maßgabe der Hofstede-Befunde große Ähnlichkeit im Machtgefälle, wenngleich Japan zu einer höheren Machtdistanz tendiert und die USA näher dem Bereich geringer Machtdistanz anzusiedeln sind. Zu beachten ist, dass das Machtgefälle allein noch keine Kulturcharakteristik abgeben kann. Die Bedeutung des Machtgefälles innerhalb einer Nation ergibt sich erst im Zusammenhang mit den konstatierbaren Ausprägungen anderer Kulturvariablen. Dies zeigen auch die Befunde für die übrigen Länder, welche über die verschiedenen Kulturdimensionen durchaus nicht immer einheitlich einzustufen sind. Umfassendere kulturelle Affinitäten zwischen Nationen lassen sich etwa mittels Faktorenanalyse und Clusterbildung herausarbeiten (vgl. Hofstede 1997, S. 27 f.).

Grundsätzlich erscheinen die in Tabelle 5.5 aufgeführten Nationen hinsichtlich ihrer Machtorientierung ambivalent oder flexibel.

- Einerseits werden dort Ungleichheiten in der Machtverteilung akzeptiert, ja sogar erwartet.

- Andererseits herrscht in diesen Ländern die Auffassung vor, dass Macht der Begrenzung und gesellschaftlichen Bindung oder Verpflichtung bedarf.

Diese Grundhaltung findet im ökonomischen Sektor beispielsweise Ausdruck in der Modellvorstellung der Sozialen Marktwirtschaft. Das liberale Spiel der Wirtschaftskräfte mit daraus resultierenden Ungleichheiten in der Verfügungsmacht über Produktionsmittel als Motor ökonomischer Leistungssteigerung wird begrenzt durch die soziale Verantwortung des Privateigentums, welche in den rechtlichen und politischen Rahmenbedingungen wirtschaftlichen Handelns verankert ist.

5.2.2 Kollektivismus versus Individualismus

Die zweite Dimension des Kulturmodells nach Hofstede bezieht sich auf die Funktion von Gruppenbildungen in Gesellschaften. Untersucht wird, inwieweit sich die Personen im jeweiligen Land eher als autonome Individuen oder eher als Angehörige einer bestimmten Gruppe verstehen.

Individualistische Gesellschaften

➡ Gemeinwesen mit lockeren Bindungen zwischen den Individuen;
es dominiert die Erwartung, dass das einzelne Mitglied für sich selbst und
für seine unmittelbare Familie eigenständig Sorge trägt

VERSUS

Kollektivistische Gesellschaften

➡ Gemeinwesen, die aus starken Wir-Gruppen bestehen; das einzelne Mitglied wird in solche Gruppen hineingeboren und durch diese grundsätzlich lebenslang geschützt; die Gruppenregeln verlangen vom Individuum uneingeschränkte Loyalität mit dem Kollektiv

---

Die Messung von Kollektivismus und Individualismus erfolgt anhand des Individualismusindex (IDV). Der IDV-Punktwert signalisiert die relative Position des betrachteten Landes innerhalb der untersuchten Gesamtheit von Ländern oder Länderregionen.

Individualistische Länder

In Tabelle 5.6 sind die Länder mit vergleichsweise hohem IDV, d.h. Nationen individualistischer Prägung dargestellt.

Das Merkmal **Individualismus** wird hier für Gesellschaften mit IDV ≥ 50 angenommen

---

Land/Region	IDV-Punkte	Land/Region	IDV-Punkte
USA	91	Frankreich	71
Australien	90	Irland	70
Großbritannien	89	Norwegen	69
Kanada	80	Schweiz	68
Niederlande	80	Deutschland	67
Neuseeland	79	Südafrika	65
Italien	76	Finnland	63
Belgien	75	Österreich	55
Dänemark	74	Israel	54
Schweden	71	Spanien	51

Tab. 5.6: Kollektivismus versus Individualismus – Länder/Länderregionen mit hohem Individualismusindex (IDV) (Quelle: Hofstede 1997, S. 69 f.)

Mit deutlichem Abstand gegenüber den nachfolgenden Nationen rangieren die USA, Australien und Großbritannien an der Spitze des Segments individualistischer Gesellschaften. Dies korrespondiert bei Australien und Großbritannien mit niedrigem Machtgefälle, im Falle der USA mit mittlerem Machtgefälle. Außerdem erscheint bemerkenswert, dass die individualistischen Länder im Weltvergleich praktisch alle als wohlhabend eingestuft werden können. Von den führenden Wirtschaftsnationen fehlt in der Gruppe der Individualismusländer nur Japan, welches sich in diesem Punkt von Ländern wie den USA, Großbritannien, Frankreich oder auch Deutschland signifikant unterscheidet. Weiterhin sind individualistische Gesellschaften durch die nachstehenden Merkmale gekennzeichnet (vgl. Hofstede 1997, S. 90 ff.):

- Individualinteressen haben Vorrang vor Kollektivinteressen.

- Die Privatsphäre des Einzelnen ist wesentliches Rechtsinstitut.

- Wähler üben politische Macht aus.

- Individuelle Freiheit ist ideologisch höherrangig als Gleichheit.

- Die Selbstverwirklichung des Individuums stellt einen der höchsten gesellschaftlichen Werte dar.

Im Arbeitsleben individualistischer Gesellschaften spielt der (bilaterale) Vertrag eine herausragende Rolle in Bezug auf die sinnvolle Regelung der Gestaltungsfelder. Die vertraglich vereinbarten Arbeitgeber-Arbeitnehmer-Beziehungen sollen auf wechselseitigem Nutzen basieren. Im Unternehmen wird erwartet, dass Entscheidungen über die Einstellung von Mitarbeitern sowie über Beförderungen nach dem Kriterium der individuellen Potentiale, Fähigkeiten und Fertigkeiten erfolgen. Management wird als Motivation von Individuen gedeutet. Die Aufgabe (Sache) erhält Vorrang gegenüber der sozialen Komponente (Emotionen, Beziehungen).

Kollektivistische Länder

> Als (tendenziell) kollektivistisch werden hier Gesellschaften mit erhobenem IDV < 50 eingestuft

Tabelle 5.7 zeigt die Gruppe von Ländern, denen nach dieser Messvorschrift das Kulturmerkmal Kollektivismus zuzuordnen ist.

Land/Region	IDV-Punkte	Land/Region	IDV-Punkte
Indien	48	Chile	23
Japan	46	Westafrika	20
Argentinien	46	Singapur	20
Iran	41	Thailand	20
Jamaika	39	El Salvador	19
Brasilien	38	Südkorea	18
Arabische Länder	38	Taiwan	17
Türkei	37	Peru	16
Uruguay	36	Costa Rica	15
Griechenland	35	Pakistan	14
Philippinen	32	Indonesien	14
Mexiko	30	Kolumbien	13
Ostafrika	27	Venezuela	12
Jugoslawien	27	Panama	11
Portugal	27	Equador	8
Malaysia	26	Guatemala	6
Hongkong	25		

Tab. 5.7: Kollektivismus versus Individualismus – Länder/Länderregionen mit niedrigem Individualismusindex (IDV) (Quelle: Hofstede 1997, S. 69 f.)

Wie bereits oben zum Ausdruck gebracht, nimmt Japan in Anbetracht seiner hohen wirtschaftlichen Potenz in der Gruppe der kollektivistischen Länder eine Sonderstellung ein. Die übrigen Länder/Regionen mit niedrigem Individualismusindex sind überwiegend als weniger wohlhabend oder vergleichsweise arm zu bezeichnen. Offenbar ist Kollektivismus als Kulturkomponente grundsätzlich kausal verknüpft mit niedrigem Lebensstandard der Bevölkerung, gemessen etwa als Bruttosozialprodukt pro Kopf.

Guatemala als Land mit dem niedrigsten IDV-Wert rangiert auf der Dimension Machtgefälle mit 95 MDI-Punkten an zweiter Position der Gesellschaften mit sehr hohem Machtgefälle (vgl. oben). Diese kulturbezogene Positionierung – Kollektivismus und sehr hohes Machtgefälle – gilt auch für Panama, Malaysia, die Philippinen und Venezuela. Im Falle von Mexiko und dem früheren Jugoslawien korreliert der kollektivistische Kulturbezug mit hohem Machtgefälle. Eine besondere Position besetzt Costa Rica: Es ist das einzige Land mit stark kollektivistischer Orientierung und gleichzeitig geringem Machtgefälle. Die Kulturausprägung Kollektivismus findet insbesondere in den folgenden gesellschaftlichen Wertvorstellungen Ausdruck (vgl. Hofstede 1997, S. 90 ff.):

- Kollektive Interessen sind gegenüber individuellen Interessen vorrangig.

- Die Gruppenzugehörigkeit prägt auch die Privatsphäre.

- Interessengruppen üben politische Macht aus.

- Gleichheit ist ideologisch höherrangig als individuelle Freiheit.

- Gesellschaftliche Harmonie und gesellschaftlicher Konsens repräsentieren überragende Ziele.

Für das Verhältnis zwischen den Sozialpartnern (Arbeitgeber/Arbeitnehmer) gelten ethisch-moralische Maßstäbe, welche Affinitäten zu den familiären Bindungen aufweisen. Im Bereich der Unternehmensführung findet die zielorientierte Steuerung von Gruppen bevorzugte Betonung. Die Beziehungsebene (sozio-emotionale Komponente) steht über der Sachebene (Aufgabenkomponente).

5.2.3 Femininität versus Maskulinität

Für die Darstellung und Erfassung des Aspekts, ob in einer Kultur mehr weiche Faktoren oder mehr harte Faktoren im Vordergrund stehen, werden die begrifflichen Kategorien Femininität und Maskulinität verwendet. Nach Hofstede zeigt diese Kulturdimension die soziale Erwünschtheit von Bescheidenheit (= Femininität) oder Bestimmtheit (= Maskulinität) an (vgl. Hofstede 1997, S. 107 ff.).

Kulturmerkmal Femininität

→ soziale Erwünschtheit von bescheidenem Verhalten

VERSUS

Kulturmerkmal Maskulinität

→ soziale Erwünschtheit von bestimmendem Verhalten

Hintergrund der Anwendung dieser – nicht unumstrittenen – Terminologie sind die traditionellen Geschlechterrollen:

Männer treten bestimmt auf, gelten als wettbewerbsorientiert und hart.

Frauen werden Häuslichkeit, Familienorientierung und soziale Einstellung zugeschrieben, sie übernehmen die weichen, gefühlsbezogenen Funktionen.

Das Rollenverhalten der Eltern wiederum beeinflusst die mentale Software des Kindes, was sich bei diesem lebenslang auswirkt. Eben daraus resultiert die Kulturdimension Femininität versus Maskulinität: Sie reflektiert das geschlechtsspezifische Rollenverhalten in der Familie auf gesamtgesellschaftlicher Ebene. Es geht folglich nicht um die Diskussion der Frage, ob sich Frauen im vorgenannten Sinne immer und überall feminin oder ob Männer sich immer und überall maskulin verhalten. Vielmehr sind die einander gegenüberstehenden Pole der Kulturdimension so definiert, dass das Merkmal Maskulinität eine Gesellschaft (partiell) beschreibt, in der

- eine klare geschlechtsbezogene Rollenverteilung existiert,
- an Männer die Erwartungen bestimmten und harten Auftretens sowie materieller Orientierung gerichtet sind,
- Frauen bescheiden und sensibel sein und Wert auf Lebensqualität legen sollen,

das Merkmal Femininität hingegen eine Gesellschaft kennzeichnet, für die gilt

- die Rollen der Geschlechter überschneiden sich,
- sowohl von Frauen als auch von Männern werden Bescheidenheit sowie Sensibilität und die Betonung des Wertes der Lebensqualität erwartet.

Zur Messung dieser Kulturdimension dient der Maskulinitätsindex (MAS). Ein hoher MAS signalisiert Maskulinität, ein niedriger MAS signalisiert Femininität einer Gesellschaft. Genau wie die oben bereits diskutierten Kulturindizes zum Machtgefälle sowie zur Dimension Kollektivismus versus Individualismus, drückt auch der MAS die relative Position eines Landes innerhalb der untersuchten Ländergesamtheit aus.

Maskuline Gesellschaften

> Als Definitionsbereich für das Kulturmerkmals Maskulinität wird hier MAS ≥ 50 angenommen

Eine Aufstellung der in diesem Sinne kulturell maskulin geprägten Länder enthält Tabelle 5.8.

Land/Region	MAS-Punkte	Land/Region	MAS-Punkte
Japan	95	Ecuador	63
Österreich	79	USA	62
Venezuela	73	Australien	61
Italien	70	Neuseeland	58
Schweiz	70	Griechenland	57
Mexiko	69	Hongkong	57
Irland	68	Argentinien	56
Jamaica	68	Indien	56
Großbritannien	66	Belgien	54
Deutschland	66	Arabische Länder	53
Philippinen	64	Kanada	52
Kolumbien	64	Malaysia	50
Südafrika	63	Pakistan	50

Tab. 5.8: Femininität versus Maskulinität – Länder/Länderregionen mit hohem Maskulinitätsindex (MAS) (Quelle: Hofstede 1997, S. 115 f.)

Auffällig erscheint die vergleichsweise sehr stark ausgeprägte maskuline Positionierung Japans. Der Abstand zum zweitplazierten Land auf der MAS-Skala, zu Österreich, beträgt immerhin 16 Punkte. Bei Österreich sind in eindeutig stärkerem Maße als bei allen anderen Ländern mit prinzipiell korrespondierenden Ausprägungen dieser Kulturmerkmale Maskulinität und sehr niedriges Machtgefälle (vgl. oben) miteinander verbunden. Jeweils 66 MAS-Punkte und damit Maskulinität wurden für die Gesellschaften in Großbritannien und Deutschland ermittelt. Auch hinsichtlich des Machtgefälles gelten für die beiden Länder gleiche Werte, nämlich 35 MDI-Punkte, das entspricht geringem Machtgefälle (vgl. oben). Markante Differenzen zwischen Großbritannien und Deutschland gelten hingegen insbesondere auf der Kulturdimension Unsicherheitsvermeidung (vgl. weiter unten).

In qualitativer Hinsicht lassen sich maskuline Gesellschaften unter anderem durch die nachstehenden Wertvorstellungen charakterisieren (vgl. Hofstede 1997, S. 133 ff.):

- Die Leistungsgesellschaft verkörpert das Ideal.
- Es ist gesellschaftlich funktional, die Starken zu unterstützen.
- Mittel zur Lösung internationaler Konflikte sind Demonstration eigener Stärke und Kampf.
- Emanzipation der Frauen wird erreicht, indem die Frauen Zugang zu Positionen erhalten, die bisher (überwiegend) von Männern besetzt sind.

Die Arbeitsorientierung hat gegenüber der Freizeitorientierung Vorrang (leben, um zu arbeiten). Von Führungskräften werden Entschlusskraft, Klarheit und Bestimmtheit im Auftreten erwartet. Wesentliche Bezüge der betrieblichen Zusammenarbeit sind Wettbewerb, Leistung und Fairness. Die sinnvolle Handhabung von Konflikten besteht im Austragen solcher Divergenzen.

Feminine Gesellschaften

> Für die Gruppe der hier als feminin bezeichneten Gesellschaften gilt: MAS < 50

In Tabelle 5.9 sind die Länder aufgeführt, denen nach Maßgabe der Hofstede-Studien ein entsprechend niedriger MAS zuzuordnen ist.

Land/Region	MAS–Punkte	Land/Region	MAS–Punkte
Brasilien	49	Südkorea	39
Singapur	48	Uruguay	38
Israel	47	Guatemala	37
Indonesien	46	Thailand	34
Westafrika	46	Portugal	31
Türkei	45	Chile	28
Taiwan	45	Finnland	26
Panama	44	Jugoslawien	21
Iran	43	Costa Rica	21
Frankreich	43	Dänemark	16
Spanien	42	Niederlande	14
Peru	42	Norwegen	8
Ostafrika	41	Schweden	5

Tab. 5.9: Femininität versus Maskulinität – Länder/Länderregionen mit niedrigem Maskulinitätsindex (MAS) (Quelle: Hofstede 1997, S. 115 f.)

Vergleichsweise sehr niedrige MAS-Werte sind für die skandinavischen Länder, die Niederlande, das frühere Jugoslawien sowie Costa Rica zu konstatieren. In diesen Ländern bestehen folglich ausgeprägt feminine Kulturen. Schweden als Land mit der höchsten Femininität ist auf der MAS-Skala von Japan, dem Land mit der höchsten Maskulinität, 90 Punkte entfernt. Hingewiesen sei auch auf die erneut markante Positionierung von Costa Rica. Die Kombination geringe Machtdistanz/sehr ausgeprägt feminin hat Costa Rica mit Schweden, Finnland, Norwegen und den Niederlanden gemein. Dagegen bedeutet die hohe Ausprägung der Kombination kollektivistisch/feminin eine gewisse Alleinstellung von Costa Rica im Rahmen der untersuchten Länder und Regionen. Eine vergleichbare Alleinstellung nimmt Japan hinsichtlich der Kombination kollektivistisch/maskulin ein.

In femininen Gesellschaften stehen insbesondere die folgenden Werte im Vordergrund (vgl. Hofstede 1997, S. 133 ff.):

- Der Wohlfahrtsstaat verkörpert das Ideal.

- Es gilt als gesellschaftlich erstrebenswert, den Bedürftigen zu helfen.

- Brauchbare Mittel zur Lösung internationaler Konflikte sind Verhandlungen sowie das Eingehen von Kompromissen.

- Emanzipation der Frauen bedeutet Übernahme der Erwerbsarbeit und der Hausarbeit zu gleichen Teilen von Männern und von Frauen.

Im betrieblichen Umfeld ist besonders zu beachten, dass in femininen Gesellschaften die Freizeitorientierung gegenüber der Arbeitsorientierung dominiert (arbeiten, um zu leben). Vorgesetzte sollen sich auf ihre Intuition verlassen und Konsens anstreben. Wesentliche Bezüge der betrieblichen Zusammenarbeit sind Qualität des Arbeitslebens, Gleichheit und Solidarität. Analog zur internationalen Ebene sollen auch Konflikte im Unternehmen durch Verhandeln und Kompromissfindung bewältigt werden.

5.2.4 Vermeidung von Unsicherheit

Das Phänomen der „uncertainty avoidance", also der Vermeidung von Unsicherheit, wurde von Cyert und March im Rahmen ihrer organisationssoziologischen Studien in amerikanischen Unternehmen identifiziert und beschrieben (Cyert/March 1963, S. 118). In jeder Organisation bestehen danach mehr oder weniger ausgeprägte Tendenzen, die mit der Ungewissheit der Zukunft verbundene Unsicherheit zu reduzieren, zu umgehen oder zu vermeiden. Das hängt mit der Angst auslösenden Wirkung von Ungewissheit zusammen. Auch auf nationaler Ebene ist das Phänomen der Unsicherheitsvermeidung konstatierbar. Es drückt sich beispielsweise in den Bereichen Technik, Recht und Religion aus, die Optionen zur Einengung künftiger Ungewissheit bereitstellen. Das Ausmaß der Bestrebungen um Verringerung der Ungewissheit, d.h. die Kontrolle oder die Beeinflussung zukünftiger Situationen, ist jedoch je nach Land unterschiedlich angelegt. Auf diesem Hintergrund gilt die für die Kulturdimension Unsicherheitsvermeidung folgende Definition (Hofstede 1997, S. 156): „....der Grad, in dem die Mitglieder einer Kultur sich durch ungewisse oder unbekannte Situationen bedroht fühlen."

> **Unsicherheitsvermeidung**
> ➜ der Grad, in dem die Mitglieder einer Kultur sich durch ungewisse oder unbekannte Situationen bedroht fühlen

Eine Gesellschaft mit starker Tendenz zur Unsicherheitsvermeidung im vorgenannten Sinne reagiert relativ intolerant auf von den bestehenden Normen abweichende Verhaltensweisen und eher abweisend gegenüber schwer einzuordnenden Meinungen und nicht prognostizierbaren Ereignissen. Im Gegensatz dazu werden die Mitglieder von Gesellschaften mit geringerer Unsicherheitsvermeidung zu mehr Toleranz gegenüber Neuem und gegenüber abweichenden Meinungen erzogen. Zur Messung dieser Kulturdimension wird im Rahmen der Hofstede-Studien der Unsicherheitsvermeidungsindex

(UVI) herangezogen. Er bildet die relative Position des betrachteten Landes im Vergleich zu den anderen untersuchten Ländern ab.

Länder mit starker Unsicherheitsvermeidung

Zunächst seien Länder betrachtet, in deren Kulturen in vergleichsweise starkem Maße die Vermeidung von Unsicherheit Ausdruck findet.

Starke Unsicherheitsvermeidung: UVI ≥ 56

Land/Region	UVI-Punkte	Land/Region	UVI-Punkte
Griechenland	112	Mexiko	82
Portugal	104	Israel	81
Guatemala	101	Kolumbien	80
Uruguay	100	Venezuela	76
Belgien	94	Brasilien	76
El Salvador	94	Italien	75
Japan	92	Pakistan	70
Jugoslawien	88	Österreich	70
Peru	87	Taiwan	69
Frankreich	86	Arabische Länder	68
Chile	86	Ecuador	67
Spanien	86	Deutschland	65
Costa Rica	86	Thailand	64
Panama	86	Iran	59
Argentinien	86	Finnland	59
Türkei	85	Schweiz	58
Südkorea	85		

Tab. 5.10: Vermeidung von Unsicherheit – Länder/Länderregionen mit hohem Unsicherheitsvermeidungsindex (UVI) (Quelle: Hofstede 1997, S. 157 f.)

Der obere Indexwert von 112 Punkten erscheint auffällig. Offenbar ist die Kultur Griechenlands unter anderem durch ein herausragend hohes Maß an subjektiv empfundener Bedrohung aufgrund von Ungewissheit gekennzeichnet. Entsprechend starke gesellschaftliche Antriebskräfte zur Absorption dieser Unsicherheit sind zu erwarten. Auch Portugal, Guatemala und Uruguay erreichen UVI-Werte von 100 oder mehr Punkten. Dies signalisiert vergleichsweise sehr nachhaltige Bestrebungen zur Vermeidung von Unsicherheit. Im oberen Bereich des UVI rangiert mit 92 Punkten ebenfalls Japan. Das ergibt für Japan in Verbindung mit dem hohen Maskulinitätsindex (MAS) von 95 Punkten eine markante Positionierung hinsichtlich der Kombination der Kulturmerkmale Maskulinität/hohe Unsicherheitsvermeidung. Ähnliches gilt für Griechenland. Auf der Kulturdimension Unsicherheitsvermeidung ist hingegen Deutschland mit 65 UVI-Punkten eher unauffällig im oberen Mittelfeld des Gesamtranking angesiedelt. Trotzdem bleibt festzuhalten, dass auch für Deutschland eine international klar überproportionale gesellschaftliche Tendenz zur Vermeidung von Unsicherheit gilt. Ganz ähnlich wie bei Finnland (UVI = 59 Punkte) und der Schweiz (UVI = 58 Punkte) ist die gemäßigt hohe Unsicherheitsvermeidung innerhalb der Kultur Deutschlands verknüpft mit geringem Machtgefälle (Deutschland = 35 MDI-Punkte, Finnland = 33 MDI-Punkte, Schweiz = 34 MDI-Punkte). Hohe Unsicherheitsvermeidung und sehr geringes Machtgefälle definieren die Positionen von Israel und Österreich. Beide Länder heben sich in dieser kulturbezogenen Merkmalskombination deutlich von den anderen untersuchten Nationen ab.

Zur qualitativen Kennzeichnung der Gesellschaften mit starker Unsicherheitsvermeidung seien nachstehend einige typische Werthaltungen skizziert (vgl. Hofstede 1997, S. 176 ff.):

- Es gelten viele und exakt ausgestaltete Gesetze und Ordnungsregeln.
- Unfähigkeit zur Regeleinhaltung wird negativ sanktioniert.
- Experten und Spezialisierung besitzen hohen Stellenwert.
- Großangelegte Theorien prägen Philosophie und Wissenschaften.

Die Abläufe im Unternehmen reflektieren das emotionale Bedürfnis der Individuen nach Geschäftigkeit. Seitens der Mitarbeiter besteht ein innerer Drang, hart zu arbeiten. Die Menschen in den Betrieben wirken geschäftig, unruhig, emotional, aggressiv und aktiv. Präzision und Pünktlichkeit werden als natürliche personelle Eigenschaften gedeutet. Grundsätzlich ist mit Widerstand gegenüber betrieblichen Innovationen zu rechnen. Es besteht die Gefahr, dass vom Status quo abweichende Ideen und Verhaltensweisen boykottiert werden. Hinsichtlich der Motivation von Mitarbeitern ist das Sicherheitsbedürfnis besonders bedeutsam.

Länder mit schwacher Unsicherheitsvermeidung

Geringe Unsicherheitsvermeidung: UVI < 56

Land/Region	UVI–Punkte	Land/Region	UVI–Punkte
Westafrika	54	Philippinen	44
Niederlande	53	Indien	40
Ostafrika	52	Malaysia	36
Australien	51	Großbritannien	35
Norwegen	50	Irland	35
Südafrika	49	Hongkong	29
Neuseeland	49	Schweden	29
Indonesien	48	Dänemark	23
Kanada	48	Jamaika	13
USA	46	Singapur	8

Tab. 5.11: Vermeidung von Unsicherheit – Länder/Länderregionen mit niedrigem Unsicherheitsvermeidungsindex (UVI) (Quelle: Hofstede 1997, S. 157 f.)

Wie oben bereits ausgeführt, unterscheidet sich Großbritannien mit 35 UVI-Punkten und folglich schwacher Unsicherheitsvermeidung in dieser Kulturdimension signifi-kant von Deutschland, obwohl die beiden Länder in anderen Kulturdimensionen er-hebliche Affinitäten aufweisen. Mit Ausnahme von Finnland sind alle skandinavischen Länder im Bereich niedriger UVI-Werte vertreten. Auch für die Vereinigten Staaten ist schwache Unsicherheitsvermeidung und damit ein relativ niedriges Angstniveau kulturell charakteristisch. Bei Dänemark, Schweden, Norwegen und den Niederlanden tritt die Kombination schwache Unsicherheitsvermeidung/Femininität in besonders markanter Form auf. In dieser Hinsicht bilden die genannten Länder so etwas wie den Gegenpol zu Japan und Griechenland (starke Unsicherheitsvermeidung/Maskulinität). Die Länder Großbritannien, Irland und Schweden bilden ein Cluster hinsichtlich der Ausprägungen in der Merkmalskombination schwache Unsicherheitsvermeidung/ge-ringes Machtgefälle. Hongkong und Singapur sind einander hingegen in der Kombina-tion der Merkmale schwache Unsicherheitsvermeidung/hohes Machtgefälle kulturell sehr ähnlich.

Charakteristische Wertorientierungen in Ländern mit schwacher Unsicherheitsvermei-dung werden im Folgenden angeführt (vgl. Hofstede 1997, S. 176 ff.):

- Es gelten wenige und allgemein gehaltene Gesetze sowie Ordnungsregeln.
- Unfähigkeit zur Regeleinhaltung induziert das Infragestellen und das Ändern der Regeln.
- Generalisten und gesunder Menschenverstand besitzen hohen Stellenwert.

- In Philosophie und Wissenschaften bestehen Präferenzen für Relativismus und Empirismus.

Die Menschen in den Unternehmen wirken auf den Beobachter tendenziell ruhig, gelassen bis träge und kontrolliert. Dies hängt mit dem relativ niedrigen erkennbaren Emotionalitätsniveau in Gesellschaften mit schwacher Unsicherheitsvermeidung zusammen. Weiterhin bereitet die Freizeit von der Arbeit, auch im Unternehmen, den Menschen Wohlbefinden. Harte Arbeit nehmen sie prinzipiell nur an, wenn es erforderlich erscheint. Pünktlichkeit und Präzision gelten nicht als den Personen per se immanent, sondern müssen bei Bedarf erlernt und eingeübt werden. Es besteht ein relativ breiter Toleranzraum in Bezug auf die Entfaltung innovativer Ideen und vom Status quo abweichender Verhaltensweisen. Im Hinblick auf die Motivation von Mitarbeitern spielt die Art der Leistung, d. h. der Arbeitsinhalt der eine wesentliche Rolle.

5.2.5 Konfuzianische Dynamik

Die fünfte Dimension zur Beschreibung nationaler Kulturen signalisiert schon aufgrund ihrer Bezeichnung, dass sie einer anderen Gedankenwelt entstammt als die bereits behandelten vier Kulturdimensionen: Der Begriff *Konfuzianische Dynamik* nimmt Bezug auf die Lehren des chinesischen Philosophen Konfutse oder Konfizius (500 v. Chr.). M. Bond und seine Mitarbeiter identifizierten diese Kulturdimension im Rahmen von Studien, deren Bezugssystem durch einen aus chinesischen Werten und Anschauungen hergeleiteten Fragebogen bestimmt wurde (vgl. The Chinese Culture Connection 1987). Die Ergebnisse der nach dem Konzept des Chinese Value Survey (CVS) durchgeführten Erhebungen reflektieren Normen aus der praktischen Philosophie des Konfuzius. Daher gaben Bond et al. der von ihnen ermittelten Kulturkomponente die Bezeichnung „Konfuzianische Dynamik" (1987, S. 143).

Diese Dimension ist, ähnlich den Hofstede-Dimensionen *Femininität versus Maskulinität* sowie *Kollektivismus versus Individualismus*, bipolar konstituiert. Die Pole der konfuzianischen Dynamik sind die Langfristige Orientierung und die Kurzfristige Orientierung in der Gesellschaft und damit auch im individuellen Dasein der Mitglieder dieser Gesellschaft.

Konfuzianische Dynamik

→ die Positionierung einer Gesellschaft und ihrer Individuen zwischen den Polen der Langfristigen Orientierung und der Kurzfristigen Orientierung

---

Der Pol Langfristige Orientierung umfasst die folgenden Werte:

- Ausdauer, Beharrlichkeit.
- Ordnung der gesellschaftlichen Beziehungen nach Status.
- Strikte Einhaltung der bestehenden Ordnung.
- Sparsamkeit.
- Schamgefühl.

Im Pol Kurzfristige Orientierung sind hingegen die nachstehend aufgeführten Werthaltungen angelegt:

- Persönliche Standhaftigkeit und Festigkeit.
- Wahrung des Gesichts.
- Respekt vor der Tradition.
- Erwiderung von Gruß, Gefälligkeiten und Geschenken.

Je nachdem, welche der dargestellten Werte in einem Land Vorrang besitzen, ist es in kultureller Hinsicht eher der Langfristigen Orientierung oder eher der Kurzfristigen Orientierung zuzuordnen. Dazu als einschlägig gilt in der Lehre des Konfuzius der Satz:

„Gutes Regieren besteht darin, sparsam mit seinen Mitteln umzugehen"

(siehe Kelen 1983, S. 44). In diesem Satz kommt die besondere Betonung der Langfristigen Orientierung im Konfuzianismus zum Ausdruck, wenngleich auch die Werte der Kurzfristigen Orientierung konfuzianischer Natur sind, aber eben geringere Gewichtung erhalten.

Zur Messung der Konfuzianischen Dynamik dient der Index der Langfristigen Orientierung (ILO). Tabelle 5.12 zeigt die Ergebnisse der Chinesischen Wertstudie (CVS) in 23 untersuchten Ländern. Die ermittelten Punktwerte wurden analog zu den Hofstede-Studien in eine 100er-Skala umgesetzt.

Land/Region	ILO–Punkte	Land/Region	ILO–Punkte
China	118	Polen	32
Hongkong	96	Deutschland	31
Taiwan	87	Australien	31
Japan	80	Neuseeland	30
Südkorea	75	USA	29
Brasilien	65	Großbritannien	25
Indien	61	Simbabwe	25
Thailand	56	Kanada	23
Singapur	48	Philippinen	19
Niederlande	44	Nigeria	16
Bangladesch	40	Pakistan	00
Schweden	33		

Tab. 5.12: Index der Langfristigen Orientierung (ILO) als Indikator der Konfuzianischen Dynamik (Quelle: Hofstede 1997, S. 234)

Die ersten fünf Positionen im Ranking der Langfristigen Orientierung werden von den ostasiatischen Staaten China, Hongkong, Taiwan, Japan und Südkorea mit deutlichem Abstand zum Sechstplazierten (Brasilien) besetzt. In der wirtschaftspopulären öffentlichen Debatte findet sich für die genannten Länder auch die respektvolle Bezeichnung Fünf Drachen. Diese Bezeichnung steht für das rasante Wirtschaftswachstum und die viel beachteten wirtschaftlichen Erfolge der fünf ostasiatischen Nationen in der zweiten Hälfte der des zwanzigsten Jahrhunderts.

Der amerikanische Futurologe und Trendforscher Herman Kahn postulierte schon Ende der 1970er Jahre seine *Neo-konfuzianische Hypothese*, wonach sich die zu registrierenden wirtschaftlichen Erfolge der ostasiatischen Staaten auf gemeinsame kulturelle Wurzeln zurückführen lassen. Dieses kulturelle Erbe sieht Kahn unter den nach dem Zweiten Weltkrieg entstandenen Weltmarktbedingungen als wesentlichen internationalen Wettbewerbsvorteil an (vgl. Kahn 1979). Das europäische Land mit dem höchsten ILO sind die Niederlande mit 44 Punkten. Auf der Gesamtskala entspricht jedoch auch dieser Befund tendenziell einer Kurzfristigen Orientierung in der Gesellschaft. Das gilt verstärkt für Deutschland[2] (31 ILO-Punkte), die USA (29 ILO-Punkte) sowie Großbritannien (25 ILO-Punkte). Zwischen Großbritannien und Japan (80 ILO-Punkte) ist der größte Abstand zwischen zwei führenden Wirtschaftsnationen zu verzeichnen. Dieser Abstand zwischen dem kurzfristig orientierten Großbritannien und dem langfristig orientierten Japan beträgt 55 ILO-Punkte (der ILO-Wert für Frankreich liegt nicht vor).

Im Definitionsbereich ILO ≥ 50, d.h. im Kultursegment Langfristige Orientierung, finden sich – mit Ausnahme von Brasilien – Nationen aus der östlichen Welt. Möglicherweise reflektiert der Wert für Brasilien den Einfluss der großen japanischen Bevölkerungsminderheit. Allen anderen untersuchten westlichen Staaten ist das Kulturmerkmal Kurzfristige Orientierung zuzuordnen. Offenkundig zeigt die Kulturdimension Konfuzianische Dynamik grundlegende Differenzen der Werthaltungen in östlichen und in westlichen Nationen. Dies ist – wie dargelegt – geschichtlich sehr weit zurückreichend kulturell verwurzelt.

5.2.6 Gesellschaftliche Zeitmentalität

Die Einstellung zum Phänomen Zeit und daraus folgend der Umgang mit Zeit sind über verschiedene Länder und Regionen hinweg different ausgeprägt. Dies betrifft und konstituiert eine weitere Dimension nationaler Kulturen, die gesellschaftliche Zeitmentalität. Unterschiede in der Zeitmentalität lassen sich anhand ausgewählter Kriterien verdeutlichen. So ist in den hoch entwickelten Industrienationen die lineare Zeitvorstellung dominant.

> **Lineare Zeitvorstellung**
> ➔ streng logisch orientierte Aneinanderreihung zeitlicher Bezugsgrößen
> (Tage, Wochen, Monate, Jahre)

---

[2]   Daten aus dem Gebiet der früheren Bundesrepublik Deutschland.

Damit korrespondiert das Bewusstsein, dass jenes, was gestern passierte, nunmehr für immer vorbei ist. Zeit wird als messbare und teilbare Mengengröße begriffen, welche der monoskalare Kalender abbildet (vgl. Perlitz 1997, S. 312).

Typisch für asiatische Kulturen und Agrargesellschaften ist dagegen die zyklische Zeit-vorstellung. Danach manifestiert sich Zeit im ständigen Wechsel von Tag und Nacht, von Monden und Jahreszeiten.

> **Zyklische Zeitvorstellung**
> ➜ ständiger Wechsel von Tag und Nacht, Monden und Jahreszeiten

Auch im Mahlzeitenturnus findet Zeit zyklischen Ausdruck. Die zyklisch geprägte Zeit-mentalität abstrahiert von Opportunitätskosten des Zeitverbrauchs: Zeit, die heute nicht für eine bestimmte Verwendung genutzt oder schlicht vergeudet wird, kommt morgen wieder. Leistungsdefizite können damit im Zeitablauf kompensiert werden (vgl. Mar-cotty/Solbach 1992, S. 264).

Der Stellenwert von Vergangenheit, Gegenwart und Zukunft in verschiedenen Gesell-schaften wurde von Trompenaars untersucht (1993). Wesentliche Ergebnisse dieser Stu-die sind in Abbildung 5.4 schematisch dargestellt.

Die Größe der Kreise soll die Bedeutung der jeweiligen Zeitkomponente symbolisieren. Mit den Positionierungen der Kreise für eine betrachtete Nation wird darüber hinaus der Zusammenhang oder die Verknüpfung von Vergangenheit, Gegenwart und Zukunft in einer Gesellschaft angezeigt. Ähnliche zeitmentale Gestalten weist Abbildung 5.4 für die USA und Deutschland aus. Bei den Niederlanden fällt die starke Gewichtung der Gegenwart auf, während für Belgien fast eine Gleichgewichtung der drei Zeitkom-ponenten zu konstatieren ist. Im Falle von Russland erscheinen die Separierung der Komponenten sowie die geringe Bedeutung der Gegenwart relativ zu Vergangenheit und Zukunft bemerkenswert. Insgesamt machen die Kreis-Schemata in Abbildung 5.4 deutlich, dass die Zeitmentalität und die Vorstellungen zur sinnvollen Bewirtschaftung von Zeit keinesfalls problemlos interkulturell transferierbar sind. Im Sinne erfolgreicher Gestaltungsmaßnahmen auf betrieblicher Ebene kommt es vielmehr darauf an, die je-weils relevante Zeitmentalität aus dem kulturellen Umfeld angemessen zu erfassen und zu berücksichtigen.

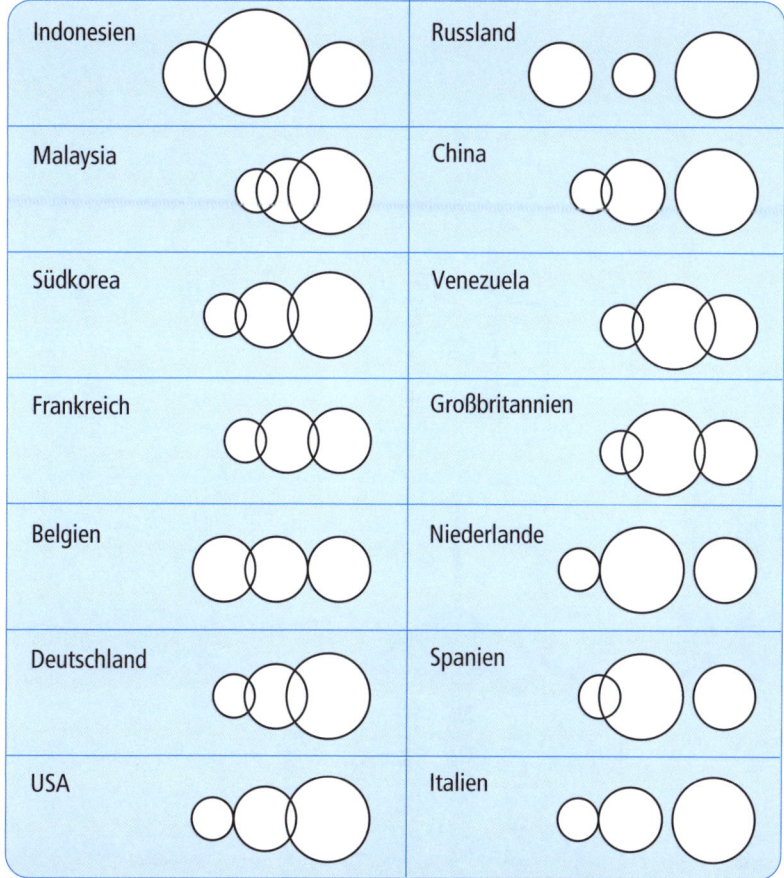

Abb. 5.4: Vergangenheit – Gegenwart – Zukunft / Bedeutung und Verknüpfung
(Quelle: Trompenaars 1993, S. 114)

5.2.7 Integratives Kulturmodell

Die oben erörterten insgesamt sechs Komponenten nationaler Kulturen betonen grundlegende Aspekte gesellschaftlicher Werthaltungen und Orientierungen. Es werden jeweils einzelne herausragende Merkmale von Kultur fokussiert. Im Wege der Verknüpfung und Integration dieser Komponenten resultiert ein mehrdimensionales Kulturmodell. Das Modell soll die notwendige Abstraktion und Operationalisierung des empirisch äußerst vielfältigen Phänomens nationaler Kulturen herbeiführen. Die wünschenswerte Differenzierung des Gegenstandsbereiches entsteht durch die Mehrdimensionalität des abgebildeten kulturbezogenen Ansatzes. Sechs Dimensionen reflektieren die verschiedenen für die Managementfunktion besonders relevanten situativen Einflüsse, welche von den nationalen Kulturen auf die Führung grenzüberschreitend operierender Unternehmen ausgehen. Das so entwickelte Kulturmodell ist in Abbildung 5.5 zusammenfassend dargestellt.

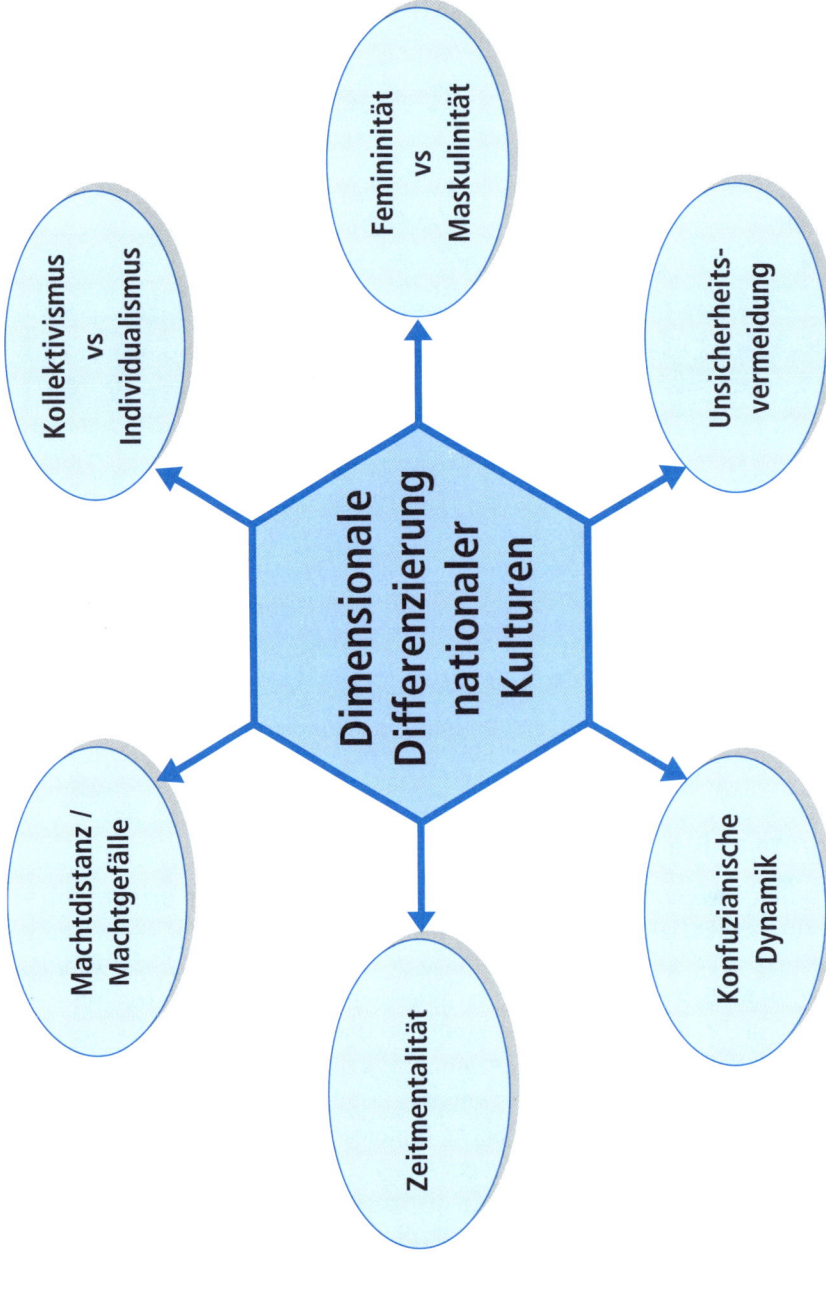

Abb. 5.5: Cultural hexagon – Modell nationaler Kulturen

5.3 Unternehmenskultur und Unternehmensführung

5.3.1 Divergierende Anforderungen

Bereits oben wurde herausgearbeitet, dass die Größe Kultur die Prozesse in Unternehmen auf verschiedenen Ebenen beeinflusst.

- Die nationale Kultur am Unternehmensstandort oder an einem Markt, an welchem die Unternehmung teilnimmt, ist Bestandteil der relevanten Umwelt des Unternehmens.

- Hingegen bezeichnet die Kategorie Unternehmenskultur eine wesentliche Eigenschaft erwerbswirtschaftlicher Organisationen.

Sowohl der Umwelt-Kultur (nationale Kultur) als auch der Unternehmenskultur sind identifizierbare Wertorientierungen immanent. Die Kulturfunktion der Differenzierung sozialer Gemeinschaften gilt für Umwelt-Kulturen wie Unternehmenskulturen. Nationale Kultur kennzeichnet – wie im vorausgehenden Kapitel umfangreich dargestellt – die Identität einer Gesellschaft, eines Landes oder einer Region. Genau dies leistet auf der einzelwirtschaftlichen Ebene die Unternehmenskultur. Sie verkörpert und begründet die Einzigartigkeit und Unverwechselbarkeit, die Identität des sozio-technischen Systems Unternehmung.

Diese Funktion von Unternehmenskultur wird seitens der Bezugsgruppen für verschiedene Unternehmen allerdings in sehr variierender Intensität wahrgenommen. Das belegt, dass es den Unternehmen in unterschiedlichem Maße gelingt, sich über ihre Kultur zu profilieren und dass sich die realen Unternehmen höchst different im Hinblick auf die Gestaltung ihrer Kultur verhalten. In dieser Hinsicht reicht das empirisch nachweisbare Spektrum von kulturavantgardistischen Unternehmen bis hin zu weitgehenden Kulturignoranten. Letzteres sind Betriebe, in denen kaum oder gar nicht gezielte Bestrebungen zur Entwicklung der eigenen Kultur stattfinden.

Das spezifische Gestaltungsproblem des Managements auf dem Gebiet interkultureller Zusammenarbeit drückt sich in der Notwendigkeit simultaner Bewältigung zweier prinzipiell divergierender Anforderungen aus:

a) Die Unternehmenskultur soll die Identität der Unternehmung klar und widerspruchsfrei transparent machen und damit das Unternehmen von anderen Organisationen abgrenzen (Konsistenz).

b) Es soll ein fit, also Kompatibilität, zwischen den nationalen Kulturen an den Unternehmensstandorten sowie der Unternehmenskultur erreicht werden (Kontingenz).

Vom Grad der adäquaten Lösung des skizzierten Gestaltungsproblems hängt ganz entscheidend der Erfolg grenzüberschreitender betrieblicher Aktivitäten ab.

5.3.2 Merkmale von Unternehmenskultur

Im Sinne der Präzisierung des Gegenstandsbereichs der analytischen Betrachtung sollen im Folgenden wesentliche Merkmale der Kategorie Unternehmenskultur erörtert werden. Seit etwa Mitte der 1980er Jahre hat die Größe Unternehmenskultur zunehmende Beachtung und Popularität in der betrieblichen Praxis gefunden. Wahrscheinlich wurde diese Kulturbegeisterung wesentlich stimuliert durch den vielbeachteten Bestseller „In search of excellence", welchen die McKinsey-Berater Thomas Peters und Robert Waterman 1982 erstmals veröffentlichten. In ihrer Studie identifizieren Peters/Waterman acht hervorstechende Merkmale besonders erfolgreicher Unternehmen. Eines dieser Merkmale ist das Sichtbar gelebte Wertesystem, welches als Ausdruck der Unternehmenskultur gedeutet werden kann. Durch die Existenz einer so verstandenen Unternehmenskultur unterscheiden sich demnach außerordentlich erfolgreiche Unternehmen von weniger erfolgreichen Unternehmen. Thomas Watson von IBM artikuliert dies mit folgenden Worten: „Die Grundphilosophie eines Unternehmens hat weit mehr Einfluss auf seine Leistungsfähigkeit als technologische oder finanzielle Ressourcen, Organisationsstruktur, Innovationsrate oder Timing" (zitiert nach Peters/Waterman 1993, S. 37).

Den Zusammenhang von betrieblichen Werten und betrieblichem Handeln betont auch Kieser, indem er Unternehmenskultur wie folgt charakterisiert (vgl. Kieser 1985):

> **Unternehmenskultur**
>
> ➔ Gesamtheit der Wert- und Glaubensvorstellungen darüber, welchen Ziele und welche Verhaltensweisen für die Existenz des Unternehmens und seiner Mitglieder von grundlegender Bedeutung sind

Die Erfolgsrelevanz der Unternehmenskultur lässt sich insbesondere damit erklären, dass sie eine Reihe fundamentaler funktionaler Erfordernisse (= Systembedürfnisse) des sozio-technischen Systems Unternehmung abdeckt. Von der Unternehmenskultur werden spezifische Systembedürfnisse der Einzelwirtschaft erfüllt. Exemplarisch seien nachstehend einige dieser funktionalen Effekte oder Funktionen von Unternehmenskultur dargestellt (vgl. Dill/Hügler 1987, S. 147 ff.; Staehle 1994, S. 486):

• Koordinationsfunktion der Unternehmenskultur

  Gemeinsam geteilte Werthaltungen der Organisationsmitglieder tragen zur grundsätzlichen zielbezogenen Abstimmung arbeitsteiliger Handlungen im Betrieb bei. In dem Maße, in welchem eine solche kulturdeterminierte Koordination stattfindet, wird der Einsatz technokratischer Koordinationsinstrumente – wie Planung und Programmierung – und autokratischer Koordinationsformen (persönliche Weisungen) entbehrlich.

• Integrationsfunktion der Unternehmenskultur

  Die – notwendige – Aufgliederung des Gesamtsystems Unternehmen in arbeitsteilige Subsysteme, wie Abteilungen, Bereiche, Divisionen, Sparten oder auf internationaler Ebene oft präferierte Tochtergesellschaften, geht nahezu regelmäßig einher mit der Entwicklung von Ressortegoismen und internem Konkurrenzdenken. Auf diesem Hintergrund wirkt die Unternehmenskultur insofern integrativ, als sie einen die Subsysteme im Unternehmen übergreifenden Basiskonsens herstellt. Dies erleichtert die konstruktive Handhabung unternehmensinterner Konflikte.

- **Motivationsfunktion der Unternehmenskultur**

Das betriebliche Wertesystem vermittelt dem individuellen Handeln im kollektiven organisationalen Gebilde Sinn. Diese Sinnvermittlung erfüllt gerade ein zentrales persönliches Motiv der Organisationsmitglieder. Dadurch wird ihre Leistungsbereitschaft stimuliert. Außerdem legitimiert die Unternehmenskultur die Handlungen der kulturkonform agierenden betrieblichen Akteure nach innen und nach außen. Das absorbiert Unsicherheit, schafft Transparenz hinsichtlich erwünschter Verhaltensweisen sowie angestrebter Leistungsergebnisse und reduziert damit demotivierende Einflüsse der subjektiv wahrgenommenen Arbeitssituation des Mitarbeiters.

- **Identifikationsfunktion der Unternehmenskultur**

Kultur verleiht der Unternehmung Identität. Das vermittelt den Mitarbeitern die Option, sich mit dem Unternehmen zu identifizieren, d. h. seine prägenden Werthaltungen zu teilen und Stolz ob der Mitgliedschaft in dieser Organisation zu empfinden. Als Konsequenz verbessert sich die Kohäsion der Arbeitsgruppen und es entsteht das viel zitierte Wir-Gefühl. Außerdem werden das Selbstwertgefühl und das Selbstbewusstsein des einzelnen Gruppenmitglieds gestärkt.

- **Signalisationsfunktion der Unternehmenskultur**

Das Profil der Unternehmung findet im Rahmen der Kultur objekthaft Ausdruck. Medien solcher Signalisierung sind beispielsweise Logos, Gebäude, Messestände, formalisierte Unternehmens- und Führungsgrundsätze, Firmenportraits, Salesfolder, filmische Unternehmensdarstellungen, Werbespots und Sponsoring. Die Wirkung der Signalisation verdeutlicht unternehmensintern Maßstäbe der Kooperation und prägt extern das Image der Unternehmung sowie ihrer Erzeugnisse.

- **Adaptionsfunktion der Unternehmenskultur**

Kulturgeprägte Unternehmensführung kommt aufgrund der verhaltenssteuernden Effekte des kollektiven Wertesystems mit vergleichsweise wenig Regeln, Richtlinien, Ablaufvorgaben und sonstiger formaler Steuerung aus. Als Beleg sei auf Befunde aus der Studie von Peters/Waterman hingewiesen:

„Die ‚Produkt-Champions' von 3M umgibt ein höchstens in Ansätzen organisiertes Chaos. Und doch meinte ein Beobachter: ‚Selbst Mitglieder einer politischen Sekte nach einer Gehirnwäsche könnten in ihren Grundüberzeugungen nicht konformistischer sein.' Bei Digital sind die Zustände so chaotisch, dass ein Manager meinte: ‚Kaum einer weiß, für wen er eigentlich arbeitet.' Und doch wird Digitals oberstes Gebot der Zuverlässigkeit von allen strikter eingehalten, als sich irgend ein Außenstehender vorstellen kann" (Peters/Waterman 1993, S. 38f.).

Die zurückhaltende Dimensionierung des betrieblichen Regelwerks begünstigt die Flexibilität im Handeln und damit die Fähigkeit der Unternehmung, sich den Änderungen der Kontextbedingungen anzupassen. Gleichzeitig werden die grundlegenden kollektiven Wertmuster in geänderte Situationen übertragen. Insoweit vermittelt die Kultur wichtige Anhaltspunkte hinsichtlich der betrieblichen Zusammenarbeit in unvorhergesehenen Situationen. Damit wird die notwendige Adaption von Strategien, Strukturen und Verhaltensweisen im Zeitablauf unterstützt, ohne dass die Unternehmung ihre typischen Wesensmerkmale und Stärken aufgibt.

5.3.3 Der Corporate Identity-Ansatz

Ein der Unternehmenskultur ähnliches Konstrukt ist die in der betrieblichen Praxis ebenfalls oft diskutierte und enorm handlungsrelevante Corporate Identity (CI). Sie wird als Unternehmenspersönlichkeit, Unternehmensphilosophie oder auch als Erscheinungsbild des Unternehmens interpretiert. Weder in der betrieblichen Realität noch in der Literatur hat sich ein klares und einheitliches Verständnis bezüglich der charakteristischen Elemente von CI durchgesetzt (vgl. z.B. Scholz 1993, S. 609 ff., Schreyögg 1992, Birkigt/Stadler 1985). Übereinstimmung besteht jedoch dahingehend, dass die CI der rationalen betriebsseitigen Gestaltung zugänglich ist.

Dieses Merkmal der Gestaltbarkeit durch das Management gilt für das Phänomen Unternehmenskultur wiederum nur teilweise. Vielmehr basiert die Entstehung von Unternehmenskultur nach Verständnis des Verfassers auf zwei ganz unterschiedlichen Ebenen:

- Auf der ersten Ebene resultiert Unternehmenskultur im Zeitablauf als unbeabsichtigtes Nebenprodukt erwerbswirtschaftlichen Handelns in Organisationen. Kultur entspricht insoweit einer Summe spezifischer Wertelemente, die denknotwendiges Korrelat der Entwicklungsgeschichte des Unternehmens darstellen. In diesem Sinne hat jedes Unternehmen eine Kultur.

- Auf der zweiten Ebene ist Unternehmenskultur das Ergebnis planvoller und systematischer Gestaltung. Diese Kulturkomponente besteht aus der Summe gezielt initiierter und bewusst implementierter Wertelemente. Anders ausgedrückt: Auf der betrachteten zweiten Ebene entsteht im Lauf der Zeit eine ganz bestimmte, von den maßgeblichen betrieblichen Entscheidungsträgern gewollte Kultur. Sie repräsentiert ein komplexes Instrumentarium der Unternehmensführung. Reale Unternehmen unterscheiden sich unter anderem dadurch voneinander, ob oder in welchem Maße sie über Kultur im Sinne dieser zweiten Entstehungsebene verfügen oder verfügen wollen.

Die Kategorie Corporate Identity bezeichnet gerade Unternehmenskulturen der letztgenannten Art, also gezielt entwickelte und implementierte betriebliche Wertesysteme. So betrachtet ist die CI eine Teilmenge der gesamten Unternehmenskultur, nämlich die geplante, realisierte und kommunizierte Dimension der Unternehmenskultur.

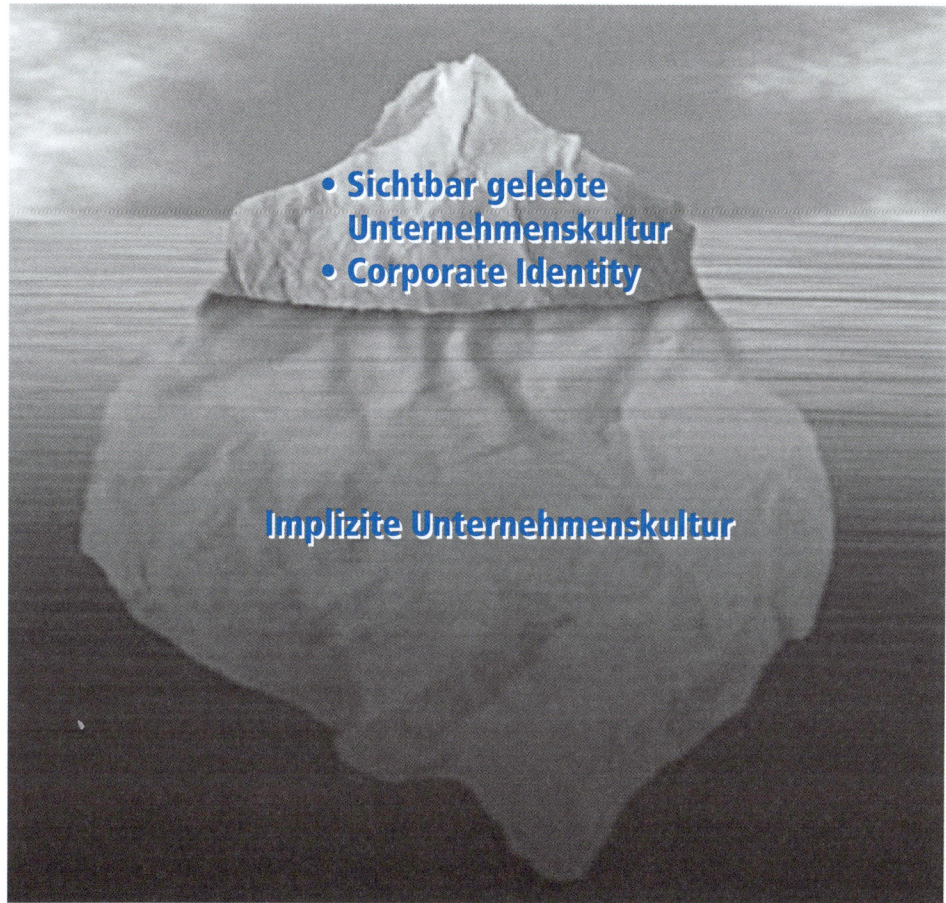

Abb. 5.6: Vehemenz und Komponenten der Unternehmenskultur

Corporate Identity
➜ gezielt entwickeltes, planvoll gestaltetes und implementiertes betriebliches Wertesystem

Für die Erörterung des Phänomens Unternehmenskultur wird gelegentlich die Metapher vom Eisberg herangezogen, von dem nur ein kleiner Teil oberhalb der Wasserfläche sichtbar ist. Der größte Teil des Eisbergs (der Unternehmenskultur) bleibt unterhalb der Wasserlinie dem Betrachter verborgen.

Die gewählte Darstellungsform bringt zunächst die enorme Kraft (Vehemenz) der Unternehmenskultur in Bezug auf das betriebliche Handeln und die Durchsetzung der verfolgten Ziele zum Ausdruck. In diesem Bild prägt die Corporate Identity die aus dem Wasser ragende Komponente des Eisbergs, sie ist erkennbar und soll seitens der Bezugsgruppen des Unternehmens wahrgenommen werden. Damit erhält die CI den Charakter eines wichtigen Aktionsparameters des strategisch ausgerichteten Managements.

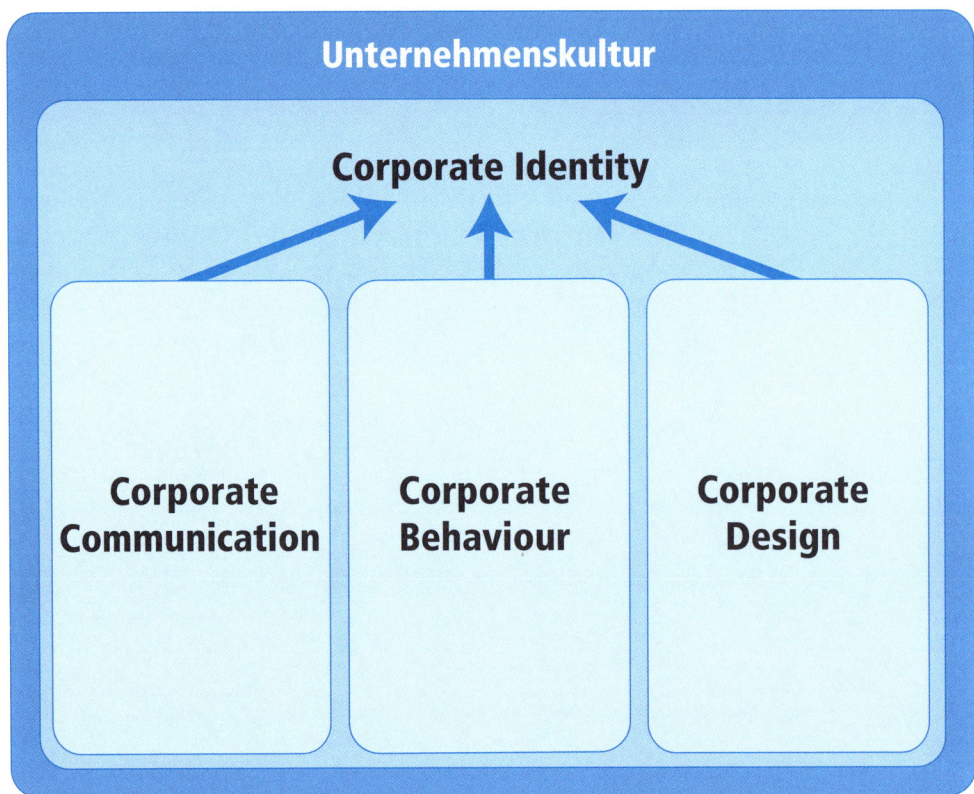

Abb. 5.7: Corporate Identity als Aktionsparameter strategischer Unternehmensführung

Die besondere Qualität sowie die Basisstruktur des Management-Parameters CI finden in Abbildung 5.7 konkretisierten Ausdruck. Dabei geht es insbesondere um das Aufzeigen der betrieblichen Gestaltung und der betriebsindividuellen Gestaltbarkeit der Corporate Identity.

Die Abbildung soll veranschaulichen, dass CI als Aktionsparameter strategischer Unternehmensführung und als geplante, realisierte und kommunizierte Dimension der Unternehmenskultur drei wesentliche Gestaltungsfelder umfasst. Diese werden im Folgenden skizziert:

Corporate Communication

Diese Komponente der CI bezieht sich auf die betrieblichen Kommunikationsprozesse. Corporate Communication bezeichnet die Gesamtheit der Verlautbarungen, Mitteilungen, Stellungnahmen und sonstigen Signale seitens der Unternehmung. Durch die Anwendung solcher Kommunikationsformen stellt sich das Unternehmen nach außen dar. Darüber hinaus dienen die intendierten Kommunikationsvarianten der internen Verständigung handelnder Akteure und der Abstimmung arbeitsteiliger

Aufgabenbewältigung. Im Gestaltungsfeld Corporate Communication geht es um den systematisch kombinierten Einsatz aller betrieblichen Kommunikationsinstrumente.

Corporate Behavior

Das Verhalten der Organisationsmitglieder definiert einen weiteren Teilbereich der CI, nämlich das Corporate Behavior. Es handelt sich hierbei um die Summe der Verhaltensweisen der Organisationsmitglieder gegenüber Marktpartnern, im Rahmen der aufgabenübergreifenden Umwelt (Gesellschaft) sowie auf dem Gebiet der unternehmensinternen Zusammenarbeit. Das Ziel im Gestaltungsfeld Corporate Behavior besteht in der schlüssigen und widerspruchsfreien Ausrichtung des Verhaltens aller Organisationsmitglieder.

Corporate Design

Mit dieser Kategorie wird das äußere Erscheinungsbild des Unternehmens angesprochen. Corporate Design steht für die visuellen Ausdrucksformen des Selbstverständnisses der Unternehmung. Dazu gehören Prospekte, Anzeigen und Messestände, aber auch Firmengebäude und deren Mobiliar sowie die sonstige Betriebs- und Geschäftsausstattung. Im Rahmen des Corporate Design soll die visuell stimmige Gestaltung und Darstellung der Objektwelt des Unternehmens realisiert werden. Analog zu den beiden anderen CI-Bereichen wirkt das Corporate Design ebenfalls in starkem Maße sowohl nach außen als auch in die Richtung der Beeinflussung des betriebsinternen sozialen Geschehens.

Die so angelegte Corporate Identity hat die Qualität eines komplexen, bereichsübergreifenden Instrumentariums der Unternehmensführung. Im Mittelpunkt der betrieblichen Aktivitäten und Aktionen steht die auf gemeinsamen Grundwerten aller Akteure beruhende Individualität und einzigartige Identität des Unternehmens. CI-Orientierung bedeutet die bewusste Hinwendung insbesondere der Unternehmensleitung zu den weichen Faktoren der Führung und Zusammenarbeit. Dies geschieht nicht etwa aus wirtschaftsmoralischen oder karitativen Motiven, sondern aufgrund der Überzeugung, dass Softfactors im Management langfristig die Bedingungen herausragenden Unternehmenserfolges schaffen: „Es geht keineswegs um eine nur altruistisch motivierte Humanisierung des Arbeitslebens oder ein ‚Schönwettermanagement', sondern um höhere Produktivität und Wettbewerbsvorteile" (Simon 1990, S. 5). Formelartig knapp präzisieren Peters/Waterman (1982, S. 11) diesen Sachverhalt mit der Aussage „Soft is hard". Danach bedeutet der Einsatz weicher Führungsinstrumente letztlich die konsequentere Erfolgsorientierung.

Allerdings sind die wirtschaftlich positiven Effekte der Corporate Identity mit hohen Anforderungen an das Management verknüpft: Die CI sollte nach außen und innen gleichermaßen profiliert werden. Dabei kommt es darauf an, die einzelnen Gestaltungsfelder in sich und zueinander konsistent, d.h. widerspruchsfrei und komplementär anzulegen. Gleichzeitig bedarf es der Herstellung von Kontingenz im Sinne von Harmonie zur nationalen Kultur in der Unternehmensumwelt. Damit steht die CI-Gestaltung im

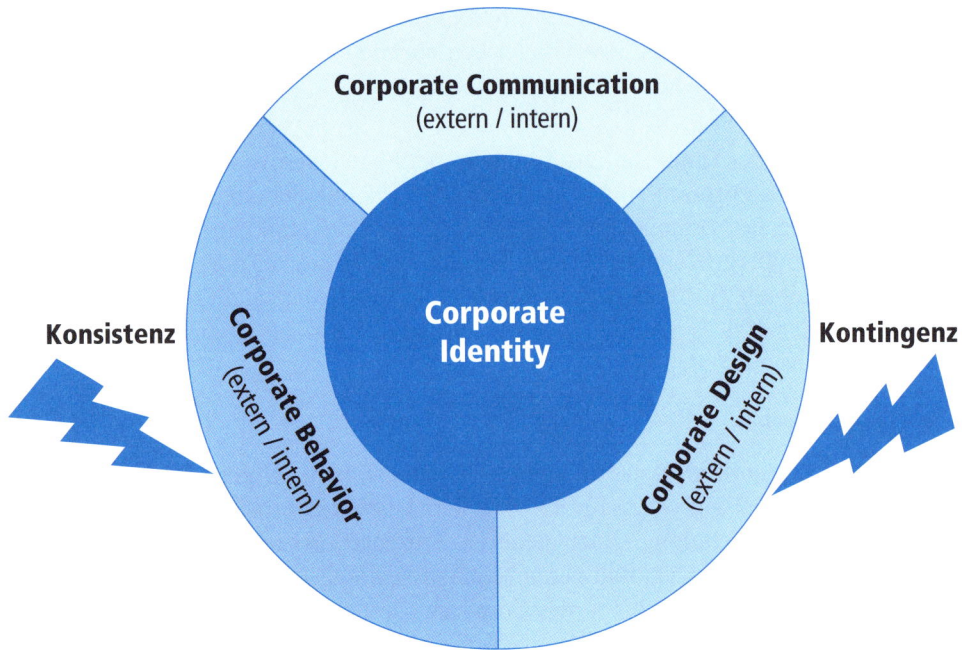

Abb. 5.8: Corporate Identity im Spannungsfeld von Konsistenz und Kontingenz

Spannungsfeld interner und externer Einflussgrößen. Dieser Zusammenhang ist in Abbildung 5.8 dargestellt.

Im Hinblick auf erfolgreiche Unternehmensführung kommt es entscheidend darauf an, im gezeigten Spannungsfeld Ausgewogenheit oder Harmonie zwischen den maßgeblichen Faktoren herzustellen. Dies betrifft einen permanenten Gestaltungsprozess, da Art und Ausprägung der Variablen sowie die Beziehungen zwischen ihnen dynamischen Charakter haben, sich also im Zeitablauf wandeln. Die Konsistenz und die Kontingenz sind gleichsam grundlegende Prüfkriterien hinsichtlich der Beurteilung der Funktionalität der Corporate Identity eines Unternehmens. Je mehr diese Kriterien erfüllt werden, um so eher sind konstruktive Steuerungsimpulse der CI in Bezug auf die effiziente betriebliche Kooperation im internationalen Raum zu erwarten.

5.3.4 Das 7S-Modell

Ähnlich wie die zitierte Studie von Peters/Waterman, entstammt auch das so genannte 7S-Modell aus der Praxis der Unternehmensberatung McKinsey. Das Modell wurde von den Autoren Pascale und Athos (1981) publiziert. Entstanden ist das Konzept im Zuge Kultur vergleichender Managementforschung, die sich auf den Vergleich japanischer und nordamerikanischer Management-Methoden bezog. Als Ergebnis dieser umfangreichen Studien identifizierten die Autoren insgesamt sieben Faktoren mit herausragender Erfolgsrelevanz. Die Bezeichnungen dieser Faktoren wurden so gewählt, dass

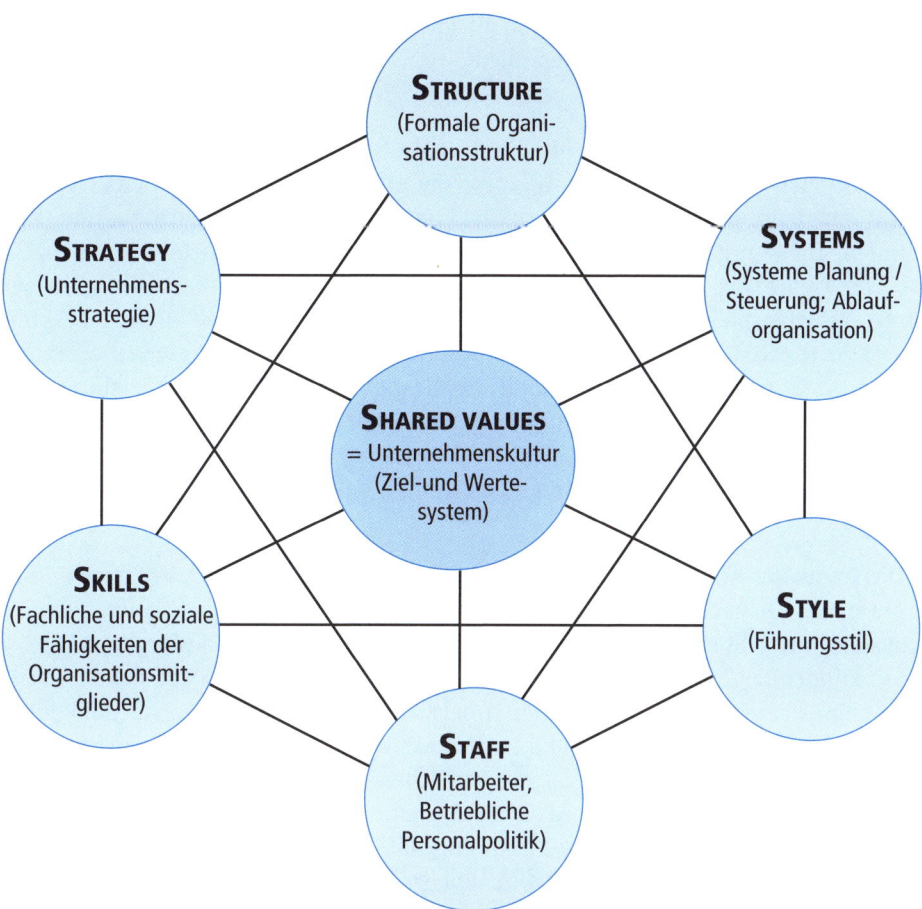

Abb. 5.9: Das 7S-Modell als Managerial molecule (Quelle: Nach Pascale/Athos 1981, S. 93)

alle mit einem S beginnen (7S). Bildhaft sind die sieben S und das zwischen ihnen bestehende Beziehungsgeflecht in einem Managerial molecule angeordnet.

Nach den Resultaten der Business-effectiveness-study von Pascale/Athos sind die Management-Konzeptionen besonders erfolgreicher Unternehmen durch die Integration sowohl harter als auch weicher Führungsinstrumente gekennzeichnet. Im Modell symbolisieren drei harte S-Faktoren die Management-Hardware der Organisation:

- Strategy

  Das erste harte S bezeichnet die Unternehmensstrategie. Hierbei geht es insbesondere um die grundlegende mittel- und langfristige Positionierung des Unternehmens in seiner Umwelt. Strategische Management-Entscheidungen beziehen sich darauf, wie die Unternehmung ihre Stärken einsetzt sowie weiter entwickelt und wie sich das Management auf Veränderungen in den Umweltbedingungen des sozio-technischen Systems antizipativ einstellt. Ein besonders anspruchsvolles Segment strategischer

Entscheidungen bezieht sich gerade auf die Planung der einzelwirtschaftlichen Internationalisierungsstrategie (vgl. oben).

- Structure

  Der S-Faktor Structure steht für die formale Organisationsstruktur. Dazu gehören alle offiziell (vom Leitungsorgan) autorisierten Regelungen zur Arbeitsteilung und Aufgabenzuordnung sowie die betrieblichen Verfahrensvorschriften und Richtlinien. Diese organisatorischen Regularien haben insofern sachlichen, unpersönlichen Charakter, als sie prinzipiell personenunabhängig (ad rem) Gültigkeit besitzen, also beispielsweise ceteris paribus beim Wechsel eines Stelleninhabers nicht verändert werden. Wesentliche Dimensionen der formalen Organisationsstruktur sind die horizontale Arbeitsteilung, die Gestaltung der Leitungsbeziehungen, die Koordination, die Entscheidungsdelegation und die Standardisierung. Zentrale Gestaltungsoptionen der formalen Strukturierung grenzüberschreitend agierender Unternehmen werden weiter unten ausführlich behandelt.

- Systems

  Die Hardware-Komponente Systems umfasst Maßnahmenbündel, Prozesse und Programme, d.h. technokratische Tools der Führung. Es handelt sich um Planungssysteme und Steuerungskonzepte. Auch Werkzeuge der Ablauforganisation, wie Funktionendiagramme, Netzpläne, Aufgabenfolgepläne, sind dem Faktor Systems zu subsumieren. Weiterhin definieren beispielsweise die Fertigungstechnologie, die Informations- und Kommunikationstechnologie, Management-Informationssysteme, Personal-Informationssysteme und Konzepte des Total Quality Management (TQM). den Faktor Systems. All diese Systeme sind hart im Sinne von eindeutig, reproduzierbar, berechenbar, kontrollfähig, faktenbasiert und damit greifbar. In der Einschätzung durch Individuen wird daher den Systems häufig das Merkmal der *Objektivität* zugeordnet.

Das Managerial molecule enthält zur Komplettierung des Instrumentariums und gleichsam als Pendant zu den harten S-Faktoren drei weiche Führungsinstrumente, welche bildhaft ausgedrückt die Management-Software der Organisation darstellen:

- Skills

  Die Kategorie Skills besteht aus der Gesamtheit der fachlichen und sozialen Fähigkeiten der Organisationsmitglieder. Das betrifft die bereits aktualisierten persönlichen Kompetenzen genauso wie das Entwicklungspotential der betrieblichen Akteure. Zur Realisierung solcher Potentiale ist der Einsatz abgestimmter Konzeptionen der Personalentwicklung erforderlich. Dazu gehören beispielsweise das job enrichment, das job rotation, die unterschiedlichen Formen von Projektarbeit, betriebliche Trainingsprogramme off-the-job sowie Nachfolge- und Karriereplanungen.

- Staff

  Analog zum *hardfactor* Sachvermögen verfügt jede Unternehmung über ein mehr oder weniger ausgeprägtes Humanvermögen. Das Humanvermögen resultiert aus der Summe der für die betrieblichen Ziele relevanten Eigenschaften der Mitarbeiter, insbesondere aus ihrer Qualifikation und ihrer Motivation. Prinzipiell sind, ähnlich wie beim Sachvermögen, Investitionen oder auch Desinvestitionen im Bereich des Humanvermögens durchführbar. Die Vornahme von Investitionen in das Humanvermögen ist Gegenstand personalpolitischer Entscheidungen (vgl. Aschoff 1978, Bayer 2004). Der weiche S-Faktor Staff steht innerhalb des 7S-Modells für die Mitarbeiter der Unternehmung sowie für die betriebliche Personalpolitik. Im Unterschied zum objekthaft-harten Sachvermögen (z.B. Maschinen, Gebäude) wird Staff als organisationale Software klassifiziert, weil die Größe menschliche Arbeit eine grundsätzlich andere Qualität als sachliche Ressourcen aufweist. Es gilt, den arbeitenden Menschen als soziales Wesen und als Träger von Bedürfnissen zu begreifen und in dem adäquater Form im Betrieb zu behandeln. Dazu gehört auch die Berücksichtigung der kulturvermittelten mentalen Software der Mitarbeiter. Dies ist gerade auf dem Gebiet internationaler Geschäftsaktivitäten in Anbetracht differenter Kultureinflüsse an den Unternehmensstandorten in verschiedenen Ländern von enormer Bedeutung. Die nachhaltige Motivation der Organisationsmitglieder bei Ignoranz ihrer kulturgeprägten Persönlichkeitsmerkmale erscheint auf Dauer unmöglich.

- Style

Die Größe Style bezeichnet in einer engen Interpretation den im Unternehmen angewandten Führungsstil. Damit ist eine einheitliche Verhaltensdisposition der Träger von Vorgesetztenaufgaben gemeint. Solche Verhaltensmuster haben interindividuellen Charakter und sind im Unternehmen erwünscht oder erwartet. Ein Führungsstil kann beispielsweise mehr aufgabenorientiert oder mehr mitarbeiterorientiert, mehr autokratisch oder mehr demokratisch angelegt sein (vgl. Blohm/Meier 2002, S. 221 ff. und obigen Abschnitt *Dimensionen betrieblicher Führung*). In einem weiteren Sinne umfasst Style das gesamte Arbeitsklima im Unternehmen. Darin spiegelt sich das Leistungs- und Sozialverhalten der Organisationsmitglieder. Dies betrifft insbesondere die unternehmenstypischen Formen des Umgangs miteinander sowie das Geflecht formeller und informeller sozialer Beziehungen im sozio-technischen System Unternehmung.

Den Mittelpunkt des Managerial molecule bilden die Shared values. Es handelt sich dabei um das gemeinsame Ziel- und Wertesystem der Organisationsmitglieder, d.h. um die Unternehmenskultur. Dieses zentrale S markiert jenen Managementfaktor, welcher die Instrumente der organisationalen Hardware und der organisationalen Software übergreift, sie in (unternehmens-)spezifischer Weise prägt und miteinander verbindet. Typische Ziele im wirtschaftlichen Bereich beziehen sich auf Gewinn, Wachstum und Fortschritt. Soziale Ziele sind hingegen auf Perspektiven und Identifikationsmöglichkeiten für die Mitarbeiter gerichtet. Beispiele gemeinsamer Werteorientierungen sind die Qualität der Leistungen und der sozialen Beziehungen sowie die konsequente Berücksichtigung der Kundenbedürfnisse. Auch eine Null-Fehler-Philosophie oder der Anspruch, die Nummer eins am Markt zu werden, können stark integrative gemeinsame Werthaltungen in der Organisation vermitteln.

Die sieben Variablen des Modells sind keinesfalls voneinander unabhängig. Es werden vielmehr ausgeprägte Interdependenzen zwischen den sieben S-Faktoren angenommen. Im Zuge der Modell-Implementierung kommt es entscheidend darauf an, *alle* S-Faktoren zur Realisierung der Unternehmensziele optimal zu nutzen. Besondere Bedeutung hat die sorgfältige Abstimmung der Führungsinstrumente aufeinander. Erst die gelungene Koordination bringt alle S zu einem fit (optimale Ergebniswirkung). Eine generell gültige optimale Lösung der Modell-Anwendung existiert nicht. Nach Pascale/ Athos muss jedes Unternehmen seinen eigenen Weg entwickeln, um in allen S-Bereichen gut zu sein und einen *fit* zu realisieren:

> *„Die Aufgabe ist dabei nicht, kosmetische Operationen vorzunehmen oder zu imitieren, sondern sich selbst organisch zu entwickeln. Und jedes Unternehmen hat, wie jedes Individuum, seinen eigenen Lösungsweg zu entwickeln" (Pascale/Athos 1981, S. 206).*

Die Shared values stellen in diesem Zusammenhang den Schlüssel zur notwendigen individuellen Lösung des Problems der Unternehmensführung bereit.

5.3.5 Kulturelles Beziehungsgefüge der Unternehmensführung

Das 7S-Modell betont vor allem die interne Konsistenz der Managementinstrumente. Die S-Faktoren sollen

- zueinander stimmig und komplementär angelegt sein sowie
- einen fit erreichen.

Darüber hinaus bedarf jedoch auch die externe Situation der Berücksichtigung. Das Überleben des Unternehmens und die Stärkung seiner Handlungsfähigkeit erfordern Kompatibilität der internen Management-Variablen mit den externen Dimensionen der Situation. Gestaltungsziel muss es somit sein, Kontingenz zwischen den betrieblichen Führungsinstrumenten und den maßgeblichen Kontextfaktoren herzustellen. Ein Segment der externen Situation bildet gerade die nationale Kultur am Unternehmensstandort. Dieser Zusammenhang ist in Abbildung 5.10 aufgezeigt.

Die Größe Kultur steht als Corporate Identity und Eigenschaft der erwerbswirtschaftlichen Organisation auf innerbetrieblicher Ebene in Interaktion mit der im Unternehmen eingesetzten Technologie und mit der Organisationsstruktur. Analog gilt dies hinsichtlich der Umwelt: Hier existieren interaktive Beziehungen zwischen nationaler Kultur, den verfügbaren Technologien und den volkswirtschaftlichen sowie gesellschaftlichen Strukturen. Die nationale Kultur wirkt ein auf die Unternehmenskultur, aber auch auf den betrieblichen Technologieeinsatz und auf die formale Organisationsstruktur. Dies gilt ebenso für die Kontextvariablen Technologie und Struktur. Die Erfolgsbedingung in Bezug auf die Unternehmensführung besteht nun darin, zwischen den Segmenten der betrieblichen und der überbetrieblichen Ebene multiple Kontingenzen herzustellen.

Im Falle internationaler Unternehmenstätigkeit treten an die Stelle der in Abbildung 5.10 dargestellten einen Umwelt mehrere Umwelten, deren Zahl gerade der An-

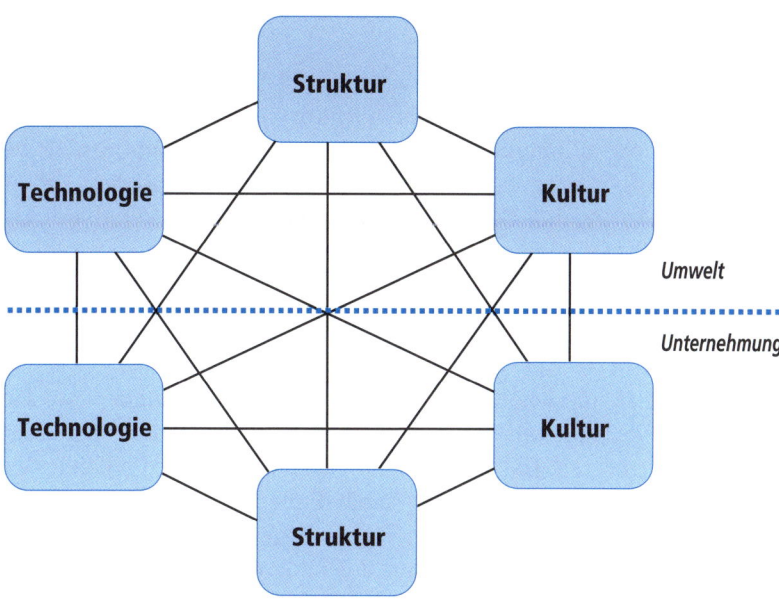

Abb. 5.10: Kultur im Netzwerk interdependenter Beziehungen
(Quelle: Nach Pennings/Gresov 1986, S. 324)

zahl von Ländern entspricht, in denen die Unternehmung wirtschaftlich agiert. Anders ausgedrückt: Kontingenz ist aufgrund der gezeigten Unterschiede in den nationalen Kulturen für jeden Standort in einer spezifischen Weise herzustellen. Gleichzeitig soll jedoch die Corporate Identity des Unternehmens supranational konsistent sein, also im CI-Vergleich Stammland/Gastländer die Merkmale der Widerspruchsfreiheit, der Wiedererkennbarkeit (gemeinsame Basiselemente) sowie der Komplementarität aufweisen. Das skizzierte vielfältige kulturelle Beziehungsgefüge internationaler Unternehmensführung veranschaulicht die Schwierigkeiten interkultureller Zusammenarbeit, beschreibt allerdings ebenfalls die enormen Chancen der Realisierung von Effekten wechselseitigen Lernens sowie der zielbezogenen Nutzung der jeweiligen Stärken kulturell different geprägter (mentale Software) Kooperationspartner.

5.4 Führungsverhalten im internationalen Unternehmen

Die interkulturelle Zusammenarbeit innerhalb eines Unternehmens oder in einer Unternehmensgruppe bedarf der Steuerung relativ zum geplanten betrieblichen Zielsystem. Damit sind die Leitungsaufgaben der grenzüberschreitend eingesetzten Führungskräfte angesprochen. Auf diesem Hintergrund sollen im Folgenden maßgebliche Aspekte des Führungsverhaltens erörtert werden.

5.4.1 Kultur und Führungsstil

In Anbetracht der Wirkungen von Enkulturation und Sozialisation (vgl. oben) ist anzunehmen, dass sich Einflüsse der nationalen Kultur auch hinsichtlich des in den Unternehmen und den Institutionen eines Landes angewandten Führungsstils bemerkbar machen und nachweisen lassen. Aus der Perspektive entscheidungsorientierter Managementlehre hat nach Auffassung des Verfassers die Führungsstil-Variable Partizipation in diesem Zusammenhang herausragende Bedeutung. Dabei geht es darum, inwieweit die Mitarbeiter in betriebliche Entscheidungsprozesse einbezogen werden, insbesondere in welchem Ausmaß die Individuen Einflusschancen hinsichtlich jener Ziel- und Mittelentscheidungen erhalten, welche die eigene Arbeitssituation unmittelbar betreffen.

Aufschlussreich sind in diesem Kontext die Resultate einer Studie von Jago et al. (1995), welche den Partizipationsgrad als Differenzierungskriterium des Führungsstils in sieben Ländern betrachten. Das Untersuchungsgebiet umfasst die Länder Österreich, Tschechoslowakei/Tschechien (Daten kurz nach Ende des kommunistischen Systems und ganz überwiegend aus dem heutigen Tschechien), Deutschland (frühere Bundesrepublik), Frankreich, Polen (Datenerhebung vor Ende des kommunistischen Systems), USA und Schweiz. Der Partizipationsgrad wird auf einer Skala von 0 bis 10 Punkten abgebildet. Ein höherer Punktwert signalisiert ein größeres Maß an Partizipation der Mitarbeiter. Die Abbildung 5.11 zeigt die aggregierten Partizipationswerte in den untersuchten Ländern.

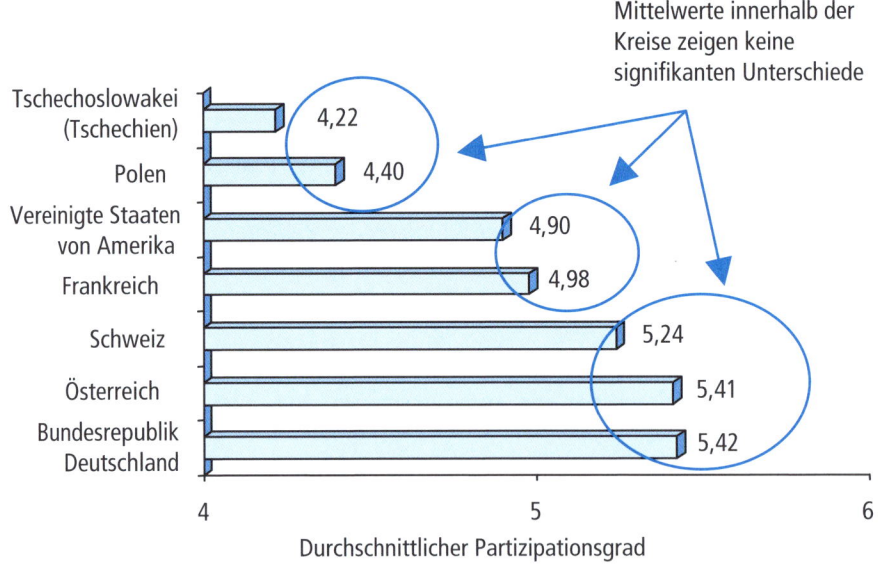

Abb. 5.11: Interkulturelle Differenzen im Führungsstil (Quelle: Jago et al. 1995, S. 1231)

Es sind drei Klassen der Partizipation zu erkennen (in der Abbildung durch die Kreise gekennzeichnet):

a) Ein relativ autokratischer Führungsstil wird für Polen und Tschechien signalisiert. Die Manager in diesen Ländern beteiligen ihre Mitarbeiter nur in vergleichsweise geringem Maße an den betrieblichen Entscheidungen. Annahmen über den kulturellen Kontext lassen sich aus den Hofstede-Studien herleiten, indem aufgrund der gesellschaftlichen Affinitäten zum Zeitpunkt der Datenerhebung Ähnlichkeit der Kulturen von Jugoslawien (Bestandteil der Hofstede-Studien) sowie Polen und Tschechien (beide gehören nicht zu den 53 untersuchten Ländern) unterstellt wird. Jugoslawien zählt mit 76 MDI-Punkten zu den Ländern mit hohem Machtgefälle. Sofern dies gleichfalls für Polen und Tschechien gilt, entspricht der geringe Partizipationsgrad in beiden Ländern dem kulturellen Einfluss. Der von Jago et al. nachgewiesene Führungsstil in den Ländern Tschechien und Polen ist äquivalent mit dem nach dem Kulturmodell von Hofstede zu erwartenden Führungsstil.

b) Auf der anderen Seite gelten für die Schweiz, Österreich und Deutschland nach Maßgabe der Untersuchung von Jago et al. die eindeutig höchsten Partizipationswerte. Die Rückkoppelung mit den Ergebnissen der Studien von Hofstede zeigt, dass die Schweiz (34 MDI-Punkte) und Deutschland (35 MDI-Punkte) geringes gesellschaftliches Machtgefälle aufweisen. Österreich hat sogar das Kulturmerkmal eines sehr geringen Machtgefälles. Mit 11 MDI-Punkten wurde für Österreich der niedrigste Machtdistanzindex aller untersuchten Länder gemessen. In Ländern mit geringem oder sehr geringem Machtgefälle besteht nach den Doktrinen von Hofstede die Erwartung partizipativen Führungsverhaltens des Vorgesetzten. Eben diese Erwartung wird durch die in Abbildung 5.11 dargestellten Befunde von Jago et al. bestätigt. In den drei Ländern geschieht personelle Führung in ausgeprägt partizipativer Form.

c) Der Bereich mittlerer Partizipation im Führungsstil ist durch die USA und Frankreich besetzt. In Bezug auf die Vereinigten Staaten geht dieser Befund konform mit den nach den Erkenntnissen von Hofstede anzunehmenden Wirkungen der Kontextvariablen nationale Kultur, für die mit 40 MDI-Punkten gerade ein mittleres Machtgefälle erhoben wurde. Im Falle von Frankreich, das zu den Ländern mit hohem Machtgefälle zählt (68 MDI-Punkte), wäre hingegen ein mehr autokratischer Führungsstil zu erwarten gewesen.

Die Variationen des Führungsstils im interkulturellen Vergleich lassen sich besonders anschaulich illustrieren, wenn man das Partizipationsverhalten des statistischen durchschnittlichen US-Managers mit dem der Führungskräfte in den anderen sechs untersuchten Ländern der Studie von Jago et al. vergleicht.

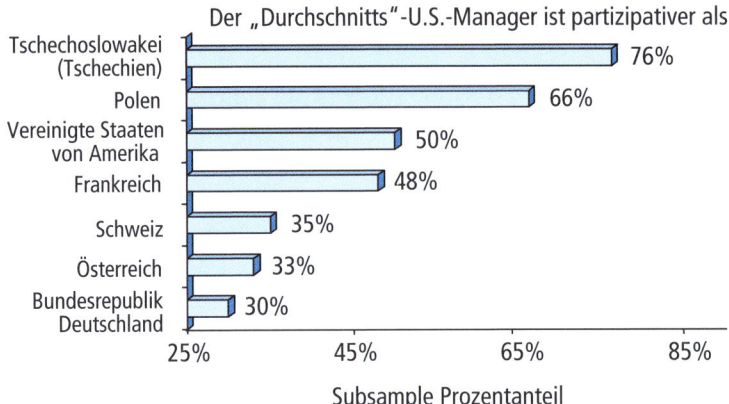

Abb. 5.12: Das Partizipationsverhalten des *durchschnittlichen US-Managers* im internationalen Vergleich (Quelle: Jago et al. 1995, S. 1232)

Im statistischen Durchschnitt verhalten sich Manager in den USA partizipativer als 76 % der Führungskräfte in Tschechien oder als 66 % der Führungskräfte in Polen. Dagegen führen lediglich 30 % der Vorgesetzten in deutschen Unternehmen ihre Mitarbeiter weniger partizipativ als der statistische Durchschnittsmanager in den Vereinigten Staaten. Die Befunde von Jago et al. belegen, dass ein erfolgreicher Führungsstil nicht ohne weiteres im internationalen Raum übertragbar ist.

> *Beispiel: Der in Land A akzeptierte und erfolgsüberlegene Führungsstil stößt unter Umständen in Land B auf Unverständnis, wodurch seine motivierende und verhaltenssteuernde Wirkung beeinträchtigt oder völlig aufgehoben wird.*

Es gibt demnach offensichtlich nicht den generell *richtigen*, optimalen oder erfolgsüberlegenen Führungsstil. Die Funktionalität von Führungsverhalten ist vielmehr situationsabhängig. Das belegen bereits die als Kontingenzmodell publizierten Arbeiten von Fiedler (1967). Wie gezeigt wird ein bedeutsames Segment der Führungssituation durch die nationale Kultur ausgefüllt. Erfolgsbedingung hinsichtlich des Führungsstils ist gerade ein fit dieser Verhaltensdisposition mit den relevanten Merkmalen der nationalen Kultur. Dabei erscheint die Kulturdimension Machtgefälle von besonderer Bedeutung, da sie die Erwartungen der Organisationsmitglieder bezüglich des Vorgesetztenverhaltens prägt. In der Dimension Machtgefälle differente nationale Kulturen erfordern somit im Interesse der Realisierung angestrebter Ziele die Anwendung differenter Führungsstile im Unternehmen.

5.4.2 Interkulturelle Kompetenz

Die Zusammenarbeit von Personen über Ländergrenzen hinweg ist im Vergleich zur Kooperation innerhalb eines Landes mit zusätzlichen Anforderungen verbunden. Es kommt folglich darauf an, dass die in internationale Geschäftsprozesse involvierten Individuen fundierte Fähigkeiten zur Bewältigung solcher spezifischen Anforderungen grenzüberschreitender Aktivitäten erwerben. Derartige Fähigkeiten definieren die interkulturelle Kompetenz einer Person. Im Folgenden seien exemplarisch grundlegende Teilbereiche interkultureller Kompetenz dargestellt.

a) Wirtschaftssprachliche Kenntnisse

Das Beherrschen fremder Sprachen wird allgemein in starkem Maße mit der Qualifikation von Personen in Bezug auf die internationale Wahrnehmung von Fach- und Führungsaufgaben assoziiert. So erkannte bereits Anton Fugger: „Die Sprache des Kunden ist die beste Sprache" (zitiert nach Simon 1996, S. 85). In der Epoche der Renaissance war Anton Fugger das Oberhaupt des historisch außerordentlich bedeutsamen, weltweit aktiven und wirtschaftlich äußerst erfolgreichen Augsburger Handelsimperiums der Familie Fugger. Anton Fugger gilt als einer der reichsten Menschen der Weltgeschichte (vgl. Herre 2005, Burkhardt 1994). Ein Bildnis dieses *Frühpioniers* im internationalen Management zeigt Abbildung 5.13.

Abb. 5.13: Bildnis des Kaufmanns Anton Fugger (geboren 1493 – verstorben 1560)
(Quelle: O.V.: MATEO, Mannheimer Texte Online, 2006)

Die von Anton Fugger betonte Fähigkeit wirtschaftender Akteure, sich kommunikativ an ausländische Märkte und Kunden anzupassen, identifiziert Simon in seiner Studie der Strategien Weltmarkt führender mittelständischer Unternehmen als eines der hervorstechenden Merkmale der von ihm so bezeichneten Hidden Champions. Der Autor stellt über die Hidden Champions fest: *„Ihre Kenntnis fremder Sprachen und ihre mentale Internationalisierung gehen ihrem Geschäftserfolg voraus"* (Simon 1996, S. 85).

Die möglichst reibungslose und komplikationsfreie sprachliche Verständigung zwischen Interaktionspartnern aus verschiedenen Ländern ist zweifelsohne wesentliche Voraussetzung für die erfolgreiche geschäftliche Zusammenarbeit. Diese Erfolgsbedingung kollidiert bei Internationalisierung der Unternehmenstätigkeit allerdings schnell mit Sprachbarrieren zwischen den Ländern und Regionen des grenzüberschreitenden Operationsgebietes. Immerhin existieren weltweit ca. 2790 lebende Sprachen (vgl. Dülfer 1997, S. 312). Außerdem sind sprachliche Ausdrucksformen stark kulturgeprägt, denn sie entwickeln sich in Abhängigkeit davon, was in der jeweiligen Kultur besondere Bedeutung aufweist. Die Sprache spiegelt daher quasi die Landeskultur. Das hat zur Konsequenz, dass es bei der sprachlichen Übersetzung zwischen sehr verschiedenartigen Kulturen oft schwierig ist, Phänomene in äquivalenten Vokabeln auszudrücken (vgl. Terpstra 1978, S. 2). Umfassendes sprachliches Verständnis bedingt deshalb auch Kenntnisse über den maßgeblichen landeskulturellen Hintergrund. All dies verdeutlicht den hohen Schwierigkeitsgrad fundierter verbaler Kommunikation im Falle internationaler Zusammenarbeit, insbesondere wenn die Kooperation verschiedene Kulturkreise umfasst.

Als pragmatische Problemlösung haben sich die weltweit verbreiteten früheren Kolonialsprachen – Englisch, Französisch, Spanisch und Portugiesisch – etabliert. Sie gelten als wichtiges Medium verbaler Kommunikation auf dem Gebiet internationaler Wirtschaftsbeziehungen. Mittels einer dieser vier Wirtschaftssprachen lässt sich in den meisten Ländern zumindest die grundlegende Kommunikation mit den einheimischen Geschäftspartnern realisieren. Die englische Sprache hat als internationale Wirtschaftssprache stark dominierenden Charakter. Grund ist der hohe Verbreitungsgrad von Englisch: In 42 Ländern stellt Englisch die offizielle Staatssprache dar, außerdem ist es die weitaus am häufigsten beherrschte Zweitsprache. Französisch ist offizielle Sprache in 17 Ländern Asiens, Afrikas und Lateinamerikas. Dagegen findet Spanisch als offizielle Sprache in 19 amerikanischen Entwicklungsländern Anwendung. Die Bedeutung von Portugiesisch hat rückläufige Tendenz. Außer im Mutterland wird noch in Brasilien, Mozambique, Angola und einigen kleineren Staaten in erster Linie portugiesisch gesprochen (vgl. Dülfer 1997, S. 312 ff.).

Welche fremdsprachlichen Kenntnisse international eingesetzte Manager und Spezialisten im einzelnen benötigen, lässt sich nicht generell ermitteln, sondern hängt vom konkreten Aktionsbereich ab. Sofern die Sprache im Gastland oder nach Anton Fugger „Die Sprache des Kunden" nicht mit einer der Wirtschaftssprachen identisch ist, sollte sich der Stammhausdelegierte zumindest Grundkenntnisse auch dieser Landessprache aneignen. Dadurch wird die Alltagskommunikation vereinfacht. Außerdem fördern solche landessprachlichen Kenntnisse und das auf diese Weise ausgedrückte Interesse an der Landeskultur die Akzeptanz der betreffenden (ausländischen) Person von Seiten der einheimischen Partner.

b) Kulturspezifisches Zusatzwissen

Einschlägige wirtschaftssprachliche Kenntnisse sind notwendige, aber nicht hinreichende Bedingung der wirtschaftlichen Handlungsfähigkeit eines Stammhausdelegierten im Gastland. Darüber hinaus ist grundlegendes Verständnis hinsichtlich der Mentalität, der Motive und der Verhaltensweisen der dortigen Geschäftspartner, Vorgesetzten, Kollegen und Mitarbeiter erforderlich. Dafür braucht das im Ausland eingesetzte Organisationsmitglied ökonomisch und soziologisch relevantes Kulturwissen. Wesentliche Bestandteile eines solchen kulturbezogenen Zusatzwissens sind folgende Inhalte (vgl. Gaugler 1994, S. 315):

- Kenntnis der politischen Systeme innerhalb der Kulturregion.

- Informationen über die gesellschaftlichen Strukturen und Basisprozesse im Gastland.

- Überblick hinsichtlich der wesentlichen geschichtlichen Entwicklungen in der Kulturregion.

- Wissen um die Wirtschafts- und Kulturgeographie der Region.

Derartige kognitive Qualifikationen vermitteln den international agierenden Fach- und Führungskräften aus dem Stammland die wünschenswerte Sensibilität in Bezug auf die kulturellen Eigenarten und ihre Dynamik am jeweiligen Zielmarkt. Erst damit wird ein den Gegebenheiten im Gastland adäquates Arbeits- und Führungsverhalten überhaupt möglich.

c) Fähigkeit zur kulturüberschreitenden Kommunikation

Die benötigten Fremdsprachen-Kenntnisse und das spezifische Zusatzwissen über kulturelle Merkmale der Auslandsregion vermitteln einer Führungskraft die intrakulturelle Handlungsfähigkeit in einem betrachteten Gastland. Da das Operationsgebiet der Unternehmung sich häufig auf verschiedene Gastländer in unterschiedlichen Kulturregionen erstreckt, sind die personellen Träger länderübergreifender Aufgabenstellungen jedoch in vielen Fällen gefordert, interkulturell zu handeln. Idealtypisch formuliert soll der Auslandsmanager grundsätzliche unternehmenspolitische Ziele im Kontext divergierender Kulturen innerhalb des internationalen Operationsgebietes der Unternehmung durchsetzen, ohne die berechtigten Ansprüche der Gastland-Umwelt zu ignorieren. Die Auslandsführungskraft erhält quasi die Rolle eines Bindeglieds zwischen Stammhaus oder Muttergesellschaft im Inland auf der einen und dem ausländischen Geschäftsfeld auf der anderen Seite übertragen. Dies impliziert die Gefahr von Identitätsproblemen des Rolleninhabers. Zum Zwecke der Veranschaulichung solcher Schwierigkeiten seien nachstehend kontrastierende Verhaltensdispositionen skizziert:

- **Verhaltensdisposition Typ 1**

  Die Führungskraft identifiziert sich nachhaltig mit den kulturell bedingten Gegebenheiten im Gastland. Darüber geht ihr jedoch im Zeitablauf das Verständnis für die Verhaltensweisen der in die Geschäftsprozesse involvierten Beschäftigten im Stammland verloren. Diese werden dann seitens der im Ausland eingesetzten Person schnell als interkulturell inkompetente und ignorante Bürokraten wahrgenommen.

- **Verhaltensdisposition Typ 2**

  Umgekehrt besteht – sofern der Auslandsmanager eine dominante Stammland-Orientierung beibehält – die Gefahr von Kolonialisierungsversuchen gegenüber den Mitarbeitern und Geschäftspartnern im Gastland. Dieser Aspekt wird beispielsweise in der „Strukturellen Theorie des Imperialismus" von Galtung (1972) thematisiert. Eine solche Verhaltensdisposition erscheint in hohem Maße kontraproduktiv, sie provoziert Widerstände im Gastland und behindert die konstruktive interkulturelle Zusammenarbeit.

- **Verhaltensdisposition Typ 3**

  Der Auslandsmanager ist im Spannungsfeld zwischen Stammland-Kultur und Gastland-Kultur überfordert, was sich auf Dauer darin ausdrückt, dass diese Person auf beiden Seiten wenig Akzeptanz erfährt. Die Führungskraft befindet sich dann in einer prekären Situation *zwischen den Stühlen*. Die nahe liegenden Konsequenzen bestehen in unzulänglicher Management-Leistung und starkem persönlichen Verschleiß (Burnout-Syndrom) der Auslandsführungskraft.

Wesentliche qualifikatorische Bedingung in Bezug auf das Vermeiden oder das Bewältigen der dargelegten potentiellen Probleme ist die Entwicklung der Fähigkeit der Person, kulturüberschreitend zu kommunizieren. Dabei geht es – neben der Achtung und Akzeptanz der fremden Menschen und ihrer Kultur – um das Erlernen und Einüben von Techniken der synchronen Kommunikation mit Interaktionspartnern aus verschiedenen Kulturregionen. Das bezieht sich insbesondere auf „das Verstehenlernen persönlicher Wertvorstellungen und kulturgebundener Verhaltensweisen..." (Schöllhammer 1992, S. 1873). Die Fähigkeit zur kulturüberschreitenden Kommunikation stellt eine ebenso zentrale wie komplexe und äußerst anspruchsvolle Komponente interkultureller Kompetenz dar. Der Erwerb dieser Qualifikation erscheint im Hinblick auf die effektive Aufgabenerfüllung, die Arbeitszufriedenheit und den langfristigen Erhalt der Leistungsfähigkeit international agierender Manager und Spezialisten jedoch unabdingbar. Die Qualifizierung im Sinne des Erlernens interkultureller Kommunikation durch Individuen umfasst nach Hofstede/Hofstede (vgl. dieselben 2006, 492 ff.) die Phasen

- Bewusstwerden,
- Wissen und
- Fertigkeiten.

Diese Phasen bauen logisch aufeinander auf: Die sinnvolle Aneignung spezifischer Fertigkeiten kann erst erfolgen,

- wenn die Person Bewusstsein hinsichtlich differenter kultureller Einflüsse auf die *mentale Software* von Menschen aus verschiedenen Kulturkreisen entwickelt und

- Wissen über die Art und die Wirkung dieser Einflüsse auf das Verhalten erworben hat.

In diesem Zusammenhang spielen Symbole, Helden und Rituale in den verschiedenen Kulturen eine herausragende Rolle.

5.4.3 Verantwortung als Management-Kategorie

Die Verantwortung als facettenreiche Kategorie personaler Führung erhält im Rahmen grenzüberschreitender Unternehmensaktivitäten besondere Ausprägungsformen. Prinzipiell erscheint hinsichtlich der Begründung von Verantwortlichkeit eines Individuums der Aspekt des Commitments konstitutiv. Damit gemeint ist die psychologische Bindung, Verbindlichkeit oder Verpflichtung des Verantwortungsträgers. In dieser Sicht ist die Kategorie Verantwortung charakterisierbar als die Verpfichtung des Aufgabenträgers, für die Konsequenzen der von ihm getroffenen Entscheidungen einzustehen (vgl. Dülfer 1997, S. 157).

> **Verantwortung**
> → Verpflichtung des Individuums, für die Auswirkungen der eigenen Entscheidungen einzustehen und dafür persönlich Rechenschaft abzulegen.

In organisationstheoretischer Perspektive gilt das Grundprinzip der Kongruenz von Aufgaben, Kompetenzen und Verantwortung. Mit der Übernahme von Verantwortung bindet sich der betriebliche Entscheidungsträger, das eigene Handeln (Selbstverantwortung) sowie das Handeln seiner Mitarbeiter (Fremdverantwortung) auf die angestrebten Unternehmensziele hin auszurichten und Beiträge zur Zielerreichung (Erfolg) zu leisten. Je nach Zielerreichungsgrad (Realisiertes Ergebnis/Angestrebte Soll-Größe) im Verantwortungsbereich des Entscheidungsträgers resultieren für ihn persönlich positive oder negative Sanktionen einer übergeordneten Instanz (Vorgesetzter). Die Verantwortlichkeit eines Stelleninhabers in einem Unternehmen tangiert somit unmittelbar den betriebssozialen Status dieser Person.

In der modellhaften Darstellung ist die Kategorie Verantwortung als zweiseitige personelle Beziehung zwischen den Personen A und B abbildbar:

- Person A übernimmt eine definierte betriebliche Verantwortung;
- Person B zieht Person A zur Verantwortung.

Verantwortungsbeziehungen sind zugleich Machtbeziehungen, da mit der Zuweisung von Verantwortung die Verteilung sozialer Einflusschancen erfolgt. Die zur Begründung von Verantwortung erforderliche Übertragung von Kompetenzen (Entscheidungsbefugnissen) an den betrachteten Stelleninhaber verleiht diesem formale Macht gegenüber den unterstellten Personen (Mitarbeitern). Die formale Macht manifestiert

sich insbesondere in Sanktionsmöglichkeiten. In jedem größeren Unternehmen entsteht in Abhängigkeit von den Variablen der formalen Organisationsstruktur ein mehr
oder weniger tief gegliedertes System interdependenter Verantwortungsstufen. Der beschriebene Zusammenhang ist in Abbildung 5.14 als Regelkreis auf einer betrachteten
Verantwortungsebene dargestellt.

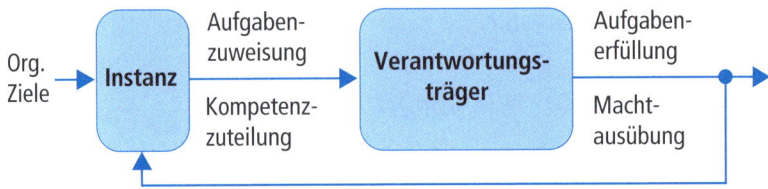

Abb. 5.14: Regelkreismodell der Verantwortungsbeziehung im Unternehmen
(Quelle: Dülfer 2001, S. 158)

Die Verantwortlichkeit des Stelleninhabers oder Verantwortungsträgers resultiert aus
dem organisatorischen Grundtatbestand der betrieblichen Arbeitsteilung. Aufgrund der
sachlichen Notwendigkeit arbeitsteiligen Handelns im sozio-technischen System Betrieb
werden der einzelnen Stelle und damit der auf dieser Stelle beschäftigten Person Aufgaben zugewiesen sowie die zur Erledigung dieser Aufgaben erforderlichen Kompetenzen
zugeteilt. Die Aufgaben und die daran geknüpften Befugnisse determinieren die Allokation von Verantwortung im Unternehmen auf die Stelle und auf die Person. Da diese
Art von Verantwortlichkeit aus dem betrieblichen Prozess des Organisierens hervorgeht,
wird sie auch als „organisatorische Verantwortung" bezeichnet (Dülfer 2001, S. 158 f.).

Im Falle international agierender Aufgabenträger erhält die organisatorische Verantwortung im Vergleich zu den Gegebenheiten bei ausschließlich im nationalen Bereich
eingesetzten Mitarbeitern eine besondere Ausprägung. Die Besonderheit der organisatorischen Verantwortung von Fach- und Führungskräften im Ausland hängt mit der
relativ *offenen Formulierung der verantwortungsbegründenden Aufgabenstellung sowie
der korrespondierenden Kompetenzen zusammen.* Ausschlaggebend dafür sind

- die räumliche Distanz zwischen Stammland und Gastland,
- die damit verbundenen Einschränkungen in der Kommunikation sowie
- die aus der Unternehmenszentrale schwer abschätzbaren kulturellen Einflüsse am
  Zielmarkt.

Der Mitarbeiter im Ausland benötigt deshalb in Bezug auf sein Handeln grundsätzlich
einen gewissen Vertrauensvorschuss, dem diese Person durch ein gesteigertes Verantwortungsbewusstsein gerecht werden sollte. Wenig strukturierte Aufgaben, unpräzise
Befugnisse, Vertrauensvorschuss und das Erfordernis besonders sensibler Wahrnehmung des eingegangenen Commitments charakterisieren folglich die spezifische Ausprägung der organisatorischen Verantwortung im Zuge grenzüberschreitender Unternehmenstätigkeit.

Darüber hinaus konfrontiert die interkulturelle Kooperation die beteiligten Fach- und Führungskräfte mit einer Reihe weiterer Verantwortungsbeziehungen (vgl. Dülfer 2001, S. 159 ff.):

- Soziale Verantwortung

  Der Stammhausdelegierte ist gefordert, Erwartungen aus der Gastland-Umwelt in Bezug auf den Umgang mit den einheimischen Mitarbeitern zu erfüllen. Es gilt, die Schnittstelle zwischen Unternehmenskultur und nationaler Kultur verantwortlich auszugestalten. Das bedingt beispielsweise die Aufnahme fundamentaler Bedürfnisse der Beschäftigten im Gastland in das betriebliche Zielsystem (soziale oder mitarbeiterorientierte Ziele).

- Religionsbezogene Verantwortung

  Diese Art der Verantwortung umfasst das Beachten und Akzeptieren der religiösen Anschauungen der Menschen im Gastland. Das gilt etwa für die Gebetsvorschriften im Islam.

- Staatsbürgerliche Verantwortung

  Der im Ausland eingesetzte Mitarbeiter unterliegt den staatsbürgerlichen Pflichten seines Stammlandes. So hat er zum Beispiel die Restriktionen des Außenwirtschaftsgesetzes in den Bereichen Waffenexport und Nukleartechnik strikt einzuhalten.

- Außenpolitische Verantwortung

  Die Menschen im Gastland identifizieren den Auslandsmanager mit seinem Stammland. Damit erhält er quasi die Rolle eines Botschafters seines Herkunftslandes und sollte dieses in positiver Weise repräsentieren.

- Kooperationspartnerbezogene Verantwortung

  Das geschäftliche Engagement in wirtschaftlich schwachen Ländern ist häufig mit einer entwicklungspolitischen Zielsetzung verbunden. Daraus resultiert für den Auslandsmanager Verantwortlichkeit hinsichtlich der Unterstützung seiner Kooperationspartner im Gastland. Dies betrifft sowohl die privatwirtschaftliche als auch die staatliche Ebene.

- Ökologische Verantwortung

  Die Wahrnehmung ökologischer Verantwortung bezieht sich auf das Prüfen und Beachten der Verträglichkeit von Unternehmensaktivitäten mit der natürlichen Umwelt im Gastland. Das gilt insbesondere auch in Situationen, welche in rechtlicher Hinsicht dem Unternehmen einen relativ breiten ökologischen Gestaltungsspielraum belassen. In ökologischer Hinsicht ist das Institut der Nachhaltigkeit (vgl. Kapitel 1, Überlegungen zum Zielsystem) von herausragender Bedeutung im Hinblick auf verantwortungsbewusstes Handeln der im Ausland beschäftigten Führungskräfte des Unternehmens.

5.4.4 Felder der Personalentwicklung

Zu den besonderen Funktionen personeller Führung im grenzüberschreitend operierenden Unternehmen gehört die Förderung der Mitarbeiter in Bezug auf den Erwerb von internationaler Handlungsfähigkeit und interkultureller Kompetenz. Führen bedeutet in dieser Sicht, die Mitarbeiter auf internationalem Gebiet erfolgreich zu machen.

> **Führen**
>
> → Mitarbeiter (international) erfolgreich machen

Das erfordert die systematische Personalentwicklung innerhalb des sozio-technischen Systems nach Maßgabe der vielfältigen Anforderungen im Auslandsgeschäft.

Die Zielvorstellung international orientierter Personalentwicklung findet in den Unternehmensgrundsätzen *The Basics* der Continental Aktiengesellschaft markanten Ausdruck. Das sei an den folgenden Orientierungen und unternehmensinternen Normen exemplarisch aufgezeigt:

> *Beispiel:*
>
> - „Mit und für Mitarbeiter
>   Unsere Mitarbeiter machen Continental stark. Von unseren Mitarbeitern erwarten wir Engagement und Zielstrebigkeit. Wir belohnen Leistung und schaffen ein dafür günstiges Klima. Wir fördern Einsatzbereitschaft, Qualifikation, Aus- und Weiterbildung, Flexibilität und Loyalität. In allen Unternehmensbereichen investieren wir in das Arbeitsumfeld. Wir fördern gesunde Arbeitsbedingungen und die Sicherheit am Arbeitsplatz. Allen Mitarbeitern eröffnen wir gleiche Chancen, ohne Ansehen von Alter, Nationalität, Geschlecht, Religion, Hautfarbe oder sexueller Orientierung.
>
> - Kooperation und Teamwork
>   Wir arbeiten zusammen. Teamgeist prägt die Arbeit innerhalb aller Ebenen und Geschäftsbereiche. Das gilt ebenso für die Beziehung zwischen der Unternehmensführung, den Mitarbeitern und den Mitarbeitervertretern. Wir nutzen konsequent unser weltweites Netzwerk, um intern und extern Beziehungen zu vertiefen. Unsere Gesamtleistung hängt von der Qualität unserer Zusammenarbeit ab. Jeder Mitarbeiter ist sich bewusst, dass er Teil eines weltweit operierenden Unternehmens ist. Das erfordert breit angelegtes, kulturübergreifendes Teamwork. Wir bauen bürokratische Verfahren und Hierarchien ab. Wir bilden ein Umfeld, das Eigenverantwortung und unternehmerisches Handeln fördert. Wir kommunizieren offen und aktiv miteinander. Wir machen Information für jeden zugänglich.
>
> - Lernen und Wissensmanagement
>   Wettbewerbsvorteile basieren auf Wissensvorteilen. Continental versteht sich als lernendes Unternehmen. Wir machen Wissen im gesamten Unternehmen zugänglich. So ermöglichen wir es Führungskräften sowie Mitarbeitern gleichermaßen, Veränderungen des wirtschaftlichen Umfeldes frühzeitig zu erkennen und Märkte zu gestalten. Jeder Mitarbeiter ist zu lebenslangem Lernen aufgerufen. Wir entwickeln Initiativen zum Austausch von Wissen sowohl untereinander als auch mit Partnern außerhalb des Unternehmens (O. V. 2002)."

Für die grundlegende Erstellung betrieblicher Konzeptionen internationaler Personalentwicklung (PE) existieren ganz unterschiedliche programmatische Ansätze. Anhand der Dimensionen erfahrungsbezogen versus intellektuell sowie landesübergreifend versus landesspezifisch lassen sich verschiedene Felder der Personalentwicklung abgrenzen. Innerhalb dieser Felder stehen alternative Qualifizierungs- und Trainingsmodule zur Auswahl. In Abbildung 5.15 sind wichtige derartige Module den Feldern internationaler Personalentwicklung zugeordnet.

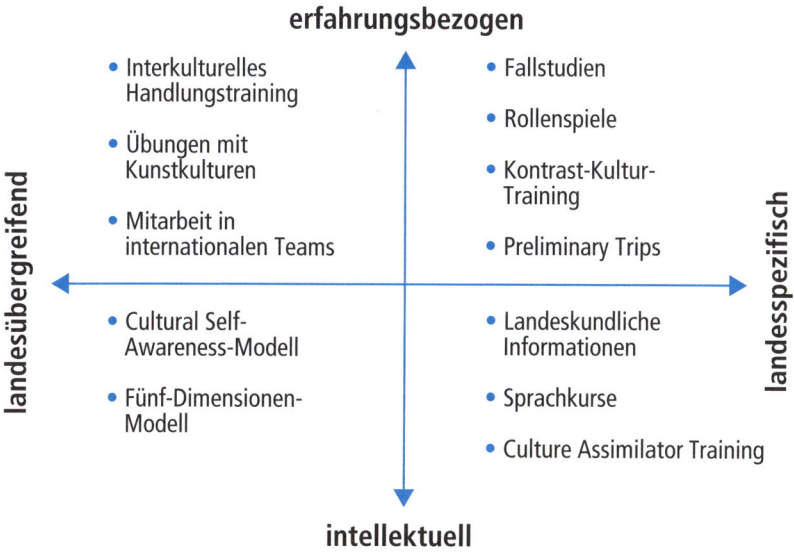

Abb. 5.15: Module internationaler Personalentwicklung (PE)
(Quelle: Nach Welge/Holtbrügge 2003, S. 214)

- Landesspezifisch angelegte Personalentwicklungsmodule beziehen sich auf das Trainieren angepasster Verhaltensweisen in einem bestimmten Gastland, während

- landesübergreifende Konzepte gerade die grundsätzliche Sensibilisierung der Teilnehmer (Cultural Awareness/Cultural Self-Awareness) in Bezug auf Wirkungen und Variationen kultureller Kontexte zum Gegenstand haben.

Bildungsmaßnahmen mit intellektuellem Bezug legen den Schwerpunkt auf die Vermittlung von Kenntnissen, zielen also auf die kognitive Ebene der Teilnehmer. Im Unterschied dazu sollen erfahrungsbezogene Personalentwicklungsmodule zur sinnvollen Veränderung von Einstellungen, Werthaltungen und Verhaltensweisen der grenzüberschreitend tätigen Fach- und Führungskräfte beitragen. Diese Maßnahmen sind folglich auf die affektive Ebene gerichtet. Das betrifft die nur schwer erreich- und veränderbaren Grundeinstellungen und Wertorientierungen der Teilnehmer. Erfahrungsbezogene Personalentwicklungsmodule erfordern daher erheblichen Zeitaufwand sowie die ganz grundsätzliche, ausgeprägte Bereitschaft der Trainees, sich mit der eigenen Persönlichkeit im Kontext differenter kultureller Gegebenheiten auseinanderzusetzen (vgl. Bolten 2000, S. 73 f.).

- Das interkulturelle Handlungstraining im Segment erfahrungsbezogen/landesüber-greifend gemäß Abbildung 5.15 repräsentiert ein Konzept zur Vermittlung und zum Erwerb von Fähigkeiten zur kulturüberschreitenden Kommunikation. Die Teilnehmer sollen in die Lage versetzt werden, mit den Unternehmensstandards in unterschied-lichen kulturellen Umfeldern konstruktiv umzugehen. Dazu erfolgt der kombinierte Einsatz von Methoden zur kulturangepassten Erarbeitung von Erkenntnissen und zur Reflexion des individuellen Verhaltens (vgl. Wilpert 1992, S. 56 ff., Thomas et al. 2003). Auch interkulturelle Simulationsspiele, in denen die Teilnehmer durch die Konfrontation mit gegensätzlich modellierten *Kunstkulturen* affektive und ver-haltensorientierte Qualifikationen (insbesondere Empathie, Ambiguitätstoleranz und Umgang mit Plausibilitätsdefiziten) entwickeln und trainieren sollen, gehören in dieses Segment von Konzepten der internationalen Personalentwicklung.

- Eine Möglichkeit des erfahrungsbezogen-landesübergreifenden *Trainings-on-the-job* bietet die planmäßige Einbeziehung zu qualifizierender Fach- und Führungskräfte in die Arbeit international besetzter und grenzüberschreitend agierender Teams.

- Als eher intellektuell basiertes landesübergreifende Qualifizierungsmodul ist das Cultural Self-Awareness-Konzept zu klassifizieren. Es geht darin um das Heraus-arbeiten und das Bewusstmachen eigener kultureller Prägungen und Werte sowie deren Konfrontation mit anderen kulturellen Bezugssystemen. Auch die Erkennt-nisse aus den Hofstede-Studien und aus dem Chinese Value Survey von Bond et al. (Fünf-Dimensionen-Modell) finden in Bezug auf die Gestaltung intellektuell-lan-desübergreifender Personalentwicklungsmaßnahmen Anwendung. Im Vordergrund steht die Vermittlung von Wissen über kulturelle Werte und Gegebenheiten in ver-schiedenen Länder und Ländergruppen. Damit ist primär die intellektuell-kognitive Lernebene angesprochen.

- Im Segment erfahrungsbezogen-landesspezifischer Maßnahmen werden Fallstudien und Rollenspiele zum Zwecke der aktiven Erarbeitung politischer, wirtschaftlicher und sozio-kultureller Bedingungen eines bestimmten Gastlandes eingesetzt.

- Der Begriff Kontrast-Kultur-Training bezeichnet solche Programme, deren Teilneh-merkreis sowohl Personen aus dem Stammland als auch Personen aus dem Gastland umfasst. Preliminary trips sind kurze Informationsreisen der zu qualifizierenden Mitarbeiter in ein geschäftspolitisch relevantes Land. Vor Ort haben die Teilnehmer Gelegenheit, authentische erste Eindrücke von den landesspezifischen Besonder-heiten zu gewinnen und auch persönliche Kontakte zu knüpfen.

- Landesspezifisch-intellektuell ausgerichtete PE-Module beziehen sich beispielsweise auf gastlandrelevante Sprachkurse und die Vermittlung landeskundlichen Wissens.

- Ein anderes verbreitetes Konzept kognitiv angelegter Qualifizierung in Bezug auf eine Landeskultur ist das Culture Assimilator Training. Das Ziel dieses Trainings besteht im Erlernen und Einüben der zentralen Kulturstandards eines Gastlandes durch die dort einzusetzenden Fach- und Führungskräfte aus dem Stammland. Als Kulturstandards werden die typischen Wahrnehmungs-, Denk-, Empfindungs-, Wert- und Verhaltensmuster in einem kulturellen Orientierungssystem bezeichnet. Derartige Muster wirken verhaltensbewertend und verhaltensregulierend. Für die fremdkulturellen Kooperationspartner sind diese Standards selbstverständlich und (subjektiv) *richtig,* ihre Inhalte werden in Alltagssituationen weder kritisch reflektiert noch bewusst erlebt (vgl. Thomas 1996, S. 112). Die Struktur des Culture Assimilator Trainings zeigt Abbildung 5.16.

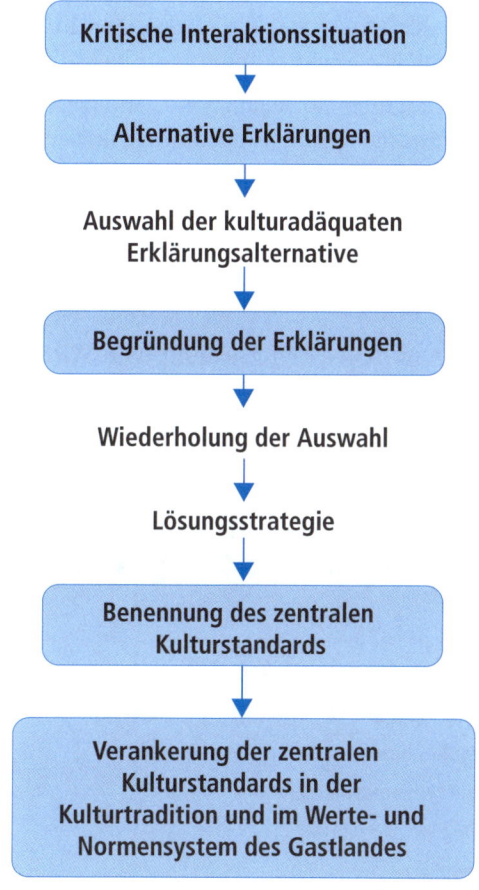

Abb. 5.16: Struktur des Culture Assimilator Trainings (Quelle: Thomas 1996, S. 118)

Das Culture Assimilator Training ist als Lernprogramm konzipiert. Den Ausgangspunkt bilden Beschreibungen kritischer Interaktionssituationen. Dies sind repräsentative, konflikthafte Konstellationen interkulturellen Zusammenwirkens. Der Teilnehmer wird sodann aufgefordert, das Verhalten der interagierenden Personen aus den jeweiligen Perspektiven der verschiedenen Kulturen zu durchdenken und zu erklären. Dafür erhält der Lernende verschiedene Möglichkeiten der Interpretation des Verhaltens der beteiligten Personen angeboten. Nur eine dieser Interpretationsmöglichkeiten oder alternativen Erklärungen ist aus der Sicht der betrachteten Fremdkultur zutreffend. Bei den anderen Erklärungsalternativen handelt es sich um Fehlinterpretationen, die aus Unkenntnis kultureller Einflussfaktoren oder „ethnozentrischen Irrtümern" (Thomas 1997, S. 128) herrühren. Dem Trainingsteilnehmer werden zu jeder Erklärungsalternative fundierte Erläuterungen bereitgestellt, die Begründungen enthalten, warum die jeweilige Variante zutreffend oder unzutreffend ist. Damit erhält der Lernende die Möglichkeit, im Wege von Feedback-Schleifen die Auswahl zu wiederholen und eine adäquate Lösungsstrategie zu entwickeln. Auf diese Weise erfasst der Teilnehmer die wichtigsten Kulturstandards des Gastlandes und erwirbt die Fähigkeit, solche Standards zu identifizieren und zu benennen.

Der Person sind im Endergebnis bedeutsame Unterschiede zwischen ihrer eigenen Verhaltensdisposition und der ihrer Kooperationspartner aus dem Gastland geläufig. Im Interesse des Vermeidens der einseitigen Ausrichtung des Trainingsteilnehmers an singulären Kulturstandards soll im Training immer wieder die Verankerung und Vernetzung der Standards in der Kulturtradition sowie im gesamten Werte- und Normensystem der Gastkultur erarbeitet werden. Diese Funktion konstituiert die abschließende Phase eines kompletten Durchlaufs des Culture Assimilator.

Die Ergebnisse einer empirischen Untersuchung von Wirth deuten darauf hin, dass in der betrieblichen Praxis im Zuge der Qualifizierung von Stammhausdelegierten für Auslandstätigkeiten Sprachkurse eine herausgehobene Bedeutung haben.

Qualifizierungsmaßnahmen	Nennungen (%) (n = 63)
Interne Sprachkurse	79
Externe Sprachkurse	79
Sprachkurse im Gastland	51
Externe Vorbereitungsmaßnahmen	33
Interne Vorbereitungsmaßnahmen	14
Interne kulturspezifische Vorbereitungsseminare	11
Kulturbezogene Trainings im Gastland	5
Wiedereingliederungsseminare	2

Tab. 5.13: Empirische Relevanz unterschiedlicher Maßnahmen der Vorbereitung von Mitarbeitern auf Auslandstätigkeiten (Quelle: Wirth 1992, S. 179)

Hinter den Sprachkursen rangieren nach dem Kriterium der Anwendungshäufigkeit externe und interne Maßnahmen zur fachlichen Qualifizierung der Auslandsdelegierten auf den nächsten Positionen des Rankings. Die Befunde aus der zitierten Studie zeigen, dass in den untersuchten Betrieben die kulturbezogene Qualifizierung ein relativ geringes Gewicht erhält. Dies erscheint in Anbetracht der erheblichen Erfolgsrelevanz kultureller Einflussgrößen ausgesprochen problematisch. Wie oben gezeigt, resultiert interkulturelle Kompetenz bei weitem nicht ausschließlich aus Fremdsprachenkenntnissen. Vielmehr sind kulturelle Kenntnisse und Fähigkeiten der international agierenden Fach- und Führungskräfte notwendige Bedingungen im Hinblick auf die Realisierung wirtschaftlicher und sozialer Effizienz. Dies sollte sich in den betrieblichen Konzeptionen international orientierter Personalentwicklung nachhaltig niederschlagen.

5.5 Erfolgsfaktoren interkultureller Kooperation

Die Darlegungen in den vorangegangenen Abschnitten belegen und verdeutlichen den hoch anspruchsvollen Hintergrund interkultureller Kooperationsprozesse. Das gilt sowohl hinsichtlich der grenzüberschreitenden Interaktion auf der Unternehmensebene als auch für die Ebene der individuellen Zusammenarbeit von Personen mit signifikant differenten kulturellen Prägungen. Einige zentrale erfolgskritische Faktoren der kulturübergreifenden Kooperation seien im Folgenden herausgearbeitet.

5.5.1 Kontingenz und Konsistenz

Das kulturelle Umfeld umfasst eine Gruppe bedeutsamer situativer Einflussgrößen der Unternehmenstätigkeit.

- Voraussetzung für den Unternehmenserfolg ist die Herstellung eines fit zwischen den Merkmalen des Unternehmens auf der einen und den Dimensionen der dieses sozio-technische System umgebenden nationalen Kultur auf der anderen Seite. Zu den charakteristischen Kennzeichen erwerbswirtschaftlicher Organisationen gehört – neben beispielsweise Organisationsstruktur, Technologien und Informationssystemen – die Unternehmenskultur. Im Falle internationaler Geschäftsbeziehungen erhält das kulturelle Unternehmensumfeld quasi multiplen Charakter: Das Management ist gefordert, in jedem Land des unternehmerischen grenzüberschreitenden Aktionsgebietes Kontingenz (fit) von unternehmensinternen Variablen und Landeskultur anzustreben. Das gilt auch und insbesondere für die Kontingenz von Unternehmenskultur und Landeskultur.

- Ein weiterer Erfolgsfaktor besteht in der Realisierung von Konsistenz (Widerspruchsfreiheit, Komplementarität) im Bereich des unternehmensinternen Management-Instrumentariums. Dabei spielen die Shared values und damit die Komponenten der Unternehmenskultur eine zentrale Rolle. Die Anforderung der Konsistenz bezieht sich ebenfalls auf die unternehmenskulturelle Gestaltung und die Corporate Identity des Unternehmens an den internationalen Standorten. In Anbetracht der Heterogenität nationaler Kulturen entsteht ein Spannungsfeld zwischen den Erfolgsanforderungen der Kontingenz und der Konsistenz. In der Lösung oder zumindest konstruktiven Handhabung dieser komplexen Problemstellung besteht eine der wichtigsten und zugleich schwierigsten Aufgaben internationaler Unternehmensführung.

5.5.2 Erkennen von Konfliktkonstellationen

Die Schwierigkeit der vorstehend erläuterten Managementaufgabe belegen typische Konfliktkonstellationen, welche in etwas populär geprägter Ausdrucksweise als Kulturschocks bezeichnet werden. Gemeint ist das unvermittelte, oft nicht vorhergesehene Aufeinanderprallen divergierender kultureller Orientierungen im Rahmen internationaler Zusammenarbeit. So berichten Müller et al. (1998, S. 25) im Zusammenhang mit der Politik so genannter Cross-Border-Akquisitionen der Deutschen Bank:

> *Beispiel: „Von solchen Konflikten können die Deutsch-Banker ein Lied singen. Seit der Übernahme des Londoner Geldhauses Morgan Grenfell vor neun Jahren versuchen sie, den innerbetrieblichen Kulturkampf zwischen angelsächsischen Investmentbankern und teutonischen Kreditgewährern zu befrieden – bislang mit wenig Erfolg."*

In der Unfähigkeit zur Integration unterschiedlicher Kulturen sehen Müller et al. einen der wichtigsten Gründe des häufig zu konstatierenden Scheiterns gerade grenzüberschreitender Unternehmensakquisitionen. Kulturschocks stellen ein gravierendes Risiko der Internationalisierung von Unternehmensaktivitäten dar. Der Unternehmenserfolg kann durch derartige Konflikte nachhaltig gefährdet werden.

Jedoch nicht nur auf der kollektiven Ebene der Gesamtunternehmung, sondern auch auf der Individualebene des einzelnen Mitarbeiters im Auslandseinsatz sind Kulturschocks zu verarbeiten. Damit verknüpft ist das Risiko von Minderleistung, Stress sowie Lebens- und Arbeitsunzufriedenheit auf Seiten des Mitarbeiters. Das zeigt der in Abbildung 5.17 idealtypisch dargestellte Verlauf des Prozesses kultureller Anpassung von Organisationsmitgliedern, welche im Auftrag des Unternehmens Aufgaben im Ausland wahrnehmen (Stammhausdelegierte).

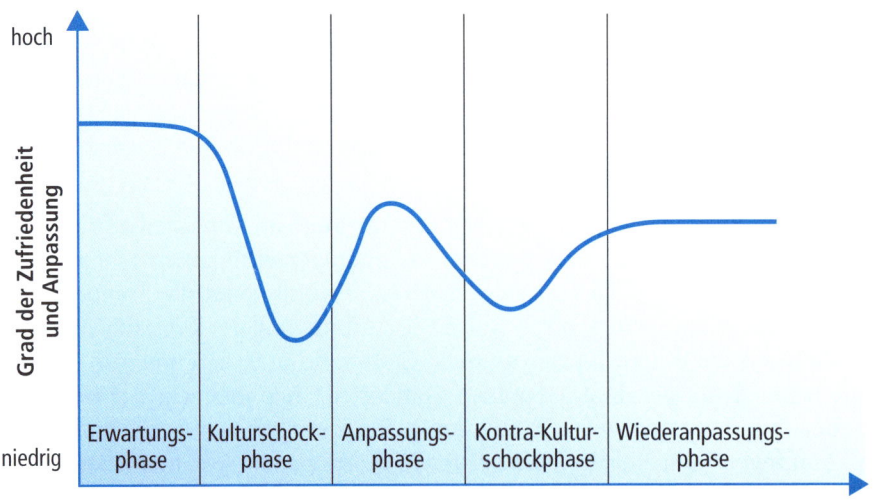

Abb. 5.17: Prozess individueller kultureller Anpassung im Gastland (Quelle: Kenter/Welge 1983, S. 177)

- **Phase 1: Erwartungsphase**

  Die erste Phase des Prozesses der Anpassung ist durch Euphorie und Neugier des Individuums in Bezug auf das neue berufliche Tätigkeitsgebiet im Gastland gekennzeichnet. Der Mitarbeiter befindet sich in der Erwartungsphase in positiver psychischer Verfassung, seine Zufriedenheit ist hoch. Während der Erwartungsphase erlebt die Person so etwas wie ein Flitterwochen-Stadium, sie empfindet Reisefieber und sieht das Umfeld im Gastland überwiegend aus einer touristischen Perspektive.

- **Phase 2: Kulturschocksphase**

  Allerdings dauert der beschriebene Zustand positiver Emotionen des Auslandsmitarbeiters normalerweise nicht allzu lange an. Die Erwartungsphase geht in einem emotional recht harten Wechsel über in die Phase des Kulturschocks. Durch die fortgesetzte Konfrontation mit fremdkulturell determinierten Verhaltens- und Verfahrensweisen im Arbeitsalltag wird die Person überfordert, sie entwickelt Gefühle von Angst, Hilflosigkeit und Feindseligkeit relativ zur neuen Auslandsumgebung (vgl. Hofstede 1997, S. 289). Die psychische Distanzierung zum Gastland erreicht ihren Höhepunkt gegen Ende der Kulturschock-Phase, indem die Lebens- und Arbeitszufriedenheit des Stammhausdelegierten auf ein extrem niedriges Niveau absinkt. In diesem Zeitpunkt nimmt ebenfalls das Gefühl der Verbundenheit des Mitarbeiters mit der Muttergesellschaft und mit dem Stammland prinzipiell erheblich ab (vgl. Welge/ Holtbrügge 1998, S. 206). Die Wirkungen des Kulturschocks können so weit reichen, dass auch das körperliche Wohlbefinden des Mitarbeiters Schaden nimmt und er deshalb der medizinischen Hilfe bedarf.

- **Phase 3: Anpassungsphase**

  In Phase 3 erfolgt die Akkulturation, d. h. dem Individuum gelingt eine Entwicklung in Richtung der eigenen Anpassung an die kulturellen Bedingungen im Gastland. Der Stammhausdelegierte beginnt, aktiv die Kulturstandards zu lernen und zu verstehen, übernimmt einige der fremdkulturellen Werte in das eigene Wertesystem, gewinnt verstärkt neues Selbstvertrauen im Gastlandumfeld und wird in dessen soziales Netzwerk integriert. Folglich steigt die Kurve der Zufriedenheit steil an.

- **Phase 4: Kontra-Kulturschockphase**

  Je nach zeitlichem Umfang der Auslandstätigkeit erwartet den Mitarbeiter bei Rückkehr ins Stammland ein mehr oder minder ausgeprägter Kontra-Kultur-Schock, da erneut ein gravierender Wechsel in den Arbeits- und Lebensumständen eintritt.

- **Phase 5: Wiederanpassungsphase**

  In der Phase der Wiederanpassung gelingt es dem Mitarbeiter schließlich, sich mit den Verhältnissen im Heimatland und im Stammhaus zu rearrangieren.

5.5.3 Antizipieren, Planen und Lernen

Im Sinne der Risikobegrenzung sollten die Antizipation kultureller Anforderungen und folglich das Vermeiden von Kulturschocks oder die Reduktion ihres Ausmaßes und ihrer negativen Wirkungen vorrangiges Anliegen internationalen Managements sein.

- Auf Unternehmensebene bieten dafür die Planung und die Realisierung der Internationalisierungsstrategie Ansatzpunkte. In dieser Sicht kommt es maßgeblich darauf an, die Strategiebildung des Unternehmens auch in kultureller Hinsicht zu fundieren und abzustimmen. Kulturelle Aspekte werden dann zu strategischen Kriterien. Die Bewertung der Stärken und Schwächen sowie der geschäftspolitischen Alternativen im Auslandsgeschäft sollte daher in einem kulturorientierten Bezugsrahmen erfolgen. Prozesse des organisationalen Lernens sind geeignet, die interkulturelle Handlungsfähigkeit einer Unternehmung als kollektives Gebilde langfristig zu verbessern.

- Auf der Individualebene des international eingesetzten Mitarbeiters besteht in der umfassenden Qualifizierung sowohl auf sprachlichem als auch auf kulturellem und sozialem Gebiet eine entscheidende Bedingung zur Vermeidung oder zur Reduzierung von Kulturschocks.

- Eine weitere Möglichkeit zur Unterstützung der Anpassung von Fach- und Führungskräften an neue landeskulturelle Umfelder besteht im Coaching. Hierbei wird dem Mitarbeiter eine in der fremden Kultur erfahrene Person gleichsam als Pate oder Supervisor für einen bestimmten Zeitraum zugeordnet. Der Coach vermittelt dem Stammhausdelegierten Informationen, fungiert als teilnehmender Beobachter bei beruflichen Tätigkeiten sowie bei sonstigen sozialen Aktivitäten, gibt Feedback und steht dem Auslandsmitarbeiter als kompetenter Ansprechpartner zur Verfügung.

Systematisches und fundiertes individuelles Lernen sollte die notwendigen Prozesse organisationalen Lernens ergänzen, denn die konstruktive interkulturelle Zusammenarbeit erfordert von allen involvierten Interaktionspartnern ausgeprägte interkulturelle Kompetenz sowie gut entwickelte länderübergreifende Handlungsfähigkeit.

5.6 Zusammenfassung

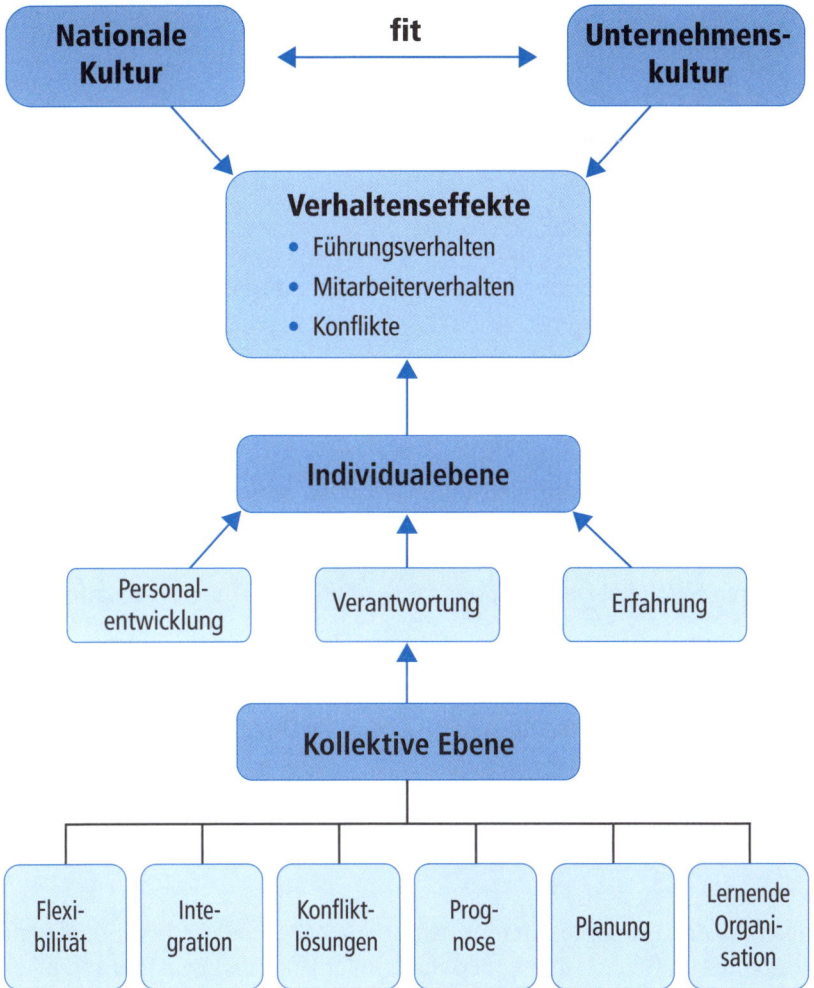

5.7 Kontrollaufgaben

Aufgabe 1:
Grenzen Sie die Größen *Kultur* und *Natur* voneinander ab.

Aufgabe 2:
Zeigen Sie wesentliche Einflüsse des kulturellen Umfeldes auf das Verhalten der Individuen.

Aufgabe 3:
Charakterisieren Sie das *Machtgefälle* als Dimension nationaler Kulturen.

Aufgabe 4:
Charakterisieren Sie die Kulturdimension *Kollektivismus versus Individualismus*.

Aufgabe 5:
Charakterisieren Sie die Kulturdimension *Femininität versus Maskulinität*.

Aufgabe 6:
Charakterisieren Sie die *Vermeidung von Unsicherheit* als Dimension nationaler Kulturen.

Aufgabe 7:
Charakterisieren Sie die *Konfuzianische Dynamik* als Dimension nationaler Kulturen.

Aufgabe 8:
Charakterisieren Sie die *Zeitmentalität* als Dimension nationaler Kulturen.

Aufgabe 9:
Beschreiben Sie den Corporate Identity-Ansatz. Arbeiten Sie die besondere Bedeutung dieses Konzeptes im Bereich grenzüberschreitender Unternehmensführung heraus.

Aufgabe 10:
Diskutieren Sie die Funktion der Shared Values im 7S-Modell.

Aufgabe 11:
Erörtern Sie den Zusammenhang von Kultur und Führungsstil.

Aufgabe 12:
Skizzieren Sie den Komponenten interkultureller Kompetenz.

Aufgabe 13:
Wie entstehen *Kulturschocks*? Welchen vorbeugenden und unterstützenden Maßnahmen kann das betriebliche Personalmanagement in dieser Hinsicht ergreifen?

Aufgabe 14:
Zeigen Sie die Bedeutung kollektiven und individuellen Lernens für die effektive grenzüberschreitende Kooperation.

Aufgabe 15:
Wo sehen Sie Ansatzpunkte für ein internationales Konfliktmanagement?

5.8 Fallstudie: Grenzüberschreitendes Unternehmenswachstum

Die Seiler KG ist ein mittelständisches Industrieunternehmen mit 750 Beschäftigten. Der Standort des Unternehmens befindet sich in landschaftlich reizvoller Lage im Großraum einer westdeutschen Wirtschaftsmetropole. Das Unternehmen stellt Produkte aus den Werkstoffen Gummi und Kunststoff für kommerzielle Kundengruppen (Business-To-Business-Markt) bereit. Schon seit sieben Jahren betreibt die Seiler KG Exportgeschäfte und hat auf diesem Gebiet inzwischen umfangreiche Erfahrungen gesammelt. Der Erfolg an den Auslandsmärkten ist zufrieden stellend, allerdings zeigt sich, dass die Wachstumsoptionen mit dem Auslandsgeschäftssystem *Export* in einigen Gastländern an Grenzen stoßen.

Deshalb erwägt die Geschäftsleitung eine partielle Modifikation der Internationalisierungsstrategie in die Richtung der institutionellen Internationalisierung. Konkret wird das Einrichten von Verkaufsniederlassungen in Großbritannien und in Frankreich erwogen. Zur Fundierung der zu treffenden strategischen Entscheidungen soll eine Feasibility-Study dienen. Dabei geht es um die Prüfung der unternehmensbezogenen Machbarkeit prinzipieller Aktionsmöglichkeiten. Besondere Betrachtung innerhalb der Feasibility-Study soll die Untersuchung relevanter kultureller Einflüsse an den Auslandsmärkten erhalten. In diesem Zusammenhang steht die Frage der Übertragbarkeit der im Stammland bewährten Management-Instrumente innerhalb der Seiler KG zur Debatte. Vor allem die erst vor zwei Jahren implementierten Grundsätze der Zusammenarbeit gelten als Vorzeigebeispiel moderner und erfolgreicher Führung in der Seiler KG. Diese Grundsätze reflektieren maßgebliche Werteorientierungen innerhalb des Unternehmens. Die Übertragung dieses Führungsinstrumentes erachtet die Geschäftsleitung daher als fundamental wichtig.

Aufgaben:

1. Vergleichen Sie die das Stammland Deutschland mit den Gastländern Frankreich und Großbritannien auf den Kulturdimensionen *Machtgefälle, Kollektivismus versus Individualismus sowie Vermeidung von Unsicherheit.*

2. Arbeiten Sie die aus den kulturellen Einflüssen gemäß Aufgabe 1 resultierenden Konsequenzen für den Führungsstil heraus.

3. Was empfehlen Sie im Hinblick auf die Übertragung der Grundsätze für Zusammenarbeit auf die Auslandsniederlassungen?

4. Entwerfen Sie ein Programm zur Personalentwicklung mit Fokus auf die institutionelle Internationalisierung an den Zielmärkten Großbritannien und Frankreich.

5. Erarbeiten Sie Lösungsvorschläge zur Herstellung von Kontingenz und Konsistenz der Corporate Identity der Seiler KG im supranationalen Aktionsfeld Deutschland, Großbritannien und Frankreich.

5.9 Literatur

5.9.1 Quellen

Aschoff, C.: Betriebliches Humanvermögen. Grundlagen einer Humanvermögensrechnung, Wiesbaden 1978

Bayer, K.: Investitionen ins Humanvermögen. Entwicklung von Bilanzierungsregeln für den informationsorientierten Jahresabschluss, Hamburg 2004

Birkigt, K.; Stadler, M. M.: Corporate Identity, 2. Auflage, München 1985

Blohm, H.; Meier, H.: Interkulturelles Management: interkulturelle Kommunikation, internationales Personalmanagement, Diversity-Ansätze im Unternehmen, Herne, Berlin 2002

Bolten, J.. Interkultureller Trainingsbedarf aus der Perspektive der Problemerfahrungen entsandter Führungskräfte, in: Götz, K. (Hrsg.): Interkulturelles Lernen/Interkulturelles Training, 2. Auflage, München, Mering 2000, S. 61–80

Burkhardt, J.: Anton Fugger, Weißenborn 1994

Cyert, R.; March, J.: A Behavioral Theory of the Firm, Englewood Cliffs, New York 1963

Dill, P.; Hügler, G.: Unternehmenskultur und Führung betriebswirtschaftlicher Organisationen: Ansatzpunkte für ein kulturbewußtes Management, in: Heinen, E. (Hrsg.): Unternehmenskultur – Perspektiven für Wissenschaft und Praxis, München, Wien 1987, S. 141–209

Dülfer, E.: Internationales Management in unterschiedlichen Kulturbereichen, 5. Auflage, München, Wien 1997

Dülfer, E.: Internationales Management in unterschiedlichen Kulturbereichen, 6. Auflage, München, Wien 2001

Fiedler, F. E.: A Theory of Leadership Effectiveness, New York et al. 1967

Galtung, J.: Eine strukturelle Theorie des Imperialismus, in: Senghaas, D. (Hrsg.): Imperialismus und strukturelle Gewalt. Analysen über abhängige Reproduktion, Frankfurt/Main 1972

Gaugler, E.: Konsequenzen aus der Globalisierung der Wirtschaft für die Aus- und Weiterbildung im Management, in: Schiemenz, B.; Wurl, H. J. (Hrsg.): Internationales Management: Beiträge zur Zusammenarbeit, Wiesbaden 1994, S. 309–328

Herre, F.: Die Fugger in ihrer Zeit, 12. Auflage, Augsburg 2005

Hofstede, G.: Culture's Consequences: International Differences in Work-Related Values, Beverly Hills 1980

Hofstede, G.: Culture's Consequences: International Differences in Work-Related Values, abridged edition, Beverly Hills, London, New Delhi 1988

Hofstede, G.: Lokales Denken, globales Handeln: Kulturen, Zusammenarbeit und Management, München 1997

Hofstede, G.; Hofstede, G. J.: Lokales Denken, globales Handeln. Interkulturelle Zusammenarbeit und globales Management, 3. Auflage, München 2006

Jago, A.; Reber, G.; Böhnisch, W.; Maczynski, J.; Zavrel, J.; Dudorkin, J.: Interkulturelle Unterschiede im Führungsverhalten, in: Kieser, A.; Reber, G.; Wunderer, R. (Hrsg.): Handwörterbuch der Führung, 2. Auflage, Stuttgart 1995, S. 1226–1239

Kahn, H.: World Economic Development: 1979 and Beyond, London 1979

Kelen, B.: Confucius in Life and Legend, Singapore 1983

Kenter, M. E.; Welge, M. K.: Die Reintegration von Stammhausdelegierten. Ergebnisse einer explorativen Untersuchung, in: Dülfer, E. (Hrsg.): Personelle Aspekte im Internationalen Management, Berlin 1983, S. 173–198

Kieser, A.: Unternehmenskultur und Innovation, in: Blick durch die Wirtschaft vom 30. 5. 1985

Marcotty, A.; Solbach, W.: Organisationsentwicklung in fremden Kulturen, in: Bergmann, N.; Sourissaux, A. L. J. (Hrsg.): Interkulturelles Management, Heidelberg 1992, S. 253–273

Müller, M.; Fischermann, T.; Tenbrock, C.: Fusionsfieber: Der Kulturschock gefährdet den Erfolg, in: Die Zeit 49/1998, S. 25

O. V.: The Basics. Continental Corporation, Hannover 4/2002

O. V.: MATEO, Mannheimer Texte Online, www.uni-mannheim.de, 29. 12. 2006

Pascale, R. T.; Athos, A. G.: The art of Japanese management, Harmondsworth 1981

Pennings, J. M.; Gresov, C. G.: Technoeconomic and structural correlates of organizational culture: An integrative framework, in: Organisation Studies 4/1986, S. 317–324

Perlitz, M.: Internationales Management, 3. Auflage, Stuttgart 1997

Peters, T. J.; Waterman, R. H.: In search of excellence, New York 1982

Peters, T. J.; Waterman, R. H.: Auf der Suche nach Spitzenleistungen, 15. Auflage, Landsberg/Lech 1993

Schöllhammer, H.: Personalwesen in multinationalen Unternehmen, in: Gaugler, E.; Weber, W. (Hrsg.): Handwörterbuch des Personalwesens, 2. Auflage, Stuttgart 1992, S. 1863–1880

Scholz, C.: Personalmanagement: Informationsorientierte und verhaltenstheoretische Grundlagen, 3. Auflage, München 1993

Schreyögg, G.: Organisationsidentität, in: Gaugler, E.; Weber, W. (Hrsg.): Handwörterbuch des Personalwesens, 2. Auflage, Stuttgart 1992, S. 1488–1498

Simon, H.: Unternehmenskultur – Modeerscheinung oder mehr?, in: ders. (Hrsg.): Herausforderung Unternehmenskultur, Stuttgart 1990, S. 5–12

Simon, H.: Die heimlichen Gewinner „Hidden Champions": Die Erfolgsstrategien der Weltmarktführer, München 1996

Staehle, W.: Management: Eine verhaltenswissenschaftliche Perspektive, 8. Auflage, München 1999

Terpstra, V.: The Cultural Environment of International Business, Cincinatti/Ohio 1978

The Chinese Culture Connection (team of 24 researchers): Chinese values and the search for culture-free dimensions of culture, in: Journal of Cross-Cultural Psychology, 2/1987, S. 143–164

Thomas, A.: Analyse der Handlungswirksamkeit von Kulturstandards, in: Thomas, A. (Hrsg.): Psychologie interkulturellen Handelns, Göttingen 1996, S. 107 – 156

Thomas, A.: Psychologische Bedingungen und Wirkungen internationalen Managements – analysiert am Beispiel deutsch-chinesischer Zusammenarbeit, in: Engelhard, J. (Hrsg.): Interkulturelles Management: Theoretische Fundierung und funktionsbereichsspezifische Konzepte, Wiesbaden 1997, S. 111–134

Thomas, A.; Hagemann, K.; Stumpf, S.: Training interkultureller Kompetenz, in: Bergemann, N.; Sourisseaux, A. L. J. (Hrsg.): Interkulturelles Management, 3. Auflage, Heidelberg 2003, S. 237–272

Trompenaars, F.: Riding the waves of culture – understanding cultural diversity in business, London 1993

v. Keller, E.: Management in fremden Kulturen: Ziele, Ergebnisse und methodische Probleme der kulturvergleichenden Managementforschung, Bern, Stuttgart 1982

Welge, M. K.; Holtbrügge, D.: Internationales Management, Landsberg/Lech 1998

Welge, M. K.; Holtbrügge, D.: Internationales Management, Theorien, Funktionen, Fallstudien, 3. Auflage, Stuttgart 2003

Wirth, E.: Mitarbeiter im Auslandseinsatz: Planung und Gestaltung, Wiesbaden 1992

Wilpert, B.: Interkulturelle Probleme des Managements, in: IO Management Zeitschrift 4/1992, S. 56–64

5.9.2 Hinweise zur Vertiefung

Zum Bereich der nationalen Kulturen:

Hofstede, G.; Hofstede, G. J.: Lokales Denken, globales Handeln. Interkulturelle Zusammenarbeit und globales Management, 3. Auflage, München 2006, S. 51–334

Zur Unternehmenskultur grenzüberschreitend agierender Einzelwirtschaften:

Kutschker, M.; Schmid, S. : Internationales Management, 5. Auflage, München, Wien 2006, S. 678–693

Zum internationalen Personalmanagement:

Festing, M.; Kabst, R.; Weber, W.: Personal, in: Breuer, W.; Gürtler, M. (Hrsg.): Internationales Management. Betriebswirtschaftslehre der internationalen Unternehmung, Wiesbaden 2003, S. 163–204

Zur Gestaltung der externen Unternehmensbeziehungen an Auslandsmärkten:

Welge, M. K.; Holtbrügge, D.: Internationales Management, Theorien, Funktionen, Fallstudien, 3. Auflage, Stuttgart 2003, S. 285–333

6 Organisationale Gestaltung grenzüberschreitend operierender Unternehmen

Überblick

Determinanten

→ **Interne Situation**
↘ **Externe Situation**

Strukturdimension Koordination

▶ Matrizentrisch
▶ Polyzentrisch
▶ Geozentrisch
▶ Regiozentrisch

Strukturdimension Konfiguration

▶ Primäre Strukturen
▶ Globale Strukturen
▶ Fortgeschrittene Strukturen

Holdingstruktur

▶ Finanzholding
▶ Managementholding
▶ Operative Holding

Internationale Netzwerke

▶ Intraorganisational
▶ Interorganisational
▶ Hybrid

In struktureller Hinsicht wird das Führungskonzept der Unternehmung durch die Gesamtheit der getroffenen organisatorischen Regelungen bestimmt. Gegenstand von Entscheidungen über Strukturvariablen sind insbesondere

- die Art und das Ausmaß der horizontalen und der vertikalen betrieblichen Arbeitsteilung sowie
- die grundlegenden Standards zur Durchführung arbeitsteiliger Prozesse.

Grundsätzlich resultiert das Gesamtgebilde der formalen Organisationsstruktur aus dem Zusammenwirken einer Reihe prägender Variablen, die ihrerseits wiederum als Teildimensionen oder Differenzierungen der strukturellen Dimension betrieblicher Führung gedeutet werden können. Diese Variablen wurden oben (vgl. Kapitel 1, Abschnitt Strukturelle Dimension) bereits erläutert. Sie seien an dieser Stelle daher nur kurz rekapituliert. Es handelt sich im Einzelnen um die nachstehenden Variablen:

- Arbeitsteilung,
- Koordination,
- Leitungsbeziehungen,
- Delegation,
- Standardisierung.

Im vorliegenden Zusammenhang interessiert die Frage, ob oder inwieweit internationale Unternehmensaktivitäten besondere Anforderungen an die rationale Gestaltung der Organisationsstruktur implizieren. Prinzipiell ist anzunehmen, dass von der Internationalisierung als maßgeblicher situativer Bedingung der organisationalen Gestaltung signifikante Einflüsse auf die Struktur des Unternehmens ausgehen (vgl. Kieser/Walgenbach 2003, S. 260 ff.). Im Folgenden werden dazu markante Gestaltungsaspekte aufgezeigt.

6.1 Spezifische Einflussgrößen des internationalen Umfeldes

Grundsätzlich gelten sowohl für nationale als auch für internationale Unternehmen gleiche Strukturierungsprinzipien. Die vielfältigen Inhalte der Organisationslehre sind somit zunächst generell – unabhängig vom Internationalisierungskriterium – relevant. Das betrifft insbesondere die Ausgestaltung organisationaler Strukturen nach den alternativen Grundprinzipien der Funktion – wie Logistik, Fertigung, Vertrieb – und des Objekts – wie Produkt, Projekt, Region, Kundengruppe (vgl. Macharzina 1992, S. 594). Allerdings verändert sich in Abhängigkeit von der Art und dem Ausmaß internationaler Unternehmensaktivitäten der maßgebliche Kontext, also die Situation struktureller Gestaltung. Insoweit ist anzunehmen, dass der Bezugsrahmen, innerhalb dessen Entscheidungen über die Anwendung von Strukturierungsprinzipien zu treffen sind, sich zwischen nationalen und internationalen Unternehmen different darstellt.

Als grundlegende Bestimmungsfaktoren international relevanter Management-Anforderungen wurden oben bereits die Kategorien

- Internationalisierungsgrad,

- Auswirkungen des Auslandsgeschäfts auf die Unternehmensgröße,

- angewandtes Auslandsgeschäftssystem sowie

- Umwelteinflüsse im Gastland

erörtert. Daraus lassen sich qualitativ unterschiedliche Anforderungsniveaus hinsichtlich der Führung grenzüberschreitend agierender Unternehmen herleiten. Die Frage der Konkretisierung solcher Bestimmungsfaktoren im Hinblick auf die Strukturgestaltung wird in der Fachliteratur nicht einheitlich behandelt (vgl. Dülfer 2001, S. 217 ff.; Perlitz 2004, S. 597 ff.; Kieser/Walgenbach 2003, S. 260 ff.; Macharzina 1992, S. 591 ff; Pausenberger 1992, S. 1052 ff.). Nach Einschätzung des Verfassers sind jedoch einige wesentliche und spezifische Einflussgrößen, welche internationale Unternehmensstrukturen prägen, eindeutig identifizierbar. Der daraus herzuleitende Zusammenhang kommt in Abbildung 6.1 zum Ausdruck.

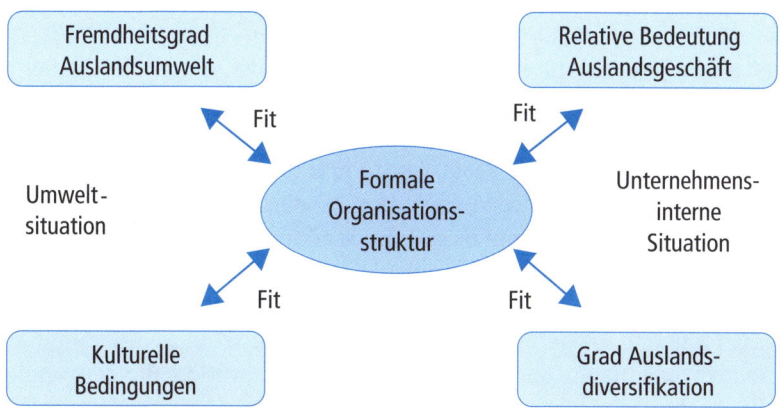

Abb. 6.1: Strukturrelevante Variablen der Globalisierung

Differenziert wird nach Variablen der unternehmensinternen Situation und Variablen der unternehmensexternen Situation (Umwelt). In allen Fällen ist es für das Unternehmen erfolgsentscheidend, einen Fit (Kongruenz, Harmonie) zwischen den Komponenten der formalen Organisationsstruktur und den aus der Globalisierung resultierenden, spezifischen situativen Einflussgrößen herzustellen. Diese Größen oder situativen Variablen werden nachstehend skizziert.

a) Einflussgrößen der unternehmensinternen Situation

- #### Relative Bedeutung des Auslandsgeschäfts für das Unternehmen

  Der Stellenwert des internationalen Engagements innerhalb der Unternehmung resultiert zum einen aus dem angewandten Auslandsgeschäftssystem: Die transferintensivere institutionelle Internationalisierung wird ceteris paribus größeren strukturellen Gestaltungsbedarf hervorrufen als die weniger transferinten-sive funktionale Internationalisierung. Zum anderen ist die relative Bedeutung des Auslandsgeschäfts abhängig

- vom Anteil des Auslandsumsatzes am Gesamtumsatz,

- vom Anteil der Auslandsproduktion an der Gesamtproduktion,

- von der Anzahl der bearbeiteten Auslandsmärkte sowie

- von der Anzahl der Niederlassungen und Produktionsstätten im Ausland.

Weitere aussagefähige Indikatoren in Bezug auf die Bedeutung der internationa-len Aktivitäten innerhalb der Einzelwirtschaft stellen die Anzahl der im Ausland beschäftigten Mitarbeiter und deren prozentualer Anteil an der Gesamtbeleg-schaft dar.

- **Grad der Auslandsdiversifikation**

Diese Variable beschreibt den Grad der Heterogenität der im Ausland vertrie-benen oder produzierten Produkte oder Produktgruppen. Damit hängt die Inten-sität der Auswirkungen der Einflussgröße **Angebotsprogramm** auf strukturelle Entscheidungen zusammen. Sofern im Bereich des Angebotsprogramms als si-tuativer Einflussgröße die Auslandsdiversifikation signifikant zunimmt, sind auf dem Gebiet der formalen Organisationsstruktur des Unternehmens stärkere Dif-ferenzierungen nach dem Produktkriterium zu erwarten. Unter der Bedingung weit reichender Auslandsdiversifikation gewinnt die Produktvielfalt herausge-hobene Bedeutung im Hinblick auf die strukturelle Führung des Unternehmens. Der Unternehmenserfolg an den Auslandsmärkten hängt dann ganz entschei-dend von der Fähigkeit der Einzelwirtschaft zur professionellen Bereitstellung des heterogenen Produkt-Mix sowie zur Gewährleistung eines damit korrespon-dierenden adäquaten Servicelevels ab. Daraus resultiert die Notwendigkeit, die produkt- und servicebezogene Professionalität des Unternehmens strukturell im Wege produktorientierter organisationaler Gestaltung abzusichern.

b) Einflussgrößen der Auslandsumwelt

- **Fremdheitsgrad der Auslandsumwelt**

In dieser Einflussgröße kommt das Ausmaß der Differenzen der Auslandsumwelt im Vergleich zur Umwelt am Stamm- oder Binnenmarkt zum Ausdruck. Ein stei-gender Fremdheitsgrad der Auslandsumwelt impliziert ausgeprägtere Erforder-nisse der strukturellen Anpassung der grenzüberschreitend agierenden Einzelwirt-schaft an die abweichenden Gegebenheiten vor Ort. Die besondere Schwierigkeit im Rahmen der organisationalen Entscheidungsfindung besteht in der geringen Transparenz seitens des Unternehmens in Bezug auf die Determinanten, die Qua-lität und den Umfang sinnvoller struktureller Anpassungsmaßnahmen (fremde Umwelt).

- Spezifische kulturelle Bedingungen im Gastland

Die Relevanz der kulturellen Bedingungen ist in Theorie und Managementpraxis umstritten.

– In eher traditioneller Sicht der Problematik dominiert die so genannte Culture-free-Thesis (vgl. Harbison/Myers 1959, S. 117; Donaldson 1985), wonach marktwirtschaftliche Grundordnungen kulturunabhängig ganz bestimmte rationale Lösungen der strukturellen Gestaltung von Unternehmen bedingen.

– Dagegen gewinnt in jüngerer Zeit, insbesondere mit der Betonung situativer Ansätze ganz offensichtlich die genau gegenläufige Interpretation in Form der Culture-bound-Thesis zunehmend an Bedeutung (vgl. Kieser/Walgenbach 2007, S. 261 ff.; Child/Tayeb 1983). Nach dieser These erfordert die rationale Ausrichtung der Organisationsstruktur des Unternehmens zwingend die Berücksichtigung der kulturellen Bedingungen im Gastland. In Anbetracht der sehr umfassenden und fundamentalen Funktionen der jeweiligen Kultur ist der Verfasser von der prinzipiellen Gültigkeit der Culture-bound-Thesis überzeugt. Die Gastland-Kultur wird deshalb im Rahmen der vorliegenden Betrachtung als wichtige und komplexe Kontextvariable interpretiert.

Zu beachten ist außerdem, dass die Kultur im Ausland längst nicht immer mit den kapitalistischen Prinzipien der Unternehmensführung in jeder Hinsicht kompatibel sein wird. Hinzuweisen ist in dieser Sicht etwa auf die Gegebenheiten am chinesischen Markt oder auch auf religiöse Orientierungen in islamischen Staaten (z. B. Saudi-Arabien).

Der grundlegende Wirkungszusammenhang zwischen

- den beschriebenen internen und externen Einflüssen auf der einen

- sowie der sinnvollen strukturellen Gestaltung auf der anderen Seite

wird im Folgenden mit Hilfe einiger Kernthesen umrissen:

Thesen zum Zusammenhang von situativen Einflussgrößen und Strukturgestaltung bei internationaler Unternehmensaktivität:

- Steigende relative Bedeutung des Auslandsgeschäfts der Unternehmung induziert das Erfordernis grundlegenden organisationalen Wandels (Reorganisation).

- Je höher der Grad der Auslandsdiversifikation, um so komplexer müssen die organisatorischen Strukturen ausgestaltet werden.

- Ein hoher Fremdheitsgrad der Auslandsumwelt impliziert große Unsicherheiten hinsichtlich der Wahl *optimaler* struktureller Gestaltungsvarianten (Transferproblematik).

- Die adäquate Berücksichtigung der kulturellen Bedingungen im Gastland ist eine zwingende Voraussetzung für die notwendige Akzeptanz struktureller Führungsinstrumente.

- Im Rahmen international orientierter Strukturierung von Einzelwirtschaften stehen die Variablen Koordination und Konfiguration als Dimensionen der formalen Organisationsstruktur im Vordergrund (vgl. Kieser/Kubicek 1992, S. 253 ff.).

6.2 Konzepte der Koordination

Die Koordination umfasst ein quasi konstitutives strukturelles Grundprinzip der rationalen, zielbezogenen Gestaltung sozio-technischer Systeme. Gegenstand der Strukturdimension Koordination sind die Abstimmung arbeitsteiliger Prozesse sowie die Ausrichtung der Aktivitäten der Systemmitglieder auf die Systemziele (vgl. Siedenbiedel 2001, S. 98 ff.).

Koordination

➜ Abstimmung arbeitsteiliger Prozesse und Ausrichtung der Aktivitäten der Systemmitglieder auf die Systemziele

---

Mit der Aufnahme grenzüberschreitender Geschäftsverbindungen erfährt die Unternehmenstätigkeit zwangsläufig im Vergleich zu den Aktivitäten der ausschließlich national operierenden Unternehmung eine gewisse Dekomposition in räumlicher Hinsicht. Die Dekomposition geht einher mit *Distanz* zwischen der Zentrale im Stammland sowie den Geschäftspartnern oder den eigenen geschäftlichen Einrichtungen (bei institutioneller Internationalisierung) im Gastland. Derartige Distanz äußert sich nicht nur in der geographischen Entfernung, sondern auch in der zumindest partiellen Andersartigkeit der situativen Bedingungen am Zielmarkt oder im Falle der multinationalen oder der globalen Unternehmung an den verschiedenen ausländischen Zielmärkten. Daraus resultieren besondere Anforderungen hinsichtlich der supranationalen Abstimmung der unternehmerischen Einzelaktivitäten und damit verbunden hinsichtlich der Integration des Auslandsgeschäfts in die Gesamtunternehmung. Die gewählten Präferenzen in Bezug auf das Koordinationskonzept bestimmen das Ausmaß der Zentralisierung oder der Dezentralisierung von Einflusschancen im internationalen Unternehmen. Im Folgenden sollen zur Verdeutlichung in Anlehnung an Perlitz einige alternative idealtypische Konzepte (oder Philosophien) der Koordination dargestellt werden (vgl. Perlitz 1995, S. 613 ff.).

6.2.1 Matrizentrische Koordinationspolitik

Die matrizentrische Koordinationspolitik ist durch ausgeprägte Stammland-Orientierung gekennzeichnet. Im internationalen Unternehmensverbund werden koordinative Maßnahmen weitgehend von der Muttergesellschaft dominiert. Seitens der Muttergesellschaft erfolgt die Abstimmung der Aktivitäten in den ausländischen Tochtergesellschaften insbesondere durch den Einsatz der Koordinationsinstrumente

- Programme (Vorgabe von Verfahrensrichtlinien) und
- Pläne (periodenbezogene Soll-Vorgaben).

Die Beziehungen zwischen der Muttergesellschaft (MG) und den Auslandstöchtern (T$_1$ bis T$_n$) sind grundsätzlich bilateral, nämlich stammlandzentriert (matrizentrisch) angelegt. Eine schematische Darstellung matrizentrischer Koordinationspolitik zeigt Abbildung 6.2.

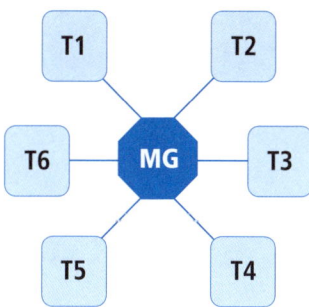

Abb. 6.2: Grundstruktur matrizentrischer Koordination im internationalen Unternehmen
(Quelle: Nach Perlitz 1995, S. 616)

Die matrizentrisch angelegte Koordination bietet die Chance der stringenten Ausrichtung der verschiedenen Auslandsengagements der Einzelwirtschaft auf die übergeordnete Unternehmensstrategie. Es erfolgt eine relativ klare Zuordnung der Koordinationskompetenzen. Dies trägt zur Vermeidung von Konflikten und Mehrfachfunktionen, den so genannten *Doppelarbeiten,* bei. Problematisch erscheint der hohe Koordinationsaufwand in der Muttergesellschaft. Daraus resultiert das Risiko des Auftretens von *Bottleneck-Effekten* (Engpässe in der Verfügbarkeit von Ressourcen) im Bereich der inländischen Unternehmenszentrale. Solche Engpässe ergeben sich insbesondere aus der Anwendung des personalintensiven Koordinationsinstrumentes der persönlichen Weisung, aber ebenfalls aus dem Aufwand der zentralen Erstellung von Programmen und Plänen zum Zwecke der Abstimmung erfolgsrelevanter Aktivitäten in den ausländischen Tochtergesellschaften. Außerdem entsteht im Rahmen matrizentrischer Koordinationspolitik im Unternehmen die Gefahr der Vernachlässigung spezifischer Einflüsse an den ausländischen Zielmärkten, da das Zentrum der Koordination weit von den operativen Handlungsbezügen in den Tochtergesellschaften entfernt ist.

6.2.2 Polyzentrische Koordinationspolitik

Auch die polyzentrische Koordination basiert auf bilateralen Beziehungen zwischen der Muttergesellschaft und den verschiedenen Tochtergesellschaften im Ausland. Im Unterschied zur matrizentrischen Koordinationspolitik steht jedoch die Selbstabstimmung der ausländischen Unternehmenseinheiten im Vordergrund. Der Mix des Einsatzes koordinativer Instrumente ist durch den Primat der Koordination durch Selbstabstimmung gekennzeichnet (vgl. Siedenbiedel 2001, S. 101 ff.). Dies bedeutet auch, dass Kompetenzen in größerem Ausmaß von der Muttergesellschaft auf die Auslandstöchter verlagert werden. An die Stelle des einen Entscheidungszentrums Muttergesellschaft tritt eine Mehrzahl dezentraler Entscheidungseinheiten in den gewählten Gastländern. Die Entscheidungsstruktur im Unternehmensverbund erhält somit polyzentrischen Charakter. Abbildung 6.3 stellt das Grundschema polyzentrischer Koordinationspolitik dar.

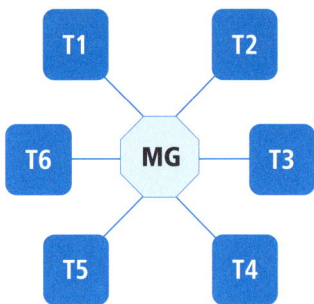

Abb. 6.3: Grundstruktur polyzentrischer Koordination im internationalen Unternehmen
(Quelle: Nach Perlitz 1995, S. 617)

Die Implementierung des polyzentrischen Modells betrieblicher Koordinationspolitik fördert flexibles Handeln in den verschiedenen grenzüberschreitend positionierten
Unternehmenseinheiten. Den Entscheidungsträgern vor Ort werden Chancen zur angepassten, zügigen Reaktion auf Handlungsbedarfe am jeweiligen Auslandsmarkt eröffnet.
Polyzentrische Koordination folgt der Prämisse, dass die Akteure in den Tochtergesellschaften individuelle Freiräume benötigen, um spezifische lokale und nationale Einflüsse
in den Gastländern sinnvoll in den Geschäftsprozessen berücksichtigen zu können.

Ein ausgesprochen funktionaler Nebeneffekt der Verlagerung von koordinativen Auf-
gaben in die Tochtergesellschaften besteht in der signifikanten Reduktion des Koor-
dinationsaufwandes in der Muttergesellschaft. Allerdings bedeutet polyzentrische
Koordination auch größere Schwierigkeiten im Zuge des Bestrebens der konsequenten
Durchsetzung einer einheitlichen und länderübergreifenden Unternehmensstrategie.
In Anbetracht dezentral verteilter Koordinationskompetenzen entsteht das Risiko der
Entwicklung konkurrierender Sub-Strategien seitens der Tochterunternehmen an den
ausländischen Märkten. Außerdem erfordert die polyzentrische Koordination erhöhten Aufwand durch notwendige Mehrfachfunktionen (*Doppelarbeiten*) auf der Ebene
des gesamten Unternehmensverbundes, da die Auslandsaktivitäten weitgehend dezentral und autonom gesteuert und durchgeführt werden. Dafür benötigt jede Tochtergesellschaft eigene Managementkapazitäten. Gerade diese Ressourcen markieren jedoch
häufig die kritischen Engpassfaktoren in den international aktiven Einzelwirtschaften.
Die Problematik der Zersplitterung knapper Ressourcen des Gesamtunternehmens (Managementkapazitäten, technologisches Know-how) auf die verschiedenen international
angesiedelten Unternehmenseinheiten limitiert folglich die Optionen der Anwendung
polyzentrischer Koordinationspolitik.

6.2.3 Geozentrische Koordinationspolitik

Im Rahmen geozentrischer Koordinationspolitik wird die Überwindung bilateraler Mutter-Tochter-Beziehungen durch Etablierung einer Netzwerkstruktur zwischen allen nationalen und internationalen Unternehmenseinheiten angestrebt. Koordinationsprozesse sollen dann nicht nur zwischen der Muttergesellschaft und den Auslandstöchtern, sondern ebenfalls direkt zwischen den Tochtergesellschaften ablaufen. Die koordinationspolitischen *Einbahnstraßen* der matrizentrischen sowie der polyzentrischen Variante werden durch multilaterale Abstimmung aller Unternehmensteile im internationalen Raum ersetzt. Internationale Koordinationsprozesse verlaufen folglich auf der Grundlage interdependenter Beziehungen, wobei das *Geo*-Zentrum der Entscheidung in Abhängigkeit von der jeweiligen Problemstellung durchaus variieren kann und soll.

Das so genannte Lead-Country-Konzept sieht vor, dass jeweils einzelne Tochtergesellschaften nach Maßgabe der verfügbaren Ressourcen und konstatierbaren Stärken (Vorteile im Know-how) bei der Lösung anstehender Probleme die Führungsrolle übernehmen (vgl. Kreutzer/Raffée 1986, S. 10 ff.). In der Rollentypologie nach Bartlett/Goshal wird solchen Tochtergesellschaften die Rolle des *Strategic Leader* oder des *Contributor* im gesamten grenzüberschreitenden Unternehmensverbund zugeordnet (vgl. Bartlett/Goshal 1986, S. 10, Kutschker/Schmid 2002, S. 331).

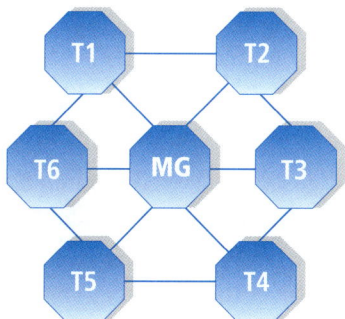

Abb. 6.4: Grundstruktur geozentrischer Koordination im Unternehmen
(Quelle: Nach Perlitz 1995, S. 618)

Das Konzept geozentrischer Koordination folgt dem Anspruch der konsequenten Nutzung weltweiter Synergieeffekte im grenzüberschreitend etablierten Unternehmen. Die sinnvolle Kombination und die flexible Abstimmung der global verteilten humanen und sachlichen Ressourcen soll jenes Phänomen im Unternehmensverbund realisieren, welches sich darin ausdrückt, dass das Ganze (Unternehmen) mehr sein kann als die Summe seiner Teile (Addition der Standalone-Unternehmenswerte von Muttergesellschaft und Tochtergesellschaften). Auf der Grundlage geozentrischer Koordinationspolitik wird die erfolgs- und synergienotwendige Einbeziehung spezifischer nationaler Einflussgrößen in den Gastländern gefördert und verstärkt. So entstehen Freiräume zur Entwicklung kreativer Potentiale in den Auslandsgesellschaften. Daraus resultieren

Wettbewerbsvorteile in den einzelnen Unternehmenseinheiten, an denen die Gesamt-unternehmung partizipiert.

Vor Implementierung des geozentrischen Koordinationsmodells gilt es für das Top-Ma-nagement allerdings, die Risiken dieses Konzeptes auf dem Hintergrund der jeweils vorfindlichen Situation abzuwägen. Eines dieser Risiken ergibt sich aus der erheblichen Komplexität der geozentrischen Koordinationsstruktur sowie den damit zusammenhän-genden Problemen der Transparenz in den fortlaufenden Abstimmungsprozessen im ge-samten Unternehmen. Außerdem ist der hohe Aufwand der Entscheidungsvorbereitung in Anbetracht der intendierten multilateralen Abstimmung in den Kalkül einzubeziehen. Damit einher gehen ceteris paribus die Reduktion der Entscheidungsgeschwindigkeit so-wie die Beeinträchtigung der Fähigkeit der Tochtergesellschaften zur schnellen Reaktion in lokalen Angelegenheiten.

6.2.4 Regiozentrische Koordinationspolitik

Das Konzept der regiozentrischen Koordination bietet eine Variante zur Gestaltung von Abstimmungsprozeduren in relativ großen, multinationalen Einzelwirtschaften. Im Zentrum der Koordinationsprozesse stehen die Muttergesellschaft sowie die ver-schiedenen Headquarters (HQ_1 bis HQ_n) in den Gastländern. Seitens der Headquarters werden dann wiederum die im jeweiligen Land angesiedelten Unternehmenseinheiten koordiniert. Das Headquarter bildet folglich das regionale Zentrum der Koordination. Einzelheiten dieser Struktur zeigt Abbildung 6.5.

- Die durchgezogenen Verbindungslinien markieren die primären Beziehungen zwi-schen den Organisationseinheiten im Rahmen der wechselseitigen Abstimmung.

- Dagegen signalisieren die gestichelten Verbindungen, die *dotted lines*, (mögliche) sekundäre Koordinationsbeziehungen bis hin zum total international integrierten Netzwerk (z.B. Option direkter Abstimmung zwischen T_{11} und T_{47}).

Dieser strukturell angelegte mehrstufige Koordinationsprozess entspricht in besonde-rem Maße den Anforderungen an die vertikale Aufgabengliederung in großen interna-tionalen Unternehmen. Durch das Abgrenzen hierarchisch und regional differenzierter Ebenen koordinativer Aktivitäten und Maßnahmen gelingt es, geeignete Rahmenbedin-gungen für die sinnvolle Abstimmung globaler Teilpolitiken mit regionalen Teilpolitiken des Unternehmens bereitzustellen. Die *dotted lines* ermöglichen direkte weltweite Bezie-hungen zwischen einzelnen Unternehmensteilen und fördern das Heben von Synergie-potentialen.

Andererseits besteht im Modell der regiozentrischen Koordination die Gefahr von Frik-tionen in Anbetracht eintretender Unklarheiten bei der Unterscheidung und Handha-bung der ausgewiesenen primären und sekundären Koordinationsbeziehungen in einer hochkomplexen Struktur. Per se ist von Problemen hinsichtlich der Transparenz des fak-tischen Ablaufs weltweiter Koordinationsprozesse im diffizilen Netzwerk auszugehen. Ein weiteres Risiko regiozentrischer Koordination resultiert aus den diesem Konzept im-manenten relativ langen und aufwendigen Phasen der Entscheidungsvorbereitung.

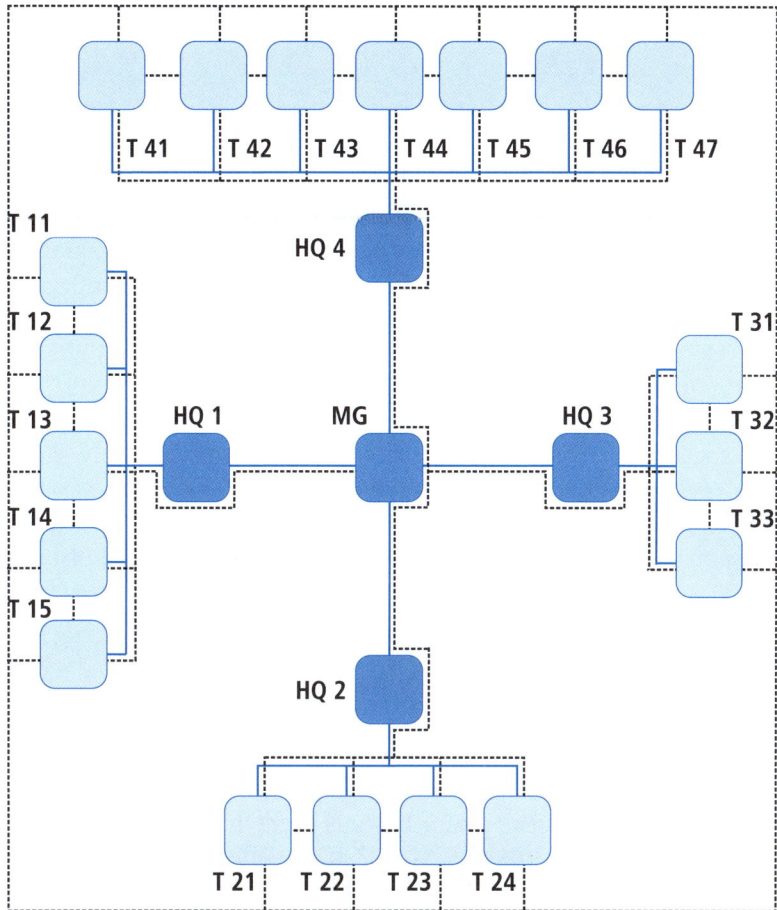

Abb. 6.5: Grundstruktur regiozentrischer Koordination im internationalen Unternehmen
(Quelle: Perlitz 1995, S. 619)

6.3 Basisvarianten der Konfiguration

Die Strukturdimension Konfiguration wird in der Organisationsliteratur auch mit dem Terminus Leitungsbeziehungen belegt. Diese synonym zu verwendenden begrifflichen Kategorien bezeichnen die äußere Form des betrieblichen Stellengefüges, die Art der Verknüpfung der verschiedenen organisatorischen Einheiten sowie die Hierarchiebildung in der Einzelwirtschaft. Insgesamt konstituiert die Konfiguration das strukturelle Lenkungssystem des Unternehmens (vgl. Siedenbiedel 2001, S. 105 ff.).

> **Konfiguration**
>
> → Art der Verknüpfung der organisatorischen Einheiten und Hierarchiebildung;
> äußere Form des Stellengefüges; strukturelles Lenkungssystem der Einzelwirtschaft

Die Leitungsbeziehungen von Unternehmen werden üblicherweise in Schaubildern, den Organigrammen, dargestellt. Allerdings sei darauf hingewiesen, dass längst nicht alle Unternehmen – vor allem mittelständische Betriebe – über solche Organigramme verfügen. Außerdem entspricht in der betrieblichen Praxis der Inhalt von Organigrammen nicht immer in jeder Hinsicht den tatsächlichen Merkmalen des betrieblichen Stellengefüges, da erforderliche Aktualisierungen im Hinblick auf real erfolgte Änderungen der Konfiguration (noch) nicht erfasst worden sind. Organigramm und Konfiguration sind also nicht identisch. Das Organisationsschaubild ist vielmehr der Variablen Formalisierung zuzuordnen, weil es – so vorhanden – eine nicht denknotwendige formale Darstellung des Stellengefüges beinhaltet (vgl. Kieser/Kubicek 1992, S. 126 f.). Gleichwohl erscheint es in hohem Maße zweckmäßig, die Konfiguration des Unternehmens in Form eines aktuellen Schaubildes transparent zu machen, da dies insbesondere die interne und die externe Kommunikation der betrieblichen Leitungsbeziehungen erheblich erleichtert.

6.3.1 Stadien der strukturellen Unternehmensentwicklung

Im Rahmen der empirisch vorfindlichen Strukturgestaltung international operierender Unternehmen sind sehr unterschiedliche Ausprägungen der Leitungsbeziehungen zu konstatieren. Die Fachliteratur enthält ebenfalls recht heterogene Ansätze zu dieser Thematik (vgl. Pausenberger 1992, S. 1057). Einen informativen und authentischen allgemeinen Überblick der Anforderungen an die Gestaltung des Stellengefüges bei Internationalisierung der Unternehmenstätigkeit vermittelt Bleicher (1991, S. 663 ff.) mit der Beschreibung des Zusammenhanges zwischen Internationalisierungsgrad und struktureller Unternehmensentwicklung am Beispiel der Konzernorganisation. Die schematisch-abstrahierende Darstellung enthält Abbildung 6.6.

Mit ansteigendem internationalen Engagement des Unternehmens treten sukzessive Krisen der jeweils realisierten und zunächst funktionalen Variante der Konfiguration ein. Eben an diesen kritischen Punkten im Internationalisierungsverlauf resultiert grundlegender Reorganisationsbedarf. Selbst die integrierte Regionalstruktur (Überwindung der Trennung von Inlandsgeschäft einerseits und Auslandsgeschäft andererseits) erscheint nicht mehr hinreichend tragfähig, wenn die Produkt-Krise die Steigerung der Auslandsdiversifikation oder konkreter der Diversifikation im globalen Raum erfordert. Dann ist die Unternehmung vor die Aufgabe gestellt, eine weiter „fortgeschrittene Struktur" (Perlitz 1995, S. 612) des Stellengefüges zu entwickeln und zu implementieren.

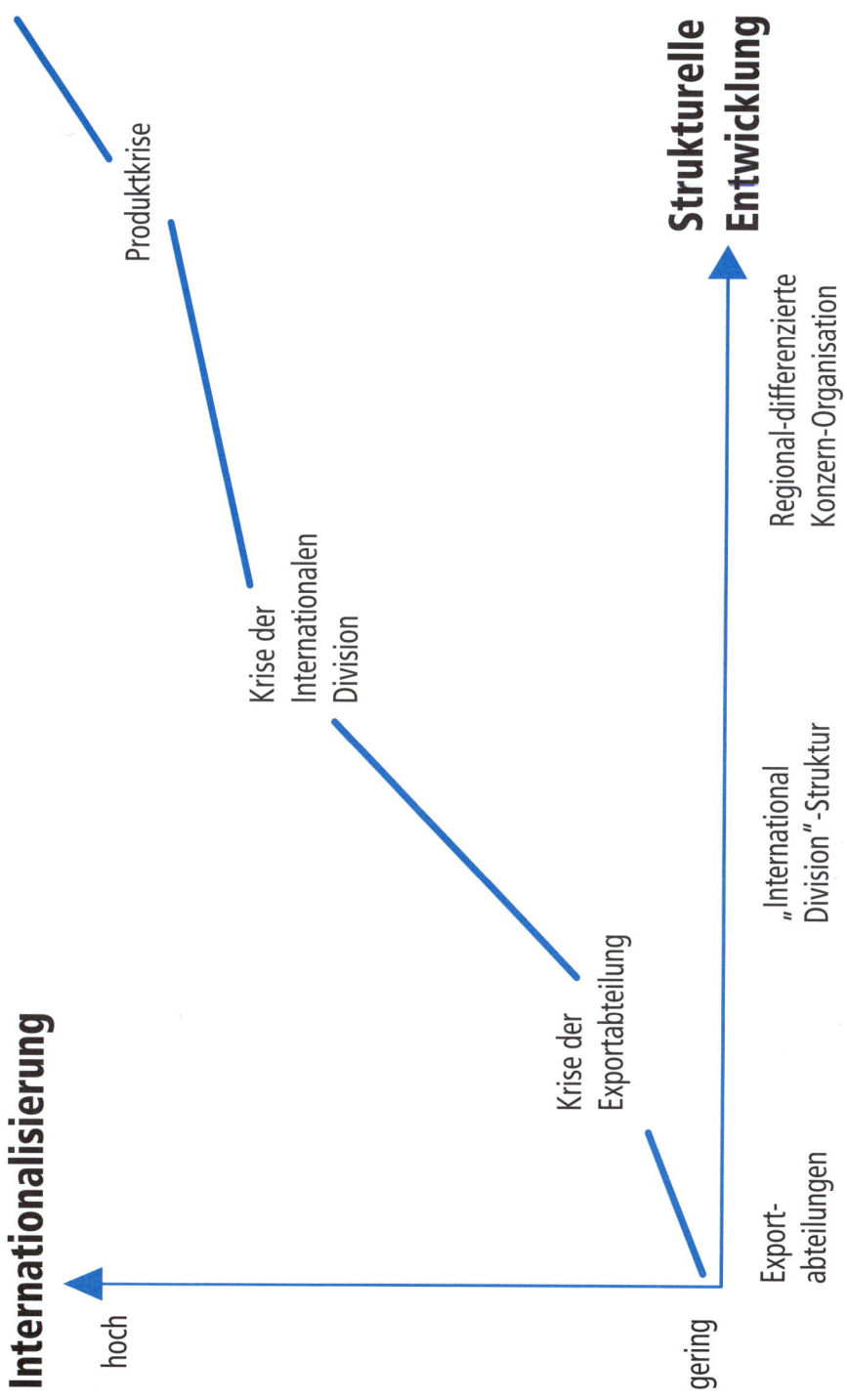

Abb. 6.6: Entwicklungspfad der Unternehmenskonfiguration (Quelle: Bleicher 1991, S. 664)

In den folgenden Abschnitten sollen wesentliche Basisvarianten der Konfiguration internationaler Unternehmen exemplarisch dargestellt werden. Dabei erfolgt die Unterteilung in primäre, globale und fortgeschrittene Strukturtypen (vgl. Perlitz 1995, S. 605 ff.). Materiell korrespondiert dies weitgehend mit dem von Bleicher beschriebenen strukturellen Entwicklungspfad im Zuge einzelwirtschaftlicher Internationalisierung.

6.3.2 Primäre Strukturen

Im Falle der Aufnahme grenzüberschreitender Absatzbeziehungen als dem ersten Schritt der Internationalisierung bietet es sich an, das betriebliche Stellengefüge um eine Exportabteilung zu erweitern. Eine solche Exportabteilung wird regelmäßig im Marketing- oder Vertriebsressort anzusiedeln sein. Ziel ist es, das national bereits etablierte Leistungsprogramm oder Teile davon im Sinne der Nutzung neuer Absatzpotentiale künftig außerdem an ausländischen Märkten zu platzieren. Ein Beispiel für die derartige strukturelle Problemlösung enthält Abbildung 6.7.

Abb. 6.7: Beispiel Basisvariante: Exportabteilung

Prinzipiell erscheint die Strukturvariante Exportabteilung als organisatorische Lösung für die Bewältigung des Auslandsgeschäfts in einem schwach ausgeprägten internationalen Kontext rational. Einige typische Bedingungen im Hinblick auf das Einrichten einer Exportabteilung seien nachstehend hergeleitet:

* Das Auslandsgeschäft hat relativ untergeordnete Bedeutung für das Gesamtunternehmen; der Anteil des Auslandsumsatzes am Gesamtumsatz ist tendenziell gering.

* Die Einzelwirtschaft wählt den Weg funktionaler Internationalisierung.

* Das Unternehmen operiert an den in- und ausländischen Märkten mit einem relativ homogenen Leistungsprogramm.

* Der Fremdheitsgrad relevanter Auslandsumwelten sowie besondere kulturelle Einflüsse in den Gastländern spielen mehr in Bezug auf Adaptionen des Marketing-Konzepts und die Wahl der Absatzkanäle eine Rolle als hinsichtlich der grundlegenden Anpassung des betrieblichen Leitungssystems.

In Anbetracht dieser recht eng zu definierenden Rationalitätskriterien stößt die Funktionalität der Exportabteilung im Zuge der Erweiterung des Auslandsgeschäfts bald an ihre Grenzen.

Das gilt insbesondere, wenn Maßnahmen zur institutionellen Internationalisierung getroffen werden sollen. Häufig tritt in dieser Phase ein Internationaler Geschäftsbereich oder eine International Division an die Stelle der Exportabteilung. Die Abbildung 6.8 zeigt ein Beispiel der International Division als Basisvariante zur Ausrichtung der Leitungsbeziehungen im grenzüberschreitend agierenden Unternehmen.

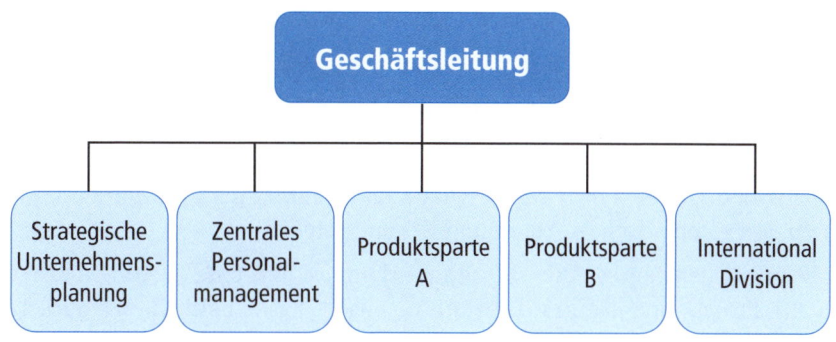

Abb. 6.8: Beispiel Basisvariante: International Division

Die internationale Division rangiert gleichberechtigt auf einer Ebene mit den national ausgerichteten Sparten der Unternehmung. Damit erhält das internationale Geschäft im Vergleich zur Variante *Exportabteilung* einen höheren Stellenwert und mehr eigenständigen Gestaltungsraum im Unternehmen. Aus der Zentralisierung der Auslandsaktivitäten in der internationalen Division resultieren Spezialisierungsvorteile bei der Erfüllung internationaler Funktionen, da die Konzentration des einschlägigen Know-how erfolgt. Allerdings agiert das Auslandsressort *neben* den inländischen Geschäftsberei-

chen. Dies fördert Isolierungstendenzen, und zwar sowohl im Hinblick auf die Produktpolitik als auch hinsichtlich der Kooperation mit den Zentralbereichen. Die Variante
International Division erscheint folglich nur begrenzt geeignet, erhöhte Anforderungen
im Bereich der Einflussgrößen

- Auslandsdiversifikation,

- Fremdheitsgrad der Auslandsumwelt und

- spezifische kulturelle Bedingungen in den Gastländern

zu erfüllen (vgl. Backhaus/Büschken/Voeth 2003, S. 450 f.). Sofern aus den vorgenannten Einflussgrößen steigende Anforderungen erwachsen und die relative Bedeutung des
internationalen Geschäfts weiter zunimmt, wird der Übergang zu integrierten, globalen
Leitungsstrukturen erforderlich.

6.3.3 Globale Strukturen

Mit der Implementierung globaler Strukturen des Stellengefüges soll die Trennung zwischen inländischen und ausländischen Unternehmensaktivitäten überwunden werden. Die
Konfiguration erhält eine multinationale (globale) Ausrichtung. Auf diesem Hintergrund
gelangen dann die generellen Strukturierungsprinzipien *Funktion* oder *Objekt* je nach
situativen Bedingungen in unterschiedlicher Weise zur Anwendung. Charakteristisch
für globale Organisationsstrukturen ist die weltweite Zuständigkeit der Unternehmensleitung sowie der auf der zweiten Managementebene abzugrenzenden organisationalen
Einheiten, und zwar unabhängig davon, ob diese Einheiten oder Unternehmensbereiche
funktional, produktbezogen oder regional angelegt sind (vgl. Müller 2003, S. 171). Das
soll im Folgenden an einigen Beispielen veranschaulicht werden.

6.3.3.1 Funktionale Strukturierung

Aus der Anwendung des Strukturierungsprinzips *Funktion* im Zusammenhang mit
multinational ausgerichteten Leitungsstrukturen resultiert die Variante der globalen
Funktionalstruktur. Diese Form der international beeinflussten Konfigurierung des Unternehmen ist exemplarisch in Abbildung 6.9 dargestellt.

Mit Realisierung der dargestellten Strukturvariante erfolgt eine aufgabenbezogene internationale Professionalisierung im Unternehmen. Dies schafft die Voraussetzungen
dafür, dass erhöhte länderübergreifende Geschäftsvolumina sachgerecht und auf hohem Leistungsniveau bewältigt werden können. Die Spezialisten in den einzelnen
Funktionsbereichen sind international qualifiziert und verantwortlich. Das knappe
Management-Know-how wird zielgerichtet eingesetzt, *Doppelarbeiten* werden weitgehend vermieden und die zentralen funktionalen Ressorts können die Unternehmenspolitik relativ friktionsfrei weltweit umsetzen. Allerdings ist die Rationalität der
globalen Funktionalstruktur an das Vorliegen kompatibler situativer Bedingungen ge-
knüpft. Nach Einschätzung des Verfassers betrifft dies insbesondere die nachstehend
benannten Einflussgrößen, welche wesentliche Anwendungsbedingungen der globalen Funktionalstruktur darstellen:

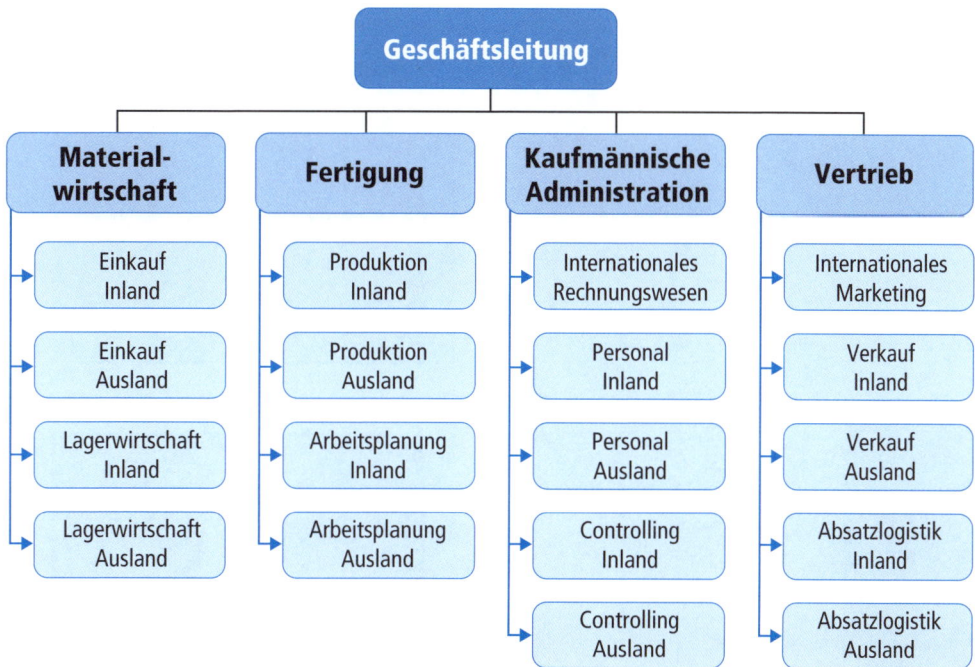

Abb. 6.9: Beispiel Basisvariante: Globale Funktionalstruktur

- Trotz gestiegener Auslandsvolumina ist die Geschäftstätigkeit am Stammland-Markt nach wie vor dominierend. Die Auslandsaktivitäten haben allenfalls mittlere Bedeutung im gesamten Unternehmen.

- Es erfolgt der Vertrieb weitgehend homogener Produktlinien. Der Grad der Auslandsdiversifikation ist gering.

- Regionale Gegebenheiten in den Gastländern spielen keine herausragende Rolle. Die Gastland-Umwelten konfrontieren das Unternehmen nicht mit komplizierten, erfolgsrelevanten landesspezifischen Anforderungen. Das gilt vor allem in Bezug auf den Fremdheitsgrad der Gastländer sowie im Hinblick auf die prägenden kulturellen Merkmale der Zielmärkte.

6.3.3.2 Produktbezogene Strukturierung

Weitaus häufiger als die funktionsorientierten Organisationsformen sind in internationalen Unternehmen globale Produktstrukturen empirisch nachweisbar (vgl. Davidson/Haspeslagh 1982, S. 125; Wicks 1980, S. 3; Welge/Holtbrügge 2003, S. 157 f.). Dabei wird das Stellengefüge des Unternehmens länderunabhängig oder länderübergreifend nach dem Kriterium Produktgruppe auf der zweiten Management-Ebene in Sparten oder Divisionen gegliedert. Der jeweilige Manager einer Produktdivision ist weltweit sowohl für die Fertigung als auch für das Marketing der in dieser Sparte angesiedelten Erzeugnisse verantwortlich. Unter der Bedingung starker Diversifikation des betrieblichen Leistungsprogramms im

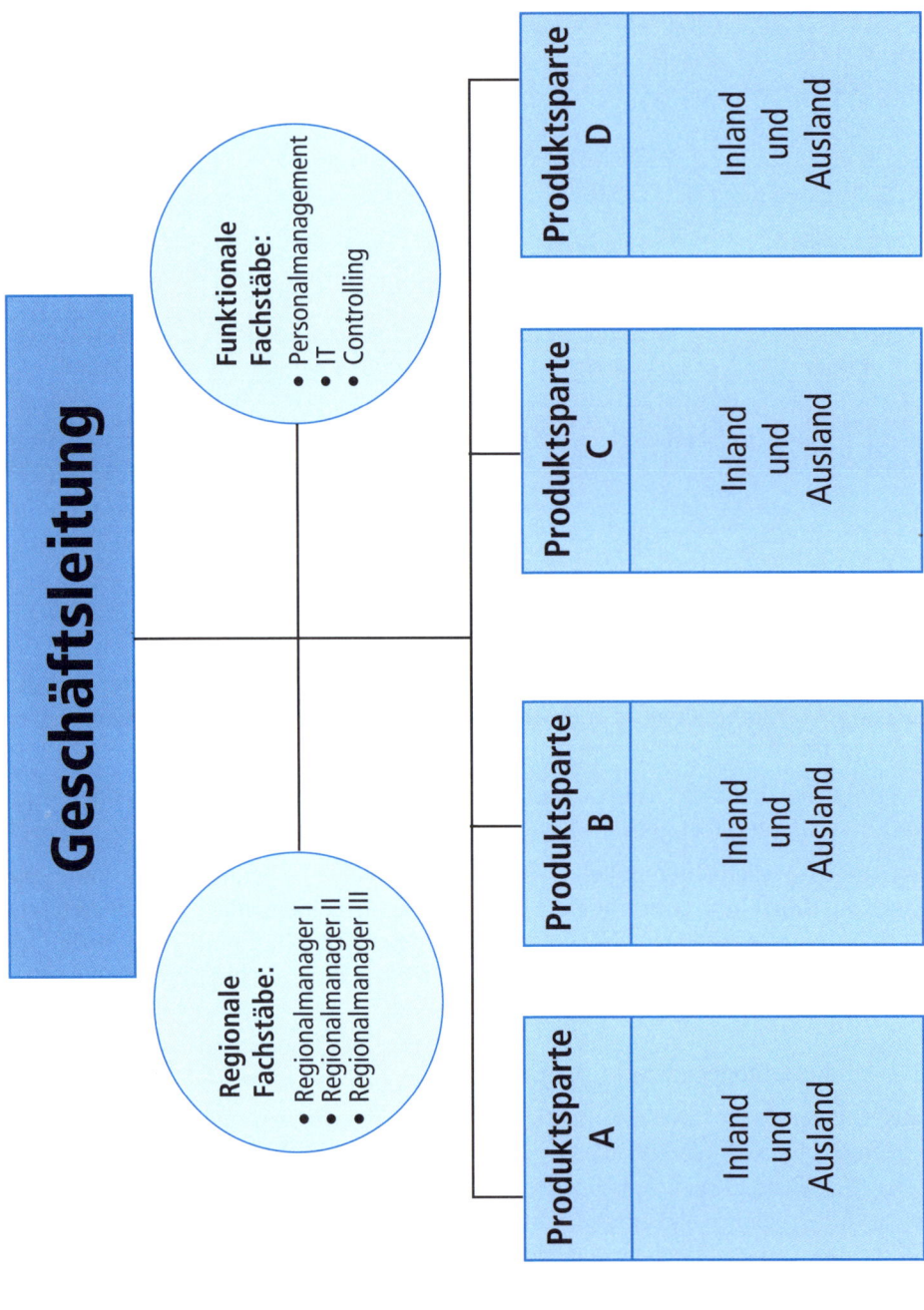

Abb. 6.10: Beispiel Basisvariante: Globale Produktstruktur

In- und Ausland wird die globale produktorientierte Konfiguration des Unternehmens der Funktionalstruktur ceteris paribus eindeutig erfolgsüberlegen sein. Das Grundschema der global-produktbezogenen Konfiguration ist in Abbildung 6.10 dargestellt.

Analog zu den Darlegungen über die Rationalität der globalen Funktionalstruktur gilt, dass auch die Erfolgschancen der globalen produktbezogenen Konfigurierung des Unternehmens von der Ausprägung der jeweils relevanten situativen Variablen abhängig sind. Wesentliche Anwendungsbedingungen der globalen Produktstruktur seien nachstehend skizziert:

- **Die verschiedenen Produktdivisionen haben im Gesamtunternehmen erhebliche supranationale Bedeutung.**

  Erst ab einer signifikanten Mindestgröße sind internationale Produktdivisionen wirtschaftlich vertretbar oder sinnvoll. In diesem Zusammenhang ist vor allem auf den resultierenden Aufwand durch das Etablieren von Mehrfachfunktionen (*Doppelarbeiten*) hinzuweisen.

- **Die Auslandsdiversifikation oder exakter die globale Diversifikation ist stark ausgeprägt.**

  Das Unternehmen vertreibt grenzüberschreitend heterogene Produktlinien und setzt sehr verschiedenartige Technologien ein. Außerdem differieren die relevanten Marktstrukturen in hohem Maße zueinander.

- **An den Zielmärkten kommt den jeweiligen landesspezifischen Bedingungen keine ausschlaggebende Bedeutung zu.**

Sowohl der Fremdheitsgrad als auch die Kultur in den verschiedenen geographischen Operationsgebieten erfordern strukturell keine herausragende und individelle Berücksichtigung.

Einen speziellen Problemaspekt der Produktorganisation beschreibt Welge: Im Falle ausländischer Mehrsparten-Tochtergesellschaften (Spartenbildung nach Produkten) resultiert leicht ein Auslandssparte-Heimatsparte-Berichtssystem, welches die Position der Geschäftsleitung der Auslandstochter aushöhlen kann (vgl. Welge 1989, S. 1596 f.). Damit wird die Funktion der Geschäftsleitung der Tochtergesellschaft diffus. Zur Lösung dieses Problems bedarf es sinnvoller struktureller Kommunikationsmaßnahmen zum Zwecke der Absicherung der notwendigen Information und der hinreichenden Involvierung des Top-Managements der Auslandsgesellschaft.

6.3.3.3 Regionale Strukturierung

Eine alternative Form der Strukturierung nach dem Objektprinzip stellt die Konfigurierung des Unternehmens in regionsbezogene Divisionen dar. Dabei wird die zweite Führungsebene anhand geographischer Kriterien nach Maßgabe der Länder/Ländergruppen, welche den Operationsraum der Unternehmung ausmachen, global gegliedert. Die geographisch definierten Teilbereiche im internationalen Raum werden jeweils von einem Regionalmanager voll verantwortlich geleitet. Das Prinzip der globalen Regionalstruktur vermittelt Abbildung 6.11 in exemplarischer Form.

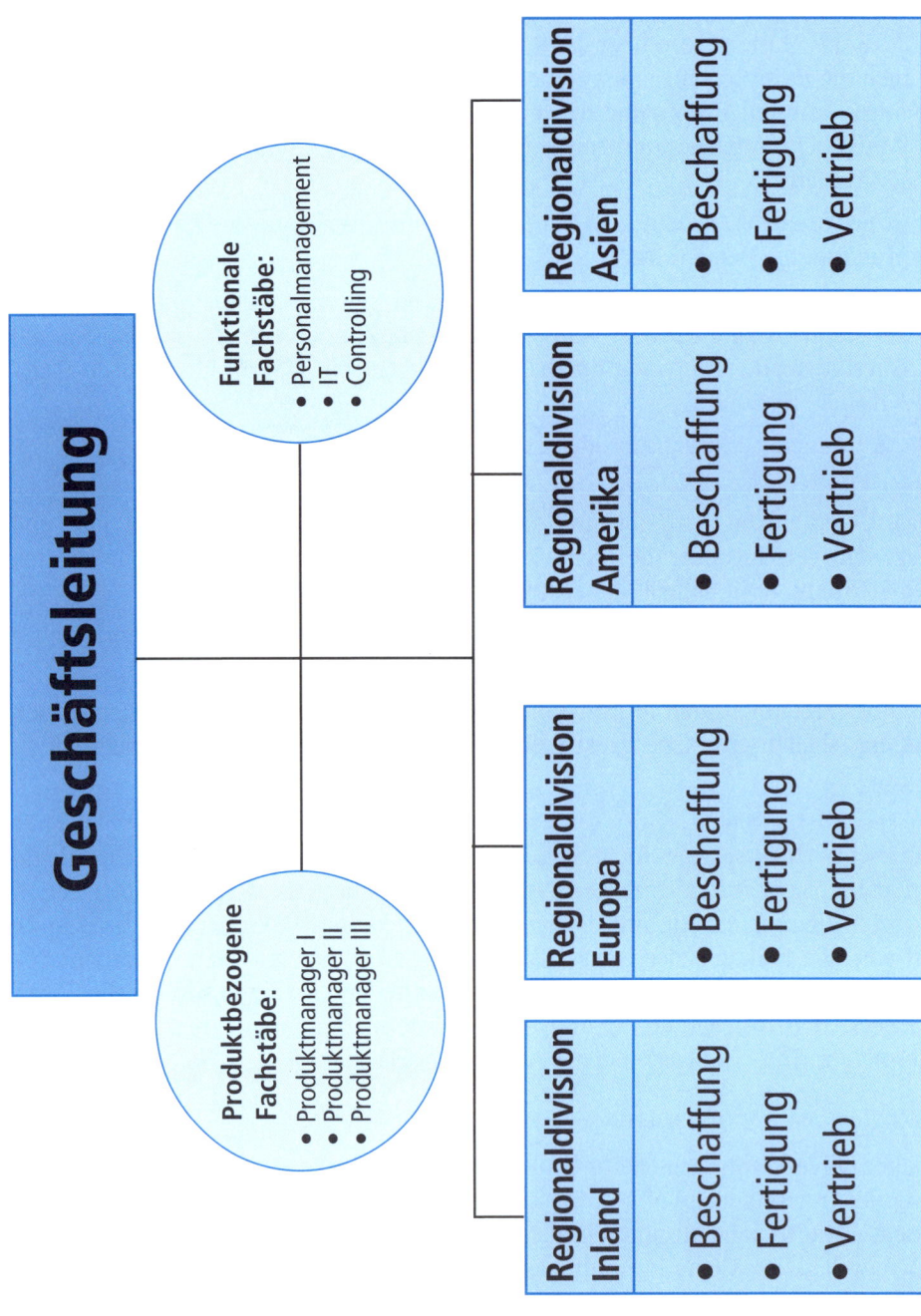

Abb. 6.11: Beispiel Basisvariante: Globale Regionalstruktur

Die Erfolgschancen der Gestaltung der betrieblichen Leitungsbeziehungen nach Maßgabe des Modells der globalen Regionalstruktur sind von den situativen Gegebenheiten
abhängig. Ähnlich wie im Falle der oben erläuterten alternativen Konfigurationskon-
zepte seien deshalb im Folgenden maßgebliche Anwendungsbedingungen globaler
Konfigurierung der Einzelwirtschaft nach dem Regionalkriterium hergeleitet:

- Die internationale Geschäftstätigkeit hat für das Unternehmen sehr große
  Bedeutung.

  Durch die Implementierung von *Headquarters* in den bearbeiteten internationalen
  Regionen entstehen hohe Fixkosten. Als weitgehend autonome Einheiten erhalten
  die Regionaldivisionen faktisch den Charakter von *Unternehmen im Unternehmen*.
  Dafür notwendige Teilstrukturen werden mehrfach parallel angelegt, es entstehen
  also *Doppelarbeiten*.

- Das betriebliche Leistungsprogramm ist auch länderübergreifend relativ
  homogen, also wenig differenziert.

  Der Problemgehalt des Produktbereichs hat in Bezug auf die Konfiguration eindeutig geringere Bedeutung als regionale Einflussgrößen.

- Es besteht eine starke regionale Streuung der Geschäftsaktivitäten des Unternehmens.

  In den Ausprägungen der Umweltvariablen (Fremdheitsgrad, Kultur) innerhalb der
  Länder des Operationsgebietes sind erhebliche Differenzen zu konstatieren. Außerdem geht von den externen situativen Einflüssen dominierende Bedeutung in Bezug
  auf die Strukturvariable *Konfiguration* aus (vgl. Fröhlich 1974, S. 108).

Ein besonderer Vorteil der Regionalstruktur liegt in der Förderung der weltweiten Orientierung des Unternehmens im Rahmen von Leistungsbeurteilung, Ressourcenallokation,
Strategieentwicklung, Planung und Logistik (vgl. Macharzina 1992, S. 598). Darüber
hinaus bietet diese Variante des Leitungssystems der internationalen Unternehmung
verbesserte Chancen im Hinblick auf die Nutzung des marktbedingten Know-how in
den verschiedenen Ländern. Hinzuweisen ist allerdings auf das Risiko empirisch kons-
tatierbarer Probleme im Rahmen der Produktkoordination sowie hinsichtlich der Koordination von Programmen auf dem Gebiet von Forschung und Entwicklung (vgl. Welge
1989, S. 1597).

6.3.4 Fortgeschrittene Strukturen

Im Falle der Realisierung von primären oder globalen Strukturen ist jeweils

- ein zentraler Gestaltungsaspekt oder
- eine organisatorische Dimension

handlungsleitend im Hinblick auf die Grundsatzentscheidungen über die Leitungsbeziehungen der grenzüberschreitend agierenden Unternehmung. Folglich treten andere,
weniger herausragende, aber prinzipiell ebenfalls bedeutsame Gesichtspunkte notwendigerweise in den Hintergrund. Bei Implementierung der globalen Produktstruktur kön-

nen dies etwa wichtige regionale oder nationale Belange sein, und umgekehrt wird die integrierte Regionalstruktur unter Umständen den Anforderungen einer adäquaten Berücksichtigung der abgestimmten Produktpolitik des Unternehmens nicht zufrieden stellend gerecht. Darüber hinaus sind die empirisch vorfindlichen Erscheinungsformen internationaler Unternehmen ausgesprochen vielfältig, so dass die relevanten situativen Bedingungen von Unternehmen zu Unternehmen erheblich differieren (vgl. Pausenberger 1992, S. 1057 ff.). Generelle *Patentrezepte,* welche allgemeingültig aus einem klar umrissenen Bündel von Einflussgrößen die *optimale* Standardkonfiguration herleiten, kann es deshalb nicht geben.

Auf diesem Hintergrund haben sich in der betrieblichen Praxis im Bestreben um möglichst gut angepasste und effektive Konfigurierung recht diffizile Weiterentwicklungen der dargestellten Varianten primärer und globaler Strukturen herausgebildet. Derartige organisationale Konstrukte werden hier in Übernahme des Begriffsgebrauchs von Perlitz als „Fortgeschrittene Strukturen" (1995, S. 612) bezeichnet. Charakteristisch für fortgeschrittene Strukturen ist die mehrdimensionale Gestaltung des international geprägten Systems struktureller Lenkung der Einzelwirtschaft. Es wird versucht, das Stellengefüge nach Maßgabe der unternehmensspezifischen Situation quasi gleichrangig und simultan nach mehreren Strukturierungsprinzipien aufzubauen. Als Beispiele für solche mehrdimensionalen Modelle werden im Folgenden

- die internationale Matrixorganisation,
- die Tensororganisation sowie
- die so genannte Hybrid-Struktur behandelt.

6.3.4.1 Matrixorganisation

Die Matrixorganisation bildet das inzwischen schon fast *klassische* Basiskonzept zweidimensionaler Konfiguration. Bei ihrer Anwendung im Rahmen internationaler Unternehmensführung überwiegt in Organisationen mit heterogenem Produktprogramm die simultane Ausrichtung des Stellengefüges anhand der Dimensionen Produkt und Region (vgl. Pausenberger 1992, S. 1060 f.). Die Implementierung eines solchen strukturellen Lenkungssystems folgt dem Anspruch, die Vorteile sowohl der globalen Produktstruktur als auch der globalen Regionalstruktur gleichermaßen zu realisieren. Darüber hinaus werden in aller Regel in der Unternehmenszentrale verschiedene funktional ausgerichtete Stabsressorts[3] angesiedelt sein. Diese Ressorts stellen jedoch keinen integralen Bestandteil des mehrdimensionalen Leitungskonzepts dar, sondern sollen als zusätzliche organisationale Einheiten spartenübergreifend die Einhaltung und die Weiterentwicklung der jeweiligen funktionsbezogenen generellen Unternehmensstandards unterstützen und sicherstellen. Abbildung 6.12 zeigt exemplarisch die Anwendung des Matrixmodells im Rahmen der Konfigurierung der internationalen Einzelwirtschaft.

---

3   Der Begriff *Stab* wird hier in der angelsächsischen Interpretation gebraucht. Danach sind *Stäbe* solche organisatorischen Einheiten, welche nicht unmittelbar im Produktionsprozess mitwirken.

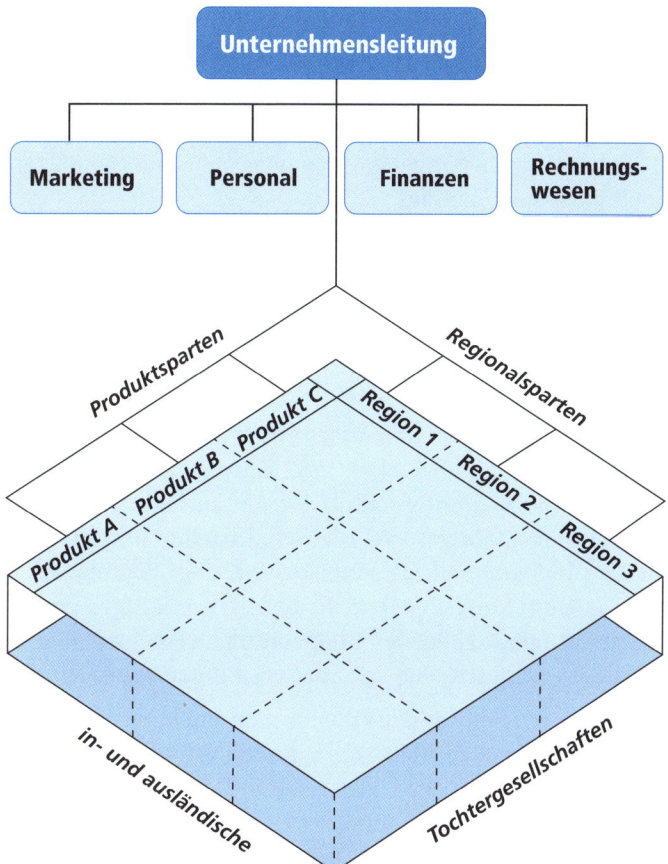

Abb. 6.12: Beispiel Basisvariante: Internationale Matrixorganisation
          (Quelle: Pausenberger 1992, S. 1061)

- Chancen

  - Die strukturelle Form der Matrix im grenzüberschreitend angelegten unterneh-
    merischen Aktionsfeld soll die notwendige Integration heterogener und geogra-
    fisch verteilter Aktivitäten auf der Ebene des Gesamtunternehmens absichern. Es
    geht insbesondere um die Reduktion von Desintegrationseffekten bei diversifi-
    ziertem Leistungsprogramm und starker regionaler Streuung der Unternehmens-
    teile (vgl. Macharzina 1992, S. 598).

  - Darüber hinaus steht die internationale Matrixorganisation für den Anspruch
    der Vitalisierung der Organisation durch die institutionalisierte Notwendigkeit
    zum länderübergreifenden und produktgruppenübergreifenden Dialog zwischen
    den involvierten Aufgabenträgern. *Überlappende Kompetenzen* zwischen regio-
    nal hergeleiteten Organisationseinheiten auf der einen und produktorientiert
    gebildeten Sparten auf der anderen Seite sollen konstruktive Konflikte und plu-

ralistische Entscheidungsfindung animieren. Als Resultat sind ausgewogene, abgestimmte und fundierte Entscheidungen zu erwarten.

– Eine weitere hoch erfolgsrelevante Funktionalität der Matrixorganisation besteht in ihrem flexiblen Charakter, der zur Gewährleistung von Anpassungsfähigkeit des Unternehmens in heterogenen, dynamischen und komplexen Umweltkonstellationen maßgeblich beiträgt.

• Risiken

– Das wohl größte Risiko der internationalen Matrixorganisation liegt in der Gefahr des Entstehens destruktiver Konflikte aufgrund der überlappend zugewiesenen Kompetenzen. Solche negativen Konfliktsituationen können einzelne Unternehmensteile, im Extremfall sogar die gesamte Unternehmung blockieren und die wirtschaftliche Potenz der Organisation nachhaltig beeinträchtigen.

– Ein weiterer Nachteil des im oben angeführten Beispiel angeführten Modells internationaler Matrix-Konfiguration besteht in Unklarheiten hinsichtlich der Rolle der zentralen Stabsressorts. Die Schnittstellen der Stabseinheiten zu den matrixförmig angeordneten Produktsparten und Regionalsparten markieren erfolgkritische Gestaltungsbereiche. Es bedarf sorgfältiger organisationaler Regelungen zur Unterstützung der Kooperation der personellen Aufgabenträger gerade an diesen Schnittstellen der Sparten mit den zentralen Stabsfunktionen.

– Per se bedeutet der relativ große Organisationsaufwand, welcher zur Implementierung der internationalen Matrixorganisation erforderlich wird, ein erhebliches wirtschaftliches Risiko für das Unternehmen. Der Aufbau sowie die permanente Anpassung und Weiterentwicklung des Doppelsparten-Systems verursachen erhebliche Kosten. Ob ein adäquater Nutzen in Form eines angemessenen Return on Investment (ROI) realisierbar ist, kann zum Zeitpunkt der Organisationsentscheidung zwar prognostisch und planerisch analysiert werden, muss sich faktisch aber erst in den künftigen Geschäftsperioden zeigen. Gerade im Auslandsgeschäft erweist sich die realistische Unternehmensplanung als diffizil und anspruchsvoll.

6.3.4.2 Tensororganisation

Die Implementierung der Tensororganisation[4] im internationalen Unternehmen basiert auf ganz ähnlichen Intentionen wie die Anwendung des Matrixkonzeptes. Allerdings wird beim Tensor-Modell noch umfassender versucht, verschiedenen Einflussgrößen *gleichzeitig* angemessen Rechnung zu tragen, indem eine strukturelle Integration von drei Dimensionen der Leitungsbeziehungen erfolgt. Das Resultat besteht in einer sehr komplexen Unternehmenskonfiguration, in der idealtypisch funktionale, produktbezogene und regionale Organisationseinheiten vollständig miteinander integriert sind. Die Komplexität dieses Ansatzes wird anhand der Abbildung 6.13 deutlich.

---

4   Analog zur medizinischen Terminologie (Tensor = Spannmuskel) wird der Begriff Tensor hier mit einer Organisationsvariante in Verbindung gebracht, die in hohem Maße strukturelle Spannung impliziert.

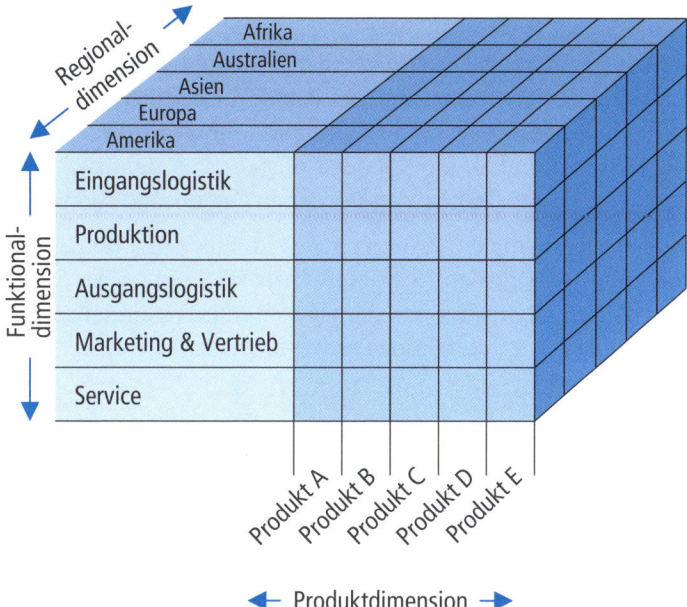

Abb. 6.13: Beispiel Basisvariante: Tensororganisation (Quelle: Kutschker/Schmid 2006, S. 524)

● Chancen

– Das Konzept der Tensororganisation schafft die Voraussetzungen für eine weit reichende simultane Berücksichtigung relevanter Kontextvariablen in heterogenen Erscheinungsformen. Die Leitungsbeziehungen des Unternehmens können sehr flexibel und differenziert den jeweiligen situativen Bedingungen angepasst werden.

– Im Gegensatz zur internationalen Matrixorganisation in der oben gezeigten Ausprägung werden im Tensor-Modell auch die funktional angelegten Unternehmensbereiche voll in den betrieblichen Leitungsprozess integriert. Damit entfallen die kritischen Schnittstellen zwischen Stabseinheiten und (Linien-) Sparten. Es wird quasi ein Polylog zwischen den geschaffenen Teilbereichen institutionalisiert. Im Interesse der eigenen Handlungsfähigkeit besteht für die Entscheidungsträger die Notwendigkeit des intensiven, bereichsübergreifenden Informationsaustausches innerhalb des international operierenden Unternehmens.

- Risiken

  - Zu beachten ist allerdings das Risiko der gesteigerten Gefahr destruktiver Kon-
    flikte aufgrund des Zusammentreffens von drei Entscheidungszentren im einzel-
    wirtschaftlichen System. Daraus resultieren hohe Anforderungen an die Koope-
    rationsbereitschaft und an die Kooperationsfähigkeit der involvierten Führungs-
    kräfte und Spezialisten in den verschiedenen Organisationseinheiten.

  - Weiterhin erscheint die Steuerbarkeit des komplexen internationalen Gebildes
    durch das Top-Management ausgesprochen schwierig. Dies insbesondere des-
    halb, weil davon auszugehen ist, dass das subtile Tensorgefüge weitgehende In-
    transparenz faktischer Interaktionsbeziehungen im komplexen organisationalen
    Verbund impliziert.

  - Im Vergleich zu den anderen diskutierten Varianten des strukturellen Lenkungs-
    systems erfordert die Realisierung des Tensor-Modells deutlich erhöhten Auf-
    wand. Immerhin gilt es, drei Struktur bildende Dimensionen auszubauen und zu
    finanzieren. Schon allein aus Kostengründen erscheint daher die Anwendung
    dieses Strukturtyps lediglich in sehr großen multinationalen Unternehmen öko-
    nomisch machbar und im Kosten-Nutzen-Kalkül potentiell vorteilhaft.

6.3.4.3 Hybrid-Struktur

Hybride oder gemischte Strukturen der Leitungsbeziehungen entstehen durch inkrementale Planung im Zuge der Bestrebungen des Managements um sukzessive situa-
tionsadäquate Anpassung der Konfiguration im fortlaufenden Prozess der Internationalisierung des Unternehmens. Dabei wird der Ausbau des Stellengefüges nach partiell
immer wieder anderen – abhängig von den räumlich, zeitlich und sachlich differenten
Situationen – Gestaltungskriterien vorgenommen. In der Literatur zur Unternehmensplanung ist deshalb gelegentlich vom Prinzip des *Muddling-Through (Durchwurschteln)*
die Rede. Bildlich formuliert bekommt die Konfiguration folglich im Zeitablauf immer
mehr die Gestalt des Produktsortiments eines Gemischtwarenhandels oder noch stärker überzeichnet ausgedrückt die Form eines Schaschlik-Spießes. Einheitliche Linien
der organisationalen Gestaltung in der Dimension der Leitungsbeziehungen werden für
den nicht unmittelbar involvierten Betrachter des Organigramms kaum oder gar nicht
erkennbar. Es fällt deshalb unter anderem auch externen Beratern zunächst schwer, die
Rationalität einer empirisch konstatierbaren Hybrid-Struktur zu beurteilen. Die Abbildung 6.14 mag der Illustration dieses Sachverhalts dienen.

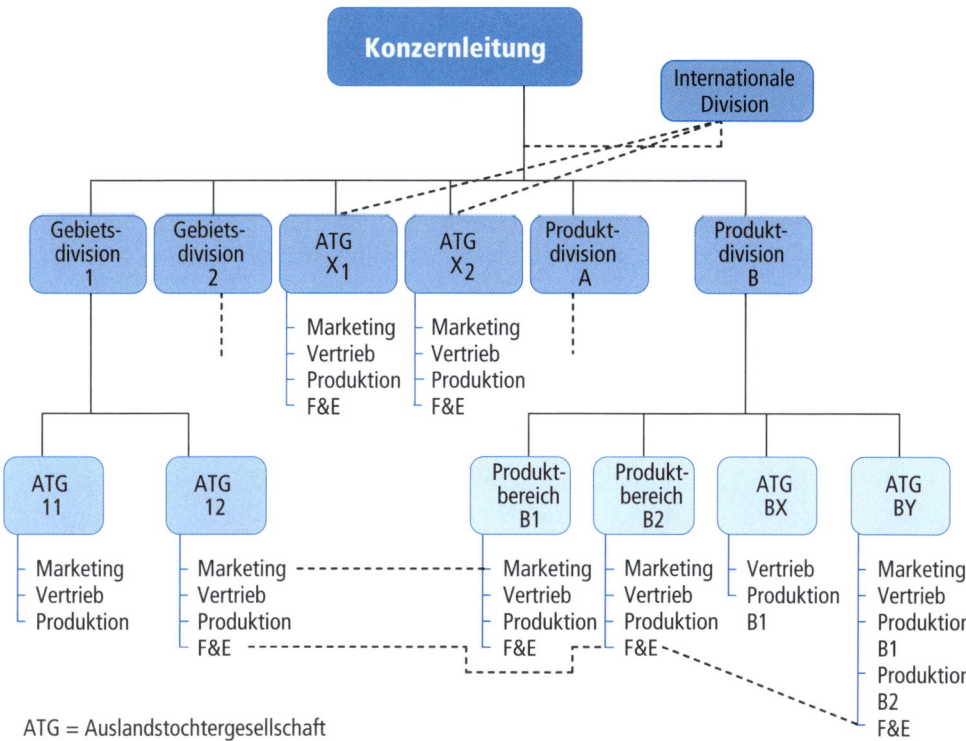

Abb. 6.14: Beispiel einer hybriden Unternehmensstruktur (Quelle: Kieser/Walgenbach 2007, S. 310)

- **Chancen**
  - Der Hybrid-Ansatz schafft prinzipiell eine Grundlage zur sinnvollen unternehmensindividuellen Gestaltung des strukturellen Lenkungssystems im Hinblick auf die zielorientierte Beeinflussung der grenzüberschreitend angelegten einzelwirtschaftlichen Aktivitäten. Sofern einer der weiter oben erörterten Standardtypen der Konfiguration Anwendung findet, erfolgt eine Grundsatzentscheidung, welche die Freiheitsgrade bezüglich der detaillierten und individuellen Ausformung der Leitungsbeziehungen deutlich reduziert. Eben diese Restriktion korsetthafter Modellvarianten entfällt im Falle der Grundsatzentscheidung zugunsten der Prämisse hybrid ausgerichteter Organisationsplanung.
  - Vielmehr bietet die Option der individuellen Verknüpfung heterogener konzeptioneller Elemente der Unternehmenskonfigurierung in hohem Maße Flexibilität des Unternehmens in Bezug auf die Anpassung an Veränderungen der internen und der externen Situation, insbesondere in den relevanten Gastländern.
- **Risiken**
  - Allerdings birgt die Hybrid-Struktur das Risiko fehlender organisationaler Integrationsmechanismen. Dies kann Tendenzen zur Verselbstständigung oder auch

zur Isolierung von Subsystemen des Unternehmens auslösen oder prinzipiell bereits vorhandene derartige Tendenzen verstärken. Mit steigender Unternehmensgröße und damit einhergehend immer *gemischteren* Strukturen entzieht sich die Rationalität des vorfindlichen Stellengefüges nicht nur für externe Betrachter, sondern auch unternehmensintern für das Management mehr und mehr der notwendigen erfolgskritischen Evaluation. Es ist zu bezweifeln, ob zu einem bestimmten Zeitpunkt die unternehmenshistorischen Entstehungsbedingungen der vorfindlichen hybriden Struktur den Entscheidungsträgern (noch) transparent sind.

– Außerdem wird die Frage nach der aktuellen Relevanz der historischen Bedingungen des Entstehens der hybriden Leitungsbeziehungen nur schwer eindeutig zu klären sein. Die im Organigramm abgebildete Konfiguration vermittelt leicht den (begründeten) Eindruck von organisatorischem *Wildwuchs*. Dazu sei eine provokativ-überzeichnende These formuliert:

   Der fortschreitende Ausbau hybrider Leitungsbeziehungen im Zuge des einzelwirtschaftlichen Prozesses der Internationalisierung determiniert auf Dauer die schrittweise Programmierung aufwendigen und die Wettbewerbsfähigkeit des Unternehmens gefährdenden Reorganisationsbedarfs!

– Das geht einher mit dem Risiko der *Verzettelung* der Unternehmensaktivitäten im internationalen Raum auf dem Hintergrund des sich im Zeitablauf verstärkenden strukturellen Chaos in Folge des Fehlens der überlebensnotwendigen ganzheitlichen Orientierung der Leitungsbeziehungen auf der Grundlage synoptischer Organisationsplanung.

6.4 Holdingstruktur

6.4.1 Kennzeichnende Merkmale

Das organisationale Konstrukt der Holdingstruktur ist verknüpft mit der juristischen Kategorie des Konzerns. Nach § 18 Aktiengesetz (AktG) wird ein Konzern gerade durch eine Gruppe rechtlich selbstständiger Unternehmen, welche unter einheitlicher Leitung stehen, konstituiert. Strukturellen Ausdruck findet diese einheitliche Leitung in der Holding-Organisationseinheit. In dieser Sicht bezeichnet der Terminus Holding die rechtlich selbstständige Spitzeneinheit eines Konzerns (vgl. May 1997, S. 374). Der Unternehmensverbund umfasst die Holdinggesellschaft auf der einen und die ebenfalls rechtlich selbstständigen operativen Unternehmenseinheiten auf der anderen Seite. Die vertikale Anordnung der juristisch eigenständigen Gebilde erhält im Aktiengesetzt durch die Termini herrschendes Unternehmen sowie abhängige Unternehmen Ausdruck.

§ 18 Aktiengesetz:

Konzern und Konzernunternehmen

(1) Sind ein herrschendes und ein oder mehrere abhängige Unternehmen unter einheitlicher Leitung des herrschenden Unternehmens zusammengefasst, so bilden sie einen Konzern; die einzelnen Unternehmen sind Konzernunternehmen. Unternehmen, zwischen denen ein Beherrschungsvertrag (§ 291) besteht oder von denen das eine in das andere eingegliedert ist (§ 319), sind als unter einheitlicher Leitung zusammengefasst anzusehen. Von einem abhängigen Unternehmen wird vermutet, dass es mit dem herrschenden Unternehmen einen Konzern bildet.

(O. V. 2005)

In struktureller Hinsicht stehen weniger Kriterien wie Beherrschung und Abhängigkeit in der Einzelwirtschaft als vielmehr Aspekte

- der Umsetzung der Unternehmensstrategie,

- der Erfüllung fundamentaler Systembedürfnisse,

- der Zuordnung von Management-Funktionen sowie

- der Durchführung von Aufgaben

im Mittelpunkt des Interesses. Damit korrespondiert das Holdingmodell der Unternehmensführung. Es resultiert die Frage, welche Beiträge zur Lösung der aufgezeigten Führungsproblematik die Holdingstruktur zu leisten vermag und von welchen Ausprägungen dieses Strukturtyps funktionale Wirkungen zur Erfüllung der fundamentalen Bedürfnisse des sozio-technischen Systems Unternehmen zu erwarten sind. Im vorliegenden Zusammenhang geht es insbesondere um das spezifische Potential der Holdingstruktur in Bezug auf die organisationale Bewältigung einzelwirtschaftlicher Internationalisierungsstrategien und Internationalisierungsprozesse (vgl. Keller 2002, S. 800).

6.4.2 Erscheinungsformen

Die realtypischen Ausprägungen des Holdingmodells sind vielfältig und differenziert. In Abhängigkeit von den jeweiligen situativen Einflüssen (beispielsweise Unternehmensgröße, Leistungsprogramm, Internationalisierungsgrad) sowie von der strategischen Positionierung des Unternehmens resultieren recht unterschiedliche Gestaltungsvarianten im Zuge der konkreten Anwendung der Holdingstruktur. Entsprechend ist die Abgrenzung von Holdingtypen auch in der Fachliteratur nicht einheitlich dargestellt (vgl. May 1997, S. 374 f., Kreikebaum et al. 2002, S. 124 ff.). Eine aussagefähige und im Hinblick auf die Evaluation im Managementkontext praktisch brauchbare idealtypische Differenzierung grenzt die Finanzholding, die Managementholding und die operative Holding voneinander ab. Dieses deskriptive Konzept soll im Folgenden kurz erläutert werden.

- Finanzholding

Der Handlungsrahmen der als Finanzholding agierenden Spitzeneinheit des Konzerns ist auf die Wahrnehmung übergeordneter finanzwirtschaftlicher Funktionen im Unternehmensverbund fokussiert und beschränkt. Dies betrifft insbesondere das Management der Finanzanlagen und Beteiligungen sowie die Steuerung der monetären Ströme zwischen den verschiedenen rechtlich selbstständigen Einheiten des Konzerns. Die Einflussnahme der Holding auf die Konzernunternehmen erfolgt auf indirektem Wege durch strategische Vorgaben in Form aggregierter finanzwirtschaftlicher Zielgrößen. Gegenstand solcher Zielgrößen sind im Rahmen der Unternehmensstrategie herausgehobene Kategorien.

Beispiele: Gewinn, Kapitalwert, Umsatzrendite, Cash-flow, Return on Investment oder Shareholder Value.

Ein bedeutsamer Teilaspekt im Modell der Finanzholding betrifft die Art der Herleitung der finanzwirtschaftlichen Zielorientierungen für die Tochtergesellschaften.

– Dies kann zum einen tendenziell autokratisch geschehen, indem die verantwortlichen Führungskräfte aus der Holdinggesellschaft in einem Top-down-Prozess die finanzwirtschaftlichen Ziele für die Tochtergesellschaften aus der strategischen Planung für den Konzern herleiten und dem Management der nachgeordneten Konzernunternehmen vorgeben.

– Zum anderen besteht jedoch die Option der partizipativen Bestimmung der aggregierten Finanzziele durch Verhandlungsprozesse zwischen den Entscheidungsträgern in der Holdingeinheit und Verantwortlichen in den Tochtergesellschaften im Sinne der Anwendung des Management by Objectives (MbO) als ganzheitliches Führungskonzept (vgl. Siedenbiedel 1999, S. 298 ff.). Der Top-down-Prozess des Planungsvorlaufes wird dann durch einen Bottom-up-Prozess des Planungsrücklaufes ergänzt.

Im Endergebnis resultieren im Rahmen der zweitgenannten Fallgestaltung die tatsächlich implementierten übergeordneten finanziellen Ziele der Tochtergesellschaften schließlich aus dem im Verhandlungswege geschaffenen Konsens zwischen der Holding und der jeweiligen Tochtergesellschaft. Als Konsequenz der Anwendung des MbO sind realistische Zielfestlegungen und die nachhaltige Akzeptanz dieser Steuerungsgrößen seitens der Tochtergesellschaften und somit die hohe Identifikation der operativen Aufgabenträger mit den anzustrebenden konzernrelevanten Zielen zu erwarten.

Eng verbunden mit der Auswahl konzernweiter Führungsmaximen ist die Gestaltung der Unternehmensphilosophie. Auch auf diesem Gebiet kann die Finanzholding Einfluss nehmen, indem sie ein Unternehmensleitbild für den Konzern konzipiert oder dessen partizipative Entwicklung moderiert und die Implementierung des Leitbildes gewährleistet (vgl. Kreikebaum et al. 2002, S. 135). Das Unternehmensleitbild schafft wertebasierte Integrationsmechanismen im heterogenen Unternehmensverbund und koordiniert unternehmensübergreifende Handlungen im Konzern durch die gemeinsame Vision bei gleichzeitig sehr weitgehender operativer Autonomie der im Falle internationaler Unternehmensführung grenzüberschreitend verteilt angesiedelten Konzernunternehmen.

Auf dem Gebiet personeller Führung obliegt der Finanzholding die Zuständigkeit für die Besetzung der Positionen im Top-Management der Tochtergesellschaften (vgl. Hinterhuber/Mathives 1999, S. 482 f.). Das umfasst auch grundlegende Entscheidungen über die externe oder die interne Rekrutierung der dezentral einzusetzenden Führungskräfte sowie deren anforderungs- und potentialorientiertes Training und ihre mittelfristige Karriereentwicklung. Individuelle Karriereverläufe zwischen den Konzernunternehmen und zwischen Konzernunternehmen und Holdinggesellschaft tragen maßgeblich zur Ausweitung weicher Koordinationsmaßnahmen durch Angleichung sozialer Rollen im gesamten organisationalen Gebilde bei (vgl. Siedenbiedel 2001, S. 135 ff.).

- Managementholding

Der Aufgabenbereich der Managementholding ist im Vergleich zur Finanzholding umfassender angelegt. Zunächst bleibt zu konstatieren, dass die Managementholding sämtliche oben dargelegten Funktionen der Finanzholding ebenfalls wahrnimmt. Darüber hinaus erfüllt die Managementholding jedoch weitere strategische Aufgaben für die Konzernunternehmen. Daher finden sich für diesen Holdingtyp auch die Bezeichnungen Strategische Managementholding, Strategieholding, strategische Holding und geschäftsführende Holding (vgl. May 1997, S. 375; Bernhardt/Witt 1995, S. 1342 f.).

Charakteristisch für die Strukturvariante der Managementholding ist die konsequente Differenzierung von Strategie und Operation.

- Während die Holding für die strategische Planung im Unternehmensverbund, ihre Deduktion auf die Ebene der Tochtergesellschaften sowie für das damit korrespondierende Controlling verantwortlich zeichnet,

- liegen die operative Umsetzung der strategischen Rahmenbedingungen und die Entscheidungen über die konkrete Durchführung der laufenden Geschäftsprozesse in der (Teil-) Autonomie der Konzernunternehmen.

Damit erhalten die ausländischen Tochtergesellschaften ein hohes Maß an Flexibilität im Hinblick auf die Berücksichtigung der jeweiligen spezifischen nationalen und lokalen Einflussgrößen. Die ausgeprägte Autonomie der dezentralen Unternehmenseinheiten limitiert allerdings die Chancen der Nutzung von Synergieeffekten im Gesamtunternehmen. Anstöße in die Richtung des Nutzens synergetischer Potentiale kann die Holdingeinheit etwa durch Einflussnahme auf die Investitionsprogramme der Konzernunternehmen und durch Bereitstellung zentraler Dienstleistungen (beispielsweise im IT-Bereich) vermitteln (vgl. Kreikebaum et al. 2002, S. 137).

Sehr aufschlussreich erscheinen die Resultate einer von Zeiss durchgeführten empirischen Studie. Darin wird die Managementholding als eine besonders geeignete Organisationsform im Kontext der konstatierbaren Internationalisierung der Unternehmensaktivitäten identifiziert. Die Globalisierung determiniert signifikante Effekte der Komplexitätserhöhung im wirtschaftlichen, technischen und politischen Unternehmensumfeld. Das erfordert die einzelwirtschaftliche Anpassung in strategischer und in struktureller Hinsicht. Auf diesem Hintergrund erweist sich die Managementholding-Struktur als sinnvolles Konzept zur Herstellung und zum Erhalt der Wettbewerbfähigkeit des Gesamtunternehmens auf den globalen Märkten (vgl. Zeiss 2006, S. 198 ff.).

- Operative Holding

Im Rahmen des Holdingmodells markiert die operative Holding jene Variante, welche die höchste Entscheidungszentralisation aufweist. Der Einflussbereich der Spitzeneinheit wird bis hin zur operativen Ebene ausgedehnt. Neben den finanzwirtschaftlichen Funktionen und den strategischen Aufgaben übernimmt die Holdinggesellschaft auch teilweise operative Aufgaben der Tochtergesellschaften. Insbesondere erfolgen ausgeprägte vertikale und horizontale Koordinationsaktivitäten seitens der Holding (vgl. Hungenberg 1992, S. 349). Damit werden stärker bereichsübergreifend harmonisierte Entscheidungen induziert, so dass die Nutzung von Synergiepotentialen aus dem Zusammenwirken der Tochtergesellschaften in das Zentrum der Unternehmensführung rückt. Dies geht einher mit der Einschränkung von Autonomie und Flexibilität in den Konzernunternehmen. Die sinnvolle und angepasste Behandlung nationaler Besonderheiten an den jeweiligen Auslandsmärkten wird deshalb ceteris paribus komplizierter.

In Anbetracht der Dominanz der zentralen Aufgabenwahrnehmung und der damit verbundenen besonders fokussierten Rolle der Zentrale im Unternehmensverbund wird die Variante der operativen Holding auch als Stammhauskonzern bezeichnet (vgl. Hungenberg 1992, S. 349). Dies beschreibt eine historische Unternehmensentwicklung, die auf einem dominanten Kerngeschäft (Stammhaus) basierend durch sukzessives grenzüberschreitendes Wachstum der Einzelwirtschaft (ausländische Tochtergesellschaften) gekennzeichnet ist, wobei die relativ straffe Anbindung der Konzernunternehmen an das Stammhaus stets im Vordergrund bleibt. Die Anwendung der operativen Holding korreliert regelmäßig mit tendenziell homogenen Leistungsprogrammen im gesamten Unternehmensverbund (vgl. Hinterhuber/Mathives 1999, S. 457).

Die gegenüber Finanzholding und Managementholding zusätzlichen und damit spezifischen Führungsaufgaben der operativen Holding beschreiben Kreikebaum et al. (vgl. 2002, S. 141) wie folgt:

- Eingriffe der Zentrale in wichtige operative Entscheidungen.

- Entwicklung und Konzeption bereichsspezifischer Strategien, insbesondere in den Funktionen Absatz und Produktion.

- Vorgabe von Detailzielen an die verschiedenen Unternehmenseinheiten.

- Abstimmung geschäftsfeldübergreifender Aktivitäten und Maßnahmen.

Seitens der Holding-Einheit werden insgesamt stark ausgeprägte Führungsfunktionen im Konzern wahrgenommen. Das gilt bis hin zum so genannten *Tagesgeschäft*, wo steuernde Aktivitäten der Zentrale greifen.

Beispiele: Preis- oder servicepolitische Entscheidungen, die von der Holding den Konzernunternehmen im internationalen Raum vorgegeben werden können. Das hat den Vorteil des einheitlichen Marktauftritts der Unternehmen im Konzern, reduziert allerdings die Chancen, den Besonderheiten des einzelnen Auslandsmarktes mit spezifischen Aktivitäten zu begegnen. Solche spezifischen Aktivitäten könnten etwa in preislichen Zugeständnissen bei intensivem Wettbewerb oder in zusätzlichen Serviceleistungen im Zuge der Entwicklung eines Auslandsmarktes bestehen.

- Mehrstufige Holdingstrukturen

Im Zuge fortschreitenden Wachstums supranational positionierter Konzerne ist nach Maßgabe des oben erörterten *Krisenmodells* von Bleicher bei Erreichen oder bei Überschreiten extrem hoher Ausprägungen der Konzerngröße mit einer Krise der etablierten Holdingstruktur zu rechnen. Diese Strukturvariante kann dann nicht mehr hinreichend die ihr zugeordneten Leitungs- und Steuerungsfunktionen erfüllen. Damit stellt sich die Frage nach dem strukturellen Anschlusskonzept im Falle der Krise der Holdingstruktur unter der Prämisse anhaltenden internationalen Wachstums des Gesamtunternehmens. Was also kommt auf dem Pfad struktureller Krisen und ihrer konstruktiven Bewältigung nach der Holdingstruktur (vgl. Albach/ Redenius 2000, S. 71)?

Laut den Befunden der bereits oben zitierten empirischen Studie von Zeiss sehen die befragten Manager aus Großunternehmen die Lösung des dargelegten Strukturproblems tendenziell in der Modifikation des Holdingkonzeptes nach Maßgabe der geänderten Anforderungen (internationales Wachstum, stark ausgeprägte Konzerngröße).

- Der erste Schritt zur strukturellen Führung großer international operierender Konzerne fokussiert die Holdingstruktur auf die Variante der Strategischen Managementholding, da diese Organisationsform die angemessene Integration der prinzipiell konfliktären Zielfunktionen der Realisation von Synergieeffekten sowie der Gewährleistung hinreichender Organisationsflexibilität, insbesondere auf Ebene der operativen Einheiten im internationalen Raum maßgeblich unterstützt.

- Bei weiterhin signifikantem Unternehmenswachstum hin zum multinationalen Großkonzern, dessen Geschäftsbereiche die Größenordnung einer konventionellen Managementholding-Konfiguration aufweisen und häufig branchenübergreifend positioniert sind (Diversifikation), werden dann mehrere Managementholdings unter dem Dach einer übergeordneten Holdingeinheit zusammengefasst. So entsteht eine mehrstufige Holdingstruktur. Für die Spitzeneinheit verwendet Zeiss den Terminus Meta-Holding (vgl. Zeiss 2006, S. 204 f.). Die Kernfunktion dieser

Meta-Holding besteht weniger in der wirtschaftlichen Steuerung der Konzerneinheiten, sondern vielmehr in der systematischen Nutzung der Größe und der
Macht des multinationalen Großkonzerns. Insbesondere soll die Meta-Holding
im Sinne des Gesamtunternehmens politischen und gesellschaftlichen Einfluss
auf nationaler und internationaler Ebene nehmen. Das Grundmodell der mehrstufigen Holdingstruktur mit einer Meta-Holding als Dacheinheit ist in Abbildung 6.15 dargestellt.

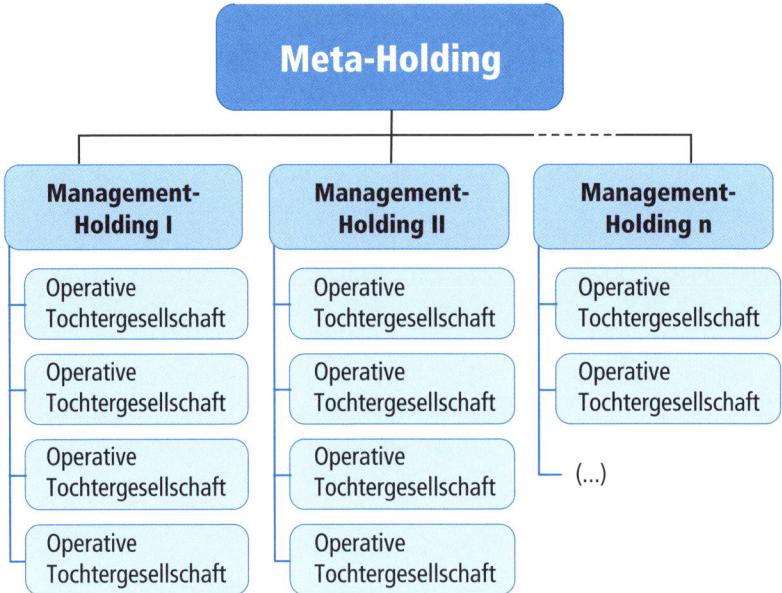

Abb. 6.15: Mehrstufige Holdingstruktur mit Meta-Holding (Quelle: Nach Zeiss 2006, S. 205)

Die Meta-Holding schafft Erfolg versprechende Rahmenbedingungen für die nachgeordneten Management-Holdings, die ihrerseits den Charakter von Zwischeneinheiten
in der mehrstufigen Holdingstruktur aufweisen. Damit liegt der Aufgabenschwer-
punkt der Dacheinheit eindeutig in der konsequenten Nutzung von Synergiepotentialen im Großkonzern. Das kann neben der gesellschaftlichen und politischen Einflussnahme insbesondere in folgenden Einzelaufgaben im Bereich der Meta-Holding
Ausdruck finden:

– Setzen unternehmenskultureller Standards im Sinne konzernweit einheitlicher
  Normen und Werte.

– Vorgabe ethischer und ökologischer Mindestanforderungen an Produkte und
  Dienstleistungen.

– Festlegen weltweit bereitzustellender Sozialleistungen für die Mitarbeiter des
  Konzerns.

- – Schaffen eines Systems konzernweiter individueller Karriereplanung.
- – Risikominimierung durch planmäßige Diversifikation.
- – Aufstellen konzerninterner Bilanzierungsregeln.
- – Vereinheitlichen angewandter IT-Systeme.

Von enormer Bedeutung erscheint die große Machtfülle eines derart aufgestellten Großkonzerns mit einer Meta-Holding an der Spitze. Das schafft aus betrieblicher Sicht erhebliche Durchsetzungskraft im Hinblick auf das Erreichen der Unternehmensziele und fördert damit die Handlungsfähigkeit des Gesamtunternehmens.

In gesellschaftlicher Perspektive kann die ständig steigende Potenz global agierender und mehrstufig strukturierter Großkonzerne durchaus als bedrohlich wahrgenommen werden. So ist davon auszugehen, dass der konsolidierte Umsatz einer Meta-Holding den Wert des Bruttosozialprodukts kleinerer Nationalstaaten deutlich übersteigt. Das gefährdet die ordnungspolitische Souveränität der Staaten. Mit Blick auf die systemischen Grundlagen von Marktwirtschaft ist die Einschränkung oder die Aufhebung der Bedingungen wirtschaftlichen Wettbewerbs zu befürchten. Das gilt zumindest auf nationaler oder regionaler Ebene. Die diffuse Protestbewegung der so genannten Globalisierungsgegner bringt demokratische und soziale Bedenken der Menschen gegen immer mächtigere einzelwirtschaftliche Globalplayer in Gestalt durchsetzungsstarker Holdingkonzerne zum Ausdruck. Eine Option der Nationalstaaten zur Reaktion auf die Herausforderung durch multinationale Großkonzerne besteht im Beitritt zu überstaatlichen Verbundsystemen, wie sie beispielsweise durch Freihandelszonen (NAFTA, ASEAN) oder den Staatenverbund der Europäischen Union repräsentiert werden.

6.4.3 Funktionale Impulse

Eine grundlegende Erfolgsbedingung für die grenzüberschreitend agierende Unternehmung besteht in ihrer Fähigkeit zur sinnvollen und zügigen Reaktion auf neue Einflüsse oder auf den Wandel bereits bestehender Einflussgrößen an den bearbeiteten Auslandsmärkten. Diese Reaktionsfähigkeit markiert ein fundamentales Bedürfnis des sozio-technischen Systems *Einzelwirtschaft* im Hinblick auf sein Überleben, seinen Fortschritt sowie seinen Erfolg auf den internationalen Märkten. Mit steigender Unternehmensgröße erhöht sich die Anzahl der Schnittstellen zwischen den verschiedenen betrieblichen Bereichen und innerhalb der unternehmensinternen Prozesse (vgl. Duques/Gaske 1997, S. 35 ff.). Solche Schnittstellen beeinträchtigen wiederum die Reaktionsfähigkeit und die Innovationskraft des Unternehmens. Genau an diesem Punkt setzt die Holdingstruktur an: Durch Dekomposition des Gesamtunternehmens in kleinere, relativ selbstständige Einheiten sollen

- Komplexität reduziert,
- Schnittstellen abgebaut und
- Reaktionsfähigkeit verbessert werden.

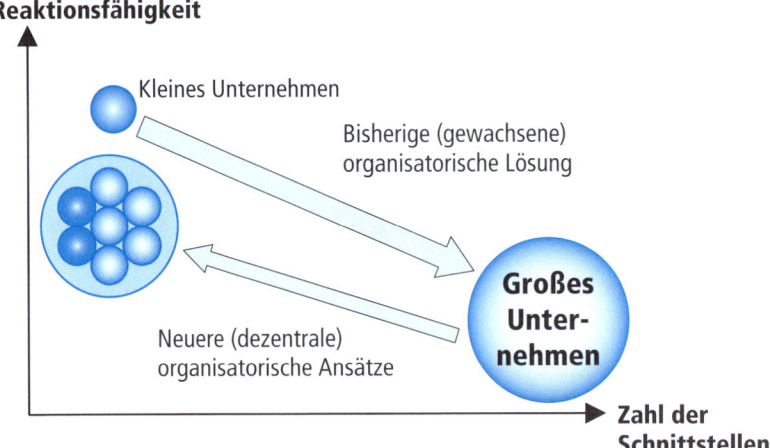

Abb. 6.16: Zusammenhang von organisationaler Reaktionsfähigkeit und Schnittstellen
(Quelle: May 1997, S. 374)

Mit Hilfe der Holdingstruktur realisiert das Großunternehmen in Bezug auf die Kriterien Flexibilität, Transparenz und Anzahl abstimmungsbedürftiger Schnittstellen sowie zeitlich und sachlich angepasste Reaktion die nachgewiesenen Wettbewerbsvorteile kleiner und mittlerer Unternehmungen (KMU). Der Weg zu diesen Wettbewerbsvorteilen führt über die stark ausgeprägte Dezentralisierung und die Delegation von Verantwortung zugunsten handlungsfähiger und relativ autonomer Tochtergesellschaften in den Gastländern. Damit erreicht das Management die nachhaltige Reduktion des Koordinationsbedarfs sowie daraus folgend die signifikante Verringerung der Koordinationskosten im Konzern. Solche Koordinationskosten resultieren im traditionellen Großunternehmen insbesondere durch kleine Subordinationsspannen, steile Hierarchien, komplexe und langwierige Entscheidungsprozeduren sowie vielfältige Querschnittfunktionen (vgl. Duques/Gaske 1997, S. 35 ff.). Die Koordination in KMU ist wesentlich weniger kostenlastig, so dass diesem Segment von Einzelwirtschaften daraus Wettbewerbsvorteile gegenüber den herkömmlich agierenden Großunternehmen in der jeweils betrachteten Branche erwachsen.

Parallel zur Dezentralisierung von Entscheidungen und zur Delegation von Verantwortung auf die Tochterunternehmen ist es jedoch eine fundamentale Aufgabe der Holdinggesellschaft, die Synergiepotentiale im Konzern systematisch zu heben. Das kann geschehen durch angepasste Zentralisation herausragender Schüsselfunktionen.

Beispiele: Finanzmanagement, Informationstechnologie oder Strategische Planung.

Eben diese Zentralisation und Konzentration von Key-Funktionen konstituiert die spezifischen Wettbewerbsvorteile holdingstrukturierter Großunternehmen relativ zu einer größeren Gruppe rechtlich und wirtschaftlich autonomer kleiner und mittlerer Unternehmen.

Beispiele: Solche Wettbewerbsvorteile werden realisiert in Form von economies of scale, Erfahrungskurveneffekten, Marktmacht, grenzüberschreitendem Know-how-Transfer (zwischen den verschiedenen Tochterunternehmen sowie zwischen den Konzernunternehmen und der Holdingeinheit) und der systematischen internationalen Verknüpfung komplementärer Kernkompetenzen der im Konzern integrierten heterogenen Teileinheiten der Organisation.

6.4.4 Dysfunktionale Effekte

Als dysfunktionale Effekte der Holdingstruktur im internationalen Unternehmen seien hier solche Auswirkungen dieses Strukturtyps ausgewiesen, welche die Erfüllung spezifischer Systembedürfnisse (potentiell) beeinträchtigen. Ein solcher Effekt resultiert zunächst aus den Kosten der Holdinggesellschaft. Je mehr Managementleistungen und Servicefunktionen von der Spitzeneinheit bereitgestellt werden, um so höher sind die dort auflaufenden Kosten. Es kann nicht per se erwartet werden, dass eine Kompensation oder Überkompensation durch korrespondierende Kostensenkungen in den Tochtergesellschaften gelingt. Vielmehr benötigen die grenzüberschreitend angesiedelten Konzernunternehmen eigene Managementkapazitäten, um relativ autonom agieren zu können. Als Folge entstehen im Übergang von der Finanzholding zur Managementholding strukturelle und personelle Redundanzen auf der Ebene des gesamten Unternehmens, was ceteris paribus den Kostenblock vergrößert. In der betrieblichen Praxis wird dieses Phänomen häufig mit dem Terminus *Doppelarbeiten* belegt. Gemeint ist damit, dass bestimmte Funktionen an mehreren Stellen der Unternehmung in prinzipiell gleicher Weise erbracht werden, wobei das im Konzern durchaus mehr als zwei (= *doppelt*) Stellen sein können und regelmäßig auch tatsächlich sind. Der Begriff Doppelarbeiten wäre folglich nicht selten besser durch die Bezeichnung *Mehrfacharbeiten* oder sogar *Vielfacharbeiten* angemessen zu substituieren.

Im Falle des mehrstufigen Konzerns mit Grundeinheiten (Konzernunternehmen), Zwischeneinheiten (Zwischenholding) und Spitzeneinheit (Dachholding) gilt das angesprochene Redundanzphänomen sogar in gesteigertem Maße (vgl. Bleicher 1992, S. 1152 f.). Die Vielfalt der grundsätzlichen vertikalen Gestaltungsoptionen wird in Abbildung 6.17 deutlich. Neben der vertikalen Positionierung der jeweiligen Organisationseinheit ist ihr rechtlicher Status von besonderer Bedeutung.

Der Konflikt zwischen mehrstufiger Konzernorganisation und den Gestaltungskriterien des Lean Management ist evident.

- Holdingstrukturen erhöhen tendenziell den Grad an *Steilheit* in der Unternehmenshierarchie,

- während das Lean Management gerade auf der Prämisse von Erfolgsüberlegenheit *flacher* konfigurativer Konstrukte in Unternehmen basiert.

	rechtlich selbständig	rechtlich unselbständig
Spitzen-einheit	● Spitzenholding (rein/geschäftsführend)	● Spitzenorgan der Muttergesellschaft ● Konzern-Hauptverwaltung
Zwischen-einheit	● Zwischenholding (rein/geschäftsführend)	● Verrichtungs- ● Objekt- ● Regional-Bereiche
Grund-einheit	● Tochtergesellschaften (mehrheitsbeteiligt/ minderheitsbeteiligt)	● Produktionsstätten, Zweigniederlassungen, Verkaufsstellen . . .

Abb. 6.17: Bausteine der Konzernorganisation (Quelle: Bleicher 1992, S. 1153)

Ein anderer kritischer Aspekt betrifft das Verhältnis von rechtlichen Strukturen und organisationalen Strukturen. In organisationaler Hinsicht verkörpern die verschiedenen Konzernunternehmen gerade Sparten des gesamten Unternehmensverbundes. Das bedeutet weit reichende wirtschaftliche Autonomie, aber signifikante Einschnitte in der faktischen rechtlichen Handlungsfähigkeit dieser juristischen Personen. Hier entsteht leicht ein Konflikt zwischen Rechtswirklichkeit (gesellschaftsrechtlicher Status der Tochterunternehmung) und Konzernstandard in Gestalt von Managementeinflüssen seitens der Holdingeinheiten (vgl. Bühner 1992, S. 2277 f.). Dies kommt insbesondere in der ambivalenten Positionierung der Geschäftsführer oder Vorstände der Konzern-unternehmen zum Ausdruck. Einerseits sind diese Manager in rechtlichem Sinne voll verantwortlich für die Belange ihrer Unternehmung, andererseits unterliegen die Top-Führungskräfte der Grundeinheiten faktisch den Weisungen aus der übergeordneten Holdingeinheit. In der Konzernperspektive der Holdingstruktur besetzen die Geschäfts-führer und Vorstände der Konzernunternehmen faktisch und wirtschaftlich Positionen der Qualität des mittleren Managements. Formal rechtlich handelt es sich aber um die Spitzenpositionen innerhalb juristischer Personen und die damit korrespondierenden Kompetenzen und Verantwortlichkeiten für die Funktionsfähigkeit und die Handlungs-weise der Konzernunternehmen.

Strukturell ist damit das Management der vertikalen Schnittstellen im Unternehmens-verbund angesprochen. Es entsteht Bedarf an Koordination der Führungsaktivitäten auf den verschiedenen Ebenen der Konzernorganisation. Zur Deckung dieses Bedarfs stehen insbesondere die Koordinationsinstrumente Pläne und Programme zur Ver-fügung (vgl. Siedenbiedel 2001, S. 101 ff.). Im Interesse der nötigen Flexibilität der nachgeordneten Unternehmenseinheiten in der Konzernhierarchie sollte allerdings das Koordinationsinstrument der Selbstabstimmung im Rahmen der ebenenübergreifenden

Koordination herausragende Bedeutung erhalten. Dies entspricht dann ebenfalls der rechtlichen Intention in Bezug auf die Führung von Kapitalgesellschaften. Festgehalten sei an dieser Stelle, dass die Schnittstellen zwischen den Ebenen der Holdingstruktur per se erhebliche Risiken dysfunktionaler Effekte im Hinblick auf die Nutzung von Synergien und die Realisierung der übergeordneten Konzernziele implizieren.

Eine Option des konstruktiven Umgangs mit den dargelegten Risiken bietet im Rahmen der personellen Managementdimension das Institut der Personalunion. Durch personelle Verknüpfungen zwischen den verschiedenen Konzernebenen sollen elementare Koordinationsanforderungen bewältigt werden. Dies ist exemplarisch in Abbildung 6.18 dargestellt.

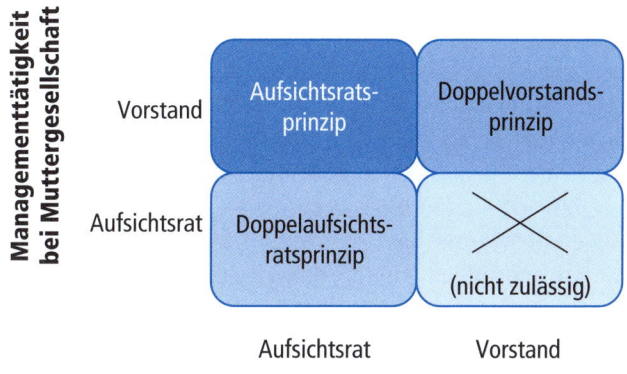

Abb. 6.18: Die Personalunion als Koordinationsmechanismus in der Holdingstruktur
        (Quelle: Kutschker/Schmid 2006, S. 614)

Die Abbildung zeigt anhand der Ebenen übergreifenden Wahrnehmung von Managementfunktionen durch herausgehobene personelle Aufgabenträger idealtypische Formen der Personalunion in Holdingstrukturen. In der betrieblichen Realität sind insbesondere die Konstellationen, bei der ein Vorstandsmitglied der Muttergesellschaft gleichzeitig dem Aufsichtsrat der Tochterunternehmung angehört (Aufsichtsratprinzip) und auch die simultane Ausübung von Vorstandsmandaten bei der Holdinggesellschaft einerseits sowie bei der Tochtergesellschaft andererseits durch einen betrachteten Manager (Doppelvorstandsprinzip) verbreitet.

6.5 Internationale Netzwerke

Der Terminus des *Netzwerkes* findet umfangreiche Verwendung, weit über den betriebs-wirtschaftlichen Rahmen hinaus. So ist häufig die Rede davon, dass Individuen sich vernetzen, d.h. ausgedehnte soziale Beziehungen intendiert sowie relativ systematisch knüpfen, weiterentwickeln und pflegen. Gleiches gilt auf der Ebene der Gruppe. Gemeint sind Formen der Interaktion zwischen Personenmehrheiten mit ähnlich gerichteten Interessen. Aus diesen Interaktionen ziehen die Einzelgruppen spezifische Vorteile oder versprechen sich zumindest derartige Effekte. Insgesamt entsteht der Eindruck, als bezeichne der Netzwerkbegriff ein positives Phänomen, was die Bereitstellung zusätzlicher Werte fördert.

Das nimmt Reiß zum Anlass, den „Mythos Netzwerkorganisation" (Reiß 1998, S. 224), also die Übertragung der Kategorie des Netzwerkes auf den Bereich der Unternehmensführung, einer kritischen Untersuchung zu unterziehen mit dem Ziel der Entglorifizierung sowie der Herleitung nachvollziehbarer Mechanismen und Abhängigkeiten zur Erklärung möglicher infrastruktureller Funktionen von Netzwerken im betriebswirtschaftlichen Kontext. Bereits aus den angedeuteten Aspekten wird die große Breite der Doktrin von den Netzwerken erkennbar. Letztlich ist dieser Terminus auf eine Fülle von Sachverhalten anwendbar, ohne dass daraus zwingend neue Erkenntnisse oder Konsequenzen resultieren. Im Folgenden soll daher versucht werden, Besonderheiten von Netzwerken als Organisationsform einzelwirtschaftlicher Aktivitäten im internationalen Raum herauszuarbeiten.

6.5.1 Zum Gegenstandsbereich von Netzwerkorganisation

In organisationaler Hinsicht impliziert die Netzwerkperspektive zunächst den Sachverhalt der Verknüpfung struktureller Elemente. Das ist nicht prinzipiell neu. Schließlich sind organisationale Einheiten auch in den verschiedenen anderen Formen struktureller Führung in einer von den verantwortlichen Entscheidungsträgern als rational erachteten Form miteinander verbunden. Handelt es sich folglich beim Anwenden der Netzwerkorganisation um *alten Wein in neuen Schläuchen?* Dem ließe sich grundsätzlich zustimmen, soweit es um das Generieren völlig neuer Inhalte geht. Die besondere betriebswirtschaftliche Relevanz von Netzwerken liegt offenkundig in der Sicht des vorstehend angesprochenen Bildes im Bereich der *Schläuche.* Der Erkenntnisgewinn und die Ergiebigkeit netzwerkorientierter organisationaler Gestaltung resultieren insbesondere aus der Anwendung eines veränderten Bezugssystems (Netzwerke) auf die Gruppierung bereits vorhandener struktureller Elemente. Trefflich lässt sich das mit einem Werner Kirsch zugeschriebenen Satz ausdrücken: „Diesmal kommt es auf die Schläuche an!" (zitiert nach: Osterloh/Frost 2000, S. 157).

Formal betrachtet besteht ein Netzwerk aus Knoten und Kanten.

- Die Größe Knoten steht für die Aktoren im untersuchten System. In Abhängigkeit von der maßgeblichen Analyseebene werden als Aktoren beispielsweise Individuen oder Gruppen oder Organisationen oder größere Gemeinwesen wie Nationen oder supranationale Systeme (etwa Europäische Union, NAFTA) ausgewiesen.

- Dagegen stellen die Kanten die direkten und indirekten Beziehungen, Aktivitäten und Interaktionen zwischen den Aktoren dar (vgl. Kutschker/Schmid 2002, S. 518 f.).

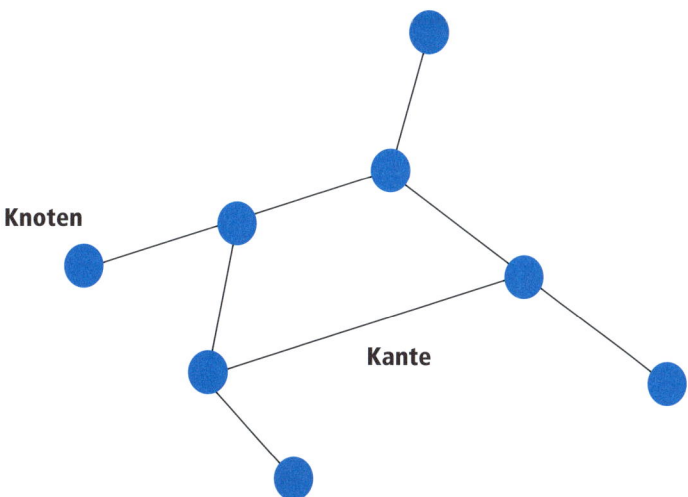

Abb. 6.19: Formale Elemente von Netzwerken

Im Beispiel werden die Knoten durch Kreise und die Kanten durch Linien dargestellt. Die grafische Darstellung veranschaulicht die Beziehungsverläufe zwischen den Aktoren. Außerdem werden direkte und indirekte Beziehungen aufgezeigt. Die Affinität der visuellen Grundelemente von Netzwerken mit denen des Organigramms als etabliertem formalen Instrument (Strukturdimension Formalisierung) zur Abbildung der betrieblichen Leitungsbeziehungen (vgl. Siedenbiedel 2001, S. 105 f.) erscheint evident. Auf eine wesentliche Differenz sei jedoch hingewiesen: Im Gegensatz zum Organigramm ist in der Netzwerk-Grafik die hierarchische Komponente nicht per se enthalten.

Damit ist ein wesentliches Merkmal von Netzwerken in ihrer Anwendung auf organisatorischer Ebene identifiziert. Die Hierarchiekomponente von Organisation entfällt in Netzwerken oder tritt zumindest in den Hintergrund. Organisationale Netzwerke und damit auch internationale Netzwerke auf einzelwirtschaftlicher Ebene finden ihre Positionierung zwischen den Polen Hierarchie und Markt. Die strenge strukturelle Führung nach dem Prinzip von Anweisung, Ausführen und Berichten (Hierarchie) wird durch Netzwerkstrukturen verändert in die Richtung der Interaktion auf der Grundlage von Wettbewerb sowie von Angebot und Nachfrage (Markt). Diese mittlere Positionierung kennzeichnet Reiß mit dem (provokanten) Begriff der „Sowohl-als-auch-Organisation" (Reiß 1998, S. 224).

Dies wirft unmittelbar die Frage auf, ob in einem zu strukturierenden einzelwirtschaftlichen Umfeld simultan

- **sowohl** die Stärken der Organisationsform *Hierarchie*
- **als auch** die Stärken der Organisationsform *Markt* realisierbar sind

– bei gleichzeitigem Ausblenden der Mängel oder Schwächen von Hierarchien und von Märkten. Damit sind die Herausforderungen an die betriebswirtschaftliche Forschung einerseits und zentrale Evaluationskriterien von Netzwerkorganisation in der betrieblichen Praxis andererseits umrissen. Im Rahmen der hier anzustellenden analytischen Betrachtung interessiert vorrangig die Funktionalität von Netzwerken im Hinblick auf die Erfüllung der strukturellen Bedürfnisse grenzüberschreitend ausgelegter sozio-technischer Systeme.

6.5.2 Analyse der Beziehungen

Eine grundlegende Perspektive im Gestaltungszusammenhang der Netzwerkorganisation richtet sich auf die Differenzierung der Kanten, d.h. auf die Unterscheidung und auf die Analyse verschiedener Arten von Beziehungen zwischen den Aktoren. Im Folgenden seien daher die wesentlichen Formen der Interaktion zwischen den Netzwerkteilnehmern (Knoten) voneinander abgegrenzt und erörtert.

- Kommunikationsbeziehungen

  Diese Aktivitäten sind auf den Austausch von Informationen im Netzwerk gerichtet. Durch das Netzwerk werden die strukturellen Optionen für den Dialog oder präziser ausgedrückt für den *Polylog* zwischen den Einheiten des Systems bereitgestellt. Der Terminus vom Polylog erscheint deshalb angezeigt, weil nach vorherrschendem Verständnis die rein dyadische Konstellation kein Netzwerk begründet, sondern als konstitutiv für Netzwerke mindestens drei miteinander verbundene Einheiten angesehen werden (vgl. Nalebuff/Brandenburger 1996). Die aus der Dreiecksbeziehung resultierende Überlagerung von Kooperation und Konkurrenz, die so genannte Koopkurrenz, begründet gerade die netzwerktypische Funktionsweise (vgl. Beck 1998, S. 271 ff.). In diesem Spannungsfeld entstehen vielfältige Kommunikationsbedarfe und kommunikative Aktivitäten. Charakteristisch für Netzwerke erscheint das offene Kommunikationssystem. Die kommunikativen Beziehungen zwischen den Netzwerkpartnern sind kaum reglementiert. Prinzipiell ist jede involvierte Einheit befugt, mit jedem anderen Netzwerkteilnehmer in kommunikative Prozesse einzutreten.

  Die hierarchietypischen Kommunikationslimitierungen durch Dienstwege, Weisungsbefugnisse und Berichtspflichten entfallen im Netzwerkkonzept weitgehend. Kommunikation wird kooperativ und emanzipatorisch interpretiert. Entstehende Informations- und Kommunikationsbedarfe sollen direkt von den tangierten Einheiten eigenständig abgearbeitet werden. Im hier zu betrachtenden Falle internationaler wirtschaftlicher Operationen gilt diese kommunikative Offenheit auch und insbesondere für den grenzüberschreitenden Informationsaustausch. Das internationale Netzwerk stellt die Basis für die schnelle, multilaterale und unbürokratische Kommunikation zwischen den beteiligten Einheiten bereit. Die Abgrenzung gegenüber rein marktbezogenen Kommunikationsprozessen erfolgt über das Merkmal der Zugehörigkeit. Das offene Kommunikationssystem des Netzwerkes steht nur seinen Mitgliedern zur Verfügung, gegenüber Externen bleiben die Kommunikationskanäle geschlossen. Damit entsteht quasi eine Art Exklusivität von Kommunikation und Information. Das Netzwerk stellt seinen Mitgliedern exklusive kommunikative Verbindungen zur Verfügung, die zur Realisierung von Wertschöpfung geeignet erscheinen und systematisch genutzt werden können. Analog zu den *komparativen Kostenvorteilen* nach Ricardo (siehe oben) als Determinante internationaler Wirtschaftsbeziehungen seien im vorliegenden Zusammenhang *komparative Informationsvorsprünge* als Determinante internationaler Netzwerkorganisation postuliert.

- Transaktionsbeziehungen

Als Transaktion wird die Übertragung von Gütern, Dienstleistungen oder Verfügungsrechten über eine abgrenzbare Schnittstelle bezeichnet. Für Netzwerke ist es kennzeichnend, dass derartige Transaktionen zwischen den beteiligten Partnern ablaufen oder zumindest ablaufen können. Die Infrastruktur und die erforderlichen Schnittstellen für Transaktionen zwischen den Teilnehmern werden gerade durch die Netzwerkorganisation geschaffen. Ein Maß für die Vorteilhaftigkeit einer Transaktion sind die dafür anfallenden Kosten. Der in den Wirtschaftswissenschaften bedeutende Begriff der Transaktionskosten bezeichnet in einer allgemeinen Interpretation die *Reibungsverluste,* welche im Zuge der Durchführung von Transaktionen anfallen. Konkreter formuliert handelt es sich bei den Transaktionskosten um Kosten des marktlichen Austausches, Kosten der Nutzung des Preismechanismus und Kosten, welche sich aus der Handhabung von Unsicherheit in wirtschaftlichen Austauschbeziehungen ergeben. Im Einzelnen sind dies insbesondere Werteverzehre für die Anbahnung, die Vereinbarung, die Abwicklung, die Kontrolle sowie die Anpassung von Austauschvorgängen (vgl. Coase 1963, S. 331 ff.; Williamson 1979, S. 233 ff.; Picot 1981, S. 4 f.). Ceteris paribus ist eine definierte Transaktion dann vorteilhafter, wenn sie geringere Kosten verursacht.

Transaktionskosten

➜ Werteverzehre für die Anbahnung, die Vereinbarung, die Abwicklung, die Kontrolle und die Anpassung von Austauschvorgängen zwischen den Partnern wirtschaftlicher Interaktion

---

Solche Transaktionskosten entstehen für die Bereitstellung einer Koordinationsleistung durch Einsatz marktlicher Instrumente. Wird diese Koordinationsleistung innerbetrieblich erbracht, so entstehen Kosten den Einsatzes der betrieblichen Koordinationsinstrumente. Traditionell sind dies die Kosten der Hierarchie. Sie bilden gleichsam das innerbetriebliche Pendant zu den organisationsexternen Transaktionskosten. In der modelltheoretischen Betrachtung von Coase sind die Transaktionskosten des Unternehmens gerade dann minimal, wenn die Hierarchiekosten der letzten Transaktion den korrespondierenden Kosten der Marktbenutzung entsprechen (marginale Substitution).

Damit tritt die intermediäre Positionierung von Netzwerken als Organisationsform zwischen Markt und Hierarchie in den Fokus der Betrachtung. Für die Lösung des Koordinationsproblems durch Netzwerkstrukturen sind komplex-reziproke Beziehungen zwischen den relevanten Einheiten mit kooperativen *und* kompetitiven Komponenten konstitutiv. Das praxeologische Schlagwort der Co-opetition soll diese simultane Wirksamkeit von Wettbewerb (competition) und interner Zusammenarbeit (cooperation) in Netzwerken markant zum Ausdruck bringen (vgl. Dowling/Lechner 1998, S. 86, *Koopkurrenz* siehe oben). Idealtypisch postuliert sind die Transaktionsbeziehungen unter den Netzwerkpartnern zwischen den Polen Hierarchie und Markt so gestaltbar, dass minimale Transaktionskosten auf der Ebene des Gesamtverbundes entstehen. Eine prozessorientierte Erfassung von Transaktionskosten vermittelt Abbildung 6.20.

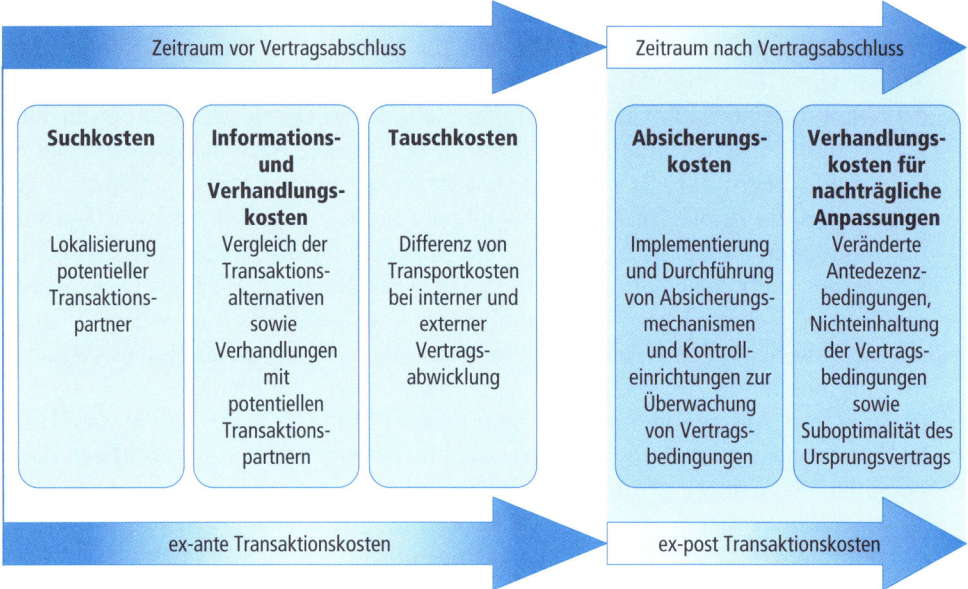

Abb. 6.20: Prozessuale Differenzierung von Transaktionskosten (Quelle: Kreikebaum et al. 2002, S. 30)

Im Mittelpunkt der Darstellung steht der Abschluss eines Kontraktes zwischen den Austauschspartnern. Vor und auch nach dem Vertragsabschluss resultieren Kosten der intendierten bzw. realisierten Transaktion. Bereits das Beispiel der Suchkosten verdeutlicht die Potentiale des Netzwerkes. Findet sich ein Transaktionspartner im (grenzüberschreitenden) Netz, so entfällt der Aufwand der Lokalisierung. Auch bei der Suche nach externen Transaktionspartnern bietet das Netzwerk Optionen zur Kostensenkung. Gerade bei der Suche externer Partner an einem ausländischen Markt können die dort bereits etablierten Netzwerkteilnehmer der suchenden Einheit wertvolle Hilfen leisten und damit zur Reduktion der anfallenden Kosten beitragen.

Im Vordergrund der vorliegenden Betrachtung stehen allerdings die unmittelbaren Transaktionsbeziehungen zwischen den Netzwerkmitgliedern. Durch die Integration der Vorteile aus den Koordinationsformen Markt und Hierarchie bieten Netzwerke Zugänge zur signifikanten Reduktion der Kosten von netzinternen Transaktionen.

- Machtbeziehungen

Nach Max Weber findet die Kategorie Macht auf der individuellen Ebene ihren Ausdruck in der bestehenden Option einer betrachteten Person, den eigenen Willen in einer sozialen Beziehung auch gegen Widerstand durchzusetzen, gleichgültig, worauf diese Option basiert (vgl. Weber 1972, S. 28).

> **Macht**
>
> → die Fähigkeit einer Person, den eigenen Willen auch gegen Widerstand durchzusetzen, gleichgültig, worauf diese Fähigkeit basiert

So interpretierte Machtbeziehungen sind offensichtlich geradezu konstitutiv für jede Form von Organisation. In Abhängigkeit von der Strukturausprägung in kollektiven Gebilden variiert allerdings die Art der Allokation von Machtbeziehungen. Dies erscheint in Bezug auf die internationale Netzwerkorganisation besonders markant. Die Chancen der individuellen Willensdurchsetzung erhalten in diesem Strukturtyp einen ganz spezifischen Charakter. Kausal hierfür ist zunächst die Abwendung von strikt hierarchischen Mechanismen der Willensbildung und Willensdurchsetzung in der Netzwerkorganisation. Damit wird im Netzwerk die formal von der Unternehmensleitung zugewiesene Macht an einzelne Managementpositionen und damit an die jeweiligen Stelleninhaber (legitimierte Macht im Sinne des Konzeptes von French und Raven, vgl. dieselben 1974, S. 150 ff.) im Vergleich zu traditionellen Organisationsformen absorbiert. Unter dem Aspekt der Hierarchie determinieren Netzwerke quasi ein Machtvakuum. Die klar geordneten Machtverhältnisse in herkömmlichen Formen der Linienorganisation fehlen in den Netzwerken. Eben daraus resultiert das angesprochene Machtvakuum. Vom einzelnen Organisationsmitglied wird dieser Effekt nicht immer positiv wahrgenommen, sondern häufig als Mangel oder Organisationspathologie empfunden, da die ungewissheitsabsorbierende Eindeutigkeit legitimierter Macht verloren geht.

Gerade in Kulturen mit hoher Machtdistanz (vgl. dazu die Darlegungen weiter oben) besteht seitens der Individuen tendenziell die Erwartung formal ausgestalteter Systeme asymmetrischer Einflusschancen, verbunden mit eindeutig autorisierten Entscheidungen und klaren personalen Kompetenzen. Solchen Erwartungshaltungen kann die Netzwerkorganisation prinzipiell wenig gerecht werden. Vielmehr dominieren andere Mechanismen der Machtallokation. Der Wegfall hierarchischer Komponenten in Netzwerken wird durch Wettbewerbselemente (Markt) substituiert. Macht wächst den Netzwerkteilnehmern durch Wettbewerbsvorteile zu. Im Modell von French und Raven wird die so basierte Form von Macht als Expertenmacht identifiziert (vgl. Frech/Raven 1974, S. 156 ff.). Den Trägern von Kernkompetenzen wächst in Netzwerken derartige Expertenmacht zu. Insoweit korreliert Willensdurchsetzung im Rahmen internationaler Netzwerke mit überlegenen Kernkompetenzen. Machtbeziehungen werden durch solche Wettbewerbsvorteile geprägt.

Eine andere wesentliche Determinante der Machtallokation in Netzwerken sind Wertvorstellungen und Wertschätzungen. Solche Individuen oder auch kollektiven Einheiten (Knoten), die seitens der übrigen Teilnehmer besondere Wertschätzung erfahren, werden in der Lage sein, Ihre Präferenzen durchzusetzen. Im Sinne des Modells von French und Raven handelt es sich bei derart basierten Einflusschancen um Identifikationsmacht. Ein besonders erfolgsrelevanter Aspekt internationaler Netzwerke besteht folglich im Aufbau gegenseitiger Wertschätzung zwischen den involvierten Teilnehmern, insbesondere auch auf grenzüberschreitender Ebene. Das erscheint umso bedeutsamer, als die Möglichkeiten positiver und negativer Sanktionen in der Netzwerkorganisation stark reduziert auftreten. Die damit korrespondierenden Machtformen der Belohnungsmacht und der Bestrafungsmacht (vgl. French/Raven 1974) prägen die Machtbeziehungen in Netzwerken in geringerem Maße. Das Führungsinstrument der gezielt eingesetzten Sanktionierung ist gerade ein kennzeichnendes Merkmal herkömmlicher hierarchischer Strukturen.

- Vertrauensbeziehungen

Zweifellos besteht eine Affinität zwischen den auf Wertschätzung basierten Machtbeziehungen (Identifikationsmacht) und den Vertrauensbeziehungen in sozio-technischen Systemen. Das Institut der Vertrauensbeziehung zwischen Netzwerkteilnehmern fokussiert allerdings einen anderen Beziehungsaspekt als es in den Machtbeziehungen zum Ausdruck kommt.

Vertrauen

ist quasi eine Vorleistung, welche die Erwartung beinhaltet, dass der Interaktionspartner wohlwollendes Verhalten realisieren wird, obwohl er die Option besitzt, nicht-wohlwollende Verhaltensweisen zu wählen (vgl. Koller 1990, S. 1).

- Insoweit ist diese Vorleistung aus der Perspektive des Vertrauensgebers riskant (vgl. Luhmann 1989, S. 23). Es besteht erhöhte Verlustgefahr.

- Andererseits bewirken funktionierende, nicht enttäuschte Vertrauensbeziehungen zwischen organisationalen Einheiten enorme Wertschöpfungspotentiale und das Entstehen von Win-Win-Situationen für die Partner (vgl. Sprenger 2002, S. 34 ff.). Ausschlaggebend dafür sind insbesondere die aus Vertrauensbeziehungen resultierende Komplexitätsreduktion und die Bereitschaft der einzelnen Partner, Verantwortung für das System als Ganzes zu übernehmen (vgl. Krystek et al. 1997, S. 369).

Durch die Realisierung grenzüberschreitender Aktivitäten des Unternehmens steigt dessen Komplexitätsgrad erheblich. Dies erfordert in verstärktem Maße strukturelle Mechanismen zur Reduktion der Komplexität. Die Vorleistung *Vertrauen* und der damit einhergehende Aufbau von Vertrauensbeziehungen erscheint in hervorragender Form zur rationalen Handhabung des Komplexitätsproblems geeignet. Die Annahme, dass der Interaktionspartner wohlwollendes Verhalten zeigen wird, macht die Entwicklung und die Anwendung technokratischer Kontroll- und Berichtssysteme entbehrlich oder verringert zumindest ihre Einsatzbreite. In Anbetracht der kulturellen Differenzen im wirtschaftlichen Aktionsfeld international operierender Unternehmen stellt der Aufbau von Vertrauensbeziehungen zwischen den Aufgabenträgern aus ganz verschiedenen nationalen Umfeldern besondere Anforderungen an das Management. Der subjektiv erlebte Fremdheitsgrad kultureller Orientierungen am ausländischen Standort führt im Bestreben um Unsicherheitsvermeidung seitens der inländischen Akteure leicht zu Distanzierung und zu Misstrauen. Kennzeichnend für die internationale Netzwerkstruktur ist es jedoch, dass auf der Basis dieser relativ losen Kopplung der involvierten Einheiten (Knoten) gegenseitiges Vertrauen aus gelungenen Phasen der wenig reglementierten Kooperation über die Staatsgrenzen hinweg gewonnen werden soll. Der von den beteiligten Einheiten und Personen erlebte Erfolg in gemeinsamen Projekten und bei der Bewältigung anderer herausfordernder Aufgaben erzeugt Vertrauen in die Leistungsfähigkeit und in die Integrität der Partner. Eben dieses Vertrauen ist dann andererseits langfristige Bedingung der Funktionsfähigkeit grenzüberschreitender Netzwerke.

Zweifellos besteht eine weitere Bedingung des Erfolges in intensiver Kommunikation zwischen den Netzwerkteilnehmern, auch und insbesondere in persönlicher Kommunikation (Face-to-face Kontakte). Daher sind häufige Meetings und Konferenzen ebenso wie Programme des Job rotation zwischen den Netzwerkknoten im internationalen Raum in hohem Maße funktional für die Entwicklung der so enorm erfolgsrelevanten Vertrauensbeziehungen. Zu beachten ist die Tatsache, dass sich die Erfolgswirkungen der facettenreichen Kategorie *Vertrauen* nicht unmittelbar einstellen können, sondern ihre Entfaltung einen mittel- bis längerfristigen Planungshorizont benötigt. Insoweit bedeutet Vertrauen eine generalisierte Einstellung gegenüber sozialen Beziehungen, welche sich in der Bereitschaft oder Fähigkeit ausdrückt, unter definierten Bedingungen auf unmittelbare Belohnungen zugunsten späterer, dafür aber positiverer Interaktionsergebnisse zu verzichten (vgl. Piontrowski 1976, S. 170).

Die zeitliche Lücke zwischen der aktuellen Entscheidung zur Implementierung von Vertrauensbeziehungen im Netzwerk einerseits und dem künftigen Erfolg auf der anderen Seite erfordert seitens der Systemleitung das Gewähren eines *Vertrauensvorschusses* an die Systemmitglieder (vgl. Luhmann 1989, S. 23 ff.). Der intendierte planmäßige Einsatz von Vertrauen in Prozessen der Unternehmensführung bedingt in weiten Bereichen der betrieblichen Praxis ein relativ radikales Umdenken. In Anbetracht des im Zeitablauf stattfindenden Wechsels (Fluktuation) der personellen Aufgabenträger ist personales Vertrauen seitens der Akteure im Netzwerk zwar notwendig, aber nicht dauerhaft hinreichend. Vielmehr bedarf es im Sinne der Funktionsfähigkeit der Netzwerkstrukturen darüber hinaus des Aufbaus begründeten Systemvertrauens oder Organisationsvertrauens bei den handelnden Personen (vgl. Aufderheide et al. 2007, S. 38 f.). Bewährte Erfolgsmaximen aus der Vergangenheit und aus der Gegenwart, welche etwa im Taylorismus tief verwurzelt sind, müssen zugunsten nahezu entgegen gesetzter Gestaltungskriterien aufgegeben werden. Das heuristische Bild der lernenden und veränderungsorientierten Vertrauensorganisation, welche die stabilitätsorientierte Misstrauensorganisation ablösen soll, symbolisiert die kooperative, innovative und kommunikative Intention von Netzwerken (vgl. Bleicher 1995, S. 226 ff.).

6.5.3 Idealtypen

Eine aufschlussreiche Differenzierung der Erscheinungsformen von Netzwerken bezieht sich auf die Extension solcher strukturellen Gebilde. Das betrifft den Aspekt der Grenzziehung um das Netzwerk und damit die Identifikation der Netzwerkteilnehmer. In der modernen, zunehmend globalisierten Wirtschaftswelt des frühen 21. Jahrhunderts sind derartige Umgrenzungen schwierig, da traditionelle Formen des Unternehmenshandelns und der Identität (Erscheinungsbild) von Unternehmen an Bedeutung verlieren. Darauf weisen Picot et al. hin, indem sie konstatieren:

> „Wir sind es gewohnt, uns Unternehmen als abgeschlossene, integrierte Gebilde vorzustellen. Sie sind physisch in Bürogebäuden und Fabrikanlagen untergebracht, in denen sich ihre Mitglieder aufhalten und in denen sich die erforderlichen Materialien, Betriebsmittel und Informationen befinden. Die physischen Standortstrukturen und die arbeits- bzw. gesellschaftsrechtlichen Vertragsbeziehungen zwischen den Unternehmensmitgliedern definieren im allgemeinen die Grenzen einer Unternehmung. Natürlich überschreitet eine Unternehmung diese Grenze ständig, indem sie auf Märkten agiert, also z. B. Inputgüter beschafft, Fertigprodukte verkauft, Kapital aufnimmt oder anlegt. Aber diese Grenzüberschreitungen korrespondieren mit einer klaren Vorstellung von innen und außen, von zugehörig und nicht zugehörig, von Schnittstellen zwischen Unternehmung und Märkten. Weite Teile der Wirtschaft entsprechen diesem Unternehmensmodell, welches auch vielen Lehrbüchern zugrunde liegt, nicht mehr. …Die klassischen Grenzen der Unternehmung beginnen zu verschwimmen, sich nach innen wie nach außen zu verändern, teilweise auch aufzulösen" (Picot et al. 2003, S. 2).

In Bezug auf international agierende Unternehmen mit sehr heterogenen Marktauftritten in den verschiedenen Ländern des Aktionsgebietes lässt sich die Perspektive von Picot et al. besonders plausibel nachvollziehen.

• Das Bewusstsein der Teilnehmer für innen und außen wird diffus.

• Es fällt schwer, zugehörig und nicht zugehörig voneinander abzugrenzen.

In eben diesem komplizierten Zusammenhang ist der Strukturtyp des Netzwerkes angesiedelt, der gerade durch formal relativ lockere Kopplungen der Einheiten und elastische Grenzen charakterisiert wird. Es erscheint fast wie eine Paradoxon, dass gerade deshalb der primäre Grenzbezug der Netzwerkstruktur der Konkretisierung und der Differenzierung bedarf. Doch schließlich geht es um die *Führung des Unternehmens* im turbulenten Kontext und damit ebenfalls um die Verantwortung für die Resultate der Unternehmensaktivitäten. Das bedingt jedoch Abgrenzung von Verantwortungsbereichen, trotz oder gerade wegen weit reichender Offenheit und ausgeprägter Elastizität der Grenzen. Auf diesem Hintergrund gewinnt die Unterscheidung von Netzwerkstrukturen innerhalb einer betrachteten Unternehmung auf der einen und von Netzwerken, deren Knoten autonome (rechtlich selbstständige und weitgehend auch wirtschaftlich eigenständig handlungsfähige) Unternehmen sind, auf der anderen Seite an Bedeutung. Der erstgenannte Typus markiert den Idealtyp des intraorganisationalen Netzwerkes oder *Netzwerkunternehmens*. Dagegen handelt es sich beim zweiten Typus um den Idealtyp des externen oder interorganisationalen Netzwerkes. Letzteres wird im Gegensatz zum (intraorganisational aufgestellten) Netzwerkunternehmen auch als *Unternehmensnetzwerk* bezeichnet (vgl. Kutschker/Schmid 2006, S. 527). Nach dem Kriterium der intendierten Umgrenzung werden daher in den nächsten Abschnitten die beiden genannten Netzwerk-Idealtypen behandelt.

6.5.4 Intraorganisationale Netzwerke

Die intraorganisationalen Netzwerke sind nach Maßgabe der oben dargelegten Differenzierung eine Variante zur strukturellen Führung eines Unternehmens oder eines rechtlich und sachlich abgrenzbaren Unternehmensverbundes. *Eine* bestehende Organisation (im Sinne des institutionellen Organisationsverständnisses, vgl. Siedenbiedel 2001, S. 3 f.) bildet das Bezugssystem der Netzwerkstruktur. Eben hierauf wird zwecks Strukturierung der Aktivitäten das Konzept mit den Bausteinen aus Knoten und Kanten und der Positionierung zwischen Hierarchie und Markt angewandt. Das markanteste Element im Kontext der Unternehmensstrukturierung durch Netzwerke besteht offenkundig im konsequenten Bestreben um Reduktion hierarchischer Elemente zugunsten marktlicher oder marktähnlicher Steuerungsmechanismen.

6.5.4.1 Transnationale Orientierung

Besondere Bedeutung im Rahmen internationaler Unternehmensführung hat das Modell der Transnationalen Organisation der Autoren Bartlett und Ghoshal (1998) erlangt. Dieses Modell umfasst die Anwendung der Netzwerkorganisation auf die Führung grenzüberschreitend agierender Unternehmen. Im Zentrum der Betrachtung steht die fortschrittliche und tragfähige Planung der Strategien im international aufgestellten Unternehmen. Herausragende strategische Zielorientierungen der transnationalen Organisation sind die Effizienzsteigerung, die Fähigkeit zur Anpassung und die Innovativität (vgl. Bartlett/Ghoshal 1998, S. 101 f.). Daraus erwachsen erhebliche Anforderungen an die strukturelle Führung des Unternehmen, die durch das Konzept des intraorganisationalen Netzwerks sinnvoll erfüllt werden können. In diesem Gebilde stehen prinzipiell alle involvierten Einheiten in interdependenten Beziehungen zueinander. Deshalb ist auch vom *integrierten Netzwerk* die Rede. Die prägenden Kennzeichen dieses Strukturkonzeptes sind in Abbildung 6.21 visualisiert.

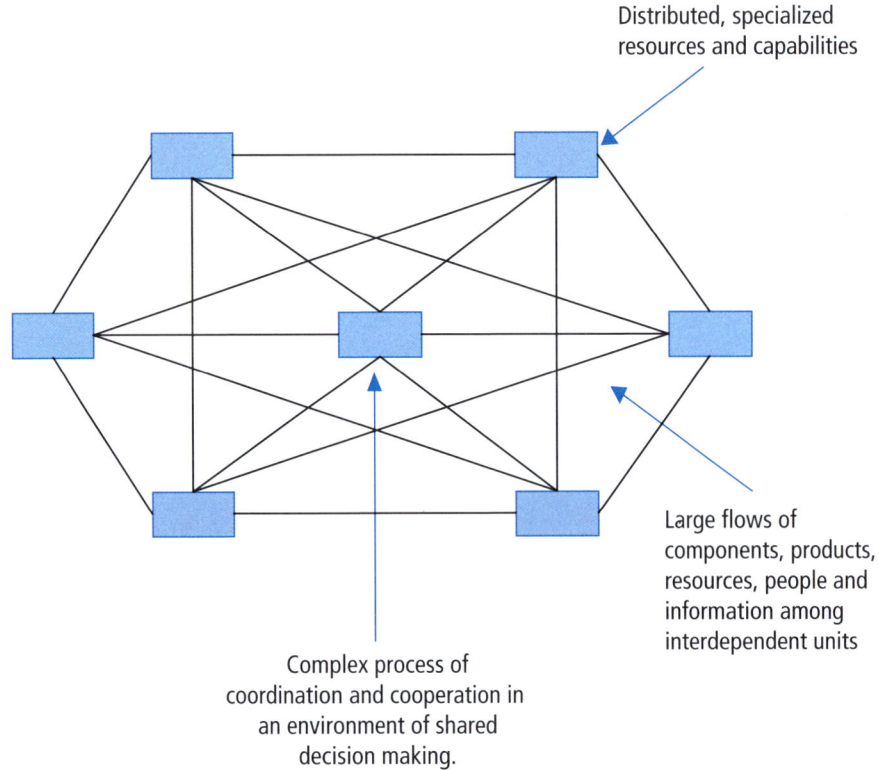

Distributed, specialized
resources and capabilities

Large flows of
components, products,
resources, people and
information among
interdependent units

Complex process of
coordination and cooperation in
an environment of shared
decision making.

Abb. 6.21: Unternehmenskonfigurierung im integrierten Netzwerk
(Quelle: Bartlett/Ghoshal 1998, S. 102)

Die eingetragenen Kanten symbolisieren die zwischen allen Netzwerkeinheiten angelegten Interdependenzen. Das relativiert die Position der im Mittelpunkt des Bildes ein-
gezeichneten Unternehmenszentrale. Sie behält zwar eine exponierte Rolle im Vergleich
zu den dezentral und grenzüberschreitend angeordneten anderen Unternehmenseinheiten (z.B. Tochtergesellschaften), die hierarchische Komponente der Überordnung der
Zentraleinheit im traditionellen Zusammenwirken wird jedoch mit Hilfe der gezeigten
Interdependenzen-Struktur in die Richtung stärkerer Gleichordnung der beteiligten
Aktoren (Knoten) zurückgedrängt. Die Austauschbeziehungen zwischen den Unternehmenseinheiten (Markt) substituieren gleichsam Hierarchie. Dabei geht es insbesondere
um den Transfer von Bauteilen, Materialien, Fertigerzeugnissen, Betriebsmitteln, Informationen, Mitarbeitern und, nicht zuletzt, von Werten, Normen und Fähigkeiten zwischen den interdependenten Einheiten des Netzwerkes.

Ein weiteres wesentliches Merkmal der integrierten Netzwerkstruktur im Sinne der
transnationalen Organisation besteht in der Spezialisierung der zugehörigen Unternehmenseinheiten. Die Tochtergesellschaften setzen ihre Kernkompetenzen gezielt
ein, entwickeln diese Fähigkeiten weiter und übernehmen auf den eigenen Spezialge-
bieten Zentralfunktionen für die anderen Unternehmensteile. Zentralisierung ist dann

nicht mehr ein Phänomen, welches ausschließlich in der inländischen Muttergesellschaft stattfindet, sondern in Abhängigkeit von den Spezialisierungsvorteilen im Netzwerk von der für die jeweiligen Aktivitäten besonders ausgewiesen Einheit bereitgestellt wird. So gesehen ist die Netzwerkunternehmung strukturell nicht nur zwischen Hierarchie und Markt, sondern auch zwischen Zentralisierung und Dezentralisierung angesiedelt. Einerseits sollen die im internationalen Raum breit angesiedelten Unternehmensteile relativ autonom agieren, um auf die lokalen Besonderheiten flexibel und angepasst eingehen zu können. Auf der anderen Seite ist für die Netzwerkstruktur die extreme Dezentralisierung in Form konsequent lokalisierter Strategien, Strukturen und Ressourcen gerade nicht kennzeichnend.

Vielmehr sollen die Synergiepotentiale des Unternehmensverbundes realisiert werden, und zwar durch sinnvolle gemeinsame Nutzung (Zentralisierung) im transnationalen Raum vorhandener Kernkompetenzen. Das wiederum bedingt komplexe Prozesse der Kooperation und der Koordination im Netzwerk. Ein wesentliches Element solcher Prozesse besteht in der gemeinsamen Entscheidungsfindung, in welche die Perspektiven, Potentiale und Kompetenzen der betroffenen Subsysteme eingehen (Matrix-Prinzip). Die Rolle der Muttergesellschaft in diesen Kooperationsprozessen besteht vor allem in der Initiierung und in der Moderation der Interaktionen. Auf dem skizzierten Hintergrund soll das integrierte Netzwerk die Zielfunktion der simultanen Realisierung globaler Effizienz auf der einen und lokaler Anpassungsfähigkeit auf der anderen Seite in der gesamten betrachteten, international positionierten Einzelwirtschaft strukturell unterstützen und absichern.

6.5.4.2 Zuweisung komplementärer Rollen

In engem Zusammenhang mit der postulierten Spezialisierung der Netzwerk-Knoten steht die Aufforderung zur Abkehr von der häufig praktizierten weltweit einheitlichen Handhabung von Geschäftsfeldern, Tätigkeitsbereichen, regionalen Segmenten oder Tochtergesellschaften im Gesamtunternehmen. Statt dessen erscheint die differenzierte Behandlung der Unternehmenseinheiten nach Maßgabe der relevanten Bedingungen rational. Präferiert werden sollte das Prinzip

Komplementarität statt Uniformität

der Verhaltenserwartungen gegenüber den Subsystemen. Dafür maßgebliche Bedingungen finden insbesondere in den Eigenarten der jeweiligen lokalen Märkte sowie in den spezifischen Kompetenzen der dortigen operativen Einheiten des Unternehmens markanten Ausdruck (vgl. Bartlett/Ghoshal 1987, S. 54 ff.). Daraus resultieren differente Rollen der Tochtergesellschaften im internen Netzwerk der transnationalen Organisation. Das konnte beispielsweise von Jarillo/Martinez (1990, S. 501 ff.) empirisch bestätigt werden. In Abbildung 6.22 ist das typologische Raster zur Herleitung möglicher Rollen der Tochterunternehmen im Ausland anhand der Dimensionen (Merkmale)

Strategische Bedeutung des lokalen Umfeldes

sowie

Niveau der lokalen Ressourcen und Fähigkeiten

dargestellt. Die Berücksichtigung dieser beiden aufschlussreichen situativen Bedingungen ermöglicht die erfolgsnotwendige angemessene Rollendifferenzierung im Zuge der strukturellen Führung des Netzwerkunternehmens.

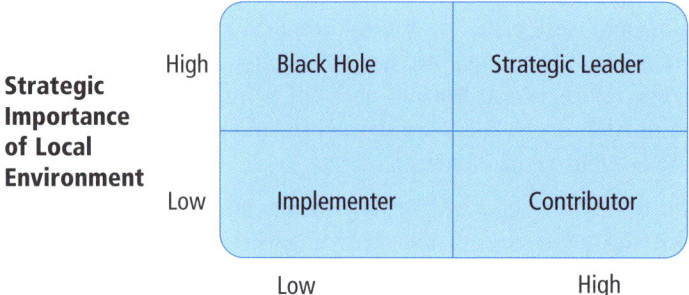

Level of Local Resources and Capabilities

Abb. 6.22: Zuweisung von Rollen an die nationalen Einheiten im integrierten Netzwerk der transnationalen Organisation (Quelle: Bartlett/Ghoshal 1998, S. 122)

- Aus der Vierfeldermatrix geht unmittelbar der herausragende Stellenwert nationaler Einheiten in der Rolle des Strategic Leader hervor. In diesem Falle ist die Positionierung auf beiden Dimensionen positiv ausgeprägt: Die entsprechende Unternehmenseinheit bewegt sich auf einem für die Gesamtorganisation strategisch wichtigen Markt und verfügt außerdem über hoch entwickelte lokale Ressourcen und Fähigkeiten. Das begründet die Verhaltenserwartung der Übernahme strategischer Führungsfunktionen durch die nationale Einheit für das gesamte Netzwerk nach Maßgabe der vorhandenen Potentiale. Die Muttergesellschaft wird durch die dezentralen Strategic-Leader-Einheiten hinsichtlich der Leitungsfunktionen entlastet. Außerdem resultiert die Option der netzwerkweiten Bündelung komplementärer Kernkompetenzen durch Organisationseinheiten, die zur Bewältigung transnationaler Anforderungen im Rahmen der Entwicklung und der Durchsetzung von Strategien in der Lage sind.

- Allerdings sind auch andere Rollentypen funktional für den Erfolg der Netzwerkunternehmung. Das gilt etwa für die relativ zum Strategischen Führer gerade gegensätzlich ausgeprägte Rolle des Implementers (niedriges Kompetenzniveau, strategisch unwichtiges Umfeld). In diesen Einheiten reicht das Kompetenzniveau gerade hin, um den eigenen Markt effektiv zu bearbeiten und dort die Strategie des Gesamtunternehmens umzusetzen. Nach den Erkenntnissen von Bartlett/Ghoshal betrifft diese Positionierung regelmäßig den größten Teil der international angesiedelten Tochtergesellschaften (vgl. Bartlett/Ghoshal 1998, S. 125 f.). Aus diesem Rollensegment ausführender Funktionen erwachsen dem Netzwerk Wettbewerbsvorteile in Form von *economies of scale* und *economies of scope*. Außerdem tragen die Implementer zur Sicherung der Rentabilität des Unternehmensverbundes bei und stellen Ressourcen zur Unterstützung der systemweiten Innovations- und Planungsprozesse zur Verfügung.

- Die Rolle des Contributors ist dagegen quasi durch Überschusskompetenz charakterisiert. Das hohe Niveau der lokalen Ressourcen und Fähigkeiten kann sich im strategisch eher unbedeutenden lokalen Kontext nicht in vollem Umfang im Sinne des gesamten Systems entfalten. Daher geht es im Hinblick auf die rationale Unternehmensführung darum, die Potentiale dieser Einheiten auch für globale Funktionen heranzuziehen und insoweit eine das lokale Umfeld transzendierende mitwirkende Rolle des Subsystems zu verankern.

- Dagegen signalisiert bereits die Rollenbezeichnung Black Hole eine Problemkonstellation. Eine leistungsschwache Unternehmensrepräsentanz in einem strategisch wichtigen Markt beeinträchtigt die Erfolgspotentiale des Gesamtsystems. Als einziges Segment der Vierfeldermatrix ist die Black-Hole-Rolle inakzeptabel. Das Management ist folglich gefordert, mit Nachdruck auf eine konstruktive Veränderung und damit ein Verlassen des Schwarzen Lochs hinzuwirken. Sinnvolle Maßnahmen zur Realisierung solcher Entwicklungen können insbesondere gezielte Unternehmensakquisitionen oder das Eingehen strategischer Allianzen mit hoch kompetenten lokalen Partnern sein.

6.5.5 Interorganisationale Netzwerke

Die Kategorie der interorganisationalen Netzwerke hat sowohl in der betriebswirtschaftlichen Literatur als auch in der betrieblichen Realität vielfältige Resonanz gefunden. Allerdings liegt ein klares, einheitliches und geschlossenes Konzept der Darstellung, Analyse und Führung solcher Netzwerke noch nicht vor. Je nach Perspektive des einzelnen Autors werden andere Aspekte betont oder vernachlässigt, begriffliche Kategorien unterschiedlich eingesetzt und differente Charakteristika betont (vgl. Kutschker/Schmid 2006, S. 530 f.; Perlitz 2004, S. 612 f.; Windeler 2001; Gilbert/Metten 2001).

6.5.5.1 Kennzeichnende Merkmale

Im Rahmen der vorliegenden Betrachtung wird, wie oben dargelegt, maßgeblich auf die Autonomie der Knoten, also der Netzwerkteilnehmer abgestellt. Das bedeutet die Annahme rechtlicher Selbstständigkeit und prinzipieller wirtschaftlicher Eigenständigkeit. Allerdings ist es geradezu netzwerk-konstitutiv, dass in wirtschaftlicher Hinsicht irgendeine Form von Autonomieeinschränkung erfolgt. Eben dieses Moment begründet die spezifischen Beziehungen zwischen den Knoten und die Abgrenzung des Netzwerkes nach außen. Nach dem hier gewählten Verständnis soll für wirtschaftliche Abhängigkeit der Mitglieder jedoch gelten, dass die Verbindung intendiert sowie aktiv eingegangen wird und für die betroffenen Einheiten reversibel ist. Im Gegensatz zur Sichtweise bei Kutschker/Schmid (2006, S. 530) soll hier nicht schon bei zwei verbundenen autonomen Einheiten von einem Netzwerk die Rede sein. Vielmehr impliziert das Netzwerkkonstrukt mehr als nur dyadische Beziehungsmuster. Als konstitutiv für ein interorganisationales Netzwerk wird daher im Rahmen der vorliegenden Betrachtung das Zusammenwirken von mindestens drei Partnern mit dem Ziel der Realisation von Wettbewerbsvorteilen (Win-Win-Win-Situation) angesehen.

Die Grundlage der Kooperation wird im Regelfall durch langfristige Verträge zwischen den Teilnehmern geschaffen. Darüber hinaus bedarf es der sorgfältigen wechselseitigen personellen und organisatorischen Abstimmung, denn die Beziehungen der Netzwerkpartner haben komplex-reziproken Charakter. Die zentrale Kategorie der Reziprozität stellt auf die Austauschlogik ab (vgl. Sydow 1993, S. 95). Im Netzwerk resultiert aus dem Bereitstellen einer Leistung immer auch eine Gegenleistung. Eben darin liegt ein beziehungsstiftendes Element begründet. Das gilt sowohl für die personale Ebene als auch für die strukturelle Ebene. Insoweit animiert die Reziprozität in längerfristiger Sicht die Entwicklung vertrauensvoller und stabiler Beziehungsmuster der Netzwerkpartner zueinander. Das erzeugt im positiven Falle eine nachhaltige Kohäsion des interorganisationalen Netzwerkes auf dem Hintergrund von Social Embeddedness der involvierten personellen Aufgabenträger (vgl. Sydow 2001, S. 281). Ein weiterer wichtiger Aspekt betrifft die Komplementarität hinsichtlich der Fähigkeiten und der Ziele der Teilnehmer. Diese Konstellation impliziert die Optionen der Nutzung von Synergien und des Erstellens netzwerkspezifischer Wertschöpfung. Interorganisationale Netzwerke im internationalen Kontext sind im skizzierten Sinne auf die Integration ökonomischer Aktivitäten mit Partnern außerhalb der Unternehmensgrenzen und außerhalb der Landesgrenzen ausgelegte strukturelle Gebilde.

6.5.5.2 Entstehungszusammenhang

In Bezug auf die Entstehung interorganisationaler Netzwerke sind zwei grundlegende Mechanismen identifizierbar. Nach dem von Sydow geprägten Sprachgebrauch werden diese Mechanismen als *Quasi-Externalisierung* und als *Quasi-Internalisierung* bezeichnet (vgl. Sydow 1995, S. 160 f.). Im Fokus steht dabei das Kriterium der Allokation betrieblicher Funktionsbündel.

- Im Falle der Quasi-Externalisierung ist der Ausgangspunkt eine betrachtete rechtlich und wirtschaftlich selbstständig Unternehmung. Diese Unternehmung verlagert im Interesse der Reduktion von Leistungstiefe oder Leistungsbreite (Konzentration auf Kernkompetenzen) definierte Funktionen, Prozesse oder Bereiche nach außen. Im Unterschied zum Outsourcing gehen die zu verlagernden Aktivitäten aber nicht in den Markt, sondern werden Bestandteil eines interorganisationalen Netzwerkes, d.h., die externalisierende Unternehmung bleibt enger als bei rein marktlichen Transaktionen mit der Aufgabenerfüllung verbunden. Das Funktionsbündel wird von einer neu zu gründenden eigenständigen Unternehmung ausgeführt. Auf diese Weise entstehen kleinere Unternehmenseinheiten mit rechtlicher und (formal) ebenfalls wirtschaftlicher Eigenständigkeit. Allerdings sind diese neuen Unternehmen zumindest in der Startphase auf die Einbindung in das Netzwerk im Interesse der eigenen Existenzsicherung angewiesen und insoweit wirtschaftlich abhängig. Das kann sich aber im Zeitablauf durch den Aufbau eigenständiger Marktkontakte der ausgegründeten Unternehmungen nachhaltig ändern.

Beispiel: Die ausgegründete Lackiererei eines Automobil-Herstellers akquiriert in größerem Umfange auch Aufträge externer Kunden, bleibt aber Partner im Netzwerk mit dem Originärbetrieb.

Auf jeden Fall bedeutet die Quasi-Externalisierung die Reduktion von Hierarchie zugunsten kooperativer und kompetitiver Interaktionsmuster.

- Die Quasi-Internalisierung folgt einem im Vergleich zur partiellen Ausgliederung gerade umgekehrten Verlauf. Bisher völlig autonome Marktpartner werden aus Sicht der betrachteten Unternehmung enger an die eigenen Intentionen und Strategien gebunden. Ursprünglich marktliche Austauschbeziehungen werden in das Netzwerk geholt, also tendenziell internalisiert. Allerdings hat die Internalisierung nicht den Charakter einer Übernahme (Hierarchie), sondern die Qualität der Intensivierung der Zusammenarbeit auf vertraglicher Basis zwischen prinzipiell gleichgestellten Partnern (Kooperation). Die Risiken des Marktes insbesondere im Hinblick auf die längerfristige Absicherung des einzelwirtschaftlichen Entwicklungspfades lassen sich durch die Netzwerk-Partnerschaft der Akteure begrenzen. Dabei spielt das Prinzip der Reziprozität eine tragende Rolle, da erst durch den gegenseitigen Leistungsaustausch der Teilnehmer das angestrebte Commitment und stabile, langfristig belastbare und komplexe Beziehungen entstehen.

6.5.5.3 Netzwerk–Typologie

Wie oben bereits ausgeführt, findet die Netzwerk-Doktrin im betriebswirtschaftlichen Umfeld vielfältige Anwendung. Als Netzwerke werden ganz unterschiedliche organisationale Phänomene bezeichnet. Eine sinnvolle Differenzierung des Gegenstandsbereiches besteht zunächst in der auch hier vorgenommenen Abgrenzung von intraorganisationalen und interorganisationalen Netzwerken. Allerdings verbleibt auch dann innerhalb der Gruppe der interorganisationalen Netzwerke noch Differenzierungsbedarf, der aus der Notwendigkeit resultiert, die heterogenen Erscheinungsformen der real konstatierbaren überbetrieblichen Netzwerk-Gebilde der informativen Deskription und Analyse zugänglich zu machen. Methodisch bietet sich für derart motivierte Ordnungsversuche das Instrument der Typologie an. Die Breite der in der Fachliteratur vorfindlichen Typologisierungsansätze spiegelt sich in der von Sydow bereitgestellten Zusammenstellung gemäß Abbildung 6.23 wieder.

Vom Wirtschaftssektor bis zum betrieblichen Funktionsbündel reichen die in der Abbildung erfassten Typ bildenden Merkmale von Netzwerken. Ihre Relevanz hängt von der jeweils untersuchten Problemstellung ab. Ganz offensichtlich sind jedoch einige der gezeigten Merkmale von besonderer Bedeutung für die Analyse empirisch vorfindlicher Netzwerk-Konfigurationen. Dazu gehören in Anbetracht ihres stark prägenden Charakters die Merkmale Steuerungsform und Stabilität. Darauf basierend leitet Sydow eine häufig beachtete, viel zitierte und gelegentlich modifizierte (vgl. Kreikebaum et al. 2002, S. 156) Vierfeldermatrix zur stringenten Typologisierung von Netzwerken her (s. Abb. 6.24).

Netzwerktypen	Bestimmung über bzw. Synonyme
industrielle Netzwerke – Dienstleistungsnetzwerke	Sektorenzugehörigkeit der meisten Netzwerkunternehmungen
Unternehmungsnetzwerke – Netzwerke von Non Profit-Organisationen	business networks – non business networks; gemischt in ,public-private partnerships'
konzerninterne – konzernübergreifende Netzwerke	Konzernzugehörigkeit der meisten Netzwerkunternehmungen
strategische – regionale Netzwerke	Art der Führung und weitere Merkmale, strategic networks – small firm networks
lokale – globale Netzwerke	räumliche Ausdehnung des Netzwerks
einfache – komplexe Netzwerke	Zahl und Art der Netzwerkakteure, Dichte des Netzwerks
vertikale – horizontale Netzwerke	Stellung der Unternehmungen in der Wertschöpfungskette
obligationale – promotionale Netzwerke	Netzwerkzweck im Sinne eines Leistungsaustausches bzw. einer gemeinsamen Interessendurchsetzung
legale – illegale Netzwerke	Verstoß gegen bestehende Gesetze oder Verordnungen (z. B. Kartelle)
freiwillige – vorgeschriebene Netzwerke	gesetzlich vorgeschriebene Zusammenarbeit der Unternehmungen
stabile – dynamische Netzwerke	Stabilität der Mitgliedschaft bzw. der Netzwerk-beziehungen
Marktnetzwerke – Organisationsnetzwerke	Dominanz des Koordinationsmodus
hierarchische – heterarchische Netzwerke	Steuerungsform nach der Form der Führung
intern – extern gesteuerte Netzwerke	Steuerungsform nach Ort (z.B. durch Drittparteien bzw. Netzwerkmanagementorganisation)
zentrierte – dezentrierte Netzwerke	Grad der Polyzentrizität
bürokratische – clan-artige Netzwerke	Form der organisatorischen Integration der Netzwerkunternehmungen
Austauschnetzwerke – Beteiligungsnetzwerke	Grund der Netzwerkmitgliedschaft
explorative – exploitative Netzwerke	dominanter Zweck des Netzwerks
soziale – ökonomische Netzwerke (ähnlich auch: expressive – instrumentelle, identitätsbasierte – kalkulative Netzwerke)	dominanter Zweck der Netzwerkmitgliedschaft
primäre – sekundäre Netzwerke	Relevanz aus der Sicht einer fokalen Unternehmung
formale – informale Netzwerke	Formalität bzw. Sichtbarkeit des Netzwerks
offene – geschlossene Netzwerke	Möglichkeit des Ein- bzw. Austritts aus dem Netzwerk
geplante – emergente Netzwerke	Art der Entstehung
Innovationsnetzwerke – Routinenetzwerke	Netzwerkzweck im Hinblick auf Innovationsgrad
käufergesteuerte – produzentengesteuerte Netzwerke	,Ort' der strategischen Führung
Beschaffungs-, Produktions-, Informations-, F&E-, Marketing-, Recycling-Netzwerke u.Ä.	betriebliche Funktionen, die im Netzwerk kooperativ erfüllt werden

Abb. 6.23: Ansätze zur Typologisierung interorganisationaler Netzwerke (Quelle: Sydow 2001a, S. 299)

- Das Merkmal Steuerungsform bezieht sich auf den per se komplizierten Prozess der Willensbildung und Willensdurchsetzung im Netz. Verläuft dieser Prozess tendenziell auf horizontaler Grundlage, ist die Macht zwischen den Partnern ungefähr gleich verteilt und fehlt die zentrale Konzentration von Machtressourcen, wird in Anlehnung an die Untersuchungen von Hedlund (1986) von einer heterarchischen Ausprägung der Steuerungsform im Netzwerk ausgegangen. In hierarchisch gesteuerten Netzwerken dagegen ist die Macht zwischen den Teilnehmern signifikant asymmetrisch verteilt, so dass von einem Netzwerkakteur oder mehrere Akteuren lenkende Impulse auf die anderen Beteiligten in einem faktischen Top-down-Prozess durchgesetzt werden. Es liegt folglich in einem solchen (hierarchischen) Unternehmensnetzwerk eine (relative) Zentralisierung von Machtressourcen vor.

  Beispiel: In der Automobilbranche ist die Macht in den interorganisationalen Netzwerken regelmäßig eindeutig asymmetrisch zugunsten der Kraftfahrzeughersteller und somit zulasten der Zulieferer ausgeprägt.

- Dagegen stellt das Merkmal Stabilität auf die Fristigkeit und die Intensität des Zusammenwirkens der Partner ab.

  - In dieser Sicht gilt für das Merkmal *Stabilität* eines Netzwerkes die Ausprägung stabil, wenn die Beziehungen zwischen den Partnern langfristig bis dauerhaft angelegt sind, eine geringe Teilnehmer-Fluktuation vorliegt und die Akteure intensiv sowie in relativ gleich bleibender Weise miteinander kooperieren.

  - Die Stabilitätsausprägung dynamisch besteht folgerichtig in eher kurzfristiger angelegten Beziehungen der Teilnehmer, höherer Spontaneität des Beitritts oder des Austritts der Akteure, variierenden Formen der Interaktion sowie mehr partikular orientierter Zusammenarbeit.

In Abbildung 6.24 sind real bedeutsame Netzwerktypen anhand der resultierenden Vierfeldermatrix dargestellt.

(1) Strategische Netzwerke

Der Typus des *Strategischen Netzwerkes* weist das höchste Maß an Ähnlichkeit zu traditionellen, vertikal bestimmten Unternehmensstrukturen auf. Das wird bereits formal durch die Merkmalsausprägungen *hierarchisch* und *stabil* erkennbar. Möglicherweise erklärt diese relative Nähe zu bewährten, erprobten und von den Führungskräften gelernten Konfigurationsmustern die Dominanz der Strategischen Netzwerke in der Praxis des internationalen Managements. Sie sind die mit Abstand real bedeutsamste Form interorganisationaler Netzwerke (vgl. Kreikebaum et al. 2002, S. 159). Die wissenschaftliche Kategorie des Strategischen Netzwerkes lässt sich auf die Arbeiten von Jarillo zurückführen; er betont die konstitutive Rolle der so genannten hub firm. Diese Unternehmung etabliert das Netzwerk und setzt sich im weiteren Verlauf des Lebenszyklus des kooperativen Gebildes initiativ für dessen Belange ein (vgl. Jarillo 1988, S. 32 f.). Außerdem wird der *intentionale Charakter* (konsequent zielorientierte Ausrichtung) strategischer Netzwerke herausgestellt:

Steuerungsform

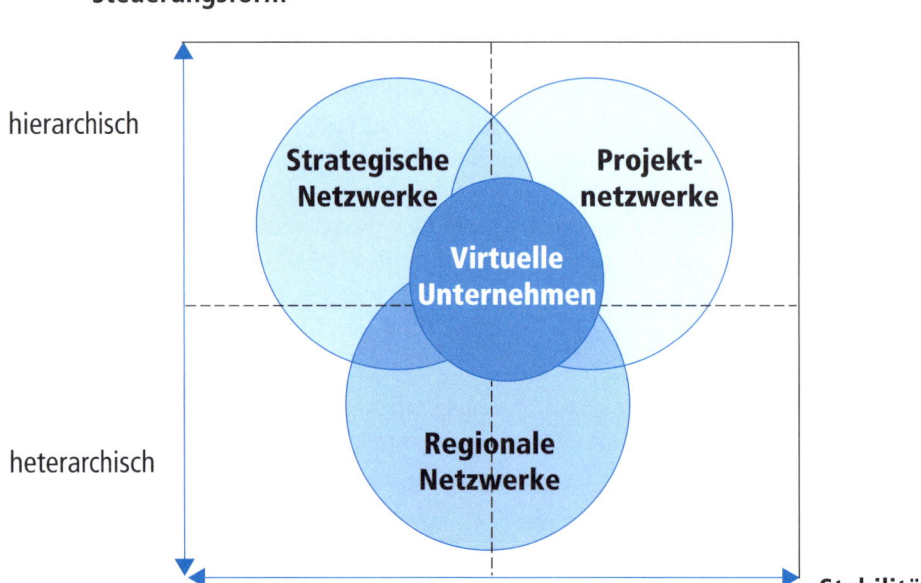

Abb. 6.24: Netzwerk-Typologie anhand der Vierfeldermatrix (Quelle: Sydow 2001a, S. 301)

> „I see strategic networks as long-term, purposeful arrangements among distinct but related profit-organizations that allow those firms in them to gain or sustain a competitive advantage vis-à-vis their competitors outside the network" (Jarillo 1988, S. 33).

In die gleiche Richtung geht die von Sydow (vgl. 1993, S. 82) formulierte Auffassung, wonach es sich beim Strategischen Netzwerk um eine auf das Realisieren von Wettbewerbsvorteilen zielende, polyzentrische, allerdings in strategischer Hinsicht von einem oder mehreren der beteiligten Unternehmen geführte Organisationsform einzelwirtschaftsübergreifender ökonomischer Aktivitäten handelt. Das findet Ausdruck im Institut der fokalen Unternehmung oder des fokalen Akteurs, dem die strategisch führende Rolle zugewiesen wird. Die fokale Unternehmung im interorganisationalen Netzwerk ist ähnlich der oben erläuterten hub firm zu interpretieren (vgl. Krystek et al. 1997, S. 196). Damit korrespondiert die konstatierbare strategische Bedeutung der Kooperation für die Teilnehmer, d.h. insbesondere, die Zusammenarbeit ist für die Partnerunternehmen langfristig angelegt und hat erhebliche Konsequenzen für deren ökonomische Leistungsfähigkeit sowie die Vermögens- und Ertragsentwicklung der Partner (vgl. Winkler 1999, S. 27). Dem Typus des Strategischen Netzwerkes ist folgerichtig darüber hinaus eine relativ ausgeprägte formale Struktur der Interaktionsbeziehungen zuzuordnen. Das drückt sich etwa aus in den geltenden Vereinbarungen zur einzelunternehmensübergreifenden

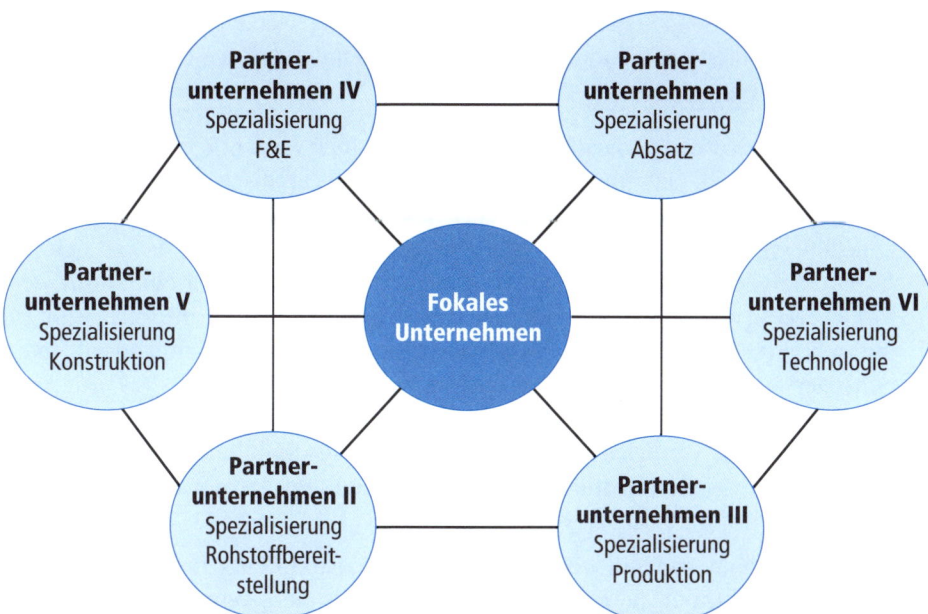

Abb. 6.25: Formalstruktur im Strategischen Netzwerk (Quelle: Nach Kreikebaum et al. 2002, S. 162)

Arbeitsteilung. Unter der Lenkung der fokalen Unternehmung erhalten die Teilnehmer recht klare Rollen zugewiesen, mit denen die Akteure synergetische Beiträge zur Realisierung erfolgsüberlegener Leistungspakete zwecks Bereitstellung auf den internationalen Märkten in das Netzwerk einbringen sollen. Das wird exemplarisch in Abbildung 6.25 gezeigt.

Im dargestellten fiktiven Beispiel ist die formale Struktur in der Dimension Arbeitsteilung nach dem Gliederungsprinzip der Funktion realisiert. Grundlage solcher kollektiven Handlungsmuster sind regelmäßig vertragliche Vereinbarungen zwischen den Akteuren. Die Besonderheit in international ausgerichteten Strategischen Netzwerken besteht darin, dass die Teilnehmer-Unternehmungen in verschiedenen Ländern angesiedelt sind und daher die Kooperation grenzüberschreitend erfolgt. Auf diese Weise

- gelangen neben den funktionalen Kernkompetenzen der Partner
- zusätzlich spezifische nationale Erfahrungen, Kenntnisse und Geschäftsverbindungen in das kooperative Gebilde und
- tragen zur Schaffung von Wettbewerbsvorteilen für alle Netzwerkteilnehmer bei.

Sofern diese Struktur funktioniert, werden die Synergiepotentiale des Beziehungsnetzes realisiert. Solche Effekte könnte die einzelne Unternehmung aufgrund von Engpässen im Bereich der Sach- und Finanzressourcen sowie des limitierten eigenen Know-how aus alleiniger Kraft nicht erzielen. Das begründet die unternehmensindividuelle Motivation zur Teilnahme an Strategischen Netzwerken ebenso wie die Akzeptanz der exponierten Stellung der fokalen Unternehmung durch die übrigen Akteure.

(2) Regionale Netzwerke

Im Gegensatz zu den Strategischen Netzwerken fehlt in den *Regionalen Netzwerken* die fokale Einheit. Das findet Ausdruck in der heterarchisch geprägten Steuerung des sozio-technischen Gesamtsystems. Das System *Netzwerk* und seine Subsysteme agieren ausgeprägt selbstregulierend und selbstorganisierend, was sich in umfassend polyzentrischer Willensbildung niederschlägt. Dies geht einher mit weniger formell (z.B. vertraglich) getroffenen Regelungen und mehr informell (unternehmensübergreifende persönliche Kontakte, Face-to-face-Kommunikation) gefundenen oder zu findenden Problemlösungen (vgl. Henzler 2001, S. 127) im Rahmen der Unternehmenskooperation in Regionalen Netzwerken. Dadurch sind die regionalen Netzwerke vergleichsweise dynamisch auf der Stabilitätsdimension angelegt. Die Zeitdauer der Kooperation ist kürzer und die Intensität der Zusammenarbeit ist geringer als in Strategischen Netzwerken.

Mit dem Attribut *regional* wird auf das Charakteristikum der räumlichen Agglomeration abgestellt. Für die Regionalen Netzwerke ist die geografische Nähe der Teilnehmer zueinander kennzeichnend. Es handelt sich meistens um kleine und mittlere Unternehmen (KMU), die innerhalb eines engen geografischen Radius angesiedelt sind und miteinander kooperieren. Solche Kooperationsbeziehungen stärken die Position der einzelnen KMU gerade in Bezug auf die Optionen der Aufnahme und der Durchführung grenzüberschreitender Aktivitäten erheblich. Das gilt insbesondere für den Ressourceneinsatz an Auslandsmärkten, die Abfederung geschäftspolitischer Risiken sowie die Nutzung von Goodwill und Know-how (vgl. Bassen et al. 2001, S. 418 f.).

(3) Projektnetzwerke

Das hervorstechende Kennzeichen von *Projektnetzwerken* ist ihre Dynamik:

- Die zeitliche Befristung,
- die Komplexität,
- der innovative Bezug sowie
- die funktionsübergreifenden Anforderungen

sind für Projektaufgaben gerade konstitutiv (vgl. Siedenbiedel 2001, S. 181 ff.). Soweit derartige Aufgaben von interorganisationalen Netzwerken übernommen und durchgeführt werden, müssen diese folglich dynamisch angelegt sein. Das bedeutet wenig bis keine Eingespieltheit der Beziehungen zwischen den Partnern, da die Kooperation oft nur einmalig (nämlich in einem singulären Projekt) stattfindet. Weiterhin gehört die vergleichsweise hohe Fluktuation der Mitglieder zu den Eigenheiten der Projektnetzwerke. Diese Fluktuation ist prinzipiell funktional, da sie die für Projekte erfolgsnotwendige Spannung und Unbestimmtheit fördert. Neue Mitglieder bringen neue Kontexte in das Netzwerk ein, wodurch innovative Handlungsmuster entstehen. Stabile, eingeschliffene Beziehungen zwischen den Teilnehmern würden die kreative Orientierung von Projektarbeit eher behindern.

Auf der Dimension der Steuerungsform benötigen Projektnetzwerke hingegen Lenkung. Die Notwendigkeit, eine hochkomplexe Aufgabenstellung in einem vorgegebenen, knappen Zeitvolumen erfolgreich zu bearbeiten, bedingt die klar ausgewiesene und verantwortliche Führungsrolle einer kompetenten und akzeptierten Einheit. Daher haben funktionierende Projektnetzwerke, ähnlich wie die Strategischen Netzwerke, vergleichsweise hierarchisch ausgeprägte Strukturen. Der Netzwerkführer

– setzt Ziele,

– koordiniert die Einzelbeiträge,

– überwacht den Arbeitsfortschritt und

– moderiert den permanenten kritischen Dialog unter den Teilnehmern.

Markante empirische Beispiele für Projektnetzwerke sind Fernsehproduktionen und Großbaustellen. Die lenkende Rolle wird im Falle von Fernsehproduktionen oft vom Produzenten, im Falle von Großbaustellen vom Generalunternehmer wahrgenommen (vgl. Kreikebaum et al. 2002, S. 158).

Im Rahmen grenzüberschreitender einzelwirtschaftlicher Aktivitäten besteht eine enge Verknüpfung der strategischen Entscheidung über institutionelle Internationalisierung in Form des Geschäftssystems *Bau von Fabriken* (siehe oben) mit der strukturellen Lösung *Projektnetzwerke*. Die Aufgabe der Errichtung schlüsselfertiger Betriebsanlagen für ausländische Kunden an deren Standorten gilt als geradezu typischer Fall von Projektmanagement in der Trägerschaft von Projektnetzwerken (vgl. Dülfer 2001, S. 183 f.).

Eine im Kontext grenzüberschreitender Projekte außerordentlich sinnvolle Organisationsvariante besteht in international angelegten Beraternetzwerken. Diese Netzwerke von Dienstleistern auf dem diffizilen Gebiet der Unternehmensberatung unterstützen die Kundenunternehmen im Zuge der Durchführung internationaler Projekte. Dabei kann das Kundensystem selbst die strukturelle Gestalt eines kulturübergreifenden Netzwerks aufweisen (vgl. Kühn et al. 2006, S. 344 ff.). Dann spiegelt das Netzwerk der Berater (Dienstleister) das Netzwerk der zu beratenden Unternehmen (Kunden). Die Fähigkeit der Beratungsunternehmen zur eigenen grenzüberschreitenden Vernetzung erweist sich in diesem Zusammenhang als wesentliche Erfolgsbedingung für die Bereitstellung effektiver Consulting-Leistungen im Kundensystem (vgl. Kühn et al. 2006, S. 347). Durch gezielte Kooperation der inländischen Berater mit sachlich vergleichbar spezialisierten Beratern in den Gastländern erhalten die zu erbringenden Dienstleistungen die erfolgsnotwendige interkulturelle Fundierung und die nötige Fokussierung nach Maßgabe der relevanten nationalen Kultureinflüsse. Die regelmäßig erforderliche Integration divergierender kultureller Standards in internationalen Projekten wird gerade durch die Kooperation im Beratungsnetzwerk nachhaltig gefördert. Das belegen die empirischen Befunde von Kühn et al. eindeutig (vgl. S. 347 ff.).

(4) Virtuelle Unternehmen

In der Typologie interorganisationaler Netzwerke beschreibt der Typus des *virtuellen Unternehmens* einen Sonderfall. Wie weiter oben die Abbildung 6.24 ausweist, rangiert das virtuelle Unternehmen quasi in der Schnittmenge der anderen drei hergeleiteten Idealtypen, nämlich den Strategischen Netzwerken, den Regionalen Netzwerken und den Projektnetzwerken.

Die Besonderheit virtueller Unternehmen besteht in ihrer fundamentalen Prägung durch den konsequenten Einsatz moderner Informations- und Kommunikationstechnologie (IuK). Erst dadurch wird die Virtualität einzelwirtschaftlichen Handelns ökonomisch sinnvoll möglich (vgl. Scholz 2000, S. 320 ff.).

– Die virtuelle Unternehmung erscheint *nach außen* (zum Beispiel gegenüber den Kunden) wie eine Einheit, also wie eine in sich geschlossene traditionelle Unternehmung.

– Tatsächlich besteht dieses Gebilde allerdings in seinem *Inneren* aus mehreren selbstständigen Unternehmen oder Unternehmensteilen, die mittels IuK-basierter Netzwerkbeziehungen über gesellschaftsrechtliche, standortbezogene und nationale Grenzen hinweg kooperieren.

Das kann auf der Dimension *Steuerungsform* sowohl mittels heterarchischer als auch mittels hierarchischer Interaktionsmuster gelöst werden. Auf der *Stabilitätsdimension* sind prinzipiell dynamische Beziehungen anzunehmen, aber ebenso können sich relativ stabile Beziehungen zwischen den Partnern in virtuellen Netzwerken herausbilden und erfolgreich wirken. Maßgeblich sind die spezifischen Bedingungen der einzelnen Anwendungssituation. Abbildung 6.26 zeigt die situationsbezogen einzusetzenden Grundelemente virtueller Unternehmen.

• Modularität

Das Basiselement der *Modularität* virtueller Unternehmen steht für die Integration relativ kleiner, überschaubarer Subsysteme als Netzwerkknoten. Teilnehmende Einheiten in den virtuellen Unternehmen sind demnach nicht zwingend vollständige Einzelorganisationen, sondern im Regelfall nur Teile aus rechtlich selbstständigen Unternehmen. Damit werden flexible Grundbausteine des Netzwerkes geschaffen. Solche Module besitzen in Bezug auf ihre Flexibilität sowie ihre Fähigkeit zur Selbststeuerung die nachgewiesenen Vorteile kleiner und mittlerer Unternehmen (KMU). Darüber hinaus besteht die Option zur Virtualisierung bereits im Zuge der Modulbildung. Virtuelle Module entstehen, wenn die Aufgabenträger innerhalb des einzelnen Moduls verschiedenen Institutionen im Sinne verfasster Unternehmen angehören. Diese Fallgestaltung verdeutlicht die grenzaufhebende Funktion von Netzwerken in Gestalt virtueller Unternehmen in besonderem Maße.

• Heterogenität

Mit dem Basiselement der *Heterogenität* kommt die Spezialisierung der Teilnehmer an virtuellen Unternehmen zum Ausdruck. Konstitutiv für virtuelle Unter-

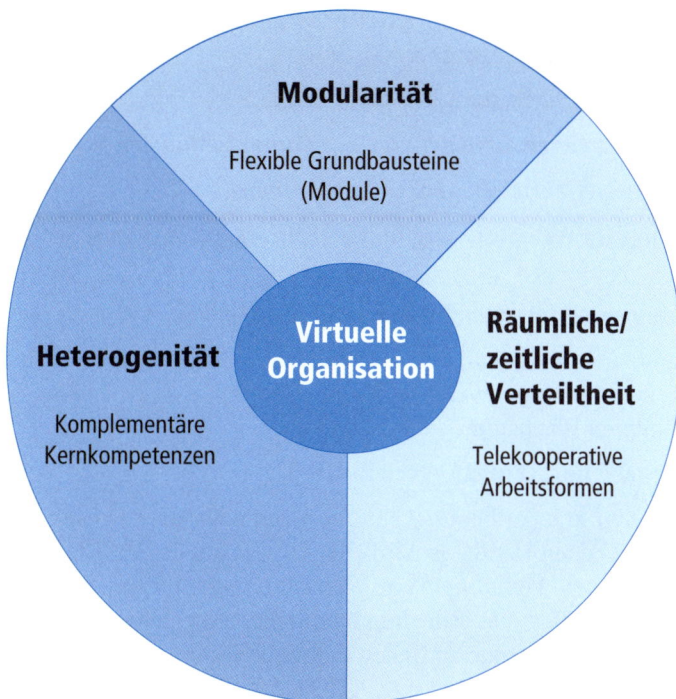

Abb. 6.26: Konzeptionelle Basiselemente virtueller Unternehmen
(Quelle: Nach Picot et al. 2003, S. 422 ff.)

nehmen sind stark differierende Leistungsprofile der involvierten Einzelsysteme. Weiterhin erfolgt die strikte Reduktion der Netzwerkknoten auf ihre Kernkompetenzen. Nach der idealtypischen Zielsetzung soll sich das virtuelle Gesamtsystem (Netzwerk) gerade als die Bündelung und die Komprimierung der individuellen Stärken (Wettbewerbsvorteile) der Teilnehmer (Knoten) konkretisieren. Im Umkehrschluss bedeutet dies, erneut in idealtypischer Sicht, dass die real grundsätzlich und notwendigerweise ebenfalls existierenden Schwachstellen und Defizite der Teilnehmer im virtuellen Gebilde ausgeklammert, d. h. quasi nicht zugelassen werden. Auf diese Weise soll ein symbiotisches Beziehungsgeflecht zwischen den Trägern komplementärer Kernkompetenzen auf der Grundlage effektiver Nutzung der Potentiale moderner IuK entstehen.

Als Erfolgsindikator gilt significantes Wachstum in qualitativer Hinsicht, und zwar

– sowohl auf der Ebene des virtuellen Gesamtsystems

– als auch auf der Ebene seiner zueinander heterogenen Subsysteme.

Diese Win-Win-Situationen, die erhebliche Vorteile für alle beteiligten Einheiten bereitstellen, sollen die erforderliche Kohäsion und die nötige Integration der Teilbereiche des virtuellen Unternehmens gewährleisten. Das qualitative Wachstum findet insbesondere Ausdruck in

– nachhaltigen Leistungssteigerungen,

– umfangreichen Erweiterungen der organisationalen Wissensbasis,

– intensiven Prozessen kollektiven Lernens,

– ständiger Aktualisierung und Steigerung der systemischen Intelligenz sowie in

– innovativen Problemlösungen für die Kunden.

Im grenzüberschreitend gespannten Netzwerk des virtuellen Unternehmens markiert die Erhöhung der interkulturellen Kompetenz eine herausragende Kategorie qualitativen Wachstums.

- **Räumliche und zeitliche Verteiltheit**

Die Option zur Aufhebung ganz gravierender Grenzen herkömmlichen einzelwirtschaftlichen Handelns wird ebenfalls durch das Basiselement der *räumlichen und zeitlichen Verteiltheit* virtueller Unternehmen eröffnet. Dieser Netzwerktypus transzendiert das Bild herkömmlicher Einzelwirtschaften in Bezug auf die Raumkomponente und in Bezug auf die Zeitkomponente in radikaler Weise.

– Die Netzwerk begründenden Module befinden sich an ganz unterschiedlichen Orten, oft in einer Reihe verschiedener Länder. Es gilt damit die Bedingung der räumlichen Verteiltheit der Netzwerkknoten im virtuellen Unternehmen. Dadurch verliert die Standortfrage, zumindest in struktureller Hinsicht, erheblich an Bedeutung. Im virtuellen Unternehmen ist die Möglichkeit zur Kommunikation und Kooperation weitgehend vom geografischen Standort der Teilnehmer abgekoppelt.

– Ähnliches wie zum Standortproblem gilt für das *Prinzip der Gleichzeitigkeit* als Kennzeichen traditioneller Zeitordnungen. Nach diesem in der gesellschaftlichen und betrieblichen Realität fundamental verankerten Prinzip stehen alle Mitglieder eines betrachteten Systems in einem gleichzeitigen Funktionszusammenhang. Die personellen Aufgabenträger sind weitgehend zur gleichen Zeit erwerbstätig und haben außerdem ihre Freizeit von der Arbeit zur gleichen Zeit. Das betrachtete System kann dabei lokal, regional, national, aber auch international angesiedelt sein. Im Kontext virtueller Unternehmen verliert das vertraute Prinzip der Gleichzeitigkeit weitgehend seine Rationalität. Die Zugehörigkeit der Module zum Gesamtsystem unterliegt nicht mehr der Bedingung gleichzeitiger Aktiviertheit. Vielmehr ist die Interaktion zwischen den Einzelsystemen (Knoten) bei ungleichzeitigem Erbringen der individuellen Leistungsbeiträge prinzipiell relativ problemlos möglich. Im virtuellen Unternehmen prägt die zeitliche Verteiltheit der verschiedenen Einzelaktivitäten geradezu die Qualität und den Verlauf der Leistungsprozesse. Das erfordert unabdingbar den konsequenten Einsatz fortschrittlicher Kommunikations- und

Informationstechnologie (IuK). Die Aufgabenbewältigung auf der Grundlage telekooperativer Arbeitsformen ist, wie oben bereits dargelegt, für virtuelle Unternehmen konstitutiv.

• **Strukturelle Verschiebungen**

Für das hier erörterte Phänomen der virtuellen Unternehmung verwenden Krystek et al. die begriffliche Kategorie des „Business im Cyberspace" (1997, S. 417). Die Autoren arbeiten heraus, dass im *Cyberbusiness* die Strukturdimensionen der Zentralisierung, der Standardisierung und der Formalisierung markant geringer als in herkömmlichen sozio-technischen Systemen ausgebildet werden. Statt dessen treten eher moderne Dimensionen organisationaler Gestaltung im Informationszeitalter in den Vordergrund. Kennzeichnend für das Business im Cyberspace sind starke Ausprägungen von

- Offenheit,
- Reziprozität,
- Konnektivität und
- Interorganisationsbeziehungen.

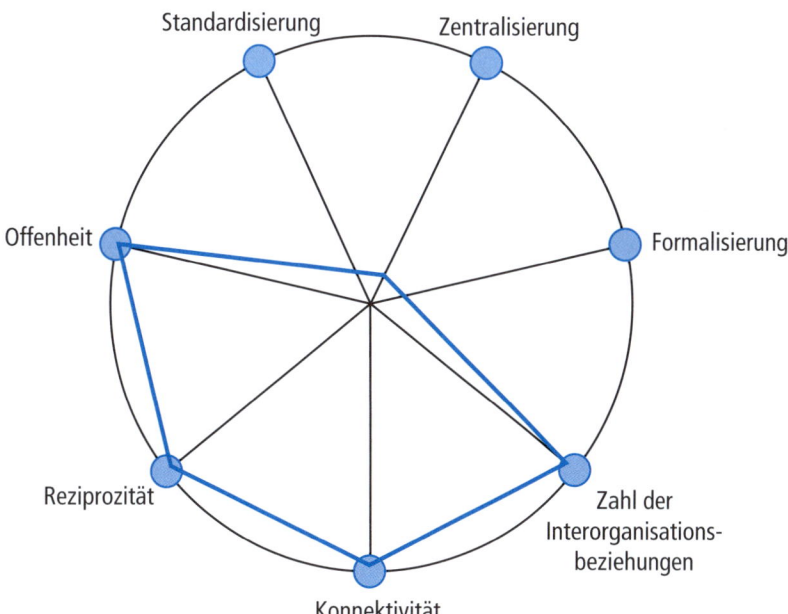

Abb. 6.27: Betonung organisatorischer Dimensionen im Cyberbusiness
(Quelle: Krystek et al. 1997, S. 418)

(a) Das Cyberbusiness oder das Virtuelle Unternehmen ist offen angelegt.

 - Damit kommt zum Ausdruck, dass per se hohe Bereitschaft seitens des Netzwerkes besteht, neue Teilnehmer, die originelle Beiträge bereitstellen können, in das Beziehungsgeflecht aufzunehmen.

 - Umgekehrt signalisiert die Offenheit aber auch die Option des unkomplizierten Ausscheidens von Partnern, sofern diese anderweitige Präferenzen entwickeln oder künftig in Bezug auf das Kriterium komplementärer Kernkompetenzen nicht mehr sinnvoll im betrachteten Netz positioniert sind.

Kurze Zyklen der Konfiguration, der Dekonfiguration sowie der Rekonfiguration des virtuellen Netzwerkes belegen dessen Offenheit. Das fördert in hohem Maße die Fähigkeit der virtuellen Unternehmung zur Anpassung an marktliche Veränderungen, insbesondere auch in den nur unter großer Unsicherheit prognostizierbaren Auslandsmärkten mit aus der Sicht des Unternehmens hohem Fremdheitsgrad.

(b) Die organisatorische Dimension der Reziprozität wurde oben bereits erläutert. Im Falle der Virtuellen Unternehmung ist regelmäßig von komplex-reziproken Beziehungen unter den Partnern auszugehen, d.h., es erfolgt umfassender sozialer Austausch zwischen den Netzwerkknoten. Das grundlegende Medium dieses Austausches ist die eingesetzte IuK. Die moderne Technologie macht die konstruktive Gestaltung der komplex-reziproken Beziehungen über weite geografische Distanzen und über nationale Grenzen hinweg überhaupt erst in wirtschaftlich vertretbarer Form möglich. Dem einzelnen realen Unternehmen eröffnet die Netzwerkstruktur in Gestalt der Virtuellen Unternehmung damit neue Optionen der Internationalisierung, etwa durch entsprechende Kooperation mit Partnern am anvisierten ausländischen Markt.

(c) Die Virtuelle Unternehmung benötigt bei aller Anpassungsbereitschaft und Anpassungsfähigkeit solide und zuverlässige Grundlagen der Kooperation. Das daraus resultierende Systembedürfnis findet in der stark ausgeprägten organisationalen Dimension der Konnektivität seinen Ausdruck. Es geht um das Herstellen tragfähiger Verbindungen im Netz. Wie oben bereits dargelegt, unterstützt der langfristige Leistungsaustausch den Aufbau solcher Verbindungen im Sinne von Konnektivität. Darüber hinaus sind es die Shared Values, die Konnektivität erzeugen. In diesem Zusammenhang muss es für das Management Virtueller Unternehmen vor allem um den Aufbau begründeten Vertrauens der Partner zueinander gehen. Die Kenntnis und das Respektieren kultureller Werte und Normen seitens der Teilnehmer in grenzüberschreitenden Netzwerken sind zweifellos wesentliche Bedingungen für das Entwickeln des erfolgsnotwendigen Vertrauens.

(d) Im Virtuellen Unternehmen können sich die Beziehungen zwischen den Knoten schon allein aufgrund der weit reichenden Autonomie der verschiedenen Teilnehmer umfassend entfalten. Das hat den Effekt der vergleichsweise großen Zahl interorganisationaler Beziehungen. Die koordinative Klarheit des traditionellen Liniensystems der Aufbauorganisation geht vollkommen verloren. Dafür induziert die Vielfalt der Interorganisationsbeziehungen konstruktive Spannung, Vitalität, Komplementarität und Kreativität im Virtuellen Unternehmen. Diese Eigenschaften korrelieren signifikant mit den Anforderungen international ausgerichteter einzelwirtschaftlicher Strategien (siehe oben, Kapitel 2).

6.5.6 Hybride Netzwerke

In den vorhergehenden Abschnitten wurden die Idealtypen des Netzwerkunternehmens (intraorganisationales Netzwerk) und des Unternehmensnetzwerkes (interorganisationales Netzwerk) erörtert. Kennzeichnend für empirisch vorfindliche Gestaltungsformen ist häufig allerdings die Kombination der Idealtypen. So entstehen Mischformen von Netzwerken. Dafür sei hier der Begriff *hybride Netzwerke* verwandt. Im Folgenden werden zwei grundlegende Fallgestaltungen hybrider Netzwerke betrachtet.

Fallgestaltung 1

Eine im rechtlich-institutionellen Sinne definierte Unternehmung kann mehreren Unternehmensnetzwerken angehören. Es kommt in der betrieblichen Praxis regelmäßig vor, dass einzelne Subsysteme des international ausgerichteten Unternehmens grenzüberschreitenden und interorganisationalen Netzwerken angehören. Die Gesamtunternehmung ist dann über ihre Subsysteme mit einer Reihe von Netzwerken im ökonomischen Kontext in unterschiedlich ausgeprägten Intensitäten und Qualitäten verknüpft. Dies wird exemplarisch in Abbildung 6.28 dargestellt.

Im betrachteten fiktiven Beispiel ist die Strategische Geschäftseinheit (SGE) 1 in zwei externe Netzwerke involviert. Diese können etwa auf gemeinsame Aktivitäten der internationalen Marktbearbeitung ausgerichtet sein. Daneben gehören auch zentrale Einheiten der betrachteten Unternehmung interorganisationalen Netzwerken an. Solche Unternehmensnetzwerke dienen der Kooperation bei der Bewältigung von Spezialaufgaben.

> *Beispiele: Konzeptionelle Gestaltung, Durchführung und Evaluation des grenzüberschreitenden Personaleinsatzes. Die Zusammenarbeit im Netzwerk kann dabei von der Einrichtung gemeinsamer Erfahrungsaustausch-Gruppen bis hin zum betriebsübergreifenden Job rotation reichen.*

Per Saldo ist die betrachtete Einzelunternehmung in differenzierter Form Mitglied zueinander ganz verschiedenartiger externer Netzwerke. Die konventionellen Unternehmensgrenzen verlieren dadurch an Bedeutung und an Eindeutigkeit. Der Nutzen der Teilnehmer an im gezeigten Sinne *hybriden* Netzwerkanbindungen besteht vor allem

- in neuen Impulsen,
- in Synergien und
- in Effekten der Kostendegression durch die Kopplung mit externen Partnern.

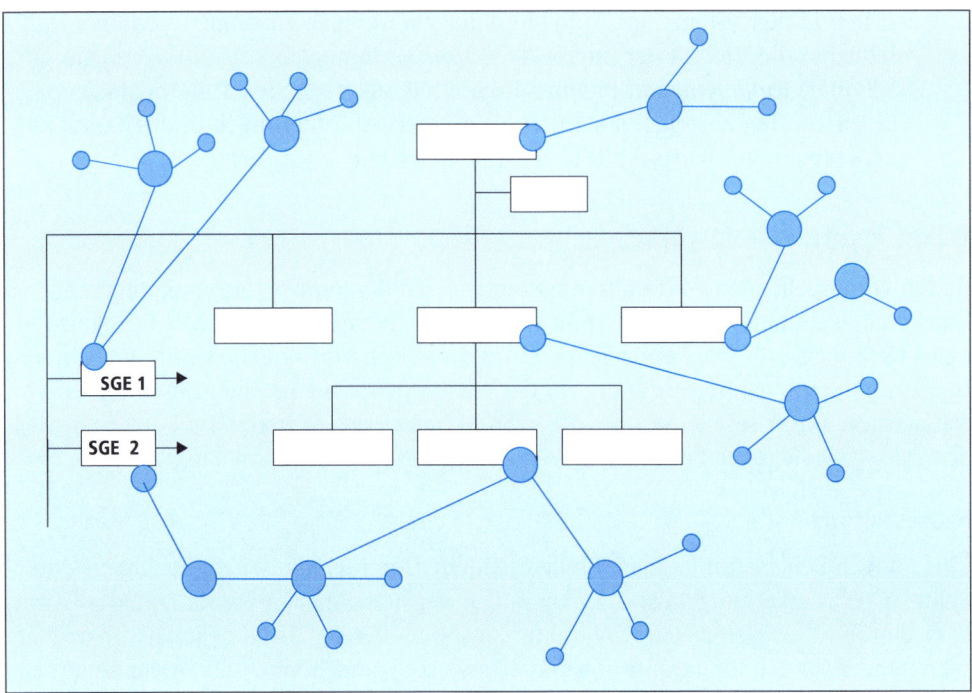

Abb. 6.28: Heterogene Netzwerkpartnerschaften der einzelnen Unternehmung
           (Quelle: Hinterhuber 1997, S. 92)

Die Perspektive der Einzelunternehmung wird in verschiedenen Richtungen erweitert. Außerdem besteht die Option der sinnvollen Verknüpfung komplementärer Kernkompetenzen und schließlich teilen sich die Partner die Kosten des Inputs für neue Projekte im anspruchsvollen Bereich grenzüberschreitender Operationen.

Fallgestaltung 2

Hybride Netzwerke resultieren aus der Kombination interner und externer Netzwerkstrukturen.

Die betrachtete einzelne Unternehmung realisiert dann sowohl netzwerkartige Handlungsmuster innerhalb der eigenen Grenzen als auch darüber hinaus mit rechtlich eigenständigen Partnern auf überbetrieblicher Ebene, also jenseits der konventionellen Unternehmensgrenzen. Ein solches Modell des hybriden Netzwerkes zeigt Abbildung 6.29.

Auf der Ebene I (s. Abb. 6.29) ist ein Netzwerkunternehmen in der rechtlichen Gestalt eines Konzerns angesiedelt. Die Muttergesellschaft und die konzernzugehörigen Tochtergesellschaften bilden die Knoten des intraorganisationalen Netzwerkes. Im internationalen Raum angewandt entspricht diese Konstruktion der weiter oben ausführlich erörterten *transnationalen Organisation*. Allerdings ist auch das intraorganisationale Netzwerk nicht strukturell in zwingender Weise grenzsetzend. Vielmehr unterhalten die im (internen) integrierten Netzwerk involvierten Einheiten ihrerseits vielfältige Bezie-

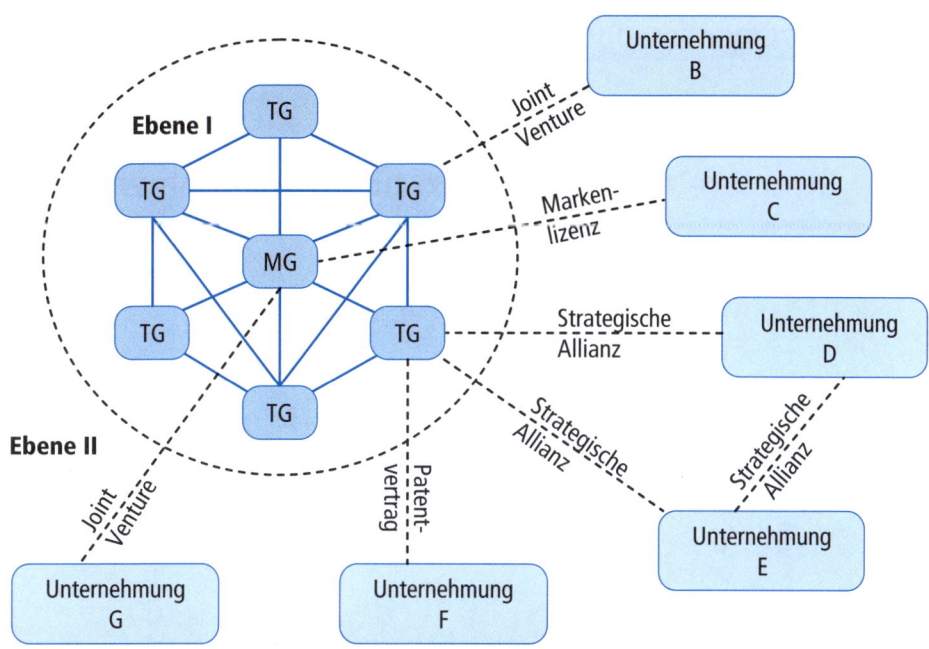

MG = Muttergesellschaft   TG = Tochtergesellschaft

Abb. 6.29: Modell der Kombination interner und externer Netzwerkstrukturen
(Quelle: Nach Kutschker/Schmid 2006, S. 538)

hungen mit Netzwerkcharakter zu Partnern außerhalb des rechtlichen Unternehmens-verbundes. Es kommt quasi zu einer *doppelten Vernetzung*.

Das wird auf Ebene II (s. Abb. 6.29) deutlich. Auf dieser Ebene befinden sich verschiedene Unternehmensnetzwerke mit differenten vertraglichen Grundlagen und sachlich voneinander abweichenden Intentionen. Die originär betrachtete Unternehmung ist in diese externen Netzwerken durch Schnittstellen in ganz unterschiedlichen Bereichen eingebunden. Das eröffnet zahlreiche Optionen, internationale Aktivitäten kooperativ anzugehen.

Begrenzungen solcher Mehrebenen-Vernetzung in Gestalt hybrider Netzwerke resultieren allerdings aus der Anforderung der Koordinierbarkeit der Operationen aus der Perspektive der geschäftspolitischen Ziele der einzelnen Unternehmung. Es besteht die Gefahr der Verzettelung einzelwirtschaftlicher Aktivitäten durch unzureichende Transparenz der Allokation knapper Ressourcen in den hybriden Netzwerken. Damit stellt sich die Frage der Steuerbarkeit der hybrid vernetzten Unternehmung, deren Bestreben es sein muss, die eigenen grenzüberschreitend durchzuführenden Aktivitäten konsequent rational und zweckorientiert auszugestalten.

6.6   Zusammenfassung

Structure follows organizational environment!

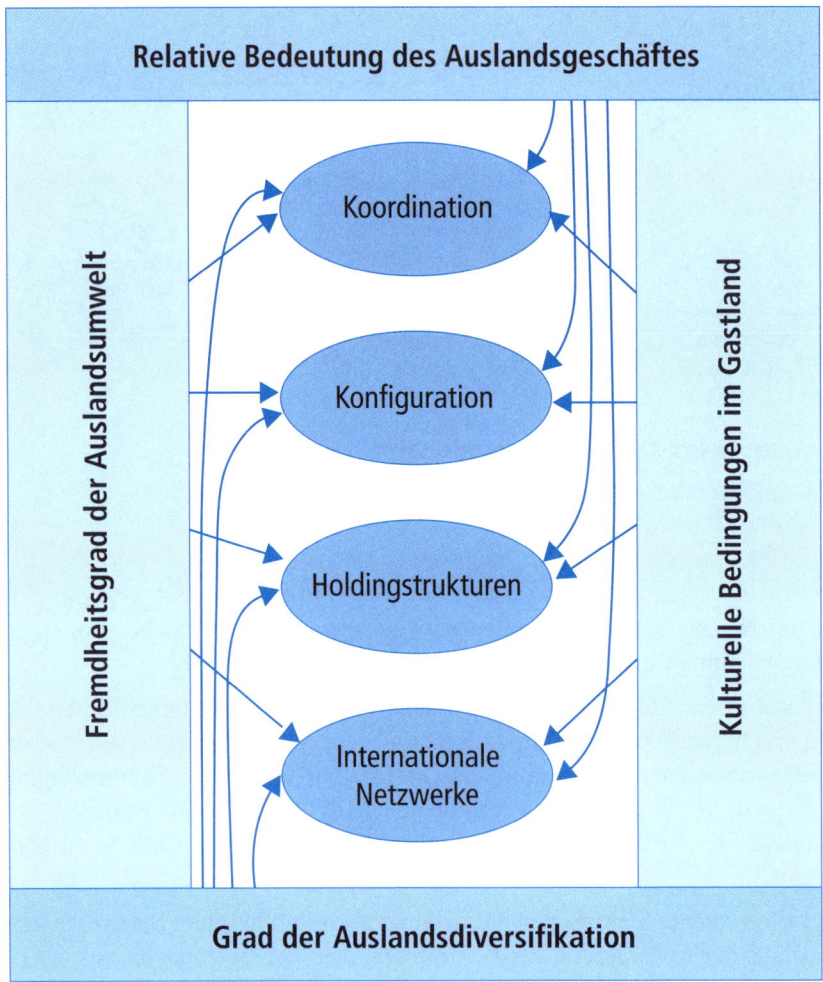

6.7 Kontrollaufgaben

Aufgabe 1:
Erläutern Sie die spezifischen unternehmensinternen Einflussgrößen internationaler Strukturgestaltung.

Aufgabe 2:
Erläutern Sie die spezifischen unternehmensexternen Einflussgrößen internationaler Strukturgestaltung.

Aufgabe 3:
Was kennzeichnet die Strukturdimension *Koordination*?

Aufgabe 4:
Zeigen Sie die Merkmale matrizentrischer Koordinationspolitik.

Aufgabe 5:
Zeigen Sie die Merkmale polyzentrischer Koordinationspolitik.

Aufgabe 6:
Zeigen Sie die Merkmale geozentrischer Koordinationspolitik.

Aufgabe 7:
Zeigen Sie die Merkmale regiozentrischer Koordinationspolitik.

Aufgabe 8:
Formulieren und begründen Sie mindestens drei Thesen zu den Anwendungsbedingungen der koordinationspolitischen Optionen der grenzüberschreitend aktiven Einzelwirtschaft.

Aufgabe 9:
Was kennzeichnet die Strukturdimension *Konfiguration*?

Aufgabe 10:
Diskutieren Sie das Krisenmodell der strukturellen Unternehmensentwicklung.

Aufgabe 11:
Differenzieren Sie alternative primäre Strukturen grenzüberschreitender Organisationsgestaltung.

Aufgabe 12:
Differenzieren Sie alternative globale Strukturen grenzüberschreitender Organisationsgestaltung.

Aufgabe 13:
Differenzieren Sie alternative fortgeschrittene Strukturen grenzüberschreitender Organisationsgestaltung.

Aufgabe 14:
Erörtern Sie den Zusammenhang von Holdingstruktur und Konzern.

Aufgabe 15:
Grenzen Sie verschiedene Ausprägungen oder Erscheinungsformen des Holdingkonzeptes voneinander ab.

Aufgabe 16:
Zeigen Sie die Bedeutung der Holdingstruktur für die Bewältigung internationaler Management-Anforderungen.

Aufgabe 17:
Beurteilen Sie die Rationalität mehrstufiger Holdingstrukturen im Falle grenzüberschreitender einzelwirtschaftlicher Aktivitäten.

Aufgabe 18:
Welches sind die kennzeichnenden Merkmale der Netzwerkorganisation?

Aufgabe 19:
Erläutern Sie wesentliche Formen der Beziehungen zwischen den Partnern in einem organisationalen Netzwerk.

Aufgabe 20:
Beschreiben und diskutieren Sie das Modell der *Transnationalen Organisation*.

Aufgabe 21:
Differenzieren Sie strategische Netzwerke, regionale Netzwerke, Projektnetzwerke und virtuelle Unternehmen nach dem Kriterium ihrer Relevanz für die internationale Unternehmensführung.

Aufgabe 22:
Beurteilen Sie die Rationalität hybrid angelegter internationaler Netzwerkstrukturen.

6.8 Fallstudie: Strukturierung der grenzüberschreitend expandierenden Unternehmung

Die Firma Seiler (siehe obige Fallstudien) hat inzwischen auf internationalem Gebiet kräftig expandiert. Das ging einher mit einer Veränderung der Rechtsform. Aus der Seiler KG ist nunmehr die Seiler GmbH geworden. Der Jahresumsatz wurde in den letzten fünf Perioden verdoppelt, während die Anzahl der Beschäftigten von 750 Personen auf 1100 Mitarbeiterinnen und Mitarbeiter stieg. 30% der Belegschaft ist in ausländischen Unternehmenseinheiten beschäftigt. Der Anteil des Auslandsumsatzes am Gesamtumsatz der Seiler GmbH beträgt 21%. Es bestehen Vertriebsniederlassungen in Frankreich, in Italien und in Großbritannien. Außerdem werden in einer eigenen Fertigungsstätte in Polen Profildichtungen für den Einbau in PKW gefertigt. Eine Unternehmensakquisition am spanischen Markt steht unmittelbar bevor. Dabei soll ein Kunststoff verarbeitender Betrieb im Raum Madrid mit 320 Mitarbeiterinnen und Mitarbeitern von Seiler zu 100% übernommen werden. Zu klären sind quasi nur noch einige Formalitäten. Das Auslandsgeschäft des Hauses Seiler wird schließlich abgerundet durch Exportaktivitäten an fünf weiteren Ländermärkten. Insgesamt stellt die Seiler GmbH an ausländischen Zielmärkten ein breites Spektrum technischer Produkte aus den Basiswerkstoffen Gummi und Kunststoff bereit. Das im Ausland vertriebene Sortiment umfasst über dreihundert verschiedene Artikel.

Im Organigramm (siehe Folgeseite) sind die aktuell das Unternehmen prägenden Leitungsbeziehungen der Seiler GmbH dargestellt.

Nach Konsultation einer renommierten Unternehmensberatung hält die Seiler-Geschäftsleitung eine grundlegende Reorganisation des Unternehmens für angezeigt. Dabei sollen insbesondere die sehr wichtigen und anspruchvollen Einflüsse aus den internationalen Aktivitäten angemessen in den künftigen organisationalen Strukturen Berücksichtigung finden. Die aktuelle und oben dargestellte Problemlösung in Gestalt einer International Division (vgl. Abschnitt 6.3.2) erweist sich zunehmend als unzulänglich. Insbesondere die spezifischen produktpolitischen Belange des Unternehmens werden im Ausland zu defensiv verfolgt und außerdem gelingen Service und Betreuung in Bezug auf die Key-Kunden aus der Automobilindustrie im Falle grenzüberschreitender Projekte häufig nicht zufrieden stellend. Dazu sind bereits Kundenbeschwerden bei der Geschäftsleitung des Hauses Seiler eingegangen.

Aufgaben:

1. Welches sind die relevanten Einflussgrößen der organisationalen Gestaltung im betrachteten Fall?

2. Unterziehen Sie die aktuelle Organisationsstruktur der Seiler GmbH einer Schwachstellenanalyse.

3. Wie soll die Übernahme der Fabrik am Zielmarkt Spanien organisational bewältigt werden?

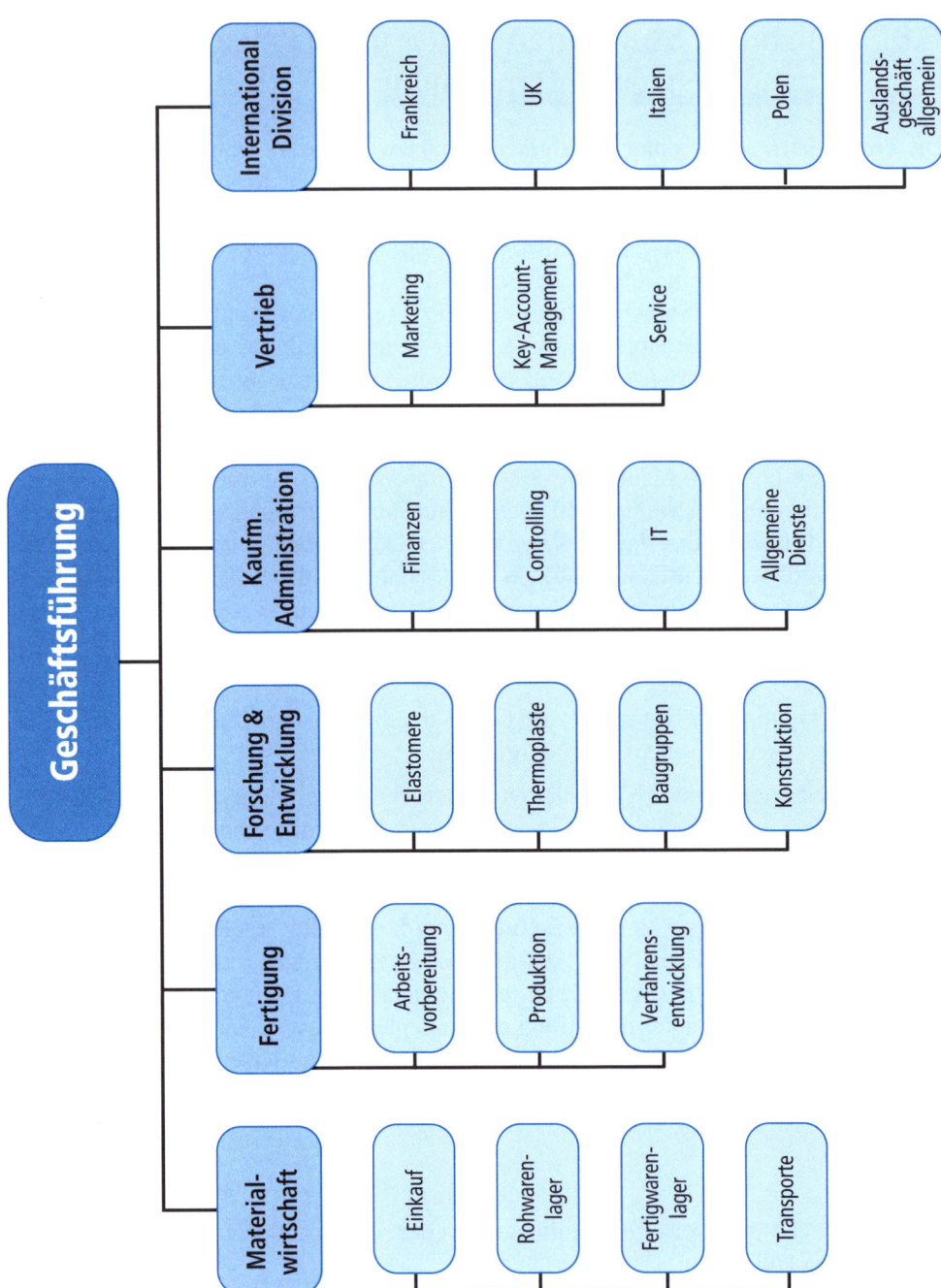

Organigramm Seiler GmbH, Stand 31.12.20xx

4. Evaluieren Sie auf dem Hintergrund der gegebenen Problemsituation die Basisvarianten *Globale Produktstruktur* und *Globale Regionalstruktur* in vergleichender Form.

5. Wie beurteilen Sie das Konzept der Internationalen Netzwerkorganisation im Hinblick auf Optionen der Anwendung seitens der Seiler GmbH?

6.9 Literatur

6.9.1 Quellen

Albach, H.; Redenius, J.: Die Management-Holding, in: Hinterhuber, H. H.; Friedrich, S. A.; Matzler, K.; Pechlaner. H. (Hrsg.): Die Zukunft der diversifizierten Unternehmung, München 2000, S. 55–72

Aufderheide, D.; Backhaus, K.; Hartwig, K. H.: Szenen einer Ehe. Was kooperierende Unternehmen aus dem Ehealltag lernen können, in zfo Zeitschrift Führung + Organisation 1/2007, S. 31–40

Backhaus, K.; Büschken, J.; Voeth, M.: Internationales Marketing, 5. Auflage, Stuttgart 2003

Bartlett, C. A.; Ghoshal, S.: Tap Your Subsidiaries for Global Reach, in: Harvard Business Review 6/1986, S. 87–94

Bartlett, C. A.; Ghoshal, S.: Arbeitsteilung bei der Globalisierung, in: Harvard manager 2/1987, S. 49–59

Bartlett, C. A.; Ghoshal, S.: Managing Across Borders: The Transnational Solution, 2. Auflage, Boston 1998

Bassen, A.; Behnam, M.; Gilbert, D. U.: Internationalisierung des Mittelstands. Ergebnisse einer empirischen Studie zum Internationalisierungsverhalten deutscher mittelständischer Unternehmen, in: Zeitschrift für Betriebswirtschaft 4/2001, S. 413–432

Beck, T. C.: Coopetition bei der Netzwerkorganisation, in zfo Zeitschrift Führung + Organisation 5/1998, S. 271–276

Bernhardt, W.; Witt, P.: Holding-Modelle und Holding-Moden, in: Zeitschrift für Betriebswirtschaft 12/1995, S. 1341–1364

Bleicher, K.: Organisation: Strategien – Strukturen – Kulturen, 2. Auflage, Wiesbaden 1991

Bleicher, K.: Konzernorganisation, in: Frese, E. (Hrsg.): Handwörterbuch der Organisation, 3. Auflage, Stuttgart 1992, S. 1151 – 1164

Bleicher, K.: Das Konzept Integriertes Management – St. Galler Management-Konzept, Band 1, 3. Auflage, Frankfurt/Main, New York 1995

Bühner, R.: Spartenorganisation, in: Frese, E. (Hrsg.): Handwörterbuch der Organisation, 3. Auflage, Stuttgart 1992, S. 2274–2287

Child, J.; Tayeb, M. H.: Theoretical Perspectives in Cross-national Organizational Research, in: International Studies of Management and Organization 12/1983, S. 23–31

Coase, R. H.: The Nature of the Firm, in: Stigler, G. J.; Boulding, K. E. (Hrsg.): Readings in Price Theory, London 1963, S. 331–351

Davidson, W. H.; Haspeslagh, P.: Shaping a Global Product Organization, in: Harvard Business Review 4/1982, S. 125–132

Donaldson, L.: In Defence of Organization. A Reply to the Critics, Cambridge 1985

Dowling, M.; Lechner, C.: Kooperative Wettbewerbsbeziehungen: Theoretische Ansätze und Managementstrategien, in: Die Betriebswirtschaft 1/1998, S. 86–102

Dülfer, E.: Internationales Management in unterschiedlichen Kulturbereichen, 6. Auflage, München, Wien 2001

Duques, R.; Gaske, P.: The „Big" Organization of the Future, in: Hesselbein, F.; Goldsmith, M.; Beckhard, R. (Hrsg.): The Organisation of the Future, San Francisco 1997, S. 32–42

French, J. R. P., Jr.; Raven, B.: The Bases of Social Power, in: Cartwright, D. (Hrsg.): Studies in Social Power, 4. Auflage, Ann Arbor 1974, S. 150–167

Fröhlich, F. W.: Multinationale Unternehmen: Entstehung, Organisation und Management, Baden-Baden 1974

Gilbert, D. U.; Metten, T.: Vertrauen als Medium der Steuerung in strategischen Unternehmensnetzwerken, Arbeitsbericht Nr. 2, Institut für Internationale Unternehmensführung an der European Business School, Oestrich-Winkel 2001

Harbison, F.; Myers, C. A.: Management in the Industrial World, New York 1959

Hedlund, G.: The Hypermodern MNC. A. Heterarchy?, in: Human Resource Management 1/1986, S. 9–35

Henzler, H. A.: Keimzellen des Fortschritts. Zum Zusammenspiel von Unternehmensgründungen und Gründungsclustern, in: Sadowski, D. (Hrsg.): Entrepreneurial Spirits, Wiesbaden 2001, S. 123–136

Hinterhuber, H. H.: Strategische Unternehmensführung, Band 1: Strategisches Denken, 6. Auflage, Berlin 1997

Hinterhuber, H. H.: Strategische Unternehmensführung, Band 2: Strategisches Handeln, 6. Auflage, Berlin 1997

Hinterhuber, H. H.; Mathives, T.: Die Management-Holding und die nicht delegierbaren Aufgaben der Zentrale, in: Wagner, G. R. (Hrsg.): Unternehmensführung, Ethik und Umwelt, Wiesbaden 1999, S. 454–488

Hungenberg, H.: Die Aufgaben der Zentrale, in: zfo Zeitschrift Führung + Organisation, 6/1992, S. 341–354

Jarillo, J. C.: On Strategic Networks, in: Strategic Management Journal 1/1988, S. 31–41

Jarillo, J. C.; Martinez, J.: Different Roles for Subsidiaries: The Case of Multinational Corporations in Spain, in: Strategic Management Journal 7/1990, S. 501–512

Keller, T.: Holdingkonzepte als organisatorische Problemlösungen bei hohem Internationalisierungsgrad, in: Macharzina, K.; Oesterle, M.-J. (Hrsg.): Handbuch Internationales Management, Grundlagen – Instrumente – Perspektiven, 2. Auflage, Wiesbaden 2002, S. 797–821

Kieser, A.; Kubicek, H.: Organisation, 3. Auflage, Berlin, New York 1992

Kieser, A.; Walgenbach, P.: Organisation, 4. Auflage, Stuttgart 2003

Koller, M.: Sozialpsychologie des Vertrauens. Ein Überblick über theoretische Ansätze. Bielefelder Arbeiten zur Sozialpsychologie, Universität Bielefeld Nr. 153/1990

Kreikebaum, H.; Gilbert, D. U.; Reinhardt, G. O.: Organisationsmanagement internationaler Unternehmen: Grundlagen und moderne Netzwerkstrukturen, 2. Auflage, Wiesbaden 2002

Kreutzer, R.; Raffée, H.: Organisatorische Verankerung als Erfolgsbedingung eines Global-Marketing, in: Thexis 2/1986, S. 10–22

Krystek, U.; Redel, W.; Reppegather, S.: Grundzüge virtueller Organisation: Elemente und Erfolgsfaktoren, Chancen und Risiken, Wiesbaden 1997

Kühn, F.; Komor, M.; Borakiewicz, J.: Unterschiede produktiv machen – Interkulturelle Managementberatung, in: zfo Zeitschrift Führung + Organisation 6/2006, S. 344–350

Kutschker, M.; Schmid, S.: Internationales Management, 2. Auflage, München, Wien 2002

Kutschker, M.; Schmid, S.: Internationales Management, 5. Auflage, München, Wien 2006

Luhmann, N.: Vertrauen. Ein Mechanismus der Reduktion sozialer Komplexität, 3. Auflage, Stuttgart 1989

Macharzina, K.: Organisation der internationalen Unternehmensaktivität, in: Kumar, B. N.; Haussmann, H. (Hrsg.): Handbuch der Internationalen Unternehmenstätigkeit, München 1992, S. 591–607

May, P.: Holding-Organisation, in: zfo Zeitschrift Führung + Organisation 6/1997, S. 374–375

Müller, H. E.: Internationale Organisationsstrategie, in: Mahnkopf, B. (Hrsg.). Management der Globalisierung. Akteure, Strukturen, Perspektiven, Berlin 2003, S. 165–187

Nalebuff, B.; Brandenburger, A. M.: Coopetition – kooperativ konkurrieren, Frankfurt/Main, New York 1996

O. V.: Aktiengesetzt (AktG), vom 6.9.1965 (BGBl. S. 1089), zuletzt geändert 22.9.2005 (BGBl. S. 2802)

Osterloh, M.; Frost, J.: Prozessmanagement als Kernkompetenz, 3. Auflage, Wiesbaden 2000

Pausenberger, E.: Internationale(n) Unternehmung, Organisation der, in: Frese, E. (Hrsg.): Handwörterbuch der Organisation, 3. Auflage, Stuttgart 1992, S. 1052–1066

Perlitz, M.: Internationales Management, 2. Auflage, Stuttgart, Jena 1995

Perlitz, M.: Internationales Management, 5. Auflage, Stuttgart 2004

Picot, A.: Transaktionskostentheorie der Organisation, Beiträge zur Unternehmensführung und Organisation, Universität Hannover 1981

Picot, A.; Reichwald, R.; Wigand, R. T.: Die grenzenlose Unternehmung. Information, Organisation und Management. Lehrbuch zur Unternehmensführung im Informationszeitalter, 5. Auflage, Wiesbaden 2003

Piontrowski, U.: Psychologie der Interaktion, München 1976

Reiß, M.: Mythos Netzwerkorganisation, in: zfo Zeitschrift Führung + Organisation 4/1998, S. 224–229

Scholz, C.: Strategische Organisation: Multiperspektivität und Virtualität, 2. Auflage, Landsberg/Lech 2000

Siedenbiedel, G.: Virtuelle Organisation und Führungsverhalten, in Elsik, W.; Mayrhofer, W. (Hrsg.): Strategische Personalpolitik, München, Mering 1999, S. 271–306

Siedenbiedel, G.: Organisationslehre, Stuttgart, Berlin, Köln 2001

Sprenger, R. K.: Vertrauen führt. Worauf es im Unternehmen wirklich ankommt, Frankfurt/ Main, New York 2002

Sydow, J.: Strategische Netzwerke: Evolution und Organisation, Wiesbaden 1993

Sydow, J.: Unternehmensnetzwerke, in: Corsten, H.; Reiß, M. (Hrsg.): Handbuch Unternehmensführung. Konzepte – Instrumente – Schnittstellen, Wiesbaden 1995, S. 159–169

Sydow, J.: Zum Verhältnis von Netzwerken und Konzernen: Implikationen für das strategische Management, in: Ortmann, G.; Sydow, J. (Hrsg.): Strategie und Strukturation. Strategisches Management von Unternehmen, Netzwerken und Konzernen, Wiesbaden 2001, S, 271–298

Sydow, J.: Management von Netzwerkorganisationen. Zum Stand der Forschung, in: Sydow. J. (Hrsg.): Management von Netzwerkorganisationen. Beiträge aus der Managementforschung, 2. Auflage, Wiesbaden 2001a, S. 293–339

Weber, M.: Wirtschaft und Gesellschaft, 5. Auflage, Tübingen 1972

Welge, M. K.: Organisationsstrukturen, differenzierte und integrierte, in: Macharzina, K.; Welge, M. K. (Hrsg.): Handwörterbuch Export und Internationale Unternehmung, Stuttgart 1989, S. 1590–1602

Welge, M. K.; Holtbrügge, D.: Internationales Management, Theorien, Funktionen, Fallstudien, 3. Auflage, Stuttgart 2003

Wicks, M. E.: A Comparative Analysis of the Foreign Investment Evaluation Practices of U.S.-Based Multinational Corporations, New York 1980

Williamson, O.E.: Transaction-Cost Economics: The Governance of Contractual Relations, in: The Journal of Law and Economics 2/1979, S. 233–261

Windeler, A.: Unternehmensnetzwerke. Konstitution und Strukturation, Wiesbaden 2001

Winkler, G.: Koordination in strategischen Netzwerken, Wiesbaden 1999

Zeiss, H.: Das Management-Holding-Konzept: Ziele und Herausforderungen der Implementierung in Konzernen, in: zfo Zeitschrift Führung + Organisation 4/2006, S. 198–206

6.9.2 Hinweise zur Vertiefung

Eine aufschlussreiche prozessorientierte Perspektive entwerfen:

Kutschker, M.; Schmid, S.: Internationales Management, 5. Auflage, München, Wien 2006, S. 641–649

Zum Aspekt der Kooperation von Unternehmen im internationalen Raum:

Perlitz, M.: Internationales Management, 5. Auflage, Stuttgart 2004, S. 625-642

Zur virtuellen Unternehmung:

Reichwald, R.; Möslein, K.: Theoretische Grundlagen der Virtualisierung von international tätigen Unternehmen, in: Macharzina, K.; Oesterle, M.-J. (Hrsg.): Handbuch Internationales Management, Grundlagen – Instrumente – Perspektiven, 2. Auflage, Wiesbaden 2002, S. 1009–1026

Zum Zusammenhang von Kultur und Organisationsstruktur:

Hofstede, G.; Hofstede, G. J.: Lokales Denken, globales Handeln. Interkulturelle Zusammenarbeit und globales Management, 3. Auflage, München 2006, S. 335–388

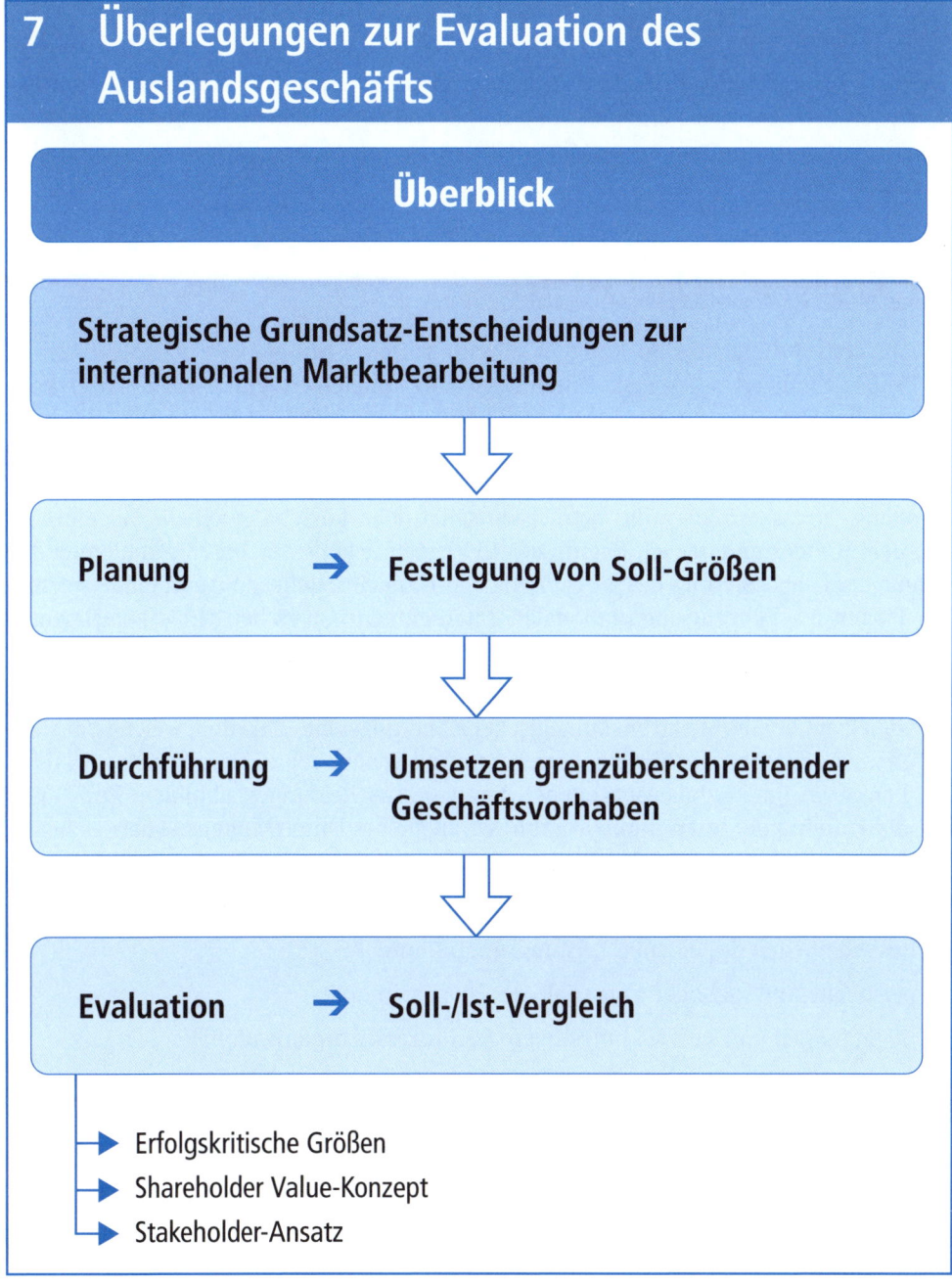

7 Überlegungen zur Evaluation des Auslandsgeschäfts

Überblick

Strategische Grundsatz-Entscheidungen zur internationalen Marktbearbeitung

Planung → Festlegung von Soll-Größen

Durchführung → Umsetzen grenzüberschreitender Geschäftsvorhaben

Evaluation → Soll-/Ist-Vergleich

- Erfolgskritische Größen
- Shareholder Value-Konzept
- Stakeholder-Ansatz

Die Aufnahme und die Durchführung grenzüberschreitender Geschäftsbeziehungen konfrontieren das Unternehmen mit einer Vielzahl von besonderen Herausforderungen. Solche Herausforderungen implizieren regelmäßig sowohl Chancen als auch Risiken. Im Interesse strategischer Fundierung sind daher Entscheidungen über Maßnahmen der

Internationalisierung sorgfältig abzuwägen und vorzubereiten, ziel- und kontextorientiert zu realisieren sowie permanent und umfassend zu evaluieren. Die damit verbundenen Gestaltungserfordernisse begründen den Gegenstandsbereich des Internationalen Managements.

7.1 Erfolgskritische Faktoren

Wie in den vorhergehenden Kapiteln gezeigt wurde, bedingt die effiziente Führung grenzüberschreitend agierender Unternehmen die Implementierung spezifischer konzeptioneller Elemente und das Schaffen situativ angepasster Grundlagen zur rationalen Lenkung der Geschäftsprozesse. Dafür benötigen die betrieblichen Entscheidungsträger möglichst fundierte Orientierungen und Handlungsempfehlungen. In diesem Zusammenhang ist insbesondere die betriebswirtschaftliche Forschung erheblich gefordert. Auf dem Hintergrund der seit Beginn der 1990er Jahre konstatierbaren turbulenten Zunahme der Globalisierung des wirtschaftlichen Handelns stellt die Auseinandersetzung mit Fragen der Führung internationaler Unternehmen inzwischen einen bedeutsamen und etablierten Teilbereich der Betriebswirtschaftslehre dar.

Im Hinblick auf die Bearbeitung ausländischer Märkte bietet sich dem Unternehmen prinzipiell ein breites Spektrum strategischer Handlungsmöglichkeiten, welche mit stark differenten Anforderungsniveaus korrelieren und welche die zahlreichen Alternativen der konkreten unternehmensbezogenen Strategieentscheidungen abbilden. Zum Zwecke der Planung der Internationalisierungsstrategie des Unternehmens bedarf es insbesondere der adäquaten Berücksichtigung und Bewertung nachstehender Faktoren:

- Merkmale der ausländischen Absatzmärkte,
- Besonderheiten des eigenen Leistungsprogramms,
- personelle und sachliche Potentiale der Unternehmung,
- Bedingungen und Entwicklungslinien des Prozesses organisationalen Lernens,
- Optionen flexibler Transformation von Auslandsengagements im Planungshorizont.

Wesentliche Anforderungen in Bezug auf die personelle Dimension von Unternehmensführung resultieren aus dem kulturellen Kontext im Gastland. Dabei spielt der Fremdheitsgrad der Auslandsumwelt eine herausragende Rolle. Darüber hinaus erfährt die Management-Verantwortung auf internationaler Ebene besondere Ausprägungen.

Nach Maßgabe der klassischen Chandler-These

structure follows strategy

sind die strukturellen Führungsinstrumente konsequent auf die Realisierung der im Rahmen des Auslandsgeschäfts verfolgten strategischen Ziele hin auszurichten (vgl. Chandler 1962). Dies betrifft in besonderem Maße die Strukturvariablen Koordination und Konfiguration. In Anbetracht der Interdependenzen zwischen diesen Variablen liegt im Sinne möglichst friktionsfreier struktureller Unternehmensführung in der Herstellung von Kompatibilität zwischen der internationalen Koordinationspolitik des Unternehmens sowie der Ausgestaltung seines Leitungsgefüges (Konfiguration) eine wesentliche organisatorische Anforderung begründet.

Zusammenfassend sei festgestellt, dass ceteris paribus mit zunehmender Internationalisierung der Unternehmensaktivitäten

- die Komplexität der Managementaufgaben steigt,

- die Planungsunsicherheit zunimmt und

- die Risiken schwerer kalkulierbar werden.

Folglich erhält die Evaluation der Auslandsengagements einen hohen Stellenwert. Kurzzyklische Soll-/Ist-Vergleiche sind geeignet und notwendig, um den betrieblichen Entscheidungsträgern frühzeitig Aufschluss über die Tragfähigkeit der gewählten Internationalisierungsstrategie zu vermitteln und ausgewogene Anpassungsmaßnahmen zu unterstützen. Im Interesse der Operationalität solcher Soll-/Ist-Vergleiche sowie der Gewährleistung ihrer Steuerungsfunktion sollten möglichst eindeutig kontrollfähige, quantifizierbare Erfolgsgrößen betrachtet werden.

7.2 Das Shareholder Value-Konzept als Evaluationsmodell

Auf dem dargelegten Hintergrund vermittelt das Shareholder Value-Konzept interessante Bewertungskriterien (vgl. Rappaport 1995). Im Mittelpunkt des Konzepts steht die Steigerung des Eigentümerwertes der Unternehmung. Das findet Ausdruck im Zielkriterium der Vergrößerung des ökonomischen Nutzens der Unternehmung für ihre Eigentümer (Shareholder Value). Die wesentlichen Modellkomponenten seien im Folgenden skizziert:

Der Unternehmenswert

= Marktwert des Fremdkapitals + Shareholder Value (Eigentümerwert, Aktionärsvermögen)
= Gegenwartswert der Summe betrieblicher Cash-flows im Planungshorizont
+ Gegenwartswert des Restwertes der Unternehmung bei Ende des Planungshorizonts *(ewige Rente)*
+ Marktwert börsenfähiger Wertpapiere.

Der Shareholder Value

= Unternehmenswert – Marktwert des Fremdkapitals

Die kalkulatorischen Eigenkapitalkosten (hurdle rate)

Die angemessene Eigenkapitalrendite (Mindestverzinsung) wird mittels der Kapitalmarkttheorie hergeleitet (z. B. Capital Asset Pricing Model).

Abbildung 7.1 zeigt eine schematische Darstellung des Shareholder Value-Konzepts und verdeutlicht den Zusammenhang seiner Komponenten.

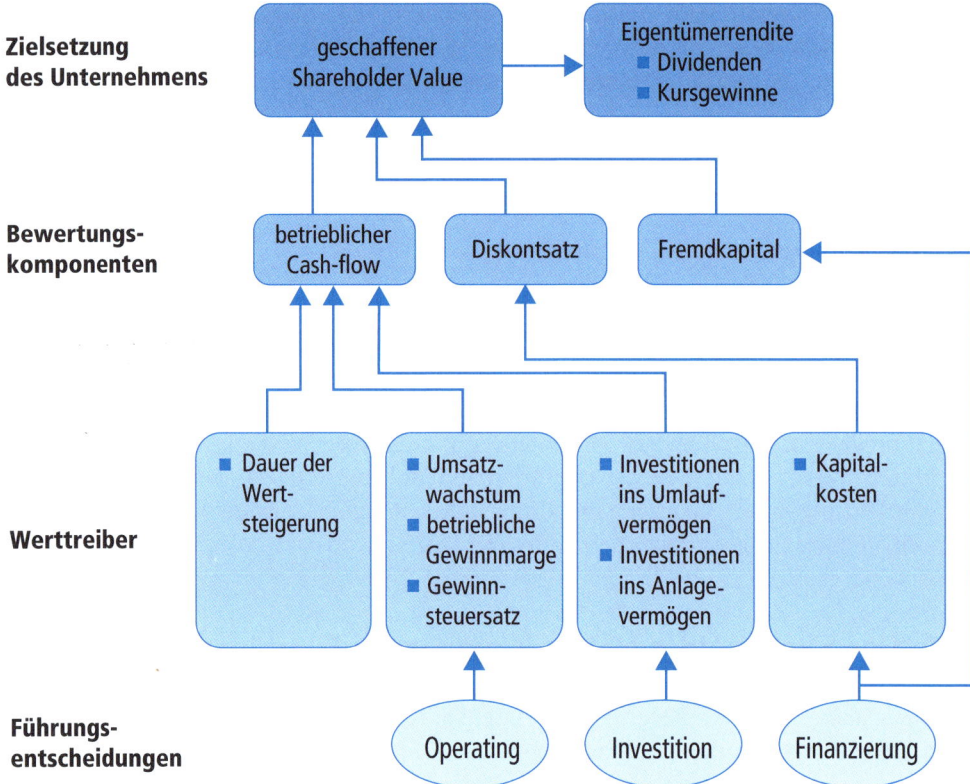

Abb. 7.1: Aufbau des Shareholder Value-Konzepts (Quelle: Rappaport 1995, S. 79)

Die Anwendung des Shareholder Value-Konzepts auf betriebliche Internationalisierungsentscheidungen impliziert, dass bereits in der Phase der Strategieentwicklung die strategischen Optionen des Unternehmens einer Wertsteigerungsanalyse unterzogen werden und die Auswahl nach dem Kriterium der (prognostizierten) Erhöhung des Eigentümerwertes erfolgt. Innerhalb des Planungshorizonts können dann internationale Geschäfte so lange als erfolgreich (wertsteigernd) eingestuft werden, wie die aus ihnen erwirtschaftete Eigentümerrendite oberhalb der hurdle rate (kalkulatorischer Zinssatz auf Eigenkapital) rangiert. Sofern die hurdle rate nicht erwirtschaftet wird, vernichtet das Auslandsengagement Shareholder Value. In diesem Fall besteht die Notwendigkeit der Plananpassung oder des Rückzugs aus dem betrachteten ausländischen Markt. Voraussetzung der Möglichkeit solcher Bewertungsprozesse ist allerdings eine Unternehmensstruktur, welche die zuverlässige Erfolgsrechnung hinsichtlich der zu betrachtenden Auslandsgeschäftseinheiten gewährleistet. Das betrifft insbesondere die Anforderung der klaren Zuordenbarkeit von Gewinn und Verlust auf die verschiedenen in- und ausländischen Geschäftsaktivitäten.

Im Rahmen der strukturellen Führung des Unternehmens ist in diesem Kontext die Anwendung des Spartenprinzips zu empfehlen, welches die Abgrenzung in vollem

Umfange erfolgsverantwortlicher Unternehmenseinheiten determiniert. Damit wird die Internationalisierungspolitik der Einzelwirtschaft im Sinne der Steigerung des Shareholder Value konkret steuerbar. Außerdem ist im Falle der Divisionalisierung (= Spartenorganisation) die permanente Evaluation der verschiedenen Strategischen Geschäftseinheiten des Unternehmens an den Auslandsmärkten nach Maßgabe des Kriteriums der Steigerung des Eigentümerwertes in relativ eindeutiger und klar kommunizierbarer Weise möglich.

In konsequenter Anwendung der Doktrin vom Shareholder Value kommt es letztlich darauf an, den Eigentümerwert jeder einzelnen strategischen Auslandsgeschäftseinheit zu bestimmen, um darauf basierend über künftige Entwicklungslinien im internationalen Geschäft der Unternehmung zu entscheiden. Nach Maßgabe einer wertorientierten Unternehmensführung resultiert daraus die Notwendigkeit quasi *partieller* Werteermittlungen (Shareholder Value der betrachteten strategischen Geschäftseinheit) nach folgendem Schema:

> **Shareholder Value**
>
> = Σ Cash-flows im gesamten Planungshorizont
>   ➔ diskontiert auf den gegenwärtigen Bewertungszeitpunkt (Gegenwartswert Cash-flows)
>
> + diskontierter Restwert (Gegenwartswert des Restwertes) des Unternehmens bei Ende des Planungshorizonts (ewige Rente)
>
> + Marktwert börsenfähiger Wertpapiere
>
> − Marktwert des eingesetzten Fremdkapitals (z. B. Bankverbindlichkeiten)

7.3 Stakeholder-Ansatz

Relativierend zum populären Konzept des Shareholder Value bleibt anzumerken, dass dieses Modell in präziser Form ökonomisch-quantitative Größen umfasst, die lediglich die Belange einer Interessengruppe, nämlich die Interessen der Anteilseigner, berücksichtigen. Im Sinne stärker pluralistisch ausgelegter Unternehmensführung gilt es darüber hinaus, auch die Interessen (Ziele) anderer Bezugsgruppen der internationalen Unternehmung – insbesondere die Belange der Mitarbeiter, der Kunden, der Lieferanten sowie der Gastländer und des Stammlandes – in den Kalkül der Managemententscheidungen einzubeziehen. Dieser Anspruch macht die Grenzen der am Shareholder Value orientierten Evaluation von Auslandsaktivitäten erkennbar.

Die damit eingeforderte breitere Perspektive findet Ausdruck im so genannten Stakeholder-Ansatz der Unternehmensführung. In dieser Sicht wird das Unternehmen als eine Koalition gedeutet, in der verschiedene Interessengruppen ihre Ziele verfolgen und bestmöglich realisieren wollen (vgl. Macharzina/Wolf 2005, S. 12).

> **Stakeholder**
>
> → Personengruppen oder Institutionen, die in relevantem Umfang mit dem sozio-technischen System Unternehmung interagieren

Die Führung der Einzelwirtschaft sollte daher im Interesse der kollektiven Handlungsfähigkeit auf den fairen, angemessenen und von den Stakeholdern als gerecht bewerteten Interessenausgleich gerichtet sein. Das bedingt insbesondere fundierte Kommunikations- und Verhandlungsprozesse mit den beteiligten Interessengruppen sowie die aktive Auseinandersetzung mit den prägenden Inhalten fremdartiger Kulturen im Operationsgebiet des Unternehmens.

7.3.1 Erfolgskalkül

Die Stakeholder bestimmen den Kalkül einzelwirtschaftlichen Erfolges. Im Sinne des Anreiz-/Beitragstheorems der Führung (vgl. March/Simon 1958) sind für das Erreichen der Unternehmensziele sehr verschiedenartige Beiträge (Handlungen, Leistungen) der Stakeholder notwendig. Diese Beiträge werden die Bezugsgruppen (Stakeholder) grundsätzlich leisten, wenn ihnen dafür hinreichende Anreize in Aussicht stehen. Das determiniert Erwartungen auf Seiten der Stakeholder. Die Erfüllung dieser Erwartungen durch die Einzelwirtschaft ist wiederum Bedingung dafür, dass die maßgeblichen Bezugsgruppen auch künftig die benötigten Beiträge zur Unternehmenstätigkeit und zur Zielrealisation leisten. Damit wird das Erfordernis des Gleichgewichts unternehmensseitiger Anreize und stakeholderseitiger Beiträge begründet. In Abbildung 7.2 ist das zu lösende Problem des Interessenausgleichs nach Maßgabe des Stakeholder-Ansatzes dargestellt.

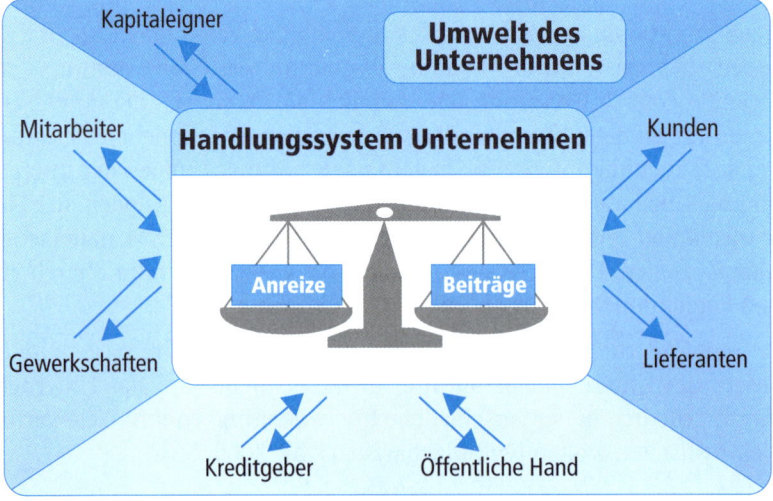

Abb. 7.2: Gleichgewicht von Anreizen und Beiträgen als Bedingung des Unternehmenserfolgs

Das gezeigte Gleichgewichtsmodell folgt den Prämissen der Verhaltenswissenschaft-lichen Entscheidungstheorie (vgl. Simon 1976; Kirsch 1988; March 1994). Danach werden alle Stakeholder-Gruppierungen der Umwelt des Unternehmens zugeordnet. Das gilt auch für die Beschäftigten des Unternehmens, also die Gruppe *Mitarbeiter* ge-mäß der obigen Abbildung. Die Unternehmung wird als System bewusst koordinierter Handlungen interpretiert. Danach besteht die Einzelwirtschaft aus der Summe zweck-gerichteter Verhaltensweisen (Handlungen) der Teilnehmer an dieser Institution (Stake-holder). Die Individuen (Personen) und Gruppen gehören, wie ausgeführt, nicht zum Unternehmen, sondern sind Bestandteile seiner Umwelt. Lediglich ein Teil der Hand-lungen der tangierten Personen geht in das System Unternehmung ein. Die Personen sind regelmäßig Stakeholder relativ zu mehreren Einzelwirtschaften. Beim Unterneh-men im engeren Sinne als System bewusst koordinierter Handlungen handelt es sich um ein unpersönliches, technokratisches Gebilde, welches nach Überleben strebt, durch intentionale Dauerhaftigkeit geprägt ist und tendenziell langfristig Bestand hat, auch wenn die Stakeholder oder die Individuen in den Stakeholder-Gruppierungen im Zeit-ablauf wechseln.

Im Interesse des eigenen Bestands, also des Überlebens im Wettbewerb, muss das sozio-technische System Unternehmung stringent darauf ausgerichtet sein, die Erwartungen der Stakeholder möglichst nachhaltig zu erfüllen. Das gilt zeitpunktbezogen für die aktualisierten Erwartungen der Individuen in den relevanten Stakeholder-Gruppen und zeitraumbezogen für die sich wandelnden Erwartungen fluktuierender Personen in de-finierten Stakeholder-Gruppierungen, aber auch für Verschiebungen in der Stakehol-der-Struktur.

Beispiel: Im Zeitablauf kann etwa aufgrund der Verlagerung von Unternehmens-teilen an ausländische Märkte die Bedeutung des Stakeholders Gewerkschaften (strukturschwacher Zielmarkt) abnehmen und die Bedeutung der Kreditgeber (Fi-nanzierung des Auslandsengagement) steigen.

Mit der Empfänglichkeit für den Wandel im gesamten Stakeholder-Umfeld und der konsequenten Berücksichtigung dieser Veränderungen in den Geschäftsprozessen voll-zieht das Unternehmen die erfolgsnotwendigen Anpassungen an variierende markt-liche Gegebenheiten. Die alleinige Ausrichtung an den Interessen der Anteilseigner (Shareholder-Value) kann eine solche umfassende Flexibilität der Einzelwirtschaft nicht gewährleisten.

Eine weitere Anforderung an die Führung des grenzüberschreitend agierenden Unter-nehmens resultiert aus Differenzen auf dem Gebiet der Stakeholder-Einflüsse in ver-schiedenen Ländern innerhalb des Operationsgebietes (vgl. Hofmann 2003, S. 193). Darauf sollten insbesondere das Marketing (Stakeholder *Kunden*) und die betriebliche Personalpolitik (Stakeholder *Mitarbeiter*), aber auch die Public Relations (Stakeholder *Lokale Öffentlichkeit*) sorgfältig abgestimmt sein.

7.3.2 Verhandlungsprozesse

Als erhebliches Problem im Kontext von Stakeholder-Orientierung resultiert allerdings der Umgang mit Interessenkonflikten. So stehen im Falle der Entscheidung über die Verlagerung des Produktionsbereiches an einen ausländischen Standort mit geringeren Arbeitskosten das Interesse der Anteilseigner an der Erhöhung der Rendite und das Interesse der Mitarbeiter am Erhalt der inländischen Arbeitsplätze einander konträr gegenüber (konfliktäre Zielbeziehung, vgl. Kapitel 1). Das Unternehmen benötigt folglich ein Prozedere zur rationalen Handhabung derartiger Interessenkonflikte. Es geht insbesondere um die Koordination in Sinne der Abstimmung heterogener Handlungen, die ihrerseits einen notwendigen Reflex der Tatsache der Existenz ganz verschiedener Stakeholder darstellen. Auf dem Hintergrund des oben bereits erwähnten Koalitionsmodells der Unternehmung erscheinen Verhandlungen zwischen den Interessengruppen und Individuen als ein sinnvolles Instrument zur Durchführung der notwendigen Koordination.

Abb. 7.3: Koordination durch Verhandlungen

Die partiell divergierenden Erwartungen der verschiedenen relevanten Interessengruppen gehen in Verhandlungsprozesse ein. Solche Prozesse determinieren den betrieblichen Transformations- und Koordinationsmechanismus. Als Ergebnisse der Verhandlungen werden gemeinsam getragene Zielkategorien und Zielprioritäten festgelegt. Durch die Partizipation der Individuen und der Gruppen an der Zielfindung entsteht nachhaltiges Commitment. Die involvierten Stakeholder können sich mit den Entscheidungen und Zielen, an denen sie mitgewirkt haben, umfassend identifizieren. Es darf folglich begründet angenommen werden, dass die Stakeholder auch künftig die benötigen Beiträge für das Unternehmen bereitstellen.

7.3.3 Komplexität

Insgesamt bedeutet die Evaluierung des Auslandsgeschäftes des Unternehmens nach Maßgabe des Stakeholder-Ansatzes ein erheblich komplexeres Vorgehen als im Falle der Anwendung des Shareholder Value-Konzeptes. Neben den Auswirkungen der internationalen Aktivitäten auf den Eigentümerwert des sozio-technischen Systems gelangen Größen wie Kundenzufriedenheit und Arbeitszufriedenheit in den Evaluierungskalkül. Darüber hinaus sind aber auch die Effekte im Hinblick auf die Kooperationsbereitschaft der Gewerkschaften, die Erwartungen der Kreditgeber, die Anforderungen der Öffentlichkeit sowie die Belange der Key-Lieferanten (Qualitätssicherung) angemessen zu hinterfragen und zu bewerten.

Beispiel für empirisch ermittelte Stakeholder-Bedürfnisse (Ergebnisse einer von Norvell/Andrus/Gogumalla (1995) in den Vereinigten Staaten durchgeführten Studie): Befragt wurden Manager in circa 200 großen, international agierenden Industrieunternehmen in den USA. Diese Stakeholder-Population sollte sich dazu äußern, welche Ziele nach ihrer Auffassung in Bezug auf grenzüberschreitende Unternehmensaktivitäten in der betrieblichen Praxis besonders bedeutsam sind. Die Resultate der Untersuchung zeigt Abbildung 7.4.

Reasons and Motives for International Activities	Mean	Standard Deviation
Need for greater market diversification	4,599	0,996
Response to enquiries from foreign buyers	4,475	0,930
Newly acquired access to restricted foreign markets	3,845	1,170
Lager profit potential in foreign markets	3,622	1,234
International ventures provide more long-termprofit vs. short-term profit	3,285	1,137
Products/Services have greater demand in foreign than domestic markets	2,927	1,200
Lower labor costs in foreign markets	2,820	1,159
Need for specialized advertising in foreign markets	2,706	1,200
Foreign government subsidies or incentives	2,651	1,240
Lower material costs in foreign markets	2,649	1,159

Abb. 7.4: Relevante Stakeholder-Interessen aus der Sicht von US-Managern (Quelle: Norvell/Andrus/Gogumalla 1995, S. 67, zitiert nach Kutschker/Schmid 2006, S. 800)

Zweifellos wird die Manager-Perspektive anhand der Befunde deutlich. Andere Stakeholder, wie etwa die operativ tätigen Mitarbeiter oder die Gewerkschaften, würden wahrscheinlich differente Sichtweisen in einen Verhandlungsprozess einbringen. Die Befunde gemäß Abbildung 7.4 belegen aber unabhängig von der gruppenbezogenen Perspektive den expliziten Bezug der Ziele zu verschiedenen Stakeholderbelangen (Eigentümer, Mitarbeiter, Kunden, Öffentlichkeit, Lieferanten).

Im Gegensatz zur oben dargelegten Sichtweise der Stakeholder-Gruppierungen im Konzept der Verhaltenswissenschaftlichen Entscheidungstheorie (Umwelt des Unternehmens) wird in der Fachliteratur häufig zwischen unternehmensinternen und unternehmensexternen Interessengruppen differenziert. Exemplarisch dazu sei hier die Auffassung von Dillerup/Stoi erörtert. Die Autoren unterscheiden

- die (internen) Anspruchsgruppen auf der einen und
- die (externen) Einflussgruppen auf der anderen Seite.

Abb. 7.5: Kategorisierung der Stakeholder des Unternehmens (Quelle: Dillerup/Stoi 2006, S. 73)

- **Interne Anspruchsgruppen**

  In der ersten Kategorie werden die unternehmensinternen Stakeholder-Gruppen ausgewiesen. Sie stellen ganz unmittelbare Ansprüche an das sozio-technische System. Solche Anspruchsgruppen sind die Eigentümer und die im Unternehmen beschäftigten Personen. Die Beschäftigten werden weiter in die Gruppe der Führungskräfte und in die Gruppe der Mitarbeiter unterteilt, weil die Ansprüche dieser beiden Gruppen, beispielsweise aufgrund von Regelungen in individuellen Arbeitsverträgen, tarifvertraglichen Regelungen sowie arbeitsrechtlichen Bestimmungen, signifikant voneinander abweichen.

- **Externe Einflussgruppen**

  Die Belange der zweiten Kategorie von Stakeholdern werden durch die Interessen der unternehmensexternen Bezugsgruppen definiert. Kennzeichnend für die Einflussgruppen ist eine im Vergleich zu den Anspruchsgruppen größere Distanz zum alltäglichen Unternehmensgeschehen. In strategischer Hinsicht üben die auf dem äußeren Ring in Abbildung 7.5 dargestellten Stakeholder-Gruppierungen jedoch für das Unternehmen hochgradig erfolgsrelevante Einflüsse aus. Das bedarf im Falle von Entscheidungen über Internationalisierungsmaßnahmen der sorgfältigen Berücksichtigung durch das Management.

In dieser Sicht wird das Auslandsgeschäft die Überlebensfähigkeit und den Erfolg des Unternehmens langfristig verbessern, wenn es gelingt, Einflüsse und Ansprüche optimal zu integrieren und in Handlungsprogramme umzusetzen. Es kommt dann entscheidend darauf an, die Instrumente der Evaluierung entsprechend abzustimmen, anzuwenden und weiterzuentwickeln, d.h. auch bei der kritischen Reflexion der grenzüberschreitenden Unternehmensaktivitäten in einer breiten Perspektive die Interessen und Bedürfnisse der Stakeholder in das Zentrum der Analyse zu rücken.

7.4   Zusammenfassung

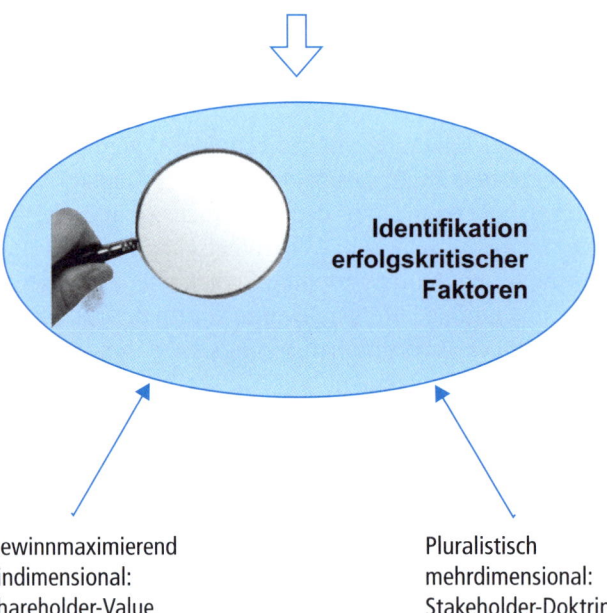

Gewinnmaximierend
eindimensional:
Shareholder-Value

Pluralistisch
mehrdimensional:
Stakeholder-Doktrin

7.5 Kontrollaufgaben

Aufgabe 1:
Arbeiten Sie erfolgskritische Faktoren einzelwirtschaftlicher Auslandsaktivitäten heraus.

Aufgabe 2:
Skizzieren Sie den Prozess der Evaluation internationaler strategischer Geschäftsfelder nach Maßgabe des Shareholder Value-Konzeptes.

Aufgabe 3:
Erläutern Sie die *hurdle rate* als Komponente des Shareholder Value-Konzeptes. Welche Bedeutung hat diese Größe im Hinblick auf die Bewertung von grenzüberschreitenden Geschäften der Unternehmung?

Aufgabe 4:
Setzen Sie sich kritisch mit der Anwendung des Shareholder Value-Konzeptes auf die internationale Unternehmensführung auseinander.

Aufgabe 5:
Skizzieren Sie den Stakeholder-Ansatz anhand seiner charakteristischen Merkmale.

Aufgabe 6:
Zeigen Sie die Bedeutung betrieblicher Verhandlungsprozesse im Hinblick auf Entscheidungen über die internationale Marktbearbeitung.

Aufgabe 7:
Differenzieren Sie die Belange von Anspruchsgruppen und Einflussgruppen in Bezug auf einzelwirtschaftliche Strategien der Internationalisierung.

7.6 Literatur

7.6.1 Quellen

Chandler, A. D.: Strategy and Structure: Chapters in the History of the Industrial Enterprise, Cambridge, Mass. 1962

Dillerup, R.; Stoi, R.: Unternehmensführung, München 2006

Hofmann, L. M.: Internationales Personalmanagement, in: Mahnkopf, B. (Hrsg.). Management der Globalisierung. Akteure, Strukturen, Perspektiven, Berlin 2003, S. 191–209

Kirsch, W.: Die Handhabung von Entscheidungsproblemen, 3. Auflage, München 1988

Macharzina, K.; Wolf, J.: Unternehmensführung. Das internationale Managementwissen, Konzepte – Methoden – Praxis, 5. Auflage, Wiesbaden 2005

March, J.G.; Simon, H. A.: Organizations, New York 1958

March, J. G.: A Primer on Decision Making – How Decisions Happen, New York 1994

Norvell, W.; Andrus, D.; Gogumalla, N.: Factors Related to Internationalization and the Level of Involvement in International Markets, in: International Journal of Management 1/1995, S. 63–77

Rappaport, A.: Shareholder Value: Wertsteigerung als Maßstab der Unternehmensführung, Stuttgart 1995

Simon, H. A.: Administrative Behavior. A Study of Decision-Making Processes in Administrative Organizations, 3. Auflage, New York 1976

7.6.2 Hinweise zur Vertiefung

Zu den behandelten Evaluationsmodellen:

Eckert, S.: Aktionärsorientierung der Unternehmenspolitik? Shareholder Value – Globalisierung – Internationalität, Wiesbaden 2004

v. Scharioth, J.; Huber, M. (Hrsg.): Achieving Excellence in Stakeholder Management, Berlin 2003

Ad rem Organisation

Sachorientierte (= personenunabhängige) strukturelle Gestaltung.

Aktionsparameter

Unabhängige Variable in einem Modellzusammenhang.

Allokation

Zuweisung von Produktionsmitteln.

Anerkennung

Positives Feedback im Rahmen von Führungsprozessen.

Anspruchgruppen

Interne Interessengruppierungen des Unternehmensgeschehens im Sinne des Stake-holder-Ansatzes.

Aufsichtsratsprinzip

Ein Vorstandsmitglied der Muttergesellschaft nimmt gleichzeitig ein Aufsichtsrats-mandat in einer Tochtergesellschaft wahr.

Auslandsdiversifikation

Grad der Heterogenität des vom Unternehmen grenzüberschreitend bereit gestellten Leistungsangebotes.

Auslandsgeschäftssystem

Grundmuster grenzüberschreitender einzelwirtschaftlicher Aktivitäten (z. B. Export).

Auslandslernkurve

Verlauf der Erweiterung der organisatorischen Wissensbasis um spezifische Elemente grenzüberschreitender Geschäftstätigkeit im Zuge einzelwirtschaftlicher Internationalisierung.

Auslandsniederlassung

Geschäftliche Institution des Unternehmens in einem Gastland.

Auslandsportfolio

Anordnung der strategischen Geschäftseinheiten des Unternehmens im internationalen Raum.

Autokratischer Führungsstil

Verhaltenmuster des Vorgesetzten, welches durch Anweisung und Kontrolle geprägt ist.

Betriebsmittel

Langlebige Wirtschaftsgüter zum Zwecke der produktiven Verwendung in Unternehmen.

Binnenmarkt

Angebot und Nachfrage im Stammland des Unternehmens.

Black Hole

Konstellation einer leistungsschwachen Unternehmensrepräsentanz in einem für das sozio-technische System grundlegend wichtigen Auslandsmarkt; mittel- und langfristig unhaltbare Konstellation.

Bottleneck-Effekt

Engpass in Geschäftsprozessen, der sich in einem partiellen Ressourcenmangel ausdrückt; durch die ausgeprägte Knappheit bestimmter Ressourcen (beispielsweise Management-Fähigkeiten) wird die volle Entfaltung anderer Ressourcen (etwa verfügbare Produktionseinrichtungen an ausländischen Zielmärkten) verhindert.

Bottom-up-Prozess

Betrieblicher Vorgang, der, ausgelöst auf der operativen Ebene, die Hierarchie hinauf bis zur Unternehmensspitze verläuft.

Break-even-point

Einzelwirtschaftliche Konstellation für die gilt, dass die Gesamtkosten eines Wirtschaftsgutes gerade den korrespondierenden Gesamterlösen entsprechen; die erreichte Umsatzgröße, welche das Überschreiten der Schwelle zur Erwirtschaftung von Unternehmensgewinnen bedeutet.

B-to-B

Wirtschaftliche Beziehungen zwischen mindestens zwei Unternehmen (Business-to-Business-Transaktionen).

Burnout-Syndrom

Zustand lähmender Erschöpfung des Individuums aufgrund permanenter Überforderung oder tief greifender Frustration; beim Auslandseinsatz von Mitarbeitern besteht die Gefahr von Burnout durch individuell nicht bewältigbare fremdartige Kultureinflüsse im Gastland.

Cash-flow

Aus Umsatzerlösen erwirtschafteter Zahlungsmittelüberschuss des Unternehmens in einer Periode (Maß für die Innenfinanzierungskraft des Unternehmens).

Chinese Value Survey

Kulturstudien auf der Grundlage eines aus chinesischen Werten und Einstellungen hergeleiteten Befragungskonzepts (M. Bond et al.).

Client followers

Dienstleistungsunternehmen, die den Internationalisierungspfad ihrer Kundenunternehmen mitvollziehen.

Coach

Trainer, der den Mitarbeiter auf individueller Ebene aktiv unterstützt und zur Reflexion animiert; bei Auslandseinsätzen von Managern kann der einschlägig ausgewiesene Coach insbesondere eine kulturbezogene Supervision bereitstellen.

Contract Manufacturing

Vergabe von Fertigungsaufträgen an ausländische Subproduzenten (Lohnfabrikation).

Contracting firm

Unternehmung, welche im Wege der grenzüberschreitenden Bereitstellung von Management-Dienstleistungen institutionell internationalisiert.

Corporate Behavior

Summe der Verhaltensweisen der Organisationsmitglieder gegenüber den Marktpartnern, der Gesellschaft sowie auf dem Gebiet der innerbetrieblichen Kooperation.

Corporate Communication

Gesamtheit der Verlautbarungen, Mitteilungen, Stellungnahmen und sonstige kommunikativen Signale des Unternehmens.

Corporate Design

Gesamtheit der visuellen Ausdrucksformen des Unternehmens.

Corporate Identity

Erscheinungsbild des Unternehmens in der Öffentlichkeit.

Cross-border-Akquisitionen

Grenzüberschreitende Fusionen oder Übernahmen von Unternehmen (Mergers & Acquisitions).

Cross-License

Grenzüberschreitender Austausch von Nutzungsbefugnissen.

Cultural Awareness

Sensibilisierung und Qualifizierung der Mitarbeiter in Bezug auf die Wertorientierungen im Gastland.

Culture Assimilator Training

Lernprogramm zum Erarbeiten und Einüben der prägenden Merkmale fremder Kulturen.

Culture-bound-Thesis

Prämisse der Kulturabhängigkeit der Erfolgswirkung von Konzepten der Unternehmensführung.

Culture-free-Thesis

Idealtypische Modellvorstellung, wonach marktwirtschaftliche Grundordnungen kulturunabhängig bestimmte rationale Konzepte der Unternehmensführung erfordern.

Delegation

Zuordnung von Kompetenzen auf die verschiedenen Ebenen und Stellen im Unternehmen.

Deskription

Wissenschaftliche Beschreibung.

Dezentralisierung

Verlagerung der Entscheidungsbefugnisse auf mittlere und untere Managementebenen; im Falle grenzüberschreitender einzelwirtschaftlicher Aktivitäten geht es insbesondere um die Übertragung von Kompetenzen auf die ausländischen Unternehmenseinheiten.

Direktinvestition

Erwerb und Einsatz von Betriebsmitteln an einem ausländischen Markt.

Diskontinuitäten

Sprunghafte und tief greifende Veränderungen im Kontext von Einzelwirtschaften (nach H. I. Ansoff).

Dispositive Arbeit

Tätigkeiten zur Leitung und Lenkung der betrieblichen Vorgänge.

Diversifikation

Erweiterung des betrieblichen Leistungsangebotes.

Divisionalisierung

Etablieren relativ autonomer Unternehmenseinheiten; Zuweisung von Gewinn- und Verlustverantwortung (= Spartenorganisation).

Doppelarbeiten

Populärer Begriff zur Beschreibung von mehrfach parallel durchgeführten Funktionen im Unternehmen.

Doppelvorstandsprinzip

Simultane Ausübung von Vorstandsmandaten in der Holdinggesellschaft und in einer Tochtergesellschaft durch einen Top-Manager.

Dotted lines

Gestrichelte Zuordnungslinien, die im Organigramm des internationalen Unternehmens grenzüberschreitende funktionale Weisungsbeziehungen anzeigen.

Economies of scale

Steigende Skalenerträge; bezeichnen das Phänomen sinkender Grenzkosten bei Ausweitung des Produktionsvolumens; eine wesentliche Erklärung liegt in der Fixkostendegression.

Economies of scope

Verbundvorteile im Sinne von Synergien in diversifizierten Unternehmen; Erklärung: Bestimmte infrastrukturelle Kapazitäten können für verschiedene Sparten genutzt werden (z.B. Grundlagenforschung, IT, Planungssysteme).

Einflussgruppen

Externe Interessengruppierungen des Unternehmensgeschehens im Sinne des Stakeholder-Ansatzes.

Einzelwirtschaft

Mikroeinheit im wirtschaftlichen Kontext; Unternehmen, Betrieb, prinzipiell auch: privater Haushalt.

Enkulturation

Prozess des Lernens der spezifischen Kulturmuster eines Gemeinwesens sowie der kulturimmanenten Wertvorstellungen durch das einzelne Mitglied dieses Gemeinwesens.

Equity-Joint-Venture

Gemeinschaftsunternehmen, an welchem alle beteiligen Gesellschafter gleiche Kapitalanteile halten.

Erfahrungskurve

Modell des Zusammenhanges zwischen kumulierter Produktionsmenge eines Wirtschaftsgutes und dessen Stückkosten; es gilt die Prämisse von Kostensenkungspotentialen bis zu 30 % bei Verdoppelung der Produktionsmenge.

Erwartungsparameter

Abhängige Variable in einem Modellzusammenhang.

Evaluation

Kritische Bewertung unternehmerischer Resultate und Prozesse; auch Soll-/Ist-Vergleiche.

Exploration

Wissenschaftliche Erklärung.

Feasibility-Study

Vorstudie zu einem Projekt mit dem Ziel der Klärung der Durchführbarkeit des Vorhabens.

Fit

Zustand der Übereinstimmung, Harmonie zwischen mehreren wirtschaftlich relevanten Variablen.

Fokale Unternehmung

Sozio-technisches System, welches die strategische Führungsrolle in einem Unternehmensnetzwerk ausfüllt (hub firm).

Formale Organisationsstruktur

Summe der offiziell autorisierten und schriftliche festgelegten strukturellen Regelungen eines sozio-technischen Systems.

Formalisierung

Variable der Organisationsstruktur, welche das Ausmaß schriftlicher Fixierung von Prozessen und Ergebnissen regelt.

Franchise-Geber

Hersteller oder Großhändler, der insbesondere marktbezogene Nutzungsrechte bereitstellt.

Franchise-Nehmer

Absatzmittler, der zentral bereit gestellte Nutzungsrechte, insbesondere an einem implementierten Marketing-Konzept, anwendet.

Freiheitsgrade

Alternative Verhaltensoptionen von Systemen.

Frustration

Subjektives Gefühl gestörter Bedürfniserfüllung.

Führung

Zielorientierte soziale Einflussnahme.

Führungsgrundsätze

Unternehmensspezifische Richtlinien zur erfolgreichen Wahrnehmung der Managementfunktionen.

Führungsstil

Beobachtbares Verhaltensmuster von Managern.

Fünf Drachen

Populäre Bezeichnung für die Länder China, Hongkong, Taiwan, Japan und Südkorea.

Funktionale Internationalisierung

Grenzüberschreitende Unternehmensaktivitäten ohne Direktinvestitionen.

Gastland

Staat, der ein ausländisches Aktionsgebiet der Unternehmung darstellt.

Globale Strukturen

Weltweite Ausrichtung der betrieblichen Organisationsmaßnahmen; Aufhebung der Trennung von Inland und Ausland als organisationales Gliederungskriterium.

Globalisierte Unternehmen

Einzelwirtschaften mit weltweit homogener Marketing-Konzeption.

Globalisierung

Supranationale Ausdehnung von Märkten und Schaffung ordnungspolitischer Rahmenbedingungen zur Förderung der grenzüberschreitenden Allokation wirtschaftlicher Leistungen.

Globalisierungsgegner

Protestbewegung, die auf der Annahme negativer Effekte weltweiter wirtschaftlicher Beziehungen und ökonomischer Integration basiert.

Globalplayer

Weltweit operierende Großunternehmung.

Goodwill

Unternehmenswert aus der Sicht potentieller Käufer oder Partner des betrachteten Unternehmens.

Hidden Champions

In der Öffentlichkeit wenig bekannte Unternehmen mit hohem internationalen Wirkungsgrad (Simon).

Holding

Rechtlich selbständige Spitzeneinheit eines Konzerns.

Homo oeconomicus

Wirtschaftswissenschaftliche Modellvorstellung vom Menschen als total rational gesteuertem Wesen.

Hub firm

Initiativeinheit in einem Unternehmensnetzwerk.

Humanvermögen

Summe aus Fähigkeiten, Fertigkeiten und Motivation der Organisationsmitglieder.

Hurdle rate

Angemessene Eigenkapitalrendite nach Maßgabe des Shareholder Value Konzepts im Sinne einer zu kalkulierenden Mindestverzinsung; dieser kalkulatorische Zinssatz dient unter anderem der Evaluierung strategischer Geschäftseinheiten an Auslandsmärkten.

Image

Summe zugeschriebener Eigenschaften eines Objekts oder Subjekts.

Index der Langfristigen Orientierung

Größe zur Messung der Kulturdimension *Konfuzianische Dynamik*.

Individualismusindex

Größe zur Messung der Kulturdimension *Kollektivismus versus Individualismus*.

Inkrementale Planung

Induktives Vorgehen im Prozess der Unternehmensplanung; Prinzip von *Trial and Error* (auch: *Muddling-Through*).

Institutionelle Internationalisierung

Grenzüberschreitende Unternehmensaktivitäten mit Direktinvestitionen am Zielmarkt.

Interaktion

Zusammenwirken verschiedener Akteure eines Geschehens.

Interdisziplinäre Forschung

Bemühen um Erkenntnisgewinnung, das verschiedene Wissenschaften übergreift.

Interkulturelle Kompetenz

Fähigkeit des Individuums, kulturübergreifend erfolgreich zu handeln.

Internationale Personalentwicklung

Qualifizierung und Einsatz der Organisationsmitglieder im grenzüberschreitenden Operationsraum des Unternehmens.

Internationaler Produktlebenszyklus

Grenzüberschreitender Werdegang eines wirtschaftlichen Leistungsangebotes.

Internationalisierung

Summe der einzelwirtschaftlichen Operationen, die Ländergrenzen überschreiten.

Internationalisierungsgrad

Relatives Ausmaß des einzelwirtschaftlichen Auslandsgeschäfts.

Internationalisierungspfad

Prozessverlauf einzelwirtschaftlicher Auslandsaktivitäten.

International Division

Einzelwirtschaftlicher Geschäftsbereich, im welchem sämtliche grenzüberschreitende Unternehmensaktivitäten strukturell integriert sind.

Interorganisationales Netzwerk

Relativ unstrukturierter Zusammenschluss operativer Einheiten aus verschiedenen rechtlich selbständigen Unternehmen.

Intrakulturelle Handlungsfähigkeit

Kompetenz des Individuums zum erfolgreichen Arbeiten in einem definierten kulturellen Umfeld, insbesondere in einem geschäftspolitisch relevanten Gastland.

Intraorganisationales Netzwerk

Relativ unstrukturierter Zusammenschluss operativer Einheiten innerhalb eines rechtlich selbständigen Unternehmens.

Investitionsgüter

Langlebige Wirtschaftgüter im Business-Bereich; Betriebsmittel.

Job rotation

Planmäßiger Arbeitplatzwechsel von Organisationsmitgliedern; im grenzüberschreitenden Unternehmen werden Auslandseinsätze der Mitarbeiter gezielt in Programme von job rotation einbezogen.

Joint Venture

Eigenständige Unternehmung, welche von mindestens zwei selbständigen Partnerunternehmen gegründet und betrieben wird.

Karriere

Der Stellenwechsel eines Individuums auf gleicher hierarchischer Ebene oder auf eine hierarchisch höher angesiedelte Position.

Kernkompetenzen

Herausragende Fähigkeiten eines sozio-technischen Systems.

Komparative Kosten

Vergleichende Betrachtung des Werteverzehrs für eine definierte ökonomische Leistung in verschiedenen Ländern.

Kompetenz

In organisatorischer Hinsicht = Entscheidungsbefugnis, die einer Position zugeordnet wird; in personalwirtschaftlicher Perspektive = besondere Fähigkeit des Individuums.

Komplexität

Systemzustand, der durch das Bestehen vieler Beziehungen zwischen den Elementen des Systems gekennzeichnet ist.

Komplexitätsreduktion

Einengung der Anzahl zulässiger Entscheidungsalternativen.

Konfiguration

Leitungsbeziehungen im Unternehmen; strukturelles Lenkungssystem.

Konsumgüter

Wirtschaftgüter für die Zielgruppe *Privathaushalte.*

Kontingenzmodell

Managementkonzept, welches auf der Situationsabhängigkeit erfolgreicher Führung basiert (Fiedler).

Kontra-Kultur-Schock

Reintegrationsschwierigkeiten des Auslandsdelegierten bei Rückkehr in das betriebliche Stammland.

Kontrolle

Führungsinstrument zur Überprüfung der Zielerreichung sowie des Einhaltens verbindlicher Standards.

Konzern

Gruppe rechtlich selbständiger Unternehmen unter einheitlicher Leitung.

Koordination

Zielorientierte Abstimmung arbeitsteiliger Tätigkeiten.

Kritik

Negatives Feedback im Rahmen von Führungsprozessen.

Kultur

Gesamtheit der Erkenntnisse und Werte einer größeren Population sowie deren Objektivationen im wissenschaftlichen, musischen, sozialen und technischen Bereich.

Kulturdimensionen

Herausragende und kennzeichnende Merkmale von Kulturen; Komponenten von Kulturmodellen.

Kultureller Wandel

Änderungen in den Inhalten und Einflussbeziehungen der Wertesysteme von Gesellschaften.

Kulturmodell

Konzept zur abstrahierend-vereinfachenden Abbildung gesellschaftlicher Wertesysteme.

Kulturschock

Unvermitteltes Aufeinanderprallen der gelernten eigenen kulturellen Orientierungen des Individuums mit den fremdkulturellen Bedingungen in einem Gastland; diese Wahrnehmung wird subjektiv als desaströs erlebt (Schock).

Kulturstandards

Prägende Elemente des Wertesystems einer größeren Population.

Kulturübergreifendes Netzwerk

Relativ flexible und offene Verbindung von Unternehmen, die in verschiedenen Kulturkreisen angesiedelt sind.

Lead-Country-Konzept

Management-Modell, das die Führung grenzüberschreitender Unternehmensprojekte nach dem Kriterium der aktualisierten Stärken den Tochtergesellschaften im supranationalen Raum zuweist.

Lineare Zeitvorstellung

Streng logische Aneinanderreihung zeitlicher Bezugsgrößen (Tage, Wochen).

Lizenz

Befugnis, das patentierte oder durch Musterschutz geschützte Recht eines anderen ganz oder teilweise für eigene gewerbliche Zwecke zu nutzen.

Lokalisierte Unternehmen

Einzelwirtschaften mit polyzentrischer Marketing-Orientierung.

Macht

Fähigkeit einer Person, in einer sozialen Beziehung den eigenen Willen auch gegen Widerstand durchzusetzen, gleichgültig, worauf diese Fähigkeit beruht.

Machtdistanzindex

Maß zur Bestimmung es gesellschaftlichen Machtgefälles.

Managed firm

Ausländischer (Business-) Kunde im Rahmen des internationalen Geschäftssystem Management Contracting.

Management by Objectives (MbO)

Ganzheitliches Führungsmodell, welches dem Institut der Zielvereinbarung zentrale Bedeutung zuweist.

Management Contracting

Grenzüberschreitender Transfer von Dienstleistungen auf dem Gebiet der Unternehmensführung.

Managerial molecule

Visualisierung des Geflechts der Beziehungen im 7S-Modell der Unternehmensführung.

Marketing-Mix

Konzertierter Einsatz absatzpolitischer Instrumente.

Maskulinitätsindex

Größe zur Messung der Kulturdimension *Femininität versus Maskulinität*.

Matrixorganisation

Zweidimensionale Strukturierung des Unternehmens oder eines seiner Subsysteme.

Mergers & Acquisitions

Transaktionen zwecks Zusammenschluss von Unternehmen oder Übernahme von Unternehmen (Eigentümerwechsel).

Meta-Holding

Oberste Spitzeneinheit in der mehrstufigen Holdingstruktur.

Mitarbeiterbesprechung

Unterredung des Vorgesetzten mit mehreren ihm unterstellten Mitarbeitern.

Mitarbeitergespräch

Vertrauliche Unterredung des Vorgesetzten mit einem ihm unterstellten Mitarbeiter.

Monopol

Von einem Akteur beherrschter Markt.

Motivation

Leistungsbereitschaft der Organisationsmitglieder.

Muddling-Through

Induktives Vorgehen im Prozess der Unternehmensplanung; Prinzip von *Trial and Error* (auch: Inkrementale Planung).

Nachhaltigkeit

Ökologische Zielkategorie, die auf den schonenden supranationalen Umgang mit natürlichen Ressourcen gerichtet ist.

NAFTA

= North American Free Trade Agreement; Wirtschaftsverbund und Freihandelszone zwischen den USA, Kanada und Mexiko.

Null-Fehler-Philosophie

Idealtypische Modellvorstellung, wonach perfekte Geschäftsprozesse mit integrierten Mechanismen der prozessualen Selbstkontrolle Mängel am Output vollständig vermeiden sollen.

Nutzwertanalyse

Instrument zur Bewertung alternativer Standorte des Unternehmens.

Objektbezogene Arbeit

Menschliche Arbeitsleistungen, die unmittelbar in den Produktionsprozess eingehen.

Ökologische Effizienz

Grad der Realisierung umweltorientierter Zielkategorien in Führungsprozessen.

Ökonomische Effizienz

Grad der Realisierung wirtschaftlicher Zielkategorien des Unternehmens.

Oligopol

Von wenigen Akteuren beherrschter Markt.

Opportunitätskosten

Entgangene Erträge oder Nutzeneinheiten bei potentieller alternativer Verwendung der Ressourcen.

Organisationales Lernen

Prozess der Vergrößerung der kollektiven Wissensbasis im Unternehmen.

Organisationsentwicklung

Gesamtheit der Maßnahmen zur Steigerung der Rationalität des kollektiven Handelns in sozio-technischen Systemen.

Organisatorische Wissensbasis

Gesamtheit der für die Mitglieder einer Organisation zugänglichen kognitiven Elemente innerhalb dieser Organisation.

Partizipation

Beteiligung der Mitarbeiter an den betrieblichen Entscheidungsprozessen.

Partizipativer Führungsstil

Verhaltensmuster des Vorgesetzten, welches auf der Einbeziehung der unterstellten Mitarbeiter in Entscheidungsprozesse basiert.

Personalentwicklung

Gesamtheit mitarbeiterbezogener Fördermaßnahmen des Unternehmens, die insbesondere die Integration gezielter Trainingsmaßnahmen mit individueller Karriereplanung umfasst.

Personalunion

Fallgestaltung in der Politik betrieblicher Stellenbesetzung, wonach eine Person mindestens zwei Positionen im Sinne organisatorischer Aufgabenkomplexe wahrnimmt; unter anderem Instrument zur Steuerung internationaler Konzerne.

Personelle Führungsdimension

Summe der Verhaltensweisen von Führungskräften und Mitarbeitern mit dem Ziel sozialer Einflussnahme im Unternehmensgeschehen.

Polyzentrische Struktur

Über Ländergrenzen hinweg dezentralisierte Anordnung von Entscheidungsbefugnissen in der Organisation.

Prinzip der Gleichzeitigkeit

Merkmal traditioneller Zeitordnungen; danach stehen alle Mitglieder eines betrachteten Systems (beispielsweise eines Unternehmens) in einem zeitlich simultanen Funktionszusammenhang.

Produktivität

Outputmenge / Inputmenge.

Produktmanager

Leitungsstelle bezogen auf ein Produkt oder eine Produktgruppe.

Programmierung

Verbindliche Vorgabe definierter Verfahrensabläufe.

Projekt

Zeitlich befristetes, außergewöhnliches Vorhaben des Unternehmens.

Psychologisches Feld

Modellkonstruktion, in welcher die Person und ihre Umwelt in ausgeprägten inter-aktiven Beziehungen stehen und daraus verhaltenswirksame Impulse resultieren.

Public relations

Gesamtheit der betrieblichen Maßnahmen zum Zwecke der Öffentlichkeitsarbeit.

Räumliche Agglomeration

Konzentration von Unternehmensstandorten und Betriebsansiedlungen innerhalb eines relativ engen geografischen Radius.

Regiebetrieb

Grenzüberschreitend angesiedelte rechtlich-organisatorische Einheit des inlän-dischen Stammunternehmens.

Regionalmanager

Leitungsstelle für einen Auslandsmarkt.

Ressortegoismen

Gesamtunternehmensbezogen suboptimales Handeln und Entscheiden aus der Per-spektive eines Unternehmensbereiches.

Ressourcentransfer

Grenzüberschreitender Einsatz von Produktionsfaktoren.

Return on Investment (RoI)

Kenngröße zur Messung des Rückflusses des eingesetzten Kapitals; Kapitalrendite; Verhältnis des investierten Kapitals und des Umsatzes zum Gewinn.

Selbstabstimmung

Koordination auf der Basis von Eigeninitiative der in den Geschäftsprozess invol-vierten Aufgabenträger.

Selbstverwirklichung

Individuelles Wachstumsmotiv nach Maslow.

Shared values

Gemeinsam geteilte Werte der Mitglieder einer Organisation im Sinne von Unter-nehmenskultur.

Shareholder Value

Wert des Unternehmens für dessen Eigentümer.

Softfactors

„Weiche" Führungsinstrumente im Sinne von Partizipation und Dialog; sozial orientierte Methoden der Unternehmensführung.

S-O-R Paradigma

Zusammenhang von Stimulus (S), Organismus (O) und Reaktion (R) als Modell der behavioristischen Psychologie.

Soziale Effizienz

Grad der Realisierung mitarbeiterbezogener Zielkategorien in Führungsprozessen.

Soziale Marktwirtschaft

Durch Vorgaben zur Sicherung des Gemeinwohls limitiertes freies Spiel der wirtschaftlichen Kräfte von Angebot und Nachfrage.

Soziale Rolle

Prägende Verhaltenserwartungen an das Individuum aus dessen Umfeld.

Sozialisation

Prozess der Anpassung des Individuums an die Strukturen der Gesellschaft.

Spartenorganisation

Etablieren relativ autonomer Unternehmenseinheiten; Zuweisung von Gewinn- und Verlustverantwortung (= Divisionalisierung).

Stammhauskonzern

Unternehmensgruppe unter der zentralistisch orientierten Leitung der inländischen Muttergesellschaft (Stammhaus).

Stammland

Eigenes Staatsgebiet einer internationalisierenden Unternehmung; Heimatmarkt.

Standortfaktoren

Aus der Sicht des Unternehmens relevante Merkmale geografischer Bereiche, in denen potentiell betriebliche Produktionsfaktoren eingesetzt werden, um Leistungen zu erstellen.

Strategic Leader

Unternehmenseinheit im internationalen Unternehmensverbund, für die gilt: Die Unternehmenseinheit agiert auf einem für das Gesamtunternehmen grundlegend wichtigen Markt und verfügt über hoch entwickelte lokale Ressourcen und Fähigkeiten.

Strategie

Grundlegende und langfristige Ausrichtung des Unternehmens sowie seine Positionierung in der Umwelt.

Strategische Allianzen

Vertragsbasierte Zusammenarbeit rechtlich selbständiger Partnerunternehmen.

Strategische Geschäftseinheit

Spezifische Produkt-/ Marktkombination; Bausteine der strategischen Unternehmensplanung.

Strukturelle Führungsdimension

Gesamtheit der organisatorischen Regelungen in einem Unternehmen.

Strukturvariable

Veränderbare Größe eines organisationalen Systems.

Subordinationsspanne

Anzahl der einer Instanz (Leitungsposition) unmittelbar zugeordneten Stellen.

Synergien

Verbundeffekte; danach ist das Ganze (potentiell) mehr als die Summe seiner Teile.

System

Geordnete Gesamtheit von Elementen, zwischen denen Beziehungen bestehen oder hergestellt werden können.

Taylorismus

Bezeichnung für die von F. W. Taylor begründete Lehre des *Scientific Management* (1911); als kennzeichnend für dieses Konzept wissenschaftlicher Betriebsführung gilt die Realisierung extremer Arbeitsteilung in den betrieblichen Prozessen.

Tensororganisation

Dreidimensionale Strukturierung des Unternehmens.

Top-down-Prozess

Betrieblicher Vorgang, der, ausgelöst in der Unternehmensspitze, die Hierarchie hinunter verläuft.

Top-Management

Hierarchisch höchstes Leitungsorgan des Unternehmens.

Training off-the-job

Teilnahme des Mitarbeiters an Qualifizierungsmaßnahmen außerhalb des eigenen Arbeitsbereiches.

Training on-the-job

Qualifizierung des Mitarbeiters im unmittelbaren Kontext seiner Arbeitsaufgaben.

Transaktion

Übertragung von Gütern, Dienstleistungen oder Verfügungsrechten über eine abgrenzbare Schnittstelle.

Transaktionskosten

Kosten des marktlichen Austausches, der Nutzung des Preismechanismus und der Handhabung von Unsicherheit in wirtschaftlichen Austauschbeziehungen.

Transnationale Organisation

Anwendung des Modells der Netzwerkorganisation auf die Führung grenzüberschreitend agierender Unternehmen (Bartlett / Goshal).

Ungewissheitsabsorption

Herleiten eindeutiger Schlussfolgerungen aus mehrdeutigen Informationen.

Unsicherheitsvermeidungsindex

Größe zur Messung der Kulturdimension *Vermeidung von Unsicherheit*.

Unternehmenskultur

Summe der gemeinsam geteilten Wertvorstellungen der Organisationsmitglieder.

Unternehmensleitbild

Summe grundlegender Wertvorstellungen in der offiziell vom Leitungsorgan autorisierten und formalisierten Darstellung des sozio-technischen Systems im Sinne von Corporate Identity.

Unternehmensstandort

Geografischer Bereich, an dem betriebliche Produktionsfaktoren eingesetzt werden, um Leistungen zu erstellen.

Unternehmenswert

Gegenwartswert der Summe betrieblicher Cash-flows im Planungshorizont plus Gegenwartswert des Restwertes der Unternehmung bei Ende des Planungshorizonts (ewige Rente) plus Marktwert börsennotierter Wertpapiere.

Verantwortung

Verpflichtung des Individuums, für die Folgen der eigenen Handlungen einzustehen und dafür Rechenschaft abzulegen.

Vertrauen

Im Sinne einer Managementkategorie bedeutet Vertrauen eine Vorleistung des Führenden, welche die Erwartung impliziert, dass der Interaktionspartner wohlwollendes Verhalten realisieren wird, obwohl er die Option besitzt, nicht wohlwollende Verhaltensweisen zu wählen.

Virtuelle Unternehmung

Organisation, die in der Außenwirkung (Kunden, Öffentlichkeit) als eine Einheit in Erscheinung tritt, intern jedoch aus mehreren selbständigen Unternehmen oder Unternehmensteilen (Module) besteht; diese Module kooperieren auf der Basis hoch moderner IuK und im Rahmen von Netzwerkbeziehungen über gesellschaftsrechtliche, standortbezogene und nationale Grenzen hinweg in vielfältiger Weise.

Weak signals

Zunächst schwache Informationen über bevorstehende strategische Überraschungen (= Diskontinuitäten) im Umfeld des Unternehmens (nach H. I. Ansoff).

Werkstoffe

Sachliche Ressourcen, die im Produktionsprozess verbraucht werden.

Win-Win-Situation

Konstellation synergetischer Vorteile für alle an einem wirtschaftlichen Vorgang Beteiligten.

Wirtschaftlichkeit

Leistungen / Kosten.

Wirtschaftssprachen

Die im internationalen Wirtschaftleben dominierenden Landessprachen, dies sind die früheren Kolonialsprachen Englisch, Französisch, Spanisch und Portugiesisch.

Zentralisierung

Konzentration der Entscheidungsbefugnisse in der Unternehmensspitze; Stammlandzentrierung im internationalen Management.

Zielmarkt

Bestimmung des Gastlandes für geschäftspolitische Aktivitäten der Einzelwirtschaft.

Zweifaktorentheorie

Doktrin von Herzberg, welcher die Motivation von Individuen mit zwei differenten Gruppen von Einflussgrößen in Zusammenhang bringt, nämlich den Hygienefaktoren (können Demotivation verhindern) sowie den Motivatoren (können Motivation auslösen).

Zyklische Zeitvorstellung

Modellvorstellung von Zeit als ständiger Wechsel wiederkehrender Intervalle (Jahreszeiten, Tage, Nächte, Monde).

9 Lösungshinweise

9.1 Lösungshinweise zu Kapitel 1: Internationales Management als betriebswirtschaftliche Teildisziplin

Lösungshinweise zu den Kontrollaufgaben

Aufgabe 1:

- Globalisierung = supranationale Ausdehnung von Märkten und Schaffen ordnungspolitischer Rahmenbedingungen zur Förderung grenzüberschreitender Wirtschaftsaktivitäten

- Internationalisierung = einzelwirtschaftliche grenzüberschreitende Aktivitäten

Globalisierung beschreibt ein makroökonomisches Phänomen, während Internationalisierung die betrieblichen Prozesse im Kontext der Globalisierung kennzeichnet (Unternehmensebene).

Aufgabe 2:

- Führung = zielorientierte soziale Einflussnahme

Aufgabe 3:

- Führung = dispositiver Faktor; optimale Kombination der Elementarfaktoren in produktiven Prozessen

- originäre Komponente = Leitung

- derivative Komponenten = Planung, Organisation, Kontrolle

Kritik:
  - idealtypische Differenzierung
  - deskriptiv ergiebiges Konzept

Die strikte Trennung von Disposition und Operation erscheint allerdings unrealistisch und ökonomisch wenig zweckmäßig.

Aufgabe 4:

- Mensch wird als komplexes soziales Wesen interpretiert

- subjektive Wahrnehmung ist handlungsleitend

- psychologische Feldtheorie (Lewin)

- S-O-R Paradigma

- Zusammenhang von Umweltstimuli und Merkmalen des Individuums determiniert den Führungserfolg

- Führung = interaktiver Prozess

Aufgabe 5:

- Personelle Dimension = Verhaltensweisen der Akteure im Führungsprozess
  - Führungsverhalten, Führungsakte, Führungsstil
  - abhängig von den Eigenschaften der Akteure in Führungsprozessen
- Strukturelle Dimension: Summe der organisatorischen Regeln und Gegebenheiten im Unternehmen
  - personenunabhängige (technokratische) Gestaltung, ad rem
  - setzt Rahmenbedingungen für Wahrnehmung personeller Führung

Aufgabe 6:

- Führungsstil = Relativ stabile, generelle und interindividuell vergleichbare Konfiguration von Führungsakten

Beobachtbares Verhaltensmuster, welches sich für eine größere Anzahl von Managern empirisch nachweisen lässt.

Aufgabe 7:

- Zielsetzung = Herleiten operationaler Soll-Größen
- Information/Kommunikation = Wissens- und Meinungsaustausch zwischen Vorgesetztem und Mitarbeitern
- Mitarbeiterbesprechungen (multilateral), Mitarbeitergespräch (bilateral)
- Anerkennung = Positives Feedback seitens des Vorgesetzten
- Kritik = Negatives Feedback seitens des Vorgesetzten
- Formalisierte Mitarbeiterbeurteilung = Schriftliche Leistungs- und Potentialbewertung
- Kontrolle = Soll-/Ist-Vergleich, Abweichungsanalyse, Herleiten von Konsequenzen
- Verhaltenskontrolle, Ergebniskontrolle, Fremdkontrolle, Selbstkontrolle
- Förderung der Mitarbeiter = Ermitteln des Trainingsbedarfs, Initiierung von Trainingsmaßnahmen, individuelle Karriereplanung
- Motivation = Stimulation der Leistungsbereitschaft

Aufgabe 8:

- Führen heißt Motivieren! Entgeltanreize: Akkordlohn, Prämienlohn, Provisionssysteme

Die Anwendung von Entgeltanreizen ist jedoch umstritten.

- Zweifaktorentheorie: Hygienefaktoren, Motivatoren
  - Schaffen von Motivation – Vermeiden von Demotivation
  - intrinsische/extrinsische Motivation

Aufgabe 9:

- Arbeitsteilung = Aufgliederung der zur Zielerreichung notwendigen Aktivitäten und der Verteilung auf die Aufgabenträger
- Koordination = Zielorientierte Abstimmung arbeitsteiliger Aktivitäten
- Leitungsbeziehungen = Äußere Form des Stellengefüges
  - Verknüpfung der organisatorischen Einheiten
  - Regelungen der Über- und Unterordnung
  - Hierarchie
  - strukturelles Lenkungssystem
- Delegation = Zuordnung von Kompetenzen auf die verschiedenen Ebenen und Stellen im Unternehmen
- Standardisierung = Vereinheitlichen von Prozessen und Ergebnissen

Aufgabe 10:

- Erwartungsparameter betrieblicher Führung
- ökonomische, mitarbeiterbezogene, ökologische Zielkategorien
- Komplementarität, Konfliktarität, Indifferenz
- Setzen von Prioritäten
- Zieldeduktion

Aufgabe 11:

Prinzipiell komplementärer Zusammenhang:
Grenzüberschreitende Aktivitäten tragen prinzipiell zur Förderung des Wachstumsziels erheblich bei, insbesondere bei gesättigten Heimatmärkten, allerdings implizieren Auslandsengagements Risiken, die mittelfristig häufig in sinkender Unternehmensgröße Niederschlag finden (Rückzug von ausländischen Märkten).

Aufgabe 12:

Vielschichtiger Zusammenhang:
Durch Unternehmensexpansion an ausländischen Märkten werden dort neue Arbeitsplätze geschaffen, häufig aber ebenfalls in der Zentrale im Stammland.

Bei grenzüberschreitenden Verlagerungen von Unternehmensteilen oder beim Outsourcing an ausländische Zielmärkte werden die Arbeitsplätze inländischer Organisationsmitglieder allerdings bedroht oder gehen verloren.

Aufgabe 13:

- Komplementarität = Wechselseitige Verstärkung in der Zielrealisation, Harmonie

- Konfliktarität = Konkurrenz; gegenseitiger Ausschluss (entweder oder), Disharmonie, Erfordernis des Entscheidens über Zielprioritäten

- Indifferenz = Unabhängigkeit; gegenseitige Neutralität

Aufgabe 14:

> **Spezifischer Einsatz betrieblicher Führungsinstrumente in Bezug auf die rationale Steuerung grenzüberschreitender Interaktionsbeziehungen der Unternehmung**

- betriebliches Operationsgebiet reicht über das eigene Stammland hinaus

- grenzüberschreitender Einsatz personeller und sachlicher Ressourcen

- Notwendigkeit der zielbezogenen Kommunikation mit ausländischen Geschäftspartnern

Aufgabe 15:

Prinzipiell lässt sich der Internationalisierungsgrad von Unternehmens mittels quantitativer und qualitativer Kriterien abbilden.

Die Differenzierung von Internationalisierungsgraden ist im Hinblick auf die Gliederung des Gegenstandsbereichs der betriebwirtschaftlichen Teildisziplin vom *Internationalen Management* sinnvoll.

Darüber hinaus vermittelt der betriebliche Internationalisierungsgrad vielfältige Ansatzpunkte für Entscheidungen über praktische Gestaltungsmaßnahmen im Unternehmen.

Aufgabe 16:

Dieses quantitative Kriterium zur Bestimmung des Internationalisierungsgrades misst die Intensität des Auslandsgeschäftes der betrachteten Einzelwirtschaft.

Aufgabe 17:

Es handelt sich um ein qualitatives Kriterium zur Messung des einzelwirtschaftlichen Internationalisierungsgrades. Abgebildet wird die Bedeutung der interkulturellen Kompetenz im Unternehmen. Dieses Merkmal bringt das Ausmaß der Internationalität des betrieblichen Humanvermögens zum Ausdruck.

Lösungshinweise zur Fallstudie

Aufgabe 1

Die bestehende Arbeitzeitregelung ist eindeutig. Als täglicher Arbeitbeginn gilt für alle Mitglieder des betrachteten Arbeitssystems (Gruppe Debitorenbuchhaltung) die Zeitmarke 7.30 Uhr. Diese Arbeitzeitregelung wurde von der Unternehmensleitung festgelegt und autorisiert. Die Organisation der Arbeitszeit gehört zur strukturellen Führung in der Seiler KG. Alle Organisationsmitglieder sind verpflichtet, diese Regelungen zu beachten und einzuhalten (Direktionsrecht des Arbeitgebers). Das gilt ausnahmslos, natürlich auch für Goran Soskic. Die Arbeitzeitregelung stellt ebenso für Rosemarie Lehmann eine verbindliche Vorgabe dar. Sie ist als Organisationsmitglied gehalten, selbst pünktlich ihre Arbeit aufzunehmen (Handlungsverantwortung für unmittelbare eigene Aktivitäten). Als Vorgesetzte obliegt es Lehmann darüber hinaus, die Einhaltung struktureller Rahmenbedingungen durch die ihr unterstellten Mitarbeiterinnen und Mitarbeiter zu gewährleisten (Führungsverantwortung in Bezug auf das Verhalten anderer Organisationsmitglieder). Es gehört daher zu den unzweifelhaften Pflichten aus der Führungsrolle von Lehmann, die Regelabweichung in Sachen Arbeitszeit von Goran Soskic zu registrieren, zu thematisieren und zu eliminieren. Soskic ist uneingeschränkt zum pünktlichen Dienstbeginn verpflichtet. Bevor irgendwelche Sanktionen greifen, sollte Soskic allerdings das Recht erhalten, zu seinem objektiven Fehlverhalten subjektiv Stellung zu nehmen. Zu den Rechten aus der Vorgesetztenrolle von Rosemarie Lehmann gehört es, von ihrem Mitarbeiter Goran Soskic Rechenschaft über dessen Verhalten in Sachen Arbeitszeit einzufordern.

Aufgabe 2

Goran Soskic ist der *Hahn im Korbe,* der einzige Mann in einer Arbeitsgruppe, in der sonst ausschließlich Frauen vertreten sind. Das verschafft ihm per se eine Sonderstellung. Damit werden geschlechtsspezifische Verhaltensmuster in der Gruppe aktiviert. Weiterhin unterscheidet sich der einzige Mann in der Gruppe durch seine Nationalität von den übrigen Mitgliedern. Die informellen Beziehungen überlagern gleichsam die gegebene formelle Struktur der Gruppe. Zur informellen Situation seien einige Hypothesen formuliert:

- Rosemarie Lehmann ist die formelle Führerin der sozialen Gruppe Debitorenbuchhaltung, Goran Soskic ist der Beliebtheitsführer der Gruppe!

- Soskic besitzt Expertenmacht, ihm wird von den anderen Organisationsmitglieder, mit denen er interagiert, hohe fachliche Kompetenz zugeschrieben!

- Seine Kolleginnen schätzen es, mit dem charmanten Soskic ein wenig zu flirten!

- Soskic genießt es, mit seinen Kolleginnen zu flirten!

- Im Stillen hatte Soskic darauf gehofft, die Gruppenleiter-Stelle zu bekommen, doch es wurde extern rekrutiert und die Entscheidung fiel zugunsten von Rosemarie Lehmann!

- Mit den Verspätungen will Soskic das Verhalten seiner Vorgesetzten testen!

- Die geschilderte Konfliktsituation bedeutet einen Machtkampf zwischen Lehmann und Soskic!

- Schuhknecht und Mast nehmen die Konfliktsituation sehr sensibel wahr; schließlich kommen die beiden Mitarbeiterinnen immer pünktlich zur Arbeit; sie sind gespannt darauf, wie Lehmann sich verhalten wird!

- Für Soskic ist Pünktlichkeit nicht wichtig; es will ihm überhaupt nicht einleuchten, warum er spätestens um 7.30 Uhr mit der Arbeit beginnen soll, schließlich bleibt er häufig am Abend länger im Büro!

Aufgabe 3

Rein formell gehört es zu den Führungsaufgaben von Rosemarie Lehmann, dass nicht regelkonforme Verhalten von Goran Soskic zu sanktionieren. Geeignet dazu erscheint ein Mitarbeitergespräch (vertrauliche Unterredung unter vier Augen). Informell ist es für die künftige Reputation der Gruppenleiterin von Belang, den Machtkampf mit Goran Soskic nicht zu verlieren. Lehmann sollte deshalb mit Nachdruck auf künftig pünktliches Erscheinen ihres Mitarbeiters hinwirken.

Aufgabe 4

Helmuth Wolf sollte sich in den gegebenen Konflikt nicht regulierend einschalten. Natürlich darf er seiner in Führungsfragen unerfahrenen Mitarbeiterin Ratschläge erteilen. Eine (bessere) Verhaltensvariante für Wolf besteht darin, Rosemarie Lehmann durch das Stellen von Fragen zu eigenen Problemlösungen zu animieren. Schließlich könnte Wolf damit beginnen, Rosemarie Lehmann systematisch in Bezug auf das Wahrnehmen von Managementaufgaben zu fördern, beispielsweise durch Anmeldung zu einem qualifizierten Führungstraining.

9.2   Lösungshinweise zu Kapitel 2: Determinanten der Internationalisierung einzelwirtschaftlicher Aktivitäten

Aufgabe 1:

Wesentliche Bestimmungsgründe komparativer Kostendifferenzen sind Produktivitätsunterschiede und differente Faktorausstattungen im länderübergreifenden Vergleich.

Besondere Bedeutung haben konstatierbare Divergenzen in den Lohnsätzen.

Aufgabe 2:

- Opportunitätskosten = Entgangene Erträge bei potentieller anderweitiger Verwendung der Ressourcen

Diese Opportunitätskosten dienen der Messung komparativer Kostendifferenzen.

Aufgabe 3:

- Internationale Spezialisierung nach dem Kriterium der Opportunitätskosten ist ökonomisch sinnvoll

- Systematische Nutzung der wirtschaftlichen Stärken der verschiedenen Länder (Kostenvorteile)

- Steigerung der Gesamtleistung durch internationale Arbeitteilung

Aufgabe 4:

- Alleinstellung durch spezifische Stärken (Wettbewerbsvorteile, Erfolgspotentiale) der internationalisierenden Unternehmung

- Technologisches Know-how

- Einbindung in B-to-B-Netzwerke

Aufgabe 5:

Der Marktführer in einem oligopolistischen Markt nimmt grenzüberschreitende Geschäftsaktivitäten auf.

Die übrigen Oligopolisten imitieren dieses Verhalten relativ unreflektiert und werden ihrerseits an ausländischen Märkten aktiv.

Aufgabe 6:

- Homo oeconomicus Prämisse: Annahme total vernunftgesteuerter Entscheidungsprozesse im wirtschaftlichen Sektor

- fiktional-modelltheoretischer Charakter dieser Prämisse, unrealistisch

- Verhaltenswissenschaftliche Entscheidungstheorie: Theorem begrenzter Rationalität wirtschaftlicher Entscheidungen

Gründe:
- unvollständiges Wissen
- Informationsüberflutung
- limitierte Kapazitäten der Informationsverarbeitung und der Informationsaufnahme
- Komplexität der Entscheidungssituationen
- Unsicherheit künftiger Entwicklungen (Prognose)

Aufgabe 7:

- Principal-agent-problem: Trennung von Eigentum und Verfügungsgewalt

Es existieren Befunde, wonach subalterne Manager nicht eigentumsorientierte Belange priorisieren, sondern ganz subjektive Bedürfnisse in den Kalkül einzelwirtschaftlicher Entscheidungen über Internationalisierung einbringen:

Prestige, Status, Flair von Internationalität, aber auch Autonomiebestrebungen relativ zu den Anteilseignern.

- Strukturelle Theorie des Imperialismus

Aufgabe 8:

Ganz verschiedenartige Ebenen der Analyse sind angesprochen.

- Rationale Kalküle (z. B. Homo oeconomicus Prämisse, Theorie komparativer Kosten) haben modelltheoretischen Charakter, ihre Bedeutung liegt auf allgemein-heuristischer Ebene
- Managermotive finden in verhaltenstheoretisch-praxeologisch geprägten Konzepten der Deskription und Explikation Berücksichtigung (Realisierungsebene)

Beide Perspektiven schließen einander nicht aus, sondern ergänzen sich vielmehr.

Aufgabe 9:

- Modellhaftes Abbild des idealtypischen Lebenswegs von Produkten (insbesondere Markenartikeln)
- Phaseneinteilung im Vierphasenmodell: Einführung, Wachstum, Reife, Rückgang

Aufgabe 10:

- Berücksichtigung des jeweiligen Entwicklungsstandes ausländischer Märkte
- Zeitliche Staffelung der Einführung neuer Produkte im supranationalen Raum
- Abgleich: Ursprungsmarkt – ausländischer Zielmarkt
- Realisieren internationaler Marktpotentiale

Aufgabe 11:

Im zeitlichen Längsschnitt wurden diverse empirische Untersuchungen über die Internationalisierungsmotive durchgeführt.

- uneinheitliche Forschungsansätze, uneinheitliche Befunde;

Die empirische Forschung belegt allerdings signifikant die Dominanz absatzpolitischer Zielkategorien im Rahmen grenzüberschreitender Unternehmensaktivitäten.

Die Bedeutung der Arbeitskosten für betrieblichen Internationalisierungsentscheidungen hat im zeitlichen Längsschnitt betrachtet an Bedeutung gewonnen.

Aufgabe 12:

In marktwirtschaftlichen Ordnungen hat der Absatz per se eine herausragende Funktion, welches naturgemäß ebenfalls im internationalen Geschäft Ausdruck finden muss.

Die internationalen Entwicklungen seit Beginn der 1990er Jahre zeigen jedoch, dass Unternehmen auch in erheblichem Umfang Ziele mit nicht primär absatzpolitischem Charakter verfolgen. Insbesondere das Nutzen von Arbeitskosten-Vorteilen erweist sich als starker Antrieb für Maßnahmen der einzelwirtschaftlichen Internationalisierung.

Methodisch bleibt anzumerken, dass im Zuge von Managerbefragungen das Nennen von Absatzzielen für Maßnahmen der Internationalisierung in hohem Maße erwartungskonform und damit unternehmenspolitisch „unproblematisch" ist. Dieses kann zur systematischen Verfälschung empirischer Befunde (Methode der Befragung von Führungskräften) führen.

9.3 Lösungshinweise zu Kapitel 3: Planung der Internationalisierungsstrategie

Aufgabe 1:

- Absatz von Waren oder Dienstleistungen an ausländischen Märkten
- indirekter Export, direkter Export
- Wachstumsmotor
- herausragende empirische Bedeutung, insbesondere auch für deutsche Wirtschaft

Aufgabe 2:

- Licensing = grenzüberschreitende Lizenzvergabe
  - Lizenz = Nutzungsbefugnis in Bezug auf ein geschütztes Recht
  - insbesondere Erfindungen oder Produktinnovationen bzw. Verfahrensinnovationen
- Internationales Franchising = vertikales Vertriebssystem
  - Nutzungsrechte für Marketingsystem (Konzeption) sowie sonstiges Know-how werden übertragen

Die Bedeutung des Licensings liegt tendenziell im Rahmen der Internationalisierung von Fertigung sowie Forschung und Entwicklung, die Bedeutung des Internationalen Franchisings dagegen stärker in Bezug auf grenzüberschreitenden Absatz.

Aufgabe 3:

- Funktionale Internationalisierung = Relativ geringe Transferintensität
  - Einsatz der sachlichen und personellen Ressourcen des Unternehmens erfolgen im Stammland
  - geschäftspolitische Maßnahmen (Funktionen) werden grenzüberschreitend durchgeführt

- Institutionelle Internationalisierung = Hohe Transferintensität
  - personelle und/oder sachliche Ressourcen werden langfristig im Zielland eingesetzt
  - grenzüberschreitende Verlagerung von Managementaufgaben
  - das Unternehmen etabliert eigene *Institutionen* oder Unternehmensteile im Gastland

Aufgabe 4:

- Contract Manufacturing = grenzüberschreitende Vergabe von Aufträgen zur Be- oder Verarbeitung oder zur Herstellung von Waren an industrielle Subproduzenten (Lohnfabrikation)
  - Kalkül der Make-or-buy-Entscheidungen
  - funktionale Internationalisierung
  - bezieht sich auf Leistungsprozesse
- Management Contracting = Bereitstellung und Institutionalisierung von Führungskompetenz gegen Vergütung für eine Unternehmung im Gastland
  - Allokation insbesondere personeller Ressourcen am Zielmarkt
  - institutionelle Internationalisierung
  - bezieht sich auf Führungsprozesse

Aufgabe 5:

- Fundierte Umweltanalyse ist erforderlich
- Risikoabschätzung
- Art und Umfang der zu verlagernden Leistungsprozesse
- Ressourcentransfer
- Management-Kapazitäten
- rechtliche Ausgestaltung
- Risikobegrenzung
- Rechtsystem im Gastland, Marktverhältnisse (Arbeitsmarkt), Umweltfaktoren

Aufgabe 6:

- Zielmarktstrategie = Entscheidung über das Gastland für grenzüberschreitende Unternehmensaktivitäten
- Ansiedlungsstrategie = Entscheidung über den konkreten Standort des Unternehmens an einem vorgegebenen Zielmarkt

Aufgabe 7:

- Einflusschancen durch Eigentumslegitimation
- Verlustrisiko

- rechtliche Rahmenbedingungen im Gastland
- Ressourcen und Goodwill lokaler Partner
- öffentliche Meinung am Zielmarkt
- Unternehmenskultur

Aufgabe 8:

- Kombination aus Produktlebenszyklus-Modell und Konzept der Erfahrungskurve bezogen auf Mix grenzüberschreitender Unternehmensaktivitäten
- ausgewogene Struktur der Auslandsaktivitäten schaffen
- Chancen/Risiken, Synergien, Leistungsmerkmale
- Bestimmen von Ausmaß und Verlauf der internationalen Expansion der Einzelwirtschaft

Aufgabe 9:

- Autonomes Wachstum = „organische" Expansion des Unternehmens durch integrierte internationale Initiativen
  - die Ausdehnung des Geschäftsvolumens geschieht in völliger Eigeninitiative des Unternehmens
  - wirtschaftliche Selbständigkeit und Kontrolle des internationalen Engagements bleiben der betrachteten Unternehmung vollständig erhalten (Auslandsniederlassungen, Regiebetriebe, Tochterunternehmen, Cross-Border-Akquisitionen)
- Internationale Kooperationen = Zusammenarbeit der inländischen Einzelwirtschaft mit mindestens einer ausländischen Partnerunternehmung
  - rechtliche Selbständigkeit der Partner bleibt erhalten, wirtschaftliche Autonomie wird im von der Kooperation erfassten Rahmen jedoch aufgegeben oder eingeschränkt
  - Strategische Allianzen, Joint Ventures

Aufgabe 10:

- Chance der relativ kurzfristigen Expansion im Auslandsgeschäft
- sinnvolle Investition von Cash-Überschüssen in neue internationale Geschäftsfelder
- geringe Reversibilität
- makrokulturelle Einflüsse bedürfen der angepassten Berücksichtigung
- Integration der Unternehmenskulturen
- hohe Misserfolgsquoten

Aufgabe 11:

- Strategische Allianzen = Vertragsbasierte Zusammenarbeit rechtliche selbständiger Partnerunternehmen aus unterschiedlichen Ländern
  - Erschließung ausländischer Zielmärkte, Realisierung von Größeneffekten, Risikominderung, Bündeln komplementärer Kernkompetenzen, Erhöhen der Durchschlagskraft auf internationaler Ebene

- Joint Venture = Rechtlich selbständiges Gemeinschaftsunternehmen von mindestens zwei Partnerunternehmen
  - internationales JV = mindestens ein Partner ist eine ausländische Unternehmung
  - Equity-Joint-Venture
  - Market, Money, Management

Aufgabe 12:

- Organisationales Lernen ist Voraussetzung für erfolgreiche Prozesse der Internationalisierung

- organisationale Wissensbasis = Gesamtheit des für die Organisationsmitglieder zugänglichen kollektiven Wissens

- Auslandslernkurve findet Niederschlag in Wissensbasis; diese definiert den kognitiven Möglichkeitenraum für sinnvolle strategische Entscheidungen innerhalb der Einzelwirtschaft

- Institutionalisierung neuer Wissenselemente: Bibliotheken, Datenbanken, Expertensysteme, Coaching, Visualisierung, offene Systeme von Informationsmanagement, Inhouse-Trainingsmaßnahmen

9.4   Lösungshinweise zu Kapitel 4: Grundsätzliche Management-Anforderungen

Aufgabe 1:

- Bereich Beschaffung = Wertmäßiges Beschaffungsvolumen Ausland/wertmäßiges Beschaffungsvolumen Stammland

- Bereich Fertigung = Output ausländische Betriebe/Output inländische Betriebe

- Bereich Absatz = Umsatz in anderen Ländern/Umsatz am Binnenmarkt

- Bereich Personal = Anzahl Mitarbeiter im Ausland/Anzahl Mitarbeiter im Inland

Aufgabe 2:

- Ceteris paribus: Je ausgeprägter der Internationalisierungsgrad des Unternehmens, um so höher sind die Management-Anforderungen

- Kenntnisse der Auslandsmärkte und der internationalen Geschäftssysteme

- Erfahrungen im Rahmen grenzüberschreitender Geschäftsbeziehungen
- Sprachkenntnisse, interkulturelle Kompetenz

Aufgabe 3:

- Mehrdeutige Beziehung
- Konstanz der Unternehmensgröße versus Verringerung der Unternehmensgröße versus einzelwirtschaftliches Wachstum im Rahmen der Internationalisierung
- Unternehmensführung besonders stark gefordert im Falle grenzüberschreitend intendierter Expansion

Aufgabe 4:

- Fremdheitsgrad = Ausmaß der Neuheit oder Andersartigkeit der Gastland-Umwelt im Vergleich zu den Gegebenheiten im Stammland

Das erfordert im Rahmen der Unternehmensführung spezifisches kulturelles Wissen und die adäquate Berücksichtigung der fremden Umwelteinflüsse im Rahmen der betrieblichen Prozesse.

Ein höherer Fremdheitsgrad der Gastland-Umwelt determiniert daher gesteigerte Management-Anforderungen.

Aufgabe 5:

- Funktionale Internationalisierung = Eher moderate Veränderungen des Unternehmensgeschehens
    - starker Bezug zum Stammland bleibt erhalten
    - vertraute Verfahrensweisen können zum großen Teil weiterhin Anwendung finden (geringe Transferintensität), daher resultieren lediglich partikulare neue Anforderungen an das Management
- Institutionelle Internationalisierung = Markante Veränderungen im Unternehmensgeschehen finden statt
    - sachliche und personelle Ressourcen werden dauerhaft grenzüberschreitend eingesetzt (hohe Transferintensität)
    - umfangreiche neue Anforderungen an die Unternehmensführung sind damit verbunden
    - deutlich höhere Management-Anforderungen als bei funktionaler Internationalisierung (ceteris paribus)

Aufgabe 6:

Merkmale:

- Funktionale Internationalisierung in vertraute Gastlandsumwelt
- relativ geringe zusätzliche Anforderungen an Unternehmensführung

Herausfordernd sind insbesondere die mit den grenzüberschreitenden Aktivitäten angestrebten Wachstumseffekte und deren strukturelle sowie personelle Bewältigung.

Aufgabe 7:

Merkmale:

- Institutionelle Internationalisierung in vertraute Gastland-Umwelt
- dauerhafte Allokation personeller und sachlicher Ressourcen am Zielmarkt notwendig
- gesteigertes Risiko
- größerer Kapitaleinsatz
- Bewältigung des Wachstumsschrittes
- Finanzierung des institutionellen Auslandsengagements
- Portfolio-Management im internationalen Raum
- deutlich erhöhte Management-Anforderungen

Aufgabe 8:

Merkmale:

- Funktionale Internationalisierung in fremde Gastlandsumwelt
- *Sprung in kaltes Wasser* (völlig neuer Zielmarkt)
- vorsichtiger Markteintritt (funktional)
- Herausforderungen werden insbesondere determiniert durch: Sprachbarrieren, kulturelle Orientierungen, mentalitätsbezogene Präferenzen am Zielmarkt
- Schwerpunkt liegt auf Gestaltung des Marketing-Mix
- Produktpolitik, Kommunikationspolitik, Absatzkanäle
- ausgeprägte Management-Anforderungen, vor allem im Bereich Absatz

Aufgabe 9:

Merkmale:

- Institutionelle Internationalisierung in fremde Gastlandsumwelt
- eindeutig höchstes Niveau der Anforderungen an die Unternehmensführung
- grundlegender organisationaler Wandel wird initiiert
- mittelfristig weitgehende Neuausrichtung auf den Gebieten Leitungssystem, Personalpolitik, Organisationsstruktur
- Anpassung der Unternehmenskultur
- planmäßige Gestaltung von Maßnahmen zur konstruktiven Beeinflussung der internationalen Corporate Identity des Unternehmens

9.5 Lösungshinweise zu Kapitel 5: Kulturübergreifende Kooperation

Aufgabe 1:

- Natur = Gesamtheit der den Menschen originär vorgegebenen Lebensumstände
  - kulturloser Urzustand
- Kultur = Lateinischer Begriffsursprung *cultura* (Anbau, Pflege, Ausbildung)
  - Summe menschlicher Errungenschaften im Bestreben um Überleben, Anpassung und Fortentwicklung

Aufgabe 2:

- Persönlichkeit des Individuums wird in hohem Maße kulturell geprägt (culture = software of the mind; Hofstede)
- Prozesse der Sozialisation, Enkulturation und des kulturellen Wandels beeinflussen die Erwartungen, Werte und Vorstellungen der Angehörigen eines Kulturkreises in ganz grundlegender und umfassender Weise
- als diese Einflüsse wirken in hohem Maße verhaltenssteuernd (vgl. auch: Psychologische Feldtheorie, Lewin)

Aufgabe 3:

- Machtgefälle = Ausmaß der Ungleichbehandlung von Individuen oder Personengruppen innerhalb eines Landes
- gesellschaftlich akzeptierte Asymmetrie in der Verteilung von Macht in Organisationen und Institutionen

Aufgabe 4:

- Individualistische Gesellschaften = Lockere Bindungen zwischen den einzelnen Mitgliedern des Gemeinwesen
  - es dominiert die Vorstellung, dass die einzelne Person selbst für sich und ihre Familie sorgt
- Kollektivistische Gesellschaften = Existenz starker, geschlossener Wir-Gruppen
  - das Individuum wird gleichsam in derartige Gruppen „hineingeboren" und durch diese lebenslang geschützt
  - umgekehrt erwartet die Gruppe vom Einzelnen absolute Loyalität

Aufgabe 5:

- Femininität = Soziale Erwünschtheit von Zurückhaltung und Bescheidenheit
  - Häuslichkeit, Familienorientierung, soziale Einstellung
  - Rollen der Geschlechter überschneiden sich
  - Bescheidenheit wird von Frauen und Männern erwartet

- Sensibilität und Betonung von Lebensqualität
- weiche Faktoren stehen im Vordergrund der Kultur

- Maskulinität = Harte Faktoren stehen kulturell vermittelt im Vordergrund
  - Wettbewerbsorientierung und bestimmtes Auftreten werden von den Individuen erwartet
  - klare geschlechtsspezifische Rollenverteilung
  - Männer sollen bestimmt und hart auftreten und materiell orientiert sein
  - an die Frauen werden Erwartungen in Bezug auf Bescheidenheit, Sensibilität und Schaffen von Lebensqualität gerichtet

Aufgabe 6:

- Uncertainty avoidance

- es geht um die mit der Ungewissheit künftigen Geschehens verbundene kollektive Angst und die Intensität der gesellschaftlichen Bestrebungen zum Abbau der Ungewissheit sowie ihrer Angst auslösenden Funktion

- eben diese Intensität der Ungewissheitsabsorption differiert interkulturell

- Ungewissheitsvermeidung = Grad, in dem die Mitglieder einer Kultur sich durch ungewisse oder unbekannte Situationen bedroht fühlen

Aufgabe 7:

- Basis ist ein Bezugssystem aus chinesischen Werten und Anschauungen

- *Chinese Value Survey*

- geprägt durch philosophische Lehren des Konfuzius

- biopolare Ausrichtung der Kulturdimension: Langfristige Orientierung (LO) – Kurzfristige Orientierung (KO)

- LO = Ausdauer, Beharrlichkeit
  - gesellschaftliche Ordnung nach Status
  - Sparsamkeit
  - strikte Einhaltung der Ordnung
  - Schamgefühl

- KO = Standhaftigkeit, Festigkeit
  - Wahrung des Gesichts
  - Respekt vor Tradition
  - Erwiderung von Gruß, Gefälligkeiten, Geschenken

Aufgabe 8:

Einstellung zum Phänomen *Zeit;* daraus folgend der Umgang mit zeitlichen Bezügen:

- lineare Zeitvorstellung = streng logische Aneinanderreihung zeitlicher Bezugsgrößen (Tage, Wochen, Monate, Jahre)
  - Bewusstsein, dass Zeit verloren gehen kann
  - Zeit wird als messbare und teilbare Mengengröße begriffen
  - monoskalarer Kalender

- Zyklische Zeitvorstellung = Zeit wird als ein ständig wiederkehrendes und reprodu-
  zierbares Phänomen aufgefasst
  - ständiger Wechsel von Tag und Nacht, Monden und Jahreszeiten
  - Mahlzeitenturnus
  - Abstraktion von Opportunitätskosten des Zeitverbrauchs
  - Option des Ausgleichs von Leistungsdefiziten im Zeitablauf

Aufgabe 9:

- Corporate Identity (CI) = Unternehmenspersönlichkeit, Unternehmensphilosophie,
  Erscheinungsbild des Unternehmens
  - planvoll und systematisch gestaltete Komponente der Unternehmenskultur
  - Summe gezielt initiierter und bewusst implementierter Wertelemente im sozio-
    technischen System
  - Eisbergmetapher: sichtbarer Teils des Kultureisberges
  - Corporate Communication, Corporate Behavior, Corporate Design
  - Gütekriterien der Konsistenz und der Kontingenz
  - Spannungsfeld
  - Kontingenz (Kontextbezug) im internationalen Bereich erfolgsentscheidend
    (Einflüsse nationaler Kulturen)
  - Konsistenz im Sinne widerspruchsfreier Unternehmensphilosophie erforderlich
  - Internationale Unternehmensführung soll Ausgleich und Integration der diver-
    gierenden Anforderungen leisten (hoher Anspruch), unternehmensindividuelle
    Lösungen und supranationale Kompatibilität sind idealtypisch notwendig

Aufgabe 10:

- integratives Element im Managerial Molecule

- gemeinsames Ziel- und Wertesystem der Organisationsmitglieder

- Verbindung von organisationaler Hardware (harte S-Faktoren) und organisationaler Software (weiche S-Faktoren)

- Weg zu unternehmensindividuellen Lösungen, gerade auch auf dem Hintergrund
  differenter Einflüsse aus verschiedenen nationalen Kulturen im Operationsgebiet
  des Unternehmens

Aufgabe 11:

- signifikante kulturelle Einflüsse auf den Führungsstil sind konstatierbar
- das betrifft insbesondere die Partizipation als Variable des Führungsstils
- das gesellschaftliche Machtgefälle (Variable des kulturellen Kontextes) beeinflusst die (Erfolg versprechende) Ausprägung des Führungsstils
- geringes Machtgefälle korreliert mit ausgeprägter Partizipation der Mitarbeiter und umgekehrt
- wichtige Rahmenbedingung für die einzelwirtschaftliche Management-Konzeption im internationalen Bereich

Aufgabe 12:

- Wirtschaftssprachliche Kenntnisse, knapp 3000 *lebende* Sprachen, herausragende Bedeutung der ehemaligen Kolonialsprachen Englisch, Französisch, Spanisch, Portugiesisch
- Kulturspezifisches Zusatzwissen, politische Systeme in der Kulturregion, gesellschaftliche Strukturen und Basisprozesse im Gastland, geschichtliche Entwicklung der Kulturregion, Wirtschafts- und Kulturgeografie
- Kulturübergreifende Kommunikation, interkulturelle Handlungsfähigkeit
- Durchsetzung von unternehmenspolitischen Zielkategorien im Kontext divergierender Gastland-Kulturen, Verbindung von Unternehmensteilen im Stammland und in den verschiedenen Gastländern

Aufgabe 13:

Der drastische Terminus des Kulturschocks beschreibt eine Situation psychischer Überforderung des Stammhaus-Delegierten bei längerfristigem Einsatz in einem (kulturell fremden) Gastland. Durch ständige Konfrontation dieser Person mit den fremdkulturell hervorgerufenen Verhaltensstandards und Verfahrensweisen im Arbeitsalltag des Gastlandes tritt eine Situation subjektiver Überforderung ein. Das erzeugt beim betroffenen Individuum Gefühle von Angst, Hilflosigkeit und Feindseligkeit gegenüber der Gastland-Umwelt.

In schweren Fällen führen Kulturschocks zu gesundheitlichen Beeinträchtigungen bei den betroffenen Personen.

Vorbeugung:
- Trainingsprogramme zur Vorbereitung auf den Auslandseinsatz;
- Unterstützung durch Betreuung der Auslandsmitarbeiter, Einsatz von auslandserfahrenen *Paten*
- qualifiziertes Coaching

Aufgabe 14:

Kollektives Lernen stellt die für grenzüberschreitende Unternehmensaktivitäten benötigte organisationale Wissensbasis bereit. Die interkulturelle Handlungsfähigkeit des Unternehmens wird im Sinne von Organisationsentwicklung verbessert. Individuelles Lernen erzeugt die Qualifikationen der Organisationsmitglieder für den Einsatz in grenzüberschreitenden Aktivitäten. Das betrifft Fähigkeiten und Fertigkeiten der Individuen auf fremdsprachlichem, auf kulturellem und auf sozialem Gebiet; Aufbau interkultureller Kompetenz auf individueller Ebene.

Aufgabe 15:

Das internationale Konfliktmanagement ist ein ebenso breites wie enorm erfolgsrelevantes Aufgabengebiet der Unternehmensführung. Ein wichtiger Aspekt bezieht sich auf das Herausarbeiten der Ursachen für konstatierbare Konflikte auf dem Gebiet des grenzüberschreitenden Engagements des Unternehmens. Erforderlich dafür ist die Qualifizierung der international eingesetzten Organisationsmitglieder in Bezug auf die maßgeblichen *Softskills*.

Ein weiterer grundlegender Ansatzpunkt zum konstruktiven Umgang mit Konflikten besteht im Initiieren intensiver Kommunikation zwischen den Akteuren in verschiedenen Ländern. Das betrifft insbesondere auch die persönliche Kommunikation im Rahmen von Meetings, Tagungen und Workshops.

Das Managementtraining im Unternehmen sollte Aspekte der kulturellen Kompatibilität von Führungsstilen aufgreifen und durch anwendungsbezogene Trainingsformen systematisch einüben, vertiefen und individuell sowie kollektiv stabilisieren ➜ interkulturelles Handlungstraining.

Lösungshinweise zur Fallstudie

Aufgabe 1

Machtgefälle

- Messung mittels des Machtdistanzindex (MDI)

Frankreich ➜ MDI = 68 Punkte; damit gehört Frankreich zur Gruppe der Länder mit hohem Machtgefälle

Großbritannien, Deutschland ➜ MDI = Für beide Länder 35 Punkte; damit gehören Großbritannien und Deutschland zu den Ländern niedrigem Machtgefälle

Kollektivismus versus Individualismus

- Messung mittels des Individualismusindex (IDV)

Frankreich ➜ IDV = 71 Punkte; damit gehört Frankreich zu den individualistisch geprägten Ländern

Großbritannien ➜ IDV = 89 Punkte; damit gehört Großbritannien (neben den USA und Australien) zur Spitzengruppe individualistisch geprägter Länder, d. h. der Individualismus ist in Großbritannien relativ (zu anderen Ländern) sehr ausgeprägt

Deutschland ➜ IDV = 67 Punkte; damit gehört Deutschland zu den individualistisch geprägten Ländern; allerdings ist der Individualismus in der deutschen Kultur signifikant geringer verankert als in der britischen; der Unterschied zwischen Frankreich und Deutschland ist auf dieser Dimension dagegen vergleichsweise gering

Vermeidung von Unsicherheit

* Messung mittels Unsicherheitsvermeidungsindex (UVI)

Frankreich ➜ UVI = 86 Punkte; kennzeichnend für die französische Kultur ist danach ein starkes Bestreben um Reduktion der mit künftigen Entwicklungen verbundenen Ungewissheit (Unsicherheitsvermeidung); die Mitglieder der französischen Kultur fühlen sich in relativ starkem Maße durch ungewisse oder unbekannte Situationen bedroht und entwickeln erhebliche Anstrengungen, eben diese Ungewissheit zu verringern

Großbritannien ➜ UVI = 35 Punkte; damit gehört Großbritannien zu den Ländern mit schwach ausgeprägter Unsicherheitsvermeidung; die Mitglieder der britischen Kultur fühlen sich vergleichsweise wenig durch die Ungewissheit künftigen Geschehens bedroht; sie entwickeln daher keine nachhaltigen Anstrengungen, um die Unsicherheit zu beseitigen

Deutschland ➜ UVI = 65 Punkte; damit gehört Deutschland zu den Ländern mit starker Unsicherheitsvermeidung; allerdings ist die Ausprägung dieses Kulturmerkmals in Deutschland deutlich niedriger als in Frankreich; folglich sind die Anstrengungen der Mitglieder der deutschen Kultur, künftigen Geschehen in vertraute Bahnen zu lenken, einerseits deutlich stärker als bei den Menschen in Großbritannien, andererseits aber in relevantem Umfang geringer als bei den Menschen im französischen Kulturkreis

Aufgabe 2

Es sind signifikante kulturelle Differenzen zwischen den zu untersuchenden Ländern konstatierbar. Nach der Culture-bound-Thesis folgt daraus, dass im Interesse der angestrebten Erfolgswirkungen sinnvolle landesbezogene Anpassungen der Führungsstils angezeigt erscheinen; dazu seien die nachstehenden Hypothesen formuliert:

* Der Führungsstil in Frankreich sollte direktiv angelegt sein (hohes Machtgefälle; starke Unsicherheitsvermeidung)!

* In Großbritannien und in Deutschland ist ein partizipativ ausgerichteter Führungsstil erfolgsüberlegen (geringes Machtgefälle)!

* In allen drei betrachteten Ländern bedarf es der Schaffung von Freiräumen für die Mitarbeiter (Individualistische Gesellschaften)!

- Die Vorgesetzen sollen bereit und in der Lage sein, ihren Mitarbeitern im Wege der Delegation Eigenverantwortung zu übertragen und originelle, kreative Problemlösungen zu erkennen, anzuerkennen und zu fördern (Individualismus)!

Aufgabe 3

- einheitliche Regelungen in Bezug auf persönliche Freiheiten der Mitarbeiter und deren Autonomie im Rahmen der Bewältigung der fortlaufenden Aufgaben (IDV-Befunde)
- länderbezogene Modifikationen der Grundsätze im Hinblick auf Partizipation (MDI-Befunde) sowie den Umfang verbindlicher Vorgaben (UVI-Befunde)
- mehr Partizipation in Großbritannien und Deutschland
- mehr Regelungsdichte in Frankreich, abgeschwächt auch in Deutschland

Aufgabe 4

- kulturell orientiertes Management-Training für alle Organisationsmitglieder, die in die Aktivitäten an den institutionell zu bearbeitenden Auslandsmärkten involviert sind oder werden sollen
- Bilden „gemischter" Teams (ausländische Mitarbeiter – inländische Mitarbeiter)
- Durchführung von Workshops zur Erarbeitung kulturell differenzierter Grundsätze für Zusammenarbeit
- qualifizierte Fremdsprachenausbildung
- interkulturelles Handlungstraining
- Preliminary Trips
- Angebot teilnehmerzentrierter Informationsveranstaltungen zu grundlegenden landeskundlichen Inhalten
- Einsatz von Rollenspielen

Aufgabe 5

- Corporate Identity (CI) = geplante, realisierte und kommunizierte Dimension der Unternehmenskultur (betriebliches Wertesystem)
- Konsistenz = Widerspruchsfreiheit
- Kontingenz = situative, insbesondere kulturelle Angepasstheit

Konfliktäre Beziehung zwischen den Anforderungen der Konsistenz und der Kontingenz der CI:

Das erfordert individuelle Lösungen seitens der Geschäftsleitung der Seiler KG. Einerseits gilt es, die Identität des Unternehmens auch grenzüberschreitend zu erhalten und zu wahren, andererseits erscheint es angezeigt, die länderbezogenen Kulturdifferenzen zu berücksichtigen. Die unternehmerischen Grundwerte sollten in allen Ländern gleich kommuniziert und realisiert werden (kollektives Selbstbewusstsein der Einzelwirtschaft). Im zweiten Schritt sollte es dann darum gehen, komplementäre oder zumindest indifferente länderspezifische Besonderheiten zu erkennen und in der Gestaltung der CI explizit zu berücksichtigen (partielle Lokalisierung der CI).

9.6   Lösungshinweise zu Kapitel 6: Organisationale Gestaltung grenzüberschreitend operierender Unternehmen

Aufgabe 1:

- Relative Bedeutung des Auslandsgeschäfts für die Unternehmung = einzelwirtschaftlicher Stellenwert des Auslandsengagements
  - funktionale versus institutionelle Internationalisierung, Transferintensität
  - Anteile Auslandsumsatz, Auslandsproduktion
  - Anzahl Auslandsniederlassungen, Auslandsmärkte
  - Produktionsstätten im Ausland
  - internationale Personalstruktur

- Auslandsdiversifikation = Grad der Heterogenität im Ausland vertriebener oder produzierter Produkte bzw. Produktgruppen
  - Einfluss der Situationsvariablen *Angebotsprogramm* auf internationalen Zielmärkten
  - Bereitstellung angebotsadäquater Service-Leistungen auf professionellem Niveau

Aufgabe 2:

- Fremdheitsgrad der Auslandsumwelt = Ausmaß der Umweltdifferenzen zwischen Gastland und Stammland
  - vertraute Umwelt – fremde Umwelt
  - steigender Fremdheitsgrad determiniert erhöhten Bedarf struktureller Anpassung (ceteris paribus)

- Spezifische kulturelle Bedingungen im Gastland = Aspekte der Kulturabhängigkeit tragfähiger organisationaler Problemlösungen
  - Culture-free-Thesis versus Culture-bound-Thesis

Aufgabe 3:

Es geht um die zielorientierte Abstimmung arbeitsteiliger Prozesse. Die Koordination verkörpert ein strukturelles Grundprinzip rationaler, zielbezogener Gestaltung soziotechnischer Systeme. Der Koordinationsbedarf resultiert aus der betrieblichen Arbeitsteilung. In internationalen Unternehmen determiniert die räumliche Dekomposition der einzelwirtschaftlichen Aktivitäten zusätzlichen und spezifischen Koordinationsbedarf.

Aufgabe 4:

- ausgeprägte Stammlandorientierung der koordinativen Prozesse
- Muttergesellschaft ist federführend
- bilaterale Beziehungen zwischen inländischer Muttergesellschaft und Tochtergesellschaften im Ausland, stammlandzentriert = matrizentrisch
- besondere Bedeutung des Einsatzes der Koordinationsinstrumente Programme und Pläne

Aufgabe 5:

- bilaterale Beziehungen zwischen Muttergesellschaft und Auslandstöchtern
- Primat der Koordination durch Selbstabstimmung
- Kompetenzen werden von Muttergesellschaft auf ausländische Tochtergesellschaften verlagert (delegiert)
- Etablierung dezentraler Entscheidungseinheiten in den Gastländern
- Entscheidungsstruktur ist durch verschiedene Entscheidungszentren im supranationalen Raum gekennzeichnet (polyzentrisch)

Aufgabe 6:

- Überwindung bilateraler Mutter-Tochter-Beziehungen durch Implementieren einer Netzwerkstruktur
- direkte Abstimmungsprozesse zwischen den ausländischen Tochtergesellschaften werden ermöglicht und eingefordert
- multilaterale Abstimmung der Unternehmenseinheiten im internationalen Raum
- Geo-Zentrum kann in Abhängigkeit von der jeweiligen Problemstellung sowie den Kernkompetenzen der Unternehmenseinheiten in den verschiedenen Ländern variieren (Lead-Country-Konzept)

Aufgabe 7:

- Modell ist geeignet für multinationale Großunternehmen
- Einrichten von *Headquarters (HQ)* in den Gastländern
- die HQ bilden regionale Zentren der Koordination, indem sie die im jeweiligen Land (oder in der zugeordneten Ländergruppe) angesiedelten Tochtergesellschaften koordinieren
- es entstehen mehrstufige Koordinationsprozesse (Mutter – Headquarters; Headquarters – Tochtergesellschaften)

Aufgabe 8:

Beispiele:

- These 1: Die matrizentrische Koordinationspolitik stößt im Falle des Auslandswachstums der Unternehmung schnell an Grenzen!

Begründung: Es entsteht enormer Koordinationsaufwand in der Muttergesellschaft. Im Falle signifikant steigender Geschäftsvolumina in verschiedenen Gastländern ist dieser Aufwand zentral kaum noch rational zu bewältigen. Es resultiert quasi ein Sachzwang zur grenzüberschreitenden Dezentralisierung der Koordination.

- These 2: Die geozentrische Koordinationspolitik sollte präferiert werden, wenn mehrere Tochtergesellschaften über strategisch relevantes Know-how verfügen!

Begründung: Diese Form der Koordination, insbesondere die Anwendung des Lead-Country-Konzeptes, schafft die Option zur grenzüberschreitenden und unternehmensweiten Nutzung der Kernkompetenzen in den verschiedenen ausländischen Tochtergesellschaft und in der Muttergesellschaft (Synergien).

- These 3: Das Modell der regiozentrischen Koordinationspolitik ist nur für multinationale Großunternehmen geeignet!

Begründung: Dieses Modell setzt eine große Zahl von ausländischen Unternehmenseinheiten voraus, das konstituiert bereits Unternehmensgröße. Außerdem ist diese Variante wegen der vorgesehenen Mehrstufigkeit koordinativer Prozesse sehr aufwendig. Ein entsprechender Return-on-Investment (RoI) lässt sich per se nur aus einem relativ großen Geschäftsvolumen der Gesamtunternehmung erwirtschaften.

Aufgabe 9:

- Leitungsbeziehungen im Unternehmen
- Art der Verknüpfung der organisatorischen Einheiten
- äußere Form des Stellengefüges
- Hierarchie
- strukturelles Lenkungssystem

Aufgabe 10:

Gezeigt wird der Zusammenhang zwischen dem einzelwirtschaftlichen Internationalisierungsgrad und der Organisationsstruktur des Unternehmen. Mit steigender Internationalisierung des Unternehmens geraten bis dahin erfolgreiche Strukturvarianten in die *Krise,* d.h. die jeweiligen Strukturen genügen nicht mehr hinreichend den geänderten Anforderungen. Die Entwicklung beginnt mit der Exportabteilung, die bei höherem Internationalisierungsgrad von der International Division abgelöst wird. Es folgt die Regionalorganisation, welche wiederum in die Krise gerät bei mehr Auslandsdiversifikation und durch die globale Produktstruktur ersetzt wird, die ihrerseits allerdings ebenfalls bei weiter voran getriebenen unternehmerischer Auslandstätigkeit Krisenformen hervorruft, was angepasste neue Strukturlösungen notwendig macht.

Aufgabe 11:

- Exportabteilung, Internationaler Geschäftsbereich (International Division), beides sind typische strukturelle Einstiegsvarianten für internationale Unternehmenstätigkeit (*primäre* Lösungen)

International Division verleiht aufgrund ihres autonomen Charakters und ihrer hierarchischen Einbindung dem internationalen Geschäft mehr unternehmensinterne Durchsetzungskraft als die Exportabteilung. Letztere kann nur eine adäquate Organisationsvariante für relative unkomplizierte Aktivitäten funktionaler Internationalisierung bereitstellen.

Aufgabe 12:

Globale Strukturen sind durch die Aufhebung der organisatorischen Trennung von inländischen und ausländischen Unternehmensaktivitäten gekennzeichnet.

- Globale Funktionalstruktur = aufgabenbezogene internationale Professionalisierung; weltweite Gliederung des Unternehmens nach dem Prinzip der Funktion

- Globale Produktstruktur = Das Stellengefüge des Unternehmens wird länderübergreifend auf der zweiten Managementebene nach dem Kriterium der Produktgruppe aufgegliedert; es entstehen weltweit agierende Sparten oder Divisionen

- Globale Regionalstruktur = Strukturierung (analog zur globalen Produktstruktur) nach dem Objektprinzip
  Objekte sind in diesem Fall allerdings verschiedene geografische Bereiche (Regionen) des grenzüberschreitenden Aktionsgebietes der Unternehmung. Diese Teilbereiche werden jeweils von einem Regionalmanager in voller Ergebnisverantwortung geführt.

Aufgabe 13:

- Matrixorganisation = Zweidimensionale Strukturierung
  - simultane Anwendung unterschiedlicher Ausprägungen von Gliederungskriterien

Im Zuge der Organisation grenzüberschreitend operierender Unternehmen sind dies häufig die Dimensionen Produkt und Region (Verbindung der Vorteile aus globaler Produktstruktur und globaler Regionalstruktur).

- Tensororganisation = Dreidimensionale Strukturierung
  - komplexe Unternehmenskonfiguration mit idealtypischer Integration funktionaler, produktbezogener sowie regionaler Organisationseinheiten
  - prinzipiell geeignet für große, multinationale Unternehmen

- Hybrid-Struktur = Gemischte Organisationsform insoweit, als nicht die durchgängige und einheitliche Anwendung ausgewählter Strukturierungskriterien erfolgt;

Hybride Strukturen sind das Resultat inkrementaler Organisationsplanung. Im Zuge der Internationalisierung des Unternehmens werden partiell immer wieder andere Muster organisationaler Gestaltung der gesamten Konfiguration hinzugefügt. Bildhaft ausgedrückt entsteht auf diese Weise *Schaschlik* (konglomerathaftes Unternehmensgefüge).

Aufgabe 14:

- Konzern = Juristische Kategorie (§ 18 Aktiengesetz)
  - Gruppe rechtlich selbständiger Unternehmen unter einheitlicher Leitung
  - herrschendes Unternehmen – abhängige Unternehmen

- Holdingsstruktur = organisationale Gliederung des Konzerns
  - die Holding ist die rechtlich selbständige Spitzeneinheit eines Konzerns (Wahrnehmung der einheitlichen Leitung)
  - Unternehmensverbund besteht aus der Holdinggesellschaft sowie den rechtlich ebenfalls selbständigen operativen Unternehmenseinheiten

Aufgabe 15:

- Finanzholding = Aufgabenbereich der Holdinggesellschaft ist auf die Wahrnehmung übergeordneter finanzwirtschaftlicher Funktionen fokussiert und beschränkt
  - Management der Finanzanlagen und Beteiligungen, Steuerung der monetären Ströme zwischen den Konzerneinheiten
  - Vorgabe aggregierter finanzwirtschaftlicher Zielgrößen (Gewinn, RoI, Shareholder Value etc.)

- Managementholding = Aufgaben der Finanzholding plus konzernweite Strategische Unternehmensplanung sowie umfassendes Controlling

- Operative Holding = Stammhauskonzern
  - höchste Entscheidungszentralisation aller Holdingformen
  - Einfluss der Spitzeneinheit bis zur operativen Ebene der Tochtergesellschaften, insbesondere Maßnahmen zur vertikalen und horizontalen Koordination

Aufgabe 16:

- flexible Anpassung an Besonderheiten von Auslandsmärkten wird gefördert, vor allem bei Anwendung der Variante Managementholding

- Gewährleistungsverpflichtungen und andere rechtliche Auflagen im Gastland werden von dortiger operativer Unternehmenseinheit übernommen

- im Falle institutioneller Internationalisierung der Einzelwirtschaft mit steigenden Geschäftsvolumina (Krisenmodell) stellt sich fast zwangsläufig die Frage nach der Holdingstruktur (internationaler Konzern)

- ähnlich bei Cross-border-Akquisitionen

- Managementmodell für internationale Großunternehmen (hoher Internationalisierungsgrad)

- erfolgsrelevant im einzelnen Anwendungsfall ist die Entscheidung über die konkrete Variante der Holdingstruktur im grenzüberschreitenden Geschäft

Aufgabe 17:

- Problemlösung im Falle der *Krise* der einstufigen Holdingstruktur (Einflüsse: internationales Wachstum, stark ausgeprägte Konzerngröße)

- Implementierung einer Meta-Holding als Dacheinheit

- systematische Nutzung der Größenvorteile und der Machtpotentiale des Großkonzerns auf internationaler Ebene

Aufgabe 18:

- spezifische Form der Verknüpfung organisationaler Einheiten

- formale Elemente: Knoten und Kanten

- Knoten = Aktoren des Systems, Kanten = Beziehungen, Aktivitäten, Interaktionen zwischen den Aktoren

- Hierarchie tritt zugunsten marktlicher Prozesse in den Hintergrund

- Positionierung zwischen Markt und Hierarchie (Sowohl-als-auch-Organisation)

- intraorganisationale und interorganisationale Netzwerke

Aufgabe 19:

- Kommunikationsbeziehungen = Aktivitäten des Austausches von Informationen im Netzwerk

- Transaktionsbeziehungen = Übertragung von Gütern, Dienstleistungen oder Verfügungsrechten über abgrenzbare Schnittstellen zwischen den Netzwerkteilnehmern Ziel des Netzwerks: Reduktion der Transaktionskosten

- Machtbeziehungen = Willensdurchsetzung bei fehlenden formalen Hierarchiemechanismen; nicht-hierarchische Machtbasen gewinnen an Bedeutung: Expertenmacht, Identifikationsmacht

- Vertrauensbeziehungen = Annahme, dass die Interaktionspartner wohlwollendes Verhalten realisieren, obwohl sie die Option nicht-wohlwollender Verhaltensweisen besitzen
  - Vorleistung des Vertrauensgebers (Vorschuss)
  - Verlustgefahr
  - Win-Win-Situationen
  - Komplexitätsreduktion, Verantwortung für das System als Ganzes

Aufgabe 20:

- Sonderform des intraorganisationalen Netzwerkes oder Netzwerkunternehmens

- Strategie der grenzüberschreitend aktiven Unternehmung steht im Zentrum der Analyse

- Effizienzsteigerung, Anpassung, Innovativität als herausragende Zielorientierungen der transnationalen Organisation
- interdependente Beziehungen zwischen den involvierten Einheiten
- integriertes Netzwerk
- globale Effizienz – lokale Anpassungsfähigkeit
- komplementäre Rollen der Tochtergesellschaften im supranationalen Raum
- strategische Bedeutung des lokalen Umfeldes/Niveau der lokalen Ressourcen und Fähigkeiten;
- Strategic Leader, Implementer, Contributor, Black hole

Aufgabe 21:

Interorganisationale Netzwerke oder Unternehmensnetzwerke

- Strategisches Netzwerk = Hierarchisches und stabiles Gebilde
    - bedeutsamste Form internationaler Unternehmensnetzwerke
    - Lenkung durch *hub firm* oder *fokale Unternehmung*
- Regionale Netzwerke = fehlende fokale Einheit
    - heterarchische Steuerung des Systems
    - polyzentrische Willensbildung, selbstregulierend und selbstorganisierend
    - dynamischer Charakter
    - räumliche Agglomeration
    - besonders relevant für die Internationalisierung kleiner und mittlerer Unternehmen
    - Position des einzelnen Mitglieds wird durch Netzwerkverbund gerade an Auslandsmärkten gestärkt, Risiken der Auslandstätigkeit werden unternehmensübergreifendes Vorgehen abgefedert
- Projektnetzwerke = hochgradig dynamischer Charakter aufgrund der Besonderheiten von Projektaufgaben
    - Lenkung erforderlich, daher hierarchische Strukturen (fokale Einheit)
    - international bei institutioneller Internationalisierung von besonderer Bedeutung, Bau von Fabriken
    - aber auch Dienstleistungsprojekte, Beraternetzwerke
- Virtuelle Unternehmung = Sondertyp des Unternehmensnetzwerkes
    - konstitutiv ist umfassender Einsatz von Informations- und Kommunikationstechnologie
    - prinzipiell eher heterarchisch gesteuert (aber auch fokale Einheit möglich) und dynamisch angelegt (Entstehung stabiler Beziehungen zwischen den Partnern allerdings ebenfalls möglich) – Positionierung in der Schnittmenge der anderen Netzwerktypen
    - Modularität, Heterogenität, räumliche und zeitliche Verteiltheit

- Erhöhung interkultureller Kompetenz herausragende Kategorie qualitativen Wachstums der virtuellen Unternehmung
- grenzaufhebende Funktion, auch in Bezug auf Landesgrenzen
- sinnvoller Umgang mit Problematik von Zeitzonen und Zeitmentalitäten erleichtert die internationale Kooperation
- Cyberbusiness – Offenheit, Reziprozität, Konnektivität, Interorganisationsbeziehungen

Aufgabe 22:

- Hybride Netzwerke = Mischform aus Netzwerkunternehmung (intraorganisationales Netzwerk) und Unternehmensnetzwerk (interorganisationales Netzwerk)
  - Einbettung unterschiedlicher organisationaler Subsysteme (z. B. Forschung und Entwicklung, Marketing, Produktion) in verschiedene Unternehmensnetzwerke bedeutet grenzüberschreitende Erweiterung
  - Optionen der einzelnen Unternehmung in ganz unterschiedlichen Richtungen; Synergien, Kostendegression, Verknüpfung komplementärer Kernkompetenzen
  - doppelte Vernetzung, d.h. Verbindung interner Netzwerkstrukturen mit externen Netzwerken, hohe grenzauflösende Funktion, ausgeprägte Flexibilität einzelwirtschaftlichen Handelns im internationalen Raum, vielfältige Möglichkeiten
  - Probleme der Koordinierbarkeit relativ zum Zielsystem der einzelnen Unternehmung, Identitätsschwierigkeiten

Lösungshinweise zur Fallstudie

Aufgabe 1:
Relative Bedeutung des Auslandsgeschäftes für die Seiler GmbH:

- 21 % des Umsatzes werden an ausländischen Märkten erzielt
- 30 % der Belegschaft sind grenzüberschreitend eingesetzt
- neun, demnächst (Spanien) zehn Auslandsmärkte
- an vier (mit Spanien fünf) ausländischen Zielmärkten institutionelle Internationalisierung

Die Fakten belegen die erhebliche Bedeutung des Auslandsgeschäfts für das Unternehmen und seine Erfolgspotentiale.

Grad der Auslandsdiversifikation:

- breites Produktsortiment aus den Werkstoffen Gummi und Kunststoffe wird bereit gestellt
- 300 verschiedene Artikel
- danach liegt hohe Auslandsdiversifikation des Unternehmens vor

Aus der Heterogenität der an ausländischen Märkten vertriebenen Produkte resultieren folglich markante strukturelle Anforderungen.

Fremdheitsgrad der Auslandsumwelt:

Die institutionelle Internationalisierung ist auf das näher liegende europäische Ausland gerichtet, insoweit kann von eher vertrauten Umwelten ausgegangen werden. Über die Zielmärkte für Exportaktivitäten liegen keine konkreten Informationen vor. In Anbetracht der funktionalen Internationalisierung ist der Fremdheitsgrad dieser Märkte von geringerem Gewicht als im Falle institutioneller Internationalisierung (Frankreich, Großbritannien, Italien, Polen, Spanien). Insgesamt kann ein mittlerer Fremdheitsgrad der Auslandsumwelt angenommen werden.

Spezifische kulturelle Bedingungen in den Gastländern:

Nach den Erkenntnisse der Kulturforschung (Hofstede, Bond et al., Trompenaars) wird die Seiler GmbH mit recht unterschiedlichen Standards in ihrem internationalen Operationsraum konfrontiert. Auf dem Hintergrund der Culture-bound-Thesis sollte diese Differenziertheit im kulturellen Kontext zu differenzierten organisationalen Gestaltungsmustern führen.

Aufgabe 2

Das Auslandsgeschäft der Seiler GmbH ist in der Organisationseinheit *International Division* konzentriert. Diese Einheit ist unmittelbar an der Geschäftsleitung angesiedelt und damit den anderen Unternehmensbereichen gleich gestellt. Innerhalb der International Division wird nach dem Objektprinzip in seiner regionalen Ausprägung gegliedert. Damit erhalten die Besonderheiten der jeweiligen grenzüberschreitend bearbeiteten Zielmärkte herausragende Bedeutung im Hinblick auf die organisationale Gestaltung.

Kritisch erscheint die interne Separierung der internationalen Aktivitäten der Seiler GmbH: Die Verknüpfung der grenzüberschreitenden Operationen mit den anderen Unternehmensbereichen erfolgt formal lediglich über die Geschäftsleitung und wirkt damit rudimentär. Das gilt insbesondere für den Zusammenhang von International Division mit den Funktionseinheiten Vertrieb, Fertigung sowie Forschung und Entwicklung. Vor allem hier resultiert aus den gegebenen situativen Bedingungen die Überlegung, eine stärkere Integration der verschiedenen Aufgaben herzustellen. In der gegebenen Struktur finden Produktaspekte und besondere Kundenbelange zu wenig erkennbaren Niederschlag.

Aufgabe 3

Die Integration der neuen Fertigungsstätte in Spanien als 100 %-ige Auslandstochtergesellschaft ist in Anbetracht der gegebenen Umstände die formal nahe liegende Problemlösung. Offen bleiben allerdings die koordinative und konfigurative Einbindung in die Gesamtunternehmung. Dafür sei der Einsatz eines Projektteams empfohlen, das tragfähige Lösungsvorschläge erarbeiten soll. Im Hinblick auf die Akzeptanz der zu findenden Organisationsvarianten sollten dem Projektteam neben Organisationsmitgliedern aus relevanten Bereichen der Zentrale (Muttergesellschaft) Beschäftige des Werkes in Spanien angehören. Darüber hinaus empfiehlt sich im vorliegenden Fall der Einsatz eines externen Change Agent (Unternehmensberater). Dieser übernimmt die fachlich qualifizierte Moderation im Projektteam und fungiert als Methodenberater und Konfliktmanager. Die endgültige Entscheidung über die strukturelle Einbindung der Fertigungsstätte in Spanien obliegt der Geschäftsleitung.

Aufgabe 4

Mit der globalen Produktstruktur werden innerhalb des sozio-technischen Systems weltweit die Belange der bereitzustellenden Leistungen in den Vordergrund struktureller Gestaltung gerückt. Andere prinzipiell ebenfalls wichtige Aspekte, wie geografische und kulturelle Belange sowie Art der wahrzunehmenden Funktionen, geraten in den Hintergrund. Im Falle der globalen Regionalstruktur sind die spezifischen Merkmale der Auslandsumwelt primär handlungsleitend. Notwendigerweise geht das mit einer geringeren Priorisierung produktbezogener und tätigkeitsorientierter (Professionalisierung) Kriterien einher.

In der gegebenen Situation erhalten die Kontextvariablen *Auslandsdiversifikation* und *Relative Bedeutung des Auslandsgeschäftes* dominante Relevanz. Auch die Belange der Key-Kunden sollten stärker betont werden (kundenseitige Beschwerden aufnehmen und sinnvolle strukturelle Gestaltungsmaßnahmen umsetzen). Daher sei empfohlen, eine globale Produktstruktur kombiniert mit Key-Account-Management in der Seiler GmbH zu entwickeln und zu implementieren.

Aufgabe 5

In Anbetracht des konstatierbaren grenzüberschreitenden Wachstums der Seiler GmbH verspricht die internationale Netzwerkorganisation langfristige, tragfähige und entwicklungsorientierte strukturelle Alternativen.

Das gilt zum einen hinsichtlich des Etablierens intraorganisationaler Netzwerke (Modell der Transnationalen Organisation). Solche Interaktionsmuster schaffen die erfolgsnotwendige Flexibilität an den relevanten Zielmärkten, erzeugen Dynamik (Marktelement der Netzwerkorganisation) und unterstützen das Nutzen von Synergiepotentialen (Hierarchieelement der Netzwerkorganisation). Darüber hinaus animiert die Transnationale Organisation das Herleiten komplementärer Rollenzuweisungen an Organisationseinheiten im internationalen Raum. Kriterien sind die lokalen Ressourcen und Fähigkeiten (Kernkompetenzen) sowie die strategische Bedeutung des lokalen Umfeldes. Auf diese Weise wird es möglich, die im Gesamtunternehmen vorhandenen Stärken gezielt für die übergreifende Kooperation und damit zur Verbesserung des Unternehmenserfolges einzusetzen (Shareholder Value steigern).

Zum anderen vergrößert die Teilnahme an interorganisationalen Netzwerken die internationalen Optionen des Unternehmens sowie seinen grenzüberschreitenden Aktionsradius. Dafür stehen prinzipiell die Varianten der Quasi-Externalisierung und der Quasi-Internalisierung zur Verfügung. In jedem Fall partizipiert die Seiler GmbH an den Kernkompetenzen der Netzwerkpartner, so, wie diese umgekehrt Nutzen aus der Kooperation mit Seiler ziehen (Win-Win-Situation). In Abhängigkeit vom Verlauf des

Entwicklungspfades des Unternehmens können verschiedene Typen von externen Netzwerken zur Erfüllung der überlebens- und fortschrittsrelevanten Systembedürfnisse beitragen. Zu nennen sind das Strategische Netzwerk (Merkmalsausprägungen: hierarchisch und stabil), das Regionale Netzwerk (Merkmalsausprägungen: heterarchisch und relativ dynamisch), das Projektnetzwerk (Merkmalsausprägungen: relativ hierarchisch und hoch dynamisch) sowie die virtuelle Unternehmung (Sonderfall und Mischform mit grundsätzlich verschiedenen möglichen Merkmalsausprägungen; konstitutiv ist der umfassende und grundlegende Einsatz moderner Informations- und Kommunikationstechnologie; Grundelemente: Modularität, Heterogenität, räumliche und zeitliche Verteiltheit).

9.7   Lösungshinweise zu Kapitel 7: Überlegungen zur Evaluation des Auslandsgeschäfts

Aufgabe 1:

* Merkmale der ausländischen Absatzmärkte
* Besonderheiten des eigenen Leistungsprogramms
* personelle und sachliche Potentiale der Unternehmung
* organisationales Lernen
* Transformation von Auslandsengagements im Planungshorizont
* kultureller Kontext im Gastland
* Management-Verantwortung
* Internationalisierungsstrategie und strukturelle Umsetzung
* Evaluation

Aufgabe 2:

* Zielfunktion = Steigerung des Eigentümerwertes der Unternehmung
* Prognose künftiger Cash-flows und Ermittlung des Gegenwartswertes dieser Größe
* Wertsteigerungsanalyse bereits in der Phase der Entwicklung von Internationalisierungsstrategien
* Auswahl der Zielmärkte nach dem Kriterium der positiven Effekte auf den Shareholder Value (Unternehmenswert minus Marktwert des Fremdkapitals)
* umfassendes Controlling der Auslandsaktivitäten nach Maßgabe der Steigerung des Eigentümerwertes der Unternehmung (Soll-/Ist-Vergleiche)
* Spartenorganisation als strukturelle Voraussetzung

Aufgabe 3:

- kalkulatorische Eigenkapitalrendite
- die hurdle rate definiert die erwartete Mindestverzinsung des eingesetzten Eigenkapitals (Kapitalmarkttheorie, Captial Asset Pricing Model)
- Rendite grenzüberschreitender Geschäftsfelder wird mit hurdle rate abgeglichen
- Rückzug des Unternehmens aus den Zielmärkten erwägen, wenn die Eigenkapitalrendite grenzüberschreitender Aktivitäten unterhalb der hurdle rate rangiert

Aufgabe 4:

- einseitige Perspektive der Evaluierung nach Maßgabe der Eigentümer (Anteilseigner)-Interessen
- von sozialen und gesellschaftlichen Belangen wird abstrahiert
- Prognoserisiken; Schwierigkeit, künftige Cash-flows an (potentiellen) Auslandsmärkten zuverlässig abzuschätzen
- Pseudoexaktheit, „Schönrechnen" mikropolitisch präferierter Alternativen der internationalen Geschäftstätigkeit (vgl. Managermotive, Imperialismustheorie, Principal-Agent-Problematik)

Aufgabe 5:

- Unternehmen = Koalition differenter Interessengruppen (z. B. Eigentümer, Mitarbeiter, Kunden, Lieferanten, Öffentlichkeit, Gastländer, Stammland)
- pluralistisches Modell der Einzelwirtschaft
- kollektive Handlungsfähigkeit des sozio-technischen Systems erfordert Interessenausgleich, der von den Stakeholdern als fair empfunden wird; davon hängt die Überlebensfähigkeit des kollektiven Gebildes ab (Anreiz-Beitrags-Theorem); das betrifft in besonderen Maße Entscheidungen über internationale Aktivitäten

Aufgabe 6:

- Auflösung von Interessenkonflikten im Kontext grenzüberschreitender Unternehmensaktivitäten
- Beispiel: Arbeitskosten senken – Besitzstände wahren
- gegenläufige Interessen gehen in Verhandlungsprozesse ein, Ergebnis der Prozesse sind gemeinsam getragene Zielsysteme
- Akzeptanz, Commitment; vielschichtiger Kalkül einzelwirtschaftlicher Internationalisierungsentscheidungen
- allerdings zeitaufwendiges Vorgehen, Gefahr von Blockaden

Aufgabe 7:

- Anspruchsgruppen = Interne Stakeholder, Eigentümer, Manager, Mitarbeiter
  - Belange sind auf Überleben und Fortschritt der Unternehmung im internationalen Wettbewerb gerichtet
  - Rendite, Expansion, Arbeitsplatzsicherheit, persönliche Weiterentwicklung
- Einflussgruppen = Externe Stakeholder, Kunden, Lieferanten, Wettbewerber, Banken, Öffentlichkeit, Staat etc.
  - reagieren auf grenzüberschreitende Unternehmensaktivitäten
  - Einzelwirtschaft sollte sich darauf einstellen
  - Beiträge der Einflussgruppen sind Bedingung des internationalen Unternehmenserfolges
  - Information der Einflussgruppen (z. B. Public relations)
  - Kommunikation zwischen Anspruchsgruppen und Einflussgruppen zur Verbesserung der einzelwirtschaftlichen Effektivität
  - grenzüberschreitende Serviceorientierung

Gesamtliteraturverzeichnis

Adam, B.: Welthandel: Kippt das GATT?, in: TopBusiness 11/1993, S. 38–42

Albach, H.; Redenius, J.: Die Management-Holding, in: Hinterhuber, H. H.; Friedrich, S. A.; Matzler, K.; Pechlaner. H. (Hrsg.): Die Zukunft der diversifizierten Unternehmung, München 2000, S. 55–72

Alwin, A.: Deutsche Direktinvestitionen in Entwicklungsländern, in: Wirtschaftsdienst, 4/1969

Ansoff, H. I.: Managing Surprise and Discontinuity – Strategic Response to Weak Signals, in: Zeitschrift für betriebswirtschaftliche Forschung 3/1976, S. 129–159

Aschoff, C.: Betriebliches Humanvermögen. Grundlagen einer Humanvermögensrechnung, Wiesbaden 1978

Aufderheide, D.; Backhaus, K.; Hartwig, K. H.: Szenen einer Ehe. Was kooperierende Unternehmen aus dem Ehealltag lernen können, in zfo Zeitschrift Führung + Organisation 1/2007, S. 31–40

Backhaus, K.; Büschken, J.; Voeth, M.: Internationales Marketing, 5. Auflage, Stuttgart 2003

Bamberger, I.; Wrona, T.: Planung, in: Breuer, W.; Gürtler, M. (Hrsg.): Internationales Management. Betriebswirtschaftslehre der internationalen Unternehmung, Wiesbaden 2003, S. 58–109

Bartlett, C. A.; Ghoshal, S.: Tap Your Subsidiaries for Global Reach, in: Harvard Business Review 6/1986, S. 87–94

Bartlett, C. A.; Ghoshal, S.: Arbeitsteilung bei der Globalisierung, in: Harvard manager 2/1987, S. 49–59

Bartlett, C. A.; Ghoshal, S.: Managing Across Borders: The Transnational Solution, 2. Auflage, Boston 1998

Bassen, A.; Behnam, M.; Gilbert, D. U.: Internationalisierung des Mittelstands. Ergebnisse einer empirischen Studie zum Internationalisierungsverhalten deutscher mittelständischer Unternehmen, in: Zeitschrift für Betriebswirtschaft 4/2001, S. 413 -432

Bayer, K.: Investitionen ins Humanvermögen. Entwicklung von Bilanzierungsregeln für den informationsorientierten Jahresabschluss, Hamburg 2004

Bea, F. X.: Entscheidungen des Unternehmens, in: Bea, F. X.; Dichtl, E.; Schweitzer, M. (Hrsg.): Allgemeine Betriebswirtschaftslehre, Bd.1: Grundfragen, 6. Auflage, Stuttgart, Jena 1992, S. 309–424

Beck, T. C.: Coopetition bei der Netzwerkorganisation, in zfo Zeitschrift Führung + Organisation 5/1998, S. 271–276

Behrens, K. C.: Allgemeine Standortbestimmungslehre, 2. Auflage, Köln, Opladen 1971

Behrman, J. N.: Foreign Associates and their Financing, in: Mikesell, R. F. (Hrsg.): US Private and Government Investment Abroad, Eugene 1962, S. 89–101

Behrman, J. N.: Investment and the Transfer of Knowledge and Skills, in: Mikesell, R. F. (Hrsg.): US Private and Government Investment Abroad, Eugene 1962, S. 127 -154

Berekoven, L.: Internationales Marketing, 2. Auflage, Berlin 1985

Bergemann, N.; Sourisseaux, A. L. J. (Hrsg.): Interkulturelles Management, 3. Auflage, Heidelberg 2003

Berger, U.; Bernhard-Mehlich, I.: Die Verhaltenswissenschaftliche Entscheidungstheorie, in: Kieser, A. (Hrsg.): Organisationstheorien, 2. Auflage, Stuttgart, Berlin, Köln 1995, S. 123–158

Bernhardt, W.; Witt, P.: Holding-Modelle und Holding-Moden, in: Zeitschrift für Betriebswirtschaft 12/1995, S. 1341–1364

Birkigt, K.; Stadler, M. M.: Corporate Identity, 2. Auflage, München 1985

Blair, H. 0.: International licensing, Lexington/Mass. 1976

Bleicher, K.: Organisation: Formen und Modelle, Wiesbaden 1981

Bleicher, K.: Organisation: Strategien – Strukturen – Kulturen, 2. Auflage, Wiesbaden 1991

Bleicher, K.: Konzernorganisation, in: Frese, E. (Hrsg.): Handwörterbuch der Organisation, 3. Auflage, Stuttgart 1992, S. 1151–1164

Bleicher, K.: Das Konzept Integriertes Management – St. Galler Management-Konzept, Band 1, 3. Auflage, Frankfurt/Main, New York 1995

Blohm, H.; Meier, H.: Interkulturelles Management: Interkulturelle Kommunikation, internationales Personalmanagement, Diversity-Ansätze im Unternehmen, Herne, Berlin 2002

Bolten, J.: Interkultureller Trainingsbedarf aus der Perspektive der Problemerfahrungen entsandter Führungskräfte, in: Götz, K. (Hrsg.): Interkulturelles Lernen/Interkulturelles Training, 2. Auflage, München, Mering 2000, S. 61–80

Borrmann, W. A.: Typus und Struktur internationaler Unternehmungen, in: Borrmann, W. A. (Hrsg.): Managementprobleme internationaler Unternehmungen, Schriften zur vergleichenden Managementlehre, Wiesbaden 1970, S. 19–49

Breuer, W.; Gürtler, M. (Hrsg.): Internationales Management. Betriebswirtschaftslehre der internationalen Unternehmung, Wiesbaden 2003

Bühner, R.: Spartenorganisation, in: Frese, E. (Hrsg.): Handwörterbuch der Organisation, 3. Auflage, Stuttgart 1992, S. 2274–2287

Bundesvereinigung der Deutschen Arbeitgeberverbände e. V. (Hrsg.): KND/Kurz-Nachrichten-Dienst, Nr. 81, Köln 1995

Burkhardt, J.: Anton Fugger, Weißenborn 1994

Carl, V.: Problemfelder des Internationalen Managements, München 1989

Cartwright, D. (Hrsg.): Studies in Social Power, 4. Auflage, Ann Arbor 1974

Cateora, P. R.: International Marketing, 8. Auflage, Homewood 1993

Chandler, A. D.: Strategy and Structure: Chapters in the History of the Industrial Enterprise, Cambridge, Mass. 1962

Child, J.; Tayeb, M. H.: Theoretical Perspectives in Cross-national Organizational Research, in: International Studies of Management and Organization 12/1983, S. 23–31

Coase, R. H.: The Nature of the Firm, in: Stigler, G. J.; Boulding, K. E. (Hrsg.): Readings in Price Theory, London 1963, S. 331–351

Corsten, H.; Reiß, M. (Hrsg.): Handbuch Unternehmensführung. Konzepte – Instrumente – Schnittstellen, Wiesbaden 1995

Cyert, R.; March, J.: A Behavioral Theory of the Firm, Englewood Cliffs, New York 1963

Davidson, W. H.; Haspeslagh, P.: Shaping a Global Product Organization, in: Harvard Business Review 4/1982, S. 125–132

DIHT (Hrsg.): Investieren im Ausland, Bonn 1981

Dill, A.: Standort-Gejammer zeigt Wirkung. Bald sind auch die letzten ausländischen Investoren verschreckt, in: Wirtschaftsstandort Deutschland, Beilage der Süddeutschen Zeitung
192/1996, S. VI

Dill, P.; Hügler, G.: Unternehmenskultur und Führung betriebswirtschaftlicher Organisationen: Ansatzpunkte für ein kulturbewußtes Management, in: Heinen, E. (Hrsg.): Unternehmenskultur – Perspektiven für Wissenschaft und Praxis, München, Wien 1987, S.
141–209

Dillerup, R.; Stoi, R.: Unternehmensführung, München 2006

Donaldson, L.: In Defence of Organization. A Reply to the Critics, Cambridge 1985

Dowling, M.; Lechner, C.: Kooperative Wettbewerbsbeziehungen: Theoretische Ansätze und
Managementstrategien, in: Die Betriebswirtschaft 1/1998, S. 86–102

Dülfer, E.: Internationales Management in unterschiedlichen Kulturbereichen, 3. Auflage,
München, Wien 1995

Dülfer, E.: Internationales Management in unterschiedlichen Kulturbereichen, 5. Auflage,
München, Wien 1997

Dülfer, E.: Internationales Management in unterschiedlichen Kulturbereichen, 6. Auflage,
München, Wien 2001

Dülfer, E.: Management in fremden Kulturbereichen, in: Wittmann, W. et al. (Hrsg.): Handwörterbuch der Betriebswirtschaft, Bd. 2, 5. Auflage, Stuttgart 1993, S. 2646–2663

Dülfer, E.: Zur Geschichte der internationalen Unternehmenstätigkeit – Eine unternehmensbe-
zogene Perspektive, in: Macharzina, K.; Oesterle, M.-J. (Hrsg.): Handbuch Internationales
Management, Grundlagen – Instrumente – Perspektiven, 2. Auflage, Wiesbaden 2002,
S. 69–95

Dunning, J.: A study of international business, in: Journal of International Business Studies,
Vol. XX, No. 3/1989, S. 411–436

Duques, R.; Gaske, P.: The «Big» Organization of the Future, in: Hesselbein, F.; Goldsmith, M.;
Beckhard, R. (Hrsg.): The Organisation of the Future, San Francisco 1997, S. 32–42

Eckert, S.: Aktionärsorientierung der Unternehmenspolitik? Shareholder Value – Globalisierung – Internationalität, Wiesbaden 2004

Eilenberger, G.: Finanzierungsentscheidungen multinationaler Unternehmungen, 2. Auflage,
Heidelberg 1987

Eilenberger, G.: Finanzierungsentscheidungen bei internationaler Unternehmenstätigkeit, in:
Kumar, B. N.; Haussman, H. (Hrsg.): Handbuch der Internationalen Unternehmenstätigkeit: Erfolgs- und Risikofaktoren, Märkte, Export-, Kooperations- und Niederlassungsma-
nagement, München 1992, S. 855–871

Etzioni, A.: Die aktive Gesellschaft, Opladen 1975

Festing, M.; Kabst, R.; Weber, W.: Personal, in: Breuer, W.; Gürtler, M. (Hrsg.): Internationales
Management. Betriebswirtschaftslehre der internationalen Unternehmung, Wiesbaden
2003, S. 163–204

Fiedler, F. E.: A Theory of Leadership Effectiveness, New York et al. 1967

Fontanini, M. L.: Voraussetzungen für den Kooperationserfolg, in: Schertler, W. (Hrsg.): Management von Unternehmenskooperationen, Wien 1995, S. 115–136

French, J. R. P., Jr.; Raven, B.: The Bases of Social Power, in: Cartwright, D. (Hrsg.): Studies in Social Power, 4. Auflage, Ann Arbor 1974, S. 150–167

Frese, E. (Hrsg.): Handwörterbuch der Organisation, 3. Auflage, Stuttgart 1992

Fröhlich, F. W.: Multinationale Unternehmen: Entstehung, Organisation und Management, Baden-Baden 1974

Galtung, J.: Eine strukturelle Theorie des Imperialismus, in: Senghaas, D. (Hrsg.): Imperialismus und strukturelle Gewalt. Analysen über abhängige Reproduktion, Frankfurt/Main 1972

Gaugler, E.; Weber, W. (Hrsg.): Handwörterbuch des Personalwesens, 2. Auflage, Stuttgart 1992

Gaugler, E.: Konsequenzen aus der Globalisierung der Wirtschaft für die Aus- und Weiterbildung im Management, in: Schiemenz, B.; Wurl, H. J. (Hrsg.): Internationales Management: Beiträge zur Zusammenarbeit, Wiesbaden 1994, S. 309–328

Gilbert, D. U.; Metten, T.: Vertrauen als Medium der Steuerung in strategischen Unternehmensnetzwerken, Arbeitsbericht Nr. 2, Institut für Internationale Unternehmensführung an der European Business School, Oestrich-Winkel 2001

Götz, K. (Hrsg.): Interkulturelles Lernen/Interkulturelles Training, 2. Auflage, München, Mering 2000

Graham, E. M.: Transatlantic Investment by Multinational Firms: A Rivalistic Phenomenon?, in: Journal of Post Keynesian Economics, 1/1978, S. 82–99

Grün, O.: Projektmanagement, internationales, in: Macharzina,K.; Welge, M. K. (Hrsg.): Handwörterbuch Export und Internationale Unternehmung, Stuttgart 1989, S. 1736–1746

Güldenberg, S.; Eschenbach, R.: Organisatorisches Wissen und Lernen – erste Ergebnisse einer qualitativ-empirischen Erhebung, in: zfo Zeitschrift Führung + Organisation 1/1996, S. 4–9

Gutenberg, E.: Grundlagen der Betriebswirtschaftslehre, Band 1: Die Produktion, 21. Auflage, Berlin, Heidelberg, New York 1975

Haberler, G.: Der internationale Handel, Berlin 1933

Harbison, F.; Myers, C. A.: Management in the Industrial World, New York 1959

Hauch-Fleck, M.L.: Blauäugig kalkuliert, in: Die Zeit 44/1997, S. 31

Hedlund, G.: The Hypermodern MNC. A Heterarchy?, in: Human Resource Management 1/1986, S. 9–35

Heinen, E.: Industriebetriebslehre: Entscheidungen im Industriebetrieb, 9. Auflage, Wiesbaden 1991

Heinen, E. (Hrsg.): Betriebswirtschaftliche Führungslehre: Grundlagen – Strategien – Modelle; ein entscheidungsorientierter Ansatz, 2. Auflage, Wiesbaden 1992

Heinen, E: Führung als Gegenstand der Betriebswirtschaftslehre, in: derselbe.: Betriebswirtschaftliche Führungslehre: Grundlage – Strategien – Modelle, ein entscheidungsorientierter Ansatz, 2. Auflage, Wiesbaden 1992, S. 17–49

Henzler, H. A.: Keimzellen des Fortschritts. Zum Zusammenspiel von Unternehmensgründungen und Gründungsclustern, in: Sadowski, D. (Hrsg.): Entrepreneurial Spirits, Wiesbaden 2001, S. 123–136

Herre, F.: Die Fugger in ihrer Zeit, 12. Auflage, Augsburg 2005

Herrmanns, A.; Wißmeier, U. K.: Entwicklung, Bedeutung und theoretische Aspekte des internationalen Marketing-Managements, in: dieselben (Hrsg.): Internationales Marketing-Management: Grundlagen, Strategien, Instrumente, Kontrolle und Organisation, München 1995, S. 1–15

Herzberg, F.; Mausner, B.; Snyderman, B.: The Motivation to Work, 2. Auflage, New York 1959

Hesselbein, F.; Goldsmith, M.; Beckhard, R. (Hrsg.): The Organisation of the Future, San Francisco 1997

Hickson, D. J.; McMillan, C. J. (Hrsg.): Organization and Nation. The Aston Programme IV, Westmead-Farnborough 1981

Hilger, A.: Erfolgsfaktoren für Internationalisierungsstrategien: dargestellt am Beispiel des Engagements deutscher Unternehmen in der VR China, Frankfurt am Main et al. 2001

Hinterhuber, H. H.: Strategische Unternehmensführung, Band 1: Strategisches Denken, 5. Auflage, Berlin, New York 1992

Hinterhuber, H. H.: Strategische Unternehmensführung, Band 1: Strategisches Denken, 6. Auflage, Berlin 1997

Hinterhuber, H. H.: Strategische Unternehmensführung, Band 2: Strategisches Handeln, 6. Auflage, Berlin 1997

Hinterhuber, H. H.; Friedrich, S. A.; Matzler, K.; Pechlaner. H. (Hrsg.): Die Zukunft der diversifizierten Unternehmung, München 2000

Hinterhuber, H. H.; Mathives, T.: Die Management-Holding und die nicht delegierbaren Aufgaben der Zentrale, in: Wagner, G. R. (Hrsg.): Unternehmensführung, Ethik und Umwelt, Wiesbaden 1999, S. 454–488

Hofmann, L. M.: Internationales Personalmanagement, in: Mahnkopf, B. (Hrsg.). Management der Globalisierung. Akteure, Strukturen, Perspektiven, Berlin 2003, S. 191–209

Hofstede, G.: Culture's Consequences: International Differences in Work-Related Values, Beverly Hills 1980

Hofstede, G.: Culture's Consequences: International Differences in Work-Related Values, abridged edition, Beverly Hills, London, New Delhi 1988

Hofstede, G.: Lokales Denken, globales Handeln: Kulturen, Zusammenarbeit und Management, München 1997

Hofstede, G.: Motivation, Leadership, and Organization: Do American Theories Apply Abroad?, in: Organizational Dynamics 1/1980a, S. 42–63

Hofstede, G.; Hofstede, G. J.: Lokales Denken, globales Handeln. Interkulturelle Zusammenarbeit und globales Management, 3. Auflage, München 2006

Höft, U.: Lebenszykluskonzepte, Berlin 1992

Hüchtermann, M.; Lenske, W.: Wettbewerbsfaktor Unternehmenskultur, Köln 1991

Hünerberg, R.: Internationales Marketing, Landsberg/Lech 1994

Hungenberg, H.: Die Aufgaben der Zentrale, in: zfo Zeitschrift Führung + Organisation, 6/1992, S. 341–354

Hymer, S. H.: The International Operations of National Firms: A Study of Direct Investment, Cambridge/Mass. 1976

IHK Koblenz (Hrsg): Auslandsinvestitionen und Mittelstand, Koblenz 1974

Institut der deutschen Wirtschaft (Hrsg.): Internationale Wirtschaftszahlen 1996, Köln 1996

Irle, M.: Führungsverhalten in organisierten Gruppen, in: Meyer, A; Herwig, B. (Hrsg.): Handbuch der Psychologie, Band 9, 2. Auflage, Göttingen 1980, S. 512–564

Jago, A.; Reber, G.; Böhnisch, W.; Maczynski, J.; Zavrel, J.; Dudorkin, J.: Interkulturelle Unterschiede im Führungsverhalten, in: Kieser, A.; Reber, G.; Wunderer, R. (Hrsg.): Handwörterbuch der Führung, 2. Auflage, Stuttgart 1995, S. 1226–1239

Jarillo, J. C.: On Strategic Networks, in: Strategic Management Journal 1/1988, S. 31–41

Jarillo, J. C.; Martinez, J.: Different Roles for Subsidiaries: The Case of Multinational Corporations in Spain, in: Strategic Management Journal 7/1990, S. 501–512

Kahn, H.: World Economic Development: 1979 and Beyond, London 1979

Kambartel, F.: Bemerkungen zum normativen Fundament der Ökonomie, in: Mittelstraß, J. (Hrsg.): Methodologische Probleme einer normativ-kritischen Gesellschaftstheorie, Frankfurt/Main 1975, S. 107–145

Kelen, B.: Confucius in Life and Legend, Singapore 1983

Keller, T.: Holdingkonzepte als organisatorische Problemlösungen bei hohem Internationalisierungsgrad, in: Macharzina, K.; Oesterle, M.-J. (Hrsg.): Handbuch Internationales Management, Grundlagen – Instrumente – Perspektiven, 2. Auflage, Wiesbaden 2002, S. 797–821

Kenter, M. E.; Welge, M. K.: Die Reintegration von Stammhausdelegierten. Ergebnisse einer explorativen Untersuchung, in: Dülfer, E. (Hrsg.): Personelle Aspekte im Internationalen Management, Berlin 1983, S. 173–198

Kieser, A.: Unternehmenskultur und Innovation, in: Blick durch die Wirtschaft vom 30.5.1985

Kieser, A. (Hrsg.): Organisationstheorien, 2. Auflage, Stuttgart, Berlin, Köln 1995

Kieser, A.; Kubicek, H.: Organisation, Berlin, New York 1976

Kieser, A.; Kubicek, H.: Organisation, 3. Auflage, Berlin, New York 1992

Kieser, A.; Walgenbach, P.: Organisation, 4. Auflage, Stuttgart 2003

Kieser, A.; Walgenbach, P.: Organisation, 5. Auflage, Stuttgart 2007

Kieser, A.; Reber, G.; Wunderer, R. (Hrsg.): Handwörterbuch der Führung, 2. Auflage, Stuttgart 1995

Kindleberger, C. P.: International Economics, 5th ed., Homewood 11/1973

Kinkel, S.; Wengel, J.: Produktion zwischen Globalisierung und regionaler Vernetzung: Mit der richtigen Strategie zu Umsatz- und Beschäftigungswachstum, Fraunhofer ISI, PI-Mitteilung Nr. 10, 4/1998

Kirsch, W.: Die Handhabung von Entscheidungsproblemen, 3. Auflage, München 1988

Kirsch, W.: Unternehmenspolitik und strategische Unternehmensführung, München 1990

Knickerbocker, F. T.: Oligopolistic Reaction and Multinational Enterprise, Boston 1973

Köhler, L.: Die Internationalisierung produzentenorientierter Dienstleistungsunternehmen, Hamburg 1991

Koller, M.: Sozialpsychologie des Vertrauens. Ein Überblick über theoretische Ansätze. Bielefelder Arbeiten zur Sozialpsychologie, Universität Bielefeld Nr. 153/1990

Kotler, P.; Bliemel, F.: Marketing Management: Analyse, Planung und Verwirklichung, 10. Auflage, Stuttgart 2001

Kowalski, U.: Der Schutz von betrieblichen Forschungs- und Entwicklungsergebnissen. Die Gestaltung des schutzpolitischen Instrumentariums im Innovations-/Imitationsprozeß, Thun, Frankfurt/Main 1980

Kreikebaum, H.: Strategische Unternehmensplanung, 5. Auflage, Stuttgart, Berlin, Köln 1993

Kreikebaum, H.; Gilbert, D. U.; Reinhardt, G. O.: Organisationsmanagement internationaler Unternehmen: Grundlagen und moderne Netzwerkstrukturen, 2. Auflage, Wiesbaden 2002

Kreutzer, R.; Raffée, H.: Organisatorische Verankerung als Erfolgsbedingung eines Global-Marketing, in: Thexis 2/1986, S. 10–22

Kriependorf, P.: Internationales Franchising, in: Macharzina, K.; Welge, M. K. (Hrsg.): Handwörterbuch Export und Internationale Unternehmung, Stuttgart 1989, S. 711–726

Krystek, U.; Redel, W.; Reppegather, S.: Grundzüge virtueller Organisation: Elemente und Erfolgsfaktoren, Chancen und Risiken, Wiesbaden 1997

Krystek, U.; Zur, E. (Hrsg.): Internationalisierung – Eine Herausforderung für die Unternehmensführung, Berlin, Heidelberg, New York 1997

Krystek, U.; Zur, E.: Strategische Allianzen als Alternative zu Akquisitionen?, in: dieselben (Hrsg.): Internationalisierung – Eine Herausforderung für die Unternehmensführung, Berlin, Heidelberg, New York 1997, S. 131–149

Kühn, F.; Komor, M.; Borakiewicz, J.: Unterschiede produktiv machen – Interkulturelle Managementberatung, in: zfo Zeitschrift Führung + Organisation 6/2006, S. 344–350

Kumar, B. N.: Internationale Unternehmenstätigkeit, Formen der, in: Macharzina, K.; Welge, M. K. (Hrsg.): Handwörterbuch Export und Internationale Unternehmung, Stuttgart 1989, S. 914–926

Kumar, B. N.; Haussmann, H. (Hrsg.): Handbuch der Internationalen Unternehmenstätigkeit, München 1992

Kußmaul, H.: Leasing, in: Dichtl, E.; Issing, O. (Hrsg.): Vahlens Großes Wirtschaftslexikon, 2. Auflage, München 1993, S. 1301

Kutschker, M.: Internationalisierung der Unternehmensentwicklung, in: Macharzina, K.; Oesterle, M.-J. (Hrsg.): Handbuch Internationales Management, Grundlagen – Instrumente – Perspektiven, 2. Auflage, Wiesbaden 2002, S. 45–67

Kutschker, M.; Schmid, S.: Internationales Management, 2. Auflage, München, Wien 2002

Kutschker, M.; Schmid, S.: Internationales Management, 5. Auflage, München, Wien 2006

Lang, F. P.: Theorie der komparativen Kosten, in: Dichtl, E.; Issing, O. (Hrsg.): Vahlens Großes Wirtschaftslexikon, 2. Auflage, München 1993, S. 2087

Lewin, K.: Feldtheorie in den Sozialwissenschaften. Ausgewählte theoretische Schriften, Bern, Stuttgart 1963

Lewin, K.: Grundzüge der topologischen Psychologie, Bern, Stuttgart 1969

Luhmann, N.: Vertrauen. Ein Mechanismus der Reduktion sozialer Komplexität, 3. Auflage, Stuttgart 1989

Luthans, F.: Organizational Behavior, 4. Auflage, New York 1985

Maaß, F.; Wallau, F.: Internationale Kooperationen kleiner und mittlerer Unternehmen, IFM-Materialien Nr. 158, Bonn 2003

Macharzina, K.: Organisation der internationalen Unternehmensaktivität, in: Kumar, B. N.; Haussmann, H. (Hrsg.): Handbuch der Internationalen Unternehmenstätigkeit, München 1992, S. 591–607

Macharzina, K.; Oesterle, M. J. (Hrsg.): Handbuch Internationales Management: Grundlagen, Instrumente, Perspektiven, Wiesbaden 1997

Macharzina, K.; Oesterle, M.-J. (Hrsg.): Handbuch Internationales Management, Grundlagen – Instrumente – Perspektiven, 2. Auflage, Wiesbaden 2002

Macharzina, K.; Wolf, J.: Unternehmensführung. Das internationale Managementwissen, Konzepte – Methoden – Praxis, 5. Auflage, Wiesbaden 2005

Macharzina, K.; Welge, M. K. (Hrsg.): Handwörterbuch Export und Internationale Unternehmung, Stuttgart 1989

Mag, W.: Unternehmungsplanung, München 1995

Mager, R. F.: Lernziele und Unterricht, Weinheim 1983

Mahnkopf, B. (Hrsg.). Management der Globalisierung. Akteure, Strukturen, Perspektiven, Berlin 2003

March, J. G.: A Primer on Decision Making – How Decisions Happen, New York 1994

March, J. G.; Simon, H.A.: Organizations, New York 1958

Marcotty, A.; Solbach, W.: Organisationsentwicklung in fremden Kulturen, in: Bergmann, N.; Sourissaux, A. L. J. (Hrsg.): Interkulturelles Management, Heidelberg 1992, S. 253–273

Maslow, A. H.: Motivation and Personality, 2. Auflage, New York, Evanston, London 1970

Mason, H. R.; Miller, R. R.; Weigel, D. R.: The economics of international business, New York, London, Sydney, Toronto 1975

May, P.: Holding-Organisation, in: zfo Zeitschrift Führung + Organisation 6/1997, S. 374–375

Meffert, H.: Marketing: Grundlagen der Absatzpolitik, 7. Auflage Wiesbaden 1991

Meffert, H.; Bolz, J.: Globalisierung des Marketing bei internationaler Unternehmenstätigkeit, in: Kumar, B. N.; Haussmann, H. (Hrsg.): Handbuch der Internationalen Unternehmenstätigkeit, München 1992, S. 657–683

Meffert, H.; Bolz, J.: Internationales Marketing-Management, 3. Auflage, Stuttgart, Berlin, Köln 1998

Meissner, H. G.: Internationales Marketing, in: Wittmann, W. et al. (Hrsg.): Handwörterbuch der Betriebswirtschaft, Bd. 2, 5. Auflage, Stuttgart 1993, S. 1871–1888

Meissner, H. G.: Strategisches internationales Marketing, Berlin, Heidelberg, New York 1988

Meissner, H. G.: Strategisches internationales Marketing, 2. Auflage, München, Wien 1995

Meyer, A; Herwig, B. (Hrsg.): Handbuch der Psychologie, Band 9, 2. Auflage, Göttingen 1980

Mittelstraß, J. (Hrsg.): Methodologische Probleme einer normativ-kritischen Gesellschaftstheorie, Frankfurt/Main 1975

Moeser, G.: Internationale Akquisitionen und Fusionen als Strategie des Markteintritts in Auslandsmärkte: Probleme und Chancen, in: Kumar, B. N.; Haussmann, H. (Hrsg.): Handbuch der Internationalen Unternehmenstätigkeit, München 1992, S. 549–567

Müller, H. E.: Internationale Organisationsstrategie, in: Mahnkopf, B. (Hrsg.). Management der Globalisierung. Akteure, Strukturen, Perspektiven, Berlin 2003, S. 165–187

Müller, M.; Fischermann, T.; Tenbrock, C.: Fusionsfieber: Der Kulturschock gefährdet den Erfolg, in: Die Zeit 49/1998, S. 25

Müller, S.; Kornmeier, M.: Motive und Unternehmensziele als Einflussfaktoren der einzelwirtschaftlichen Internationalisierung, in: Macharzina, K.; Oesterle, M.-J. (Hrsg.): Handbuch Internationales Management. Grundlagen – Instrumente – Perspektiven, 2. Auflage, Wiesbaden 2002, S. 99–130

Müller-Stewens, G.; Willeitner, S.; Schäfer, M.: Stand und Entwicklungstendenzen von Cross-Border-Akquisitionen, in: Krystek, U.; Zur, E. (Hrsg.): Internationalisierung – Eine Herausforderung für die Unternehmensführung, Berlin, Heidelberg, New York 1997, S. 89–118

Nalebuff, B.; Brandenburger, A. M.: Coopetition – kooperativ konkurrieren, Frankfurt/Main, New York 1996

Nieder, P. (Hrsg.): Führungsverhalten im Unternehmen, München 1977

Nieschlag R.; Dichtl, E.; Hörschgen, H.: Marketing, 16. Auflage, Berlin 1991

Norvell, W.; Andrus, D.; Gogumalla, N.: Factors Related to Internationalization and the Level of Involvement in International Markets, in: International Journal of Management 1/1995, S. 63–77

O. V.: Statistisches Bundesamt: Gesamtentwicklung des deutschen Außenhandels, www.destatis.de, 18.05.2007

O. V.: Bundesamt für Wirtschaft und Ausfuhrkontrolle, Außenhandel Bekleidung der Bundesrepublik Deutschland nach Ursprungs-/Bestimmungsländern, www.bafa.de, 19.06.07

O. V.: Aktiengesetz (AktG), vom 6. 9. 1965 (BGBl. S. 1089), zuletzt geändert 22. 9. 2005 (BGBl. S. 2802)

O. V.: Allianz-Vorstand wird internationaler, in Frankfurter Allgemeine Zeitung vom 13. 09. 2005, S. 21

O. V.: The Basics. Continental Corporation, Hannover 4/2002

O. V.: Unternehmensziele Firmengruppe Gundlach, www.gundlach-bau.de, 09.11.2006

O. V.: 162 Milliarden Euro Überschuss im Außenhandel, in: Frankfurter Allgemeine Zeitung vom 07. Februar 2007, S. 13

O. V.: Deutsche Unternehmen im Ausland, in: Die Zeit Nr. 34/1996, S. 16

O. V.: MATEO, Mannheimer Texte Online, www.uni-mannheim.de, 29.12.2006

O. V.: World Investment Report 1997

Ortmann, G.; Sydow, J. (Hrsg.): Strategie und Strukturation. Strategisches Management von Unternehmen, Netzwerken und Konzernen, Wiesbaden 2001

Osterloh, M.; Frost, J.: Prozessmanagement als Kernkompetenz, 3. Auflage, Wiesbaden 2000

Pascale, R. T.; Athos, A. G.: The art of Japanese management, Harmondsworth 1981

Pausenberger, E.: Internationale(n) Unternehmung, Organisation der, in: Frese, E. (Hrsg.): Handwörterbuch der Organisation, 3. Auflage, Stuttgart 1992, S. 1052–1066

Pausenberger, E.: Unternehmensakquisition und strategische Allianzen, in: Fischer, G. (Hrsg.): Marketing, Loseblatt-Sammlung 6/1992, S. 1–16

Pennings, J. M.; Gresov, C. G.: Technoeconomic and structural correlates of organizational culture: An integrative framework, in: Organisation Studies 4/1986, S. 317–324

Perlitz, M.: Internationales Management, 2. Auflage, Stuttgart, Jena 1995

Perlitz, M.: Internationales Management, 3. Auflage, Stuttgart 1997

Perlitz, M.: Internationales Management, 5. Auflage, Stuttgart 2004

Perlitz, M.: Spektrum kooperativer Internationalisierungsformen, in: Macharzina, K.; Oesterle, M. J. (Hrsg.): Handbuch Internationales Management: Grundlagen, Instrumente, Perspektiven, Wiesbaden 1997a, S. 441–457

Peters, T. J.; Waterman, R. H.: In search of excellence, New York 1982

Peters, T. J.; Waterman, R. H.: Auf der Suche nach Spitzenleistungen, 15. Auflage, Landsberg/Lech 1993

Picot, A.: Transaktionskostentheorie der Organisation, Beiträge zur Unternehmensführung und Organisation, Universität Hannover 1981

Picot, A.; Reichwald, R.; Wigand, T.: Die grenzenlose Unternehmung: Information, Organisation und Management, 2. Auflage, Wiesbaden 1996

Picot, A.; Reichwald, R.; Wigand, R. T.: Die grenzenlose Unternehmung. Information, Organisation und Management. Lehrbuch zur Unternehmensführung im Informationszeitalter, 5. Auflage, Wiesbaden 2003

Piontrowski, U.: Psychologie der Interaktion, München 1976

Posth, M.; Bergmann, G.: Managementprobleme internationaler Equity-Joint-Ventures, in: Macharzina, K.; Oesterle, J. M. (Hrsg.): Handbuch Internationales Management: Grundlagen, Instrumente, Perspektiven, Wiesbaden 1997, S. 535–552

Probst, G.; Büchel, B.: Organisationales Lernen; Wettbewerbsvorteil der Zukunft, Wiesbaden 1994

Pugh, D. S.; Payne, R. L. (Hrsg.): Organisational Behavior in its Context. The Aston Programme III, Westmead-Farnborough 1977

Raffée, H.: Grundprobleme der Betriebswirtschaftslehre, Göttingen 1974

Rappaport, A.: Shareholder Value: Wertsteigerung als Maßstab der Unternehmensführung, Stuttgart 1995

Reichwald, R.; Möslein, K.: Theoretische Grundlagen der Virtualisierung von international tätigen Unternehmen, in: Macharzina, K.; Oesterle, M.-J. (Hrsg.): Handbuch Internationales Management, Grundlagen – Instrumente – Perspektiven, 2. Auflage, Wiesbaden 2002, S. 1009–1026

Reiß, M.: Mythos Netzwerkorganisation, in: zfo Zeitschrift Führung + Organisation 4/1998, S. 224–229

Ricardo, D.: Principles of political economy and taxation, London 1817

Robinson, H. J.: The Motivation and Flow of Private Foreign Investment, Menlo Park 1961

Sadowski, D. (Hrsg.): Entrepreneurial Spirits, Wiesbaden 2001

Samuelson, P. A.: Volkswirtschaftslehre. Eine Einführung, Band II, 6. Auflage, Köln 1975

Schertler, W. (Hrsg.): Management von Unternehmenskooperationen, Wien 1995

Schiemenz, B.; Wurl, H. J. (Hrsg.): Internationales Management: Beiträge zur Zusammenarbeit, Wiesbaden 1994

Schierenbeck, H.: Grundzüge der Betriebswirtschaftslehre, 11. Auflage, München, Wien 1993

Schindel, V.; Wenger, E.: Führungsmodelle, in: Heinen, E. (Hrsg.): Betriebswirtschaftliche Führungslehre: Grundlagen – Strategien – Modelle; ein entscheidungsorientierter Ansatz, 2. Auflage, Wiesbaden 1992, S.97–188

Schneider, D. J. G.: Distributionspolitik und Vertriebswege bei internationaler Unternehmenstätigkeit, in: Kumar, B. N.; Haussmann, H. (Hrsg.): Handbuch der Internationalen Unternehmenstätigkeit, München 1992, S. 735–755

Schöllhammer, H.: Personalwesen in multinationalen Unternehmen, in: Gaugler, E.; Weber, W. (Hrsg.): Handwörterbuch des Personalwesens, 2. Auflage, Stuttgart 1992, S. 1863–1880

Scholz, C.: Personalmanagement: Informationsorientierte und verhaltenstheoretische Grundlagen, 3. Auflage, München 1993

Scholz, C.: Strategische Organisation: Prinzipien der Vitalisierung und Virtualisierung, Landsberg/Lech 1997

Scholz, C.: Strategische Organisation: Multiperspektivität und Virtualität, 2. Auflage, Landsberg/Lech 2000

Schreyögg, G.: Führung, Führungsverhalten, Führungsstil – Versuch einer Begriffsklärung, in: Nieder, P. (Hrsg.): Führungsverhalten im Unternehmen, München 1977, S. 22–33

Schreyögg, G.: Organisationsidentität, in: Gaugler, E.; Weber, W. (Hrsg.): Handwörterbuch des Personalwesens, 2. Auflage, Stuttgart 1992, S. 1488–1498

Senghaas, D. (Hrsg.): Imperialismus und strukturelle Gewalt. Analysen über abhängige Reproduktion, Frankfurt/Main 1972

Siedenbiedel, G.: Organisationslehre, Stuttgart, Berlin, Köln 2001

Siedenbiedel, G.: Virtuelle Organisation und Führungsverhalten, in Elsik, W.; Mayrhofer, W. (Hrsg.): Strategische Personalpolitik, München, Mering 1999, S. 271–306

Simon, H.: Unternehmenskultur – Modeerscheinung oder mehr?, in: ders. (Hrsg.): Herausforderung Unternehmenskultur, Stuttgart 1990, S. 5–12

Simon, H.: Die heimlichen Gewinner „Hidden Champions": Die Erfolgsstrategien der Weltmarktführer, München 1996

Simon, H. A.: Administrative Behavior. A Study of Decision-Making Processes in Administrative Organizations, 3. Auflage, New York 1976

Simon, H. A.: Rational decision making in business organizations, in: The American Economic Review 69, 1979, S. 493–513

Spickers, J.: Unternehmenskauf und Organisation, Bern, Stuttgart, Wien 1996

Sprenger, R. K.: Vertrauen führt. Worauf es im Unternehmen wirklich ankommt, Frankfurt/ Main, New York 2002

Sprenger, R. K.: Mythos Motivation. Wege aus der Sackgasse, 17. Auflage, Frankfurt/Main 2004

Staehle, W.: Management: Eine verhaltenswissenschaftliche Perspektive, 8. Auflage, München 1999

Steinle, C.: Führungsstil, in: Gaugler, E.; Weber, W. (Hrsg.): Handwörterbuch des Personalwesens, 2. Auflage, Stuttgart 1992, S. 966–980

Steinmann, H.; Schreyögg, G.: Management. Grundlagen der Unternehmensführung, Konzepte – Funktionen – Fallstudien, 3. Auflage, Wiesbaden 1993

Steinmann, H.; Schreyögg, G.: Management. Grundlagen der Unternehmensführung, Konzepte – Funktionen – Fallstudien, 6. Auflage, Wiesbaden 2005

Stigler, G. J.; Boulding, K. E. (Hrsg.): Readings in Price Theory, London 1963

Stopford, J. M.; Wells, L. T.: Managing the multinational enterprise, New York 1972

Suckrow, C.: Internationale Geschäftsfeld-Positionierung in Investitionsgütermärkten, Wiesbaden 1996

Sydow, J.: Zum Verhältnis von Netzwerken und Konzernen: Implikationen für das strategische Management, in: Ortmann, G.; Sydow, J. (Hrsg.): Strategie und Strukturation. Strategisches Management von Unternehmen, Netzwerken und Konzernen, Wiesbaden 2001, S. 271–298

Sydow, J.: Management von Netzwerkorganisationen. Zum Stand der Forschung, in: Sydow, J. (Hrsg.): Management von Netzwerkorganisationen. Beiträge aus der Managementforschung, 2. Auflage, Wiesbaden 2001a, S. 293–339

Sydow, J. (Hrsg.): Management von Netzwerkorganisationen. Beiträge aus der Managementforschung, 2. Auflage, Wiesbaden 2001b

Sydow, J.: Unternehmensnetzwerke, in: Corsten, H.; Reiß, M. (Hrsg.): Handbuch Unternehmensführung. Konzepte – Instrumente – Schnittstellen, Wiesbaden 1995, S. 159–169

Sydow, J.: Strategische Netzwerke: Evolution und Organisation, Wiesbaden 1993

Tannenbaum, R.; Schmidt, W. H.: How to choose a leadership pattern, in: Harvard Business Review 2/1958, S. 95–101

Terpstra, V.: The Cultural Environment of International Business, Cincinatti/Ohio 1978

The Chinese Culture Connection (team of 24 researchers): Chinese values and the search for culture-free dimensions of culture, in: Journal of Cross-Cultural Psychology, 2/1987, S. 143–164

Thomas, A.: Analyse der Handlungswirksamkeit von Kulturstandards, in: Thomas, A. (Hrsg.): Psychologie interkulturellen Handelns, Göttingen 1996, S. 107–156

Thomas, A.: Psychologische Bedingungen und Wirkungen internationalen Managements – analysiert am Beispiel deutsch-chinesischer Zusammenarbeit, in: Engelhard, J. (Hrsg.): Interkulturelles Management: Theoretische Fundierung und funktionsbereichsspezifische Konzepte, Wiesbaden 1997, S. 111–134

Thomas, A.; Hagemann, K.; Stumpf, S.: Training interkultureller Kompetenz, in: Bergemann, N.; Sourisseaux, A. L. J. (Hrsg.): Interkulturelles Management, 3. Auflage, Heidelberg 2003, S. 237–272

Trompenaars, F.: Riding the waves of culture – understanding cultural diversity in business, London 1993

v. Keller, E.: Kulturabhängigkeit der Führung, in: Kieser, A.; Reber, G.; Wunderer, R. (Hrsg.): Handwörterbuch der Führung, 2. Auflage, Stuttgart 1995, S. 1397–1404

v. Keller, E.: Management in fremden Kulturen: Ziele, Ergebnisse und methodische Probleme der kulturvergleichenden Managementforschung, Bern, Stuttgart 1982

v. Scharioth, J.; Huber, M. (Hrsg.): Achieving Excellence in Stakeholder Management, Berlin 2003

Varaldo, R.: Marketing, Mailand 1987

Verband der Bayerischen Metall- und Elektroindustrie (Hrsg.): Investitionen im Ausland: Umfang, Richtung, Motive, Arbeitsplatzeffekte. Ergebnisse einer Unternehmensbefragung, München 1995

Vernon, R.: International investment and international trade in the product cycle, in: Quarterly Journal of Economics, 2/1966, S. 190–207

Vornhusen, K.: Die Organisation von Unternehmenskooperationen: Joint Ventures und Strategische Allianzen in der Chemie- und Elektroindustrie, Frankfurt/Main 1994

Walldorf, E. G.: Die Wahl zwischen unterschiedlichen Formen der internationalen Unternehmer-Aktivität, in: Kumar, B. N.; Haussmann, H. (Hrsg.): Handbuch der Internationalen Unternehmenstätigkeit, München 1992, S. 447–470

Weber, M.: Wirtschaft und Gesellschaft, 5. Auflage, Tübingen 1972

Welge, M. K.; Holtbrügge, D.: Internationales Management, Landsberg/Lech 1998

Welge, M. K.; Holtbrügge, D.: Internationales Management, Theorien, Funktionen, Fallstudien, 3. Auflage, Stuttgart 2003

Welge, M. K.: Organisationsstrukturen, differenzierte und integrierte, in: Macharzina, K.; Welge, M. K. (Hrsg.): Handwörterbuch Export und Internationale Unternehmung, Stuttgart 1989, S. 1590–1602

Wicks, M. E.: A Comparative Analysis of the Foreign Investment Evaluation Practices of U.S.-Based Multinational Corporations, New York 1980

Williamson, O. E.: Transaction-Cost Economics: The Governance of Contractual Relations, in: The Journal of Law and Economics 2/1979, S. 233–261

Willke, H.: Systemtheorie III: Steuerungstheorie: Grundzüge einer Theorie der Steuerung komplexer Sozialsysteme, Stuttgart 1995

Wilpert, B.: Interkulturelle Probleme des Managements, in: IO Management Zeitschrift 4/1992, S. 56–64

Windeler, A.: Unternehmensnetzwerke. Konstitution und Strukturation, Wiesbaden 2001

Winkler, G.: Koordination in strategischen Netzwerken, Wiesbaden 1999

Wirth, E.: Mitarbeiter im Auslandseinsatz: Planung und Gestaltung, Wiesbaden 1992

Wöhe, G.: Einführung in die Allgemeine Betriebswirtschaftslehre, 20. Auflage, München 2000

Wunderer, R.: Führung und Zusammenarbeit. Beiträge zu einer Führungslehre, Stuttgart 1993

Zeiss, H.: Das Management-Holding-Konzept: Ziele und Herausforderungen der Implementierung in Konzernen, in: zfo Zeitschrift Führung + Organisation 4/2006, S. 198–206

Stichwortverzeichnis